高等职业教育系列教材

网络操作系统——基于 Windows Server 2012

第2版

龚 涛 刘媛媛 杨晓雪 编著

机械工业出版社

本书以 Windows Server 2012 操作系统为平台，详细介绍 Windows 环境中各种常见服务器的搭建、配置和应用方法。本书具体内容包括：第 1～3 章介绍网络和服务器的基础知识以及 Windows Server 2012 的安装和常规网络配置；第 4～8 章介绍服务器搭建和利用 Windows Server 2012 系统自带功能开设的服务，如 DNS 服务器配置、Web 服务的构建、FTP 服务器和邮件服务器的搭建与配置、打印服务器的搭建等；第 9～11 章介绍数字证书、活动目录的管理及应用，以及路由和 RAS 服务等。本书语言通俗易懂、内容丰富翔实，突出了以实例为中心并结合大量的经验技巧。

本书既可作为应用型本科院校和高职高专院校计算机以及相关专业的教材，也可作为广大网络管理与维护人员搭建、配置和管理网络服务器的指导用书。

本书配有授课电子课件，需要的教师可登录 www.cmpedu.com 免费注册、审核通过后下载，或联系编辑索取（QQ：1239258369，电话：010-88379739）。

图书在版编目（CIP）数据

网络操作系统：基于 Windows Server 2012 / 龚涛，刘媛媛，杨晓雪编著.
—2 版. —北京：机械工业出版社，2017.9（2022.9 重印）
高等职业教育系列教材
ISBN 978-7-111-58240-3

Ⅰ. ①网…　Ⅱ. ①龚…　②刘…　③杨…　Ⅲ. ①Windows 操作系统—网络服务器—高等职业教育—教材　Ⅳ. ①TP316.86

中国版本图书馆 CIP 数据核字（2017）第 245548 号

机械工业出版社（北京市百万庄大街 22 号　邮政编码 100037）
策划编辑：鹿　征　责任编辑：鹿　征
责任校对：张艳霞　责任印制：单爱军
北京虎彩文化传播有限公司印刷

2022 年 9 月第 2 版 • 第 7 次印刷
184mm×260mm • 17.5 印张 • 423 千字
标准书号：ISBN 978-7-111-58240-3
定价：49.00 元

电话服务
客服电话：010-88361066
　　　　　010-88379833
　　　　　010-68326294

网络服务
机　工　官　网：www.cmpbook.com
机　工　官　博：weibo.com/cmp1952
金　　书　　网：www.golden-book.com
机工教育服务网：www.cmpedu.com

前　言

20 世纪 90 年代以来，计算机网络技术得到了空前的发展。同时，计算机网络的出现和发展，也极大地改变了人们的生活和工作方式。计算机网络已成为当今热门学科之一。

在人类已经进入信息社会的今天，无论是政府机关、公司、企业，还是团体组织、个人，都认识到网络对政策宣传、生产经营、个人学习和生活的重要性。企业都在努力地通过各种途径，采用各种方法，来组建自己的内部网络实现现代化办公和生产管理，或者将自己的内部网络与 Internet 实现互连。这需要众多既有计算机网络的理论基础，又掌握计算机网络实际应用技能的人才。培养计算机网络应用人才，是网络工作者的责任。特别是对于大专院校计算机类专业的学生，更需要一本既具有一定理论知识，又具有较强实际应用技术的教材。本书正是为了满足广大读者的这一需要而编写的。

本书以培养网络实用型人才为指导思想，在介绍具有一定深度的网络理论知识基础上，重点介绍了网络应用技术，注重对学生的实际应用技能和动手能力的培养。

本书注重理论与实际应用相结合，内容选取适中，全书理论清楚，结构清晰，编排合理，详略得当，操作步骤分明，通俗易懂，具有很强的实用性。

全书共 11 章，主要内容包括：计算机网络基础知识、网络协议与网络服务的基础知识（第 1 章）；Windows Server 2012 R2 的安装、系统的常规网络配置、MMC 控制台的使用方法（第 2 章）；以 Windows Server 2012 R2 为例，介绍其本地用户管理、文件系统管理等基本系统操作技能（第 3 章）；IP 地址的含义 、DNS 服务的基本原理、如何架设主域名服务器、DHCP 服务的基本原理和如何架设 DHCP 服务器（第 4 章）；Web 的原理、Web 服务的构建（第 5 章）；FTP 服务的工作原理、如何使用 IIS 架设和管理 FTP 站点，以及架设和管理 Serv-U FTP 服务器（第 6 章）；电子邮件的原理、电子邮件使用的协议、电子邮件的收发过程、邮件服务的构建（第 7 章）；打印服务器的搭建与使用（第 8 章）；基于 PKI 的数字证书的概念、格式、原理、种类和基于 PKI 的数字证书解决方案（第 9 章）；活动目录的基本概念、安装与删除活动目录的方法、活动目录的管理、组策略创建及设置方法（第 10 章）；路由和 RAS 服务，包括路由服务、RAS 服务和 VPN 服务（第 11 章）。

本书由龚涛、刘媛媛和杨晓雪编著。由于计算机网络技术发展迅速，加之编者水平有限，书中不足之处在所难免，恳请广大读者提出宝贵意见。

编　者

目　录

第1章　计算机网络基础知识

本章介绍计算机网络基础知识、网络协议与网络服务的基础知识，系统地讲解了计算机网络的基本概念、网络协议与网络服务的基本应用知识，并对网络服务器的硬件和软件环境等进行了介绍。

1.1　计算机网络概述

从古至今，人们都在用自己的智慧来解决远距离、快速通信的问题，而衡量人类历史进步的标准之一就是人与人之间的信息传递能力，尤其是远距离信息传输的能力。古代人们曾使用过烽火台、金鼓，近代使用灯光，现代使用电话、电报、传真、电视及无线通信等方式进行远距离的信息交换和传递，而计算机网络技术的发展和应用给社会带来了深远的影响，使世界的范围变得越来越小，人与人之间的沟通更加方便、快捷。

计算机网络已经渗透到人们生活的各个角落，影响到人们的日常生活，它提供给了人们几乎所有可能需要的资源。因此在某种程度上，计算机网络的发展速度不仅反映了一个国家的计算机科学技术水平，同时也反映了通信、电子等领域的技术水平，而且已经成为衡量其国力及现代化程度的重要标志之一。

1.1.1　计算机网络的概念

计算机网络是计算机技术和通信技术的结合产物。目前为止，还没有准确和统一的定义。计算机网络最基本的定义可以是：一个互连的自主的计算机集合。但是如果按照此定义，则早期的面向终端的网络（如WAP手机网）都不能算是计算机网络。

还有一种定义计算机网络的说法：计算机网络是由两台或两台以上的计算机组成的，它们由电缆连接以共享数据，计算机网络不管有多复杂，都由此而来。

关于计算机网络，更详细的定义为：计算机网络是用通信线路和网络连接设备，将分布在不同地点的多台独立式计算机系统相互连接，按照网络协议进行数据通信，实现资源共享，为网络用户提供各种应用服务的信息系统。

1.1.2　计算机网络的发展

1969年12月，由美国国防部（DOD）资助、国防部高级研究计划局（ARPA）主持研究建立了数据包交换计算机网络ARPANET。ARPANET网络利用租用的通信线路将美国加州大学洛杉矶分校、加州大学圣塔芭芭拉分校、斯坦福大学和犹他州大学四个结点的计算机连接起来，构成了专门完成主机之间通信任务的通信子网。通过通信子网互连的主机负责运行用户程序，向用户提供资源共享服务，它们构成了资源子网。该网络采用分组交换技术传送信息，这种技术能够保证如果这四所大学之间的某一条通信线路因某种原因被切断以后，信息仍能够通过其他线路在各主机之间传递。也不会有人预测到时隔二十多年后，计算机网络在现代信息社会中扮演了如此重要的角色。ARPANET 网络已从最初的四个结点发展为横跨全世界一百多个国家和地区、拥有几亿用户的因特网（Internet），也可以说 Internet 的前身就是 ARPANET 网络。Internet 是当前世界上最大的国际性计算机互联网络，而且还在不断地迅速发展之中。

计算机网络发展经历了三个阶段：面向终端的网络；计算机一计算机网络（即分组交换网络）；开放式标准化网络。

1. 面向终端的计算机网络

以单个计算机为中心的远程联机系统，构成面向终端的计算机网络，用一台中央主机连接大量的地理上处于分散位置的终端，如图 1-1 所示。如 20 世纪 50 年代初美国的 SAGE 系统。

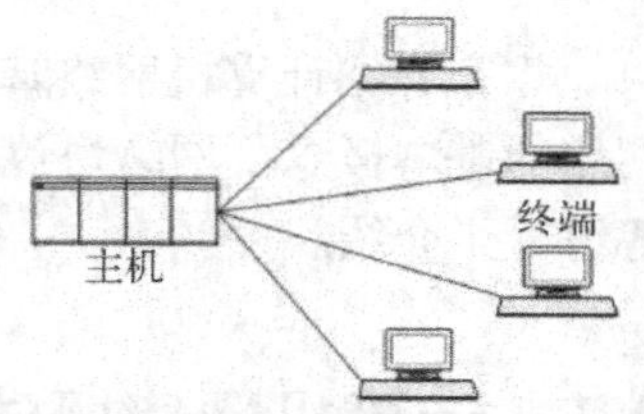

图 1-1 面向终端的计算机网

为减轻中心计算机的负载，在通信线路和计算机之间设置了一个前端处理机（FEP）或通信控制器（CCU）专门负责与终端之间的通信控制，使数据处理和通信控制分工。在终端机较集中的地区，采用了集中管理器（集中器或多路复用器）用低速线路把附近群集的终端连起来，通过 MODEM 及高速线路与远程中心计算机的前端机相连。这样的远程联机系统既提高了线路的利用率，又节约了远程线路的投资。

2. 分组交换网络

20 世纪 60 年代中期，出现了多台计算机互连的系统，开创了“计算机一计算机”通信时代，并存多处理中心，实现资源共享。美国的 ARPA 网、IBM 的 SNA 网、DEC 的 DNA 网都是成功的典例。这个时期的网络产品是相对独立的，没有统一标准。

第二代网络是在计算机网络通信网的基础上，通过完成计算机网络系统结构和协议的研究，形成的计算机初期网络。它将计算机网络分为资源子网和通信子网，所谓通信子网一般由通信设备、网络介质等物理设备所构成（就是虚线所连接的部分）；而资源子网的主体为网络资源设备，如服务器、用户计算机（终端机或工作站）、网络存储系统、网络打印机、数据存储设备（虚线以外的设备）等，如图 1-2 所示。在现代的计算机网络中资源子网和通信子网也是必不可少的部分，通信子网为资源子网提供信息传输服务，而资源子网上用户间的通信是建立在通信子网的基础上的。没有通信子网，网络就不能工作，没有资源子网，通信子网的传输也就失去了意义，两者结合起来组成了统一的资源共享网络。

第二代网络应用的是网络分组交换技术对数据进行远距离传输。分组交换是主机利用分组技术将数据分成多个报文，每个数据报自身携带足够多的地址信息，当报文通过节点时暂时存储并查看报文目标地址信息，运用路由选择最佳目标传送路径将数据传送给远端的主机，从而完成数据转发。

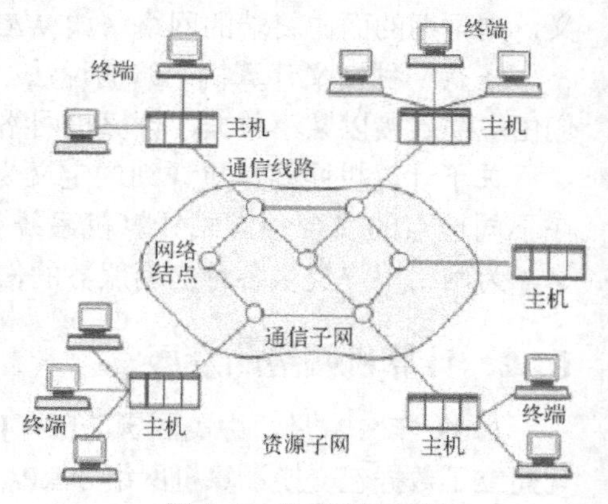

图 1-2 分组交换网络

3. 开放式标准化网络

在第三代网络出现以前，网络是无法实现不同厂家设备互连的。早期，各厂家为了抢占市场，采用自己独特的技术并开发了自己的网络体系结构，不同的网络体系结构是无法互连的，所以不同厂家的设备无法达到互连，即使是同一厂家在不同时期的产品也是无法达到互连的，这样就阻碍了大范围网络的发展。后来，为了实现网络大范围的发展和不同厂家设备的互连，1977 年国际标准化组织（International Organization for Standardization，ISO）提出一个标准框架——OSI（Open System Interconnection/Reference Model，开放系统互连参考模型），共七层。1984 年正式发布了 OSI，使厂家设备、协议达到全网互连。

1.1.3 计算机局域网的拓扑结构

网络拓扑结构是指抛开网络电缆的物理连接来讨论网络系统的连接形式，是指网络电缆构成的几何形状，它能从逻辑上表示出网络服务器、工作站的网络配置和互相之间的连接。网络拓扑结构按形状可分为：星形、环形、总线型、树形、总线/星形及网状拓扑结构。

1. 星形拓扑结构

星形布局是以中央结点为中心与各结点连接而组成的，各结点与中央结点通过点与点方式连接，中央结点执行集中式通信控制策略，因此中央结点相当复杂，负担也重，如图 1-3 所示。

以星形拓扑结构组网，其中任何两个站点进行通信都要经过中央结点控制。中央结点主要功能有以下几个。

- 为需要通信的设备建立物理连接。
- 为两台设备通信过程中维持这一通路。
- 在完成通信或通信不成功时，拆除通道。

在文件服务器/工作站（File Servers/Workstation）局域网模式中，中央结点为文件服务器，存放共享资源。由于这种拓扑结构中央结点与多台工作站相连，为便于集中连线，目前多采用集线器（HUB）。

星形拓扑结构的优点：网络结构简单，便于管理、集中控制，组网容易，网络延迟时间短，误码率低。缺点：网络共享能力较差，通信线路利用率不高，中央结点负担过重，容易成为网络的瓶颈，一旦出现故障则全网瘫痪。

2. 环形拓扑结构

环形网中各结点通过环路接口连在一条首尾相连的闭合环形通信线路中，环路上任何结点均可以请求发送信息，如图 1-4 所示。请求一旦被批准，便可以向环路发送信息。环形网中的数据可以是单向也可是双向传输。由于环线公用，一个结点发出的信息必须穿越环中所有的环路接口，信息流中目的地址与环上某结点地址相符时，信息被该结点的环路接口所接收，而后信息继续流向下一环路接口，一直流回到发送该信息的环路接口结点为止。

环形网的优点：信息在网络中沿固定方向流动，两个结点间仅有唯一的通路，大大简化了路径选择的控制；某个结点发生故障时，可以自动旁路，可靠性较高。缺点：由于信息是串行穿过多个结点环路接口，当结点过多时，影响传输效率，使网络响应时间变长；由于环路封闭故扩充不方便。

3. 总线型拓扑结构

用一条称为总线的中央主电缆，将相互之间以线性方式连接的工作站连接起来的布局方式，称为总线型拓扑结构，如图 1-5 所示。

在总线结构中，所有网上微机都通过相应的硬件接口直接连在总线上，任何一个结点的信息都可以沿着总线向两个方向传输扩散，并且能被总线中任何一个结点所接收。由于其信息向四周传播，类似于广播电台，故总线型网络也被称为广播式网络。总线有一定的负载能力，因此，总线长度有一定限制，一条总线也只能连接一定数量的结点。

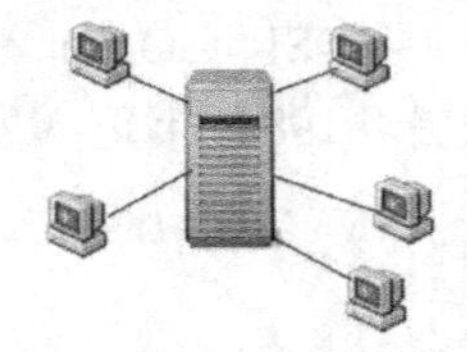

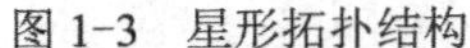
图 1-3　星形拓扑结构

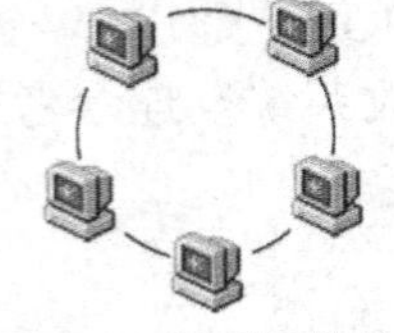

图 1-4　环形拓扑结构

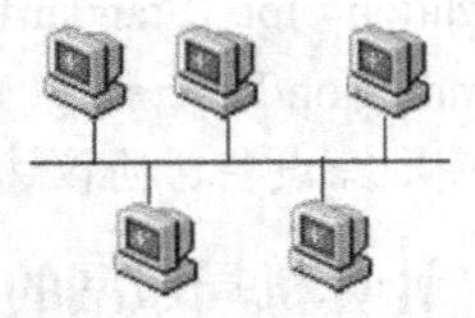

图 1-5　总线型拓扑结构

总线布局的特点：结构简单灵活，非常便于扩充；可靠性高，网络响应速度快；设备量少、价格低、安装使用方便；共享资源能力强，非常便于广播式工作，即一个结点发送所有结点都可接收。

在总线两端连接的器件称为端结器（末端阻抗匹配器或终止器）。主要与总线进行阻抗匹配，最大限度地吸收传送端部的能量，避免信号反射回总线产生不必要的干扰。

总线型网络结构是目前使用最广泛的结构，也是最传统的一种主流网络结构，适合于信息管理系统、办公自动化系统领域的应用。

4．树形拓扑结构

树形结构是总线型结构的扩展，它是在总线网上加上分支形成的，其传输介质可有多条分支，但不形成闭合回路，树形网是一种分层网，其结构可以对称，联系固定，具有一定容错能力，一般一个分支和结点的故障不影响另一分支结点的工作，任何一个结点送出的信息都可以传遍整个传输介质，也是广播式网络。一般树形网上的链路相对具有一定的专用性，无须对原网做任何改动就可以扩充工作站。

5．总线/星形拓扑结构

用一条或多条总线把多组设备连接起来，相连的每组设备呈星形分布。采用这种拓扑结构，用户很容易配置和重新配置网络设备。总线采用同轴电缆，星形配置可采用双绞线。

6．网状拓扑结构

将多个子网或多个局域网连接起来构成网状拓扑结构。在一个子网中，集线器、中继器将多个设备连接起来，而桥接器、路由器及网关则将子网连接起来。根据组网硬件不同，主要有以下三种网状拓扑结构。

- 网状网：在一个大的区域内，用无线电通信连路连接一个大型网络时，网状网是最好的拓扑结构。通过路由器与路由器相连，可让网络选择一条最快的路径传送数据。
- 主干网：通过桥接器与路由器把不同的子网或 LAN 连接起来形成单个总线或环形拓扑结构，这种网通常采用光纤做主干线。
- 星状相连网：利用一些叫作超级集线器的设备将网络连接起来，由于星形结构的特点，网络中任一处的故障都可容易查找并修复。

应该指出，在实际组网中，为了符合不同的要求，拓扑结构不一定是单一的，往往都是几种结构的混用。

1.1.4　传输介质与网络设备

1．局域网的组成

局域网的覆盖面和规模较小，其基本软件和硬件包括以下几个部分，其结构如图 1-6 所示。

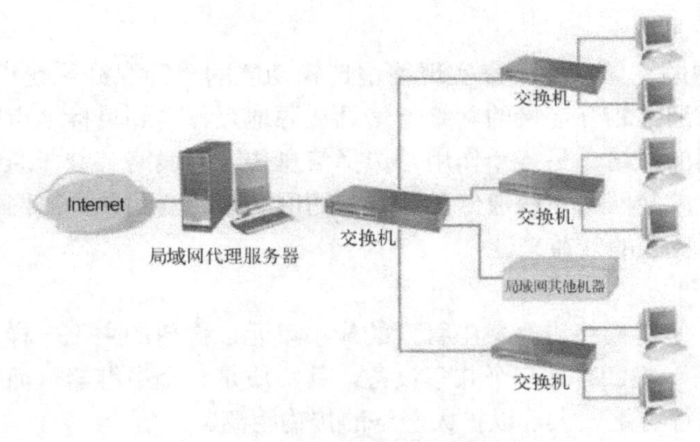

图 1-6　局域网结构图

- 服务器：有网络资源，能提供网络服务的计算机。
- 客户端：没有网络资源，不能提供网络服务的计算机。
- 对等机：各台计算机既是客户机又是服务器，每台计算机分别管理自己的资源和用户，同时又可以作为客户机访问其他计算机的资源。
- 网络设备：主要指硬件设备，如网卡、交换机、集线器和路由器等。
- 通信介质：局域网中常用的通信介质，如电缆、双绞线、光纤等。
- 操作系统和协议：提供网络服务的网络操作系统（NOS）和通信规则（协议，如TCP/IP）。

2. 网络传输介质

网络用于数据的传输，其数据传输必须依赖于某种介质来进行。按照连接方式的不同，目前可以把网络分成两大类：有线网络与无线网络。

在有线连接中，介质可为铜缆（传送电信号）或光缆（传送光信号）。在无线连接中，介质为地球的大气（即太空），而信号为微波、无线电波等。

在通信线路中常用的几种传输介质具有不同的电气特性，根据不同的电气特性用途也不同，如表 1-1 所示。

3. 网络互连设备

网络互连通常是指将不同的网络或相同的网络用互连设备连接在一起而形成一个范围更大的网络，网络互连中常用的设备有路由器和交换机等，下面分别进行介绍。

表 1-1　几种传输介质的性能比较

介质 性能	双绞线	同轴电缆基带	同轴电缆宽带	光纤	无线介质
距离	<300m	<2.5km	<100km	<100km	不受限
带宽	<6MHz	<100MHz	<300MHz	<300GHz	400～500MHz
抗干扰	较差	高	高	很高	差
安装难度	中等	易	易	中等	易
安全性	一般	好	好	最好	差
对噪声敏感度	敏感	较不敏感	较不敏感	不敏感	中
经济性	便宜	较便宜	中	贵	中

（1）路由器

路由器是互联网的枢纽，是用来实现路由选择功能的一种媒介系统设备，如图 1-7 所示。所谓路由就是指通过相互连接的网络把信息从源地点移动到目标地点的活动。路由器的一个作用是连接不同的网络，另一个作用是选择信息传送的线路。选择通畅快捷的近路，能大大提高通信速度，减轻网络系统通信负荷，节约网络系统资源，提高网络系统畅通率，从而让网络系统发挥出更大的效益来。

（2）集线器

集线器（HUB）是对网络进行集中管理的最小单元，像树的主干一样，它是各分支的汇集点，如图 1-8 所示。HUB 是一个共享设备，其实质是一个中继器，而中继器的主要功能是对接收到的信号进行再生放大，以扩大网络的传输距离。

HUB 主要用于共享网络的组建，是解决从服务器直接到桌面的最佳的方案。在交换式网络中，HUB 直接与交换机相连，将交换机端口的数据送到桌面。使用 HUB 组网灵活，它处于网络的一个星形结点，对结点相连的工作站进行集中管理，不让出问题的工作站影响整个网络的正常运行，并且用户的加入和退出也很自由。依据总线带宽的不同，HUB 分为 10Mbit/s、100Mbit/s 和 10/100Mbit/s 自适应三种。

（3）交换机

交换机是一种连接各类服务器及终端并负责它们之间数据接收和转发的设备，如图 1-9 所示。交换机提供了许多网络互连功能，交换机能经济地将网络分成小的冲突网域，为每个工作站提供更高的带宽。

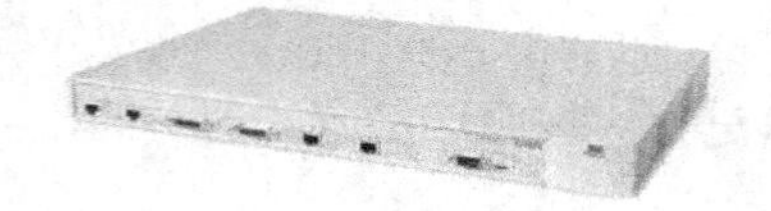

图 1-7　路由器

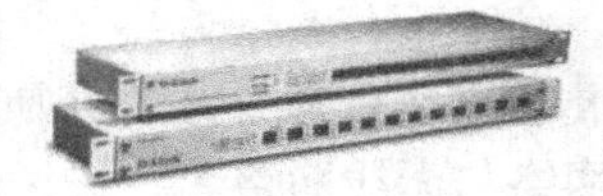

图 1-8　集线器

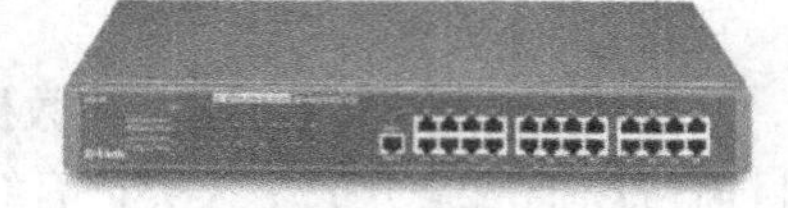

图 1-9　交换机

1.2　网络协议与模型

1.2.1　OSI 参考模型的分层结构及各层功能

OSI 模型最初由国际标准化组织（ISO）设计，旨在提供一套开放式系统协议的构建框架。其初衷是希望使用这套协议开发一个独立于私有系统的国际网络。

不过，由于基于 TCP/IP 的 Internet 迅速得到广泛采用并且扩展速度极快，致使 OSI 协议簇的制定和认可相对滞后。但即使目前只有少数使用 OSI 规范制定的协议得到了广泛使用，七层 OSI 模型对适用于所有新兴网络类型的其他协议的制定和产品的开发做出的贡献也不容忽视。

图 1-10　OSI 七层模型

作为一种参考模型，OSI 模型详细罗列了每一层可以实现的功能和服务。它还描述了各层与其上、下层之间的交互。虽然本课程将围绕 OSI 模型组织内容，如图 1-10 所示，但是 TCP/IP 协议栈中确定的协议将是我们讨论的重点。请注意，我们提及 TCP/IP 模型的各层时只使用其名称，而提及 OSI 模型的七个层时则通常使用编号而非名称。

OSI 七层的功能如下。

- 应用层：为以人为本的网络的不同个人之间提供了使用数据网络实现端到端的连接方法。
- 表示层：对应用层服务传输的数据规定了通用的表示方法。
- 会话层：为表示层提供组织对话和管理数据交换的服务。
- 传输层：为终端设备之间的每个通信定义了数据分段、传输和重组服务。
- 网络层：为所标识的终端设备之间通过网络交换一个个数据的片段提供服务。
- 数据链路层：数据链路层协议描述了设备之间通过公共介质交换数据帧的方法。
- 物理层：物理层协议描述的机械、电器、功能和操作方法，用于激活、维护和停用网络设备之间比特传输使用的物理连接。

1.2.2 TCP/IP 参考模型的层次结构

网际通信的首个分层协议模型建立于 20 世纪 70 年代，称为 Internet 模型。它定义了四个功能类别，若要成功通信，就必须实现这些功能。TCP/IP 协议簇的体系结构遵循了此模型的结构。因此，Internet 模型通常被称为 TCP/IP 模型，如图 1-11 所示。

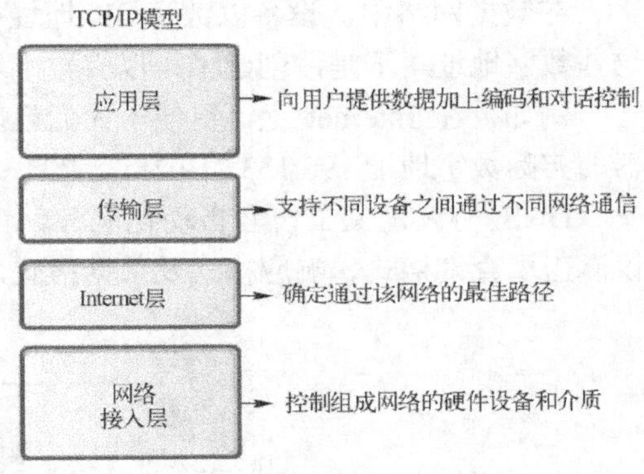

图 1-11　TCP/IP 模型及其功能

大多数协议模型描述的都是厂商特定的协议栈。但是，由于 TCP/IP 模型是一种开放式标准，因此并不由一家公司来控制该模型的定义。标准的定义和 TCP/IP 协议都在公开的论坛中讨论并在向公众开放的文档集中加以定义。此类文档称为请求注解（RFC），既包含数据通信协议的正式规范，也有说明协议用途的资源。

RFC 中还有与 Internet 相关的技术文档和组织文档，包括由 Internet 工程任务组（IETF）制作的技术规范和策略文档。

TCP/IP 是用于计算机通信的一组协议，是默认的广域网协议。它提供跨越多种 Internet 的通信的功能，通常称为“TCP/IP 协议簇”。该协议是 20 世纪 70 年代中期美国国防部为其 ARPANET 广域网开发的网络体系结构和协议标准，以其为基础组建的 Internet 是目前国际上规模最大的计算机网络。正因为 Internet 的广泛使用，使得 TCP/IP 成了事实上的标准。之所以说 TCP/IP 是一个协议簇，是因为其中包括了如下多个协议。

- TCP（Transport Control Protocol）：传输控制协议。
- IP（Internetworking Protocol）：网间网协议。
- UDP（User Datagram Protocol）：用户数据报协议。
- ICMP（Internet Control Message Protocol）：Internet 控制信息协议。
- SMTP（Simple Mail Transfer Protocol）：简单邮件传输协议。
- SNMP（Simple Network manage Protocol）：简单网络管理协议。
- FTP（File Transfer Protocol）：文件传输协议。

● ARP（Address Resolation Protocol）：地址解析协议。

TCP/IP 模型描述了组成 TCP/IP 协议簇的各种协议的功能。在发送主机和接收主机上实现的这些协议通过网络交互，为应用程序提供端到端传送。

完整的通信过程包括以下几个步骤。

1）在发送方源终端设备的应用层创建数据。

2）当数据在源终端设备中沿协议栈向下传递时对其分段和封装。

3）在协议栈网络接入层的介质上生成数据。

4）通过由介质和任意中间设备组成的网际网络传输数据。

5）在目的终端设备的网络接入层接收数据。

6）当数据在目的设备中沿协议栈向上传递时对其解封和重组。

7）将此数据传送到目的终端设备应用层的目的应用程序。

1.2.3 常用的网络服务与协议

1. DNS 服务和 DNS 协议

在数据网络中，设备以数字 IP 地址标记，从而可以参与收发消息。但是人们很难记住这些数字地址，于是，创建了可以将数字地址转换为简单易记名称的域名系统。

例如，在 Internet 上，更便于人们记忆的是 www.cisco.com 这样的域名，而不是该服务器的实际数字地址 198.133.219.25。

DNS 协议定义了一套自动化服务，该服务将资源名称与所需的数字网络地址匹配。协议涵盖了查询格式、响应格式及数据格式，如图 1-12 所示。

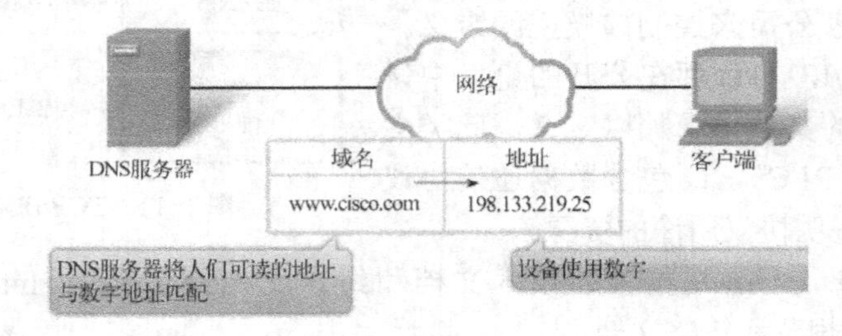

图 1-12 DNS 工作原理

2. WWW 服务和 HTTP 协议

当在 Web 浏览器中输入一个 Web 地址（或者 URL 地址）时，Web 浏览器将通过 HTTP 建立与服务器上的 Web 服务之间的连接。一提到 Web 地址，大多数人往往想到统一资源定位器（URL）以及统一资源标识符（URI）。网址 http://www.cisco.com/index.html 就是一种 URL 地址，它表示某个特定资源位于 cisco.com 服务器上的名为 index.html 的网页中，如图 1-13 所示。

超文本传输协议 （HTTP） 是 TCP/IP 协议簇中的一种协议。该协议是为了发布和检索 HTML 页面而开发出来的，现在用于分布式协同信息系统。在万维网中，HTTP 是一种数据传输协议。同时，它还是最常用的应用程序协议。

3. 电子邮件服务和 SMTP/POP

电子邮件是一种最常见的网络服务，由于它的简单快捷，人们的沟通方式发生了巨大变革。但是，如果要在一台计算机或其他终端设备上运行电子邮件，仍需要一些应用程序和服务。电子邮件服务中最常见的两种应用层协议是邮局协议（POP）和简单邮件传输协议（SMTP），如图 1-14 所示，客户端使用 SMTP 将电子邮件发送到服务器并使用 POP3 接收电子邮件。

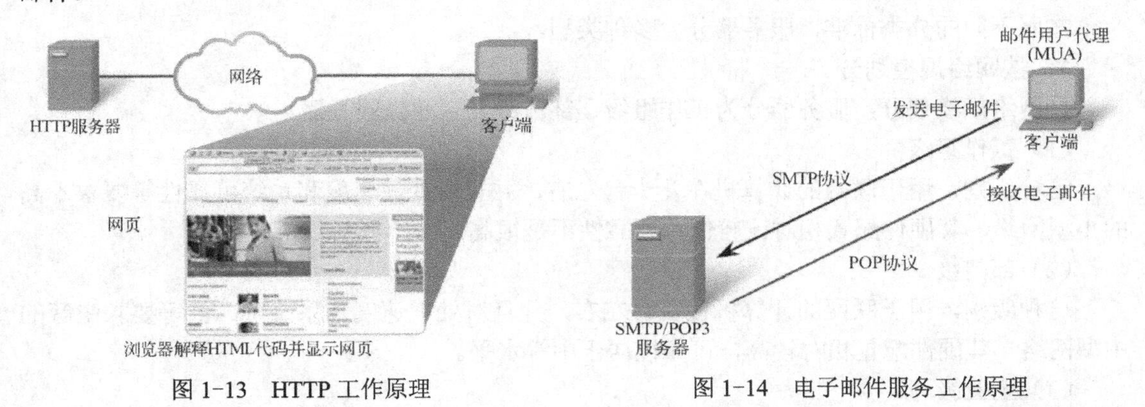

图 1-13 HTTP 工作原理　　图 1-14 电子邮件服务工作原理

4．文件服务与 FTP

文件传输协议（FTP）也是一种常用的应用层协议。FTP 用于客户端和服务器之间的文件传输。FTP 客户端是一种在计算机上运行的应用程序。通过运行 FTP 守护程序（FTPd），FTP 客户端可以从服务器中收发文件。

5．DHCP

通过动态主机配置协议（DHCP）服务，网络中的设备可以从 DHCP 服务器中获取 IP 地址和其他信息。该服务自动分配 IP 地址、子网掩码、网关以及其他 IP 网络参数。

DHCP 协议允许主机在连入网络时动态获取 IP 地址。主机连入网络时，将联系 DHCP 服务器并请求 IP 地址。DHCP 服务器从已配置地址范围（也称为“地址池”）中选择一条地址，并将其临时“租”给主机一段时间。

在较大型的本地网络中，或者用户经常变更的网络中，常选用 DHCP。新来的用户可能携带笔记本电脑并需要连接网络，其他用户在有了新工作站时，也需要新的连接。与由网络管理员为每台工作站分配 IP 地址的做法相比，采用 DHCP 自动分配 IP 地址的方法更有效。

1.3 服务器简介

服务器的英文名称为“Server”，指的是网络环境下为客户端（Client）提供某种服务的专用计算机，即安装有网络操作系统（如 Windows Server、Linux 或 UNIX 等）和各种服务器应用系统软件（如 Web 服务及电子邮件服务等）的计算机。这里的“客户端”指安装有 DOS 或 Windows 7/8/10 等普通用户使用的操作系统的计算机，又称为“客户机”。

一个完整的服务器系统由硬件和软件共同组成，软件和硬件相辅相成。只有做到“软硬兼施”才能充分地发挥服务器的性能，并提高其稳定性。

1.3.1 服务器硬件分类

服务器的处理速度和系统可靠性都要比普通 PC 高得多，因为服务器在网络中一般是连续不断工作的。普通 PC 中的数据丢失仅限于单台，服务器则完全不同。许多重要的数据都保存在服务器上，许多网络服务都在服务器上运行。一旦服务器发生故障，将会丢失大量的数据，造成的损失是难以估计的。而且服务器提供的功能，如代理上网、安全验证及电子邮件服务等都将失效，从而造成网络的瘫痪。

按照不同的分类标准，服务器分为多种类型。

1．按网络规模划分

按网络规模划分，服务器分为工作组级、部门级及企业级服务器。

（1）工作组级

这种级别，用于联网的计算机在几十台左右，并且对处理速度和系统可靠性等要求不高的小型网络，其硬件配置相对比较低，可靠性不是很高。

（2）部门级

这种级别，用于联网的计算机在百台左右，并且对处理速度和系统可靠性等要求中等的中型网络，其硬件配置相对较高，可靠性居于中等水平。

（3）企业级

这种级别，用于联网的计算机在数百台，并且对处理速度和数据安全等要求最高的大型网络，其硬件配置最高，可靠性居于最高水平。

☞ **注意：**

这 3 种服务器之间的界限并不是绝对的，而是比较模糊的。如工作组级服务器和部门级服务器的区别就不太明显，有时统称为“工作组/部门级”服务器。

2．按架构（芯片）划分

按照服务器的结构，可以分为 CISC（复杂指令集）架构和 RISC（精简指令集）架构服务器。

（1）CISC 架构服务器

CISC 架构服务器也称为“IA 架构服务器”（Intel Architecture Server），即通常所讲的 PC 服务器。它采用 x86（CISC）芯片，如 Intel Pentium Ⅲ（P4）和 Intel（P4）Xeon（至强）等，并且主要采用 Windows NT/ Windows Server、Linux 及 FreeBSD 等操作系统。

（2）RISC 架构服务器

RISC 架构服务器指采用非 Intel 架构技术的服务器，使用 RISC 芯片，如 SUN 公司（后被 Oracle 收购）的 SPARC、HP 公司的 PA-RISC、DEC 的 Alpha 芯片及 SGI 公司的 MIPS 等，并且主要采用 UNIX 操作系统。

由于 RISC 架构服务器的性能和价格比 CISC 架构服务器高得多，所以近几年来，随着 PC 技术的迅速发展，CISC 架构服务器与 RISC 架构服务器之间的技术差距已经大大缩小。用户基本倾向于选择 CISC 架构服务器，但是 RISC 架构服务器在大型且关键的应用领域中仍然居于非常重要的地位。

3．按用途划分

按照使用的用途，服务器又可以分为通用型和专用型（或称“功能型”）服务器。

（1）通用型

这种类型的服务器不是为某种特殊服务专门设计，可以提供各种服务功能的服务器，当前大多数服务器都是通用型服务器。

（2）专用型

这种类型的服务器是专门为某一种或某几种功能设计的服务器，在某些方面与通用型服务器有所不同。如光盘镜像服务器用来存放光盘镜像，需要配备大容量高速硬盘及光盘镜像软件。

4．按外观划分

按照服务器的外观，可以分为台式服务器、机架式服务器以及刀片式服务器。

（1）台式服务器

台式服务器与平时我们使用的台式 PC 相似，只是其内部的器件都是专业设计的，具有很好的稳定性和容错性，主要分为单塔式和双塔式。

（2）机架式服务器

机架式服务器是一种外观按照统一标准设计的服务器，配合机柜统一使用。机架式服务器一般安装在 19in 工业标准机柜上，使用机柜的目的是在有限的空间内安装更多的服务器，有 1U（1U=1.75in）、2U、4U 等规格。

（3）刀片式服务器

刀片式服务器其实是指在标准高度的机架式机箱内可插装多个卡式的服务器单元（即刀片，其实际上是符合工业标准的板卡，上有处理器、内存和硬盘等，并安装了操作系统，因此一个刀片就是一台小型服务器），这一张张的刀片组合起来，进行数据的互通和共享，在系统软件的协调下同步工作就可以变成高可用和高密度的新型服务器。

刀片式服务器的应用范围非常广泛，尤其是对于计算密集型应用，比如天气预报建模、指纹库检索分析、数据采集、数据仿真、数字影像设计、空气动力学建模等。同时，对于那些行业应用，如电信、金融、IDC/ASP/ISP 应用、移动电话基站、视频点播、Web 主机操作及实验室系统也同样适用。

1.3.2 服务器软件分类

服务器的软件一般来说可以分为系统软件和应用软件，一般的应用软件都是以系统软件为基础来运行的，而操作系统是系统软件中最基础且最核心的部分。

服务器操作系统以使共享数据资源、软件应用，以及共享打印机等网络特性服务达到最佳为目的，其特点有以下几个。

1）允许在不同的硬件平台上安装和使用，能够支持多种网络协议和网络服务。

2）提供必要的网络连接支持，能够连接两个不同的网络。

3）提供多用户协同工作的支持，具有多种网络设置及管理的工具软件，能够方便地完成网络的管理。

4）有很高的安全性，能够控制系统安全性和各类用户的存取权限等。

目前，服务器操作系统主要有四大类。

1．Windows 类

这类网络操作系统为 Microsoft 公司开发，借助其开发的个人操作系统在计算机用户群中的高普及率，使其网络操作系统也同样具有最大的适用性。

依据版本的高低及面市时间，Microsoft 公司推出的网络操作系统依次为 Windows NT 4.0 Server、Windows 2000 Server 、Windows Server 2003、Windows Server 2008、Windows Server 2012 等。Microsoft 公司的网络操作系统主要面向应用处理领域，特别适合于客户机/

服务器模式，目前在数据库服务器、部门级服务器、企业级服务器及信息服务器等应用场合广泛使用。由于它们和 Microsoft 的桌面办公系统兼容，加上其操作方便，并且安全性和可靠性不断增强，所以其市场份额也在逐年扩大。其中本书介绍的 Windows Server 2012 版本可分为 4 种：Foundation，Essentials，Standard，Datacenter。

Windows Server 2012 R2 是最新的服务器版本，于 2013 年 10 月 18 日发布。Essentials 版、Datacenter 版和 Standard 版产品功能相同，但部分功能受限。

2. UNIX 类

历史上，UNIX 是大型服务器操作系统的主要选择。UNIX 在本质上可以有效地支持多任务和多用户，适合在 RISC 等高性能平台上运行。由于其提供了完善的 TCP/IP 支持，以及高稳定性和安全性，所以目前 Internet 中的较大型服务器的操作系统基本上都是 UNIX。

3. Linux 类

目前 Linux 主要应用于中、高档服务器中，这是一种新型的网络操作系统，由国外软件爱好者开发而成。其最大特点是开放源代码，即可以免费得到许多应用程序及自由修改操作系统的内核程序。中文版的 Linux 如 RedHat（红帽子）等在国内使用较多，得到了用户的充分肯定。此外，Linux 在安全性和稳定性方面的表现也是其一大特色。

本章小结

1）本章介绍计算机网络的概念，计算机网络的发展和计算机网络的分类及拓扑结构。

2）网络协议与模型部分介绍了 OSI 参考模型的分层结构及各层功能；TCP/IP 参考模型的层次结构及其功能；以及网络协议与网络服务的工作原理及对应关系。

3）本章还介绍了服务器的硬件与软件的分类及使用。

第 2 章 Windows Server 2012 R2 的安装与配置

Windows Server 2012 R2 是基于 Windows 8/Windows 8.1 以及 Windows RT 8/Windows RT 8.1 界面的服务器操作系统。提供企业级数据中心和混合云解决方案，易于部署、具有成本效益、以应用程序为重点、以用户为中心。在打算购买和进行安装前，需要做好决定：采用哪个版本的？计算机符合安装的条件吗？怎样安装比较方便？要把服务器安装成什么样子才是所需要的呢？本章将简单介绍这些问题，其中着重介绍从 CD-ROM 开始全新的 Windows Server 2012 R2 安装。

2.1 Windows Server 2012 R2 简介

2.1.1 Windows Server 2012 R2 的版本

Windows Server 2012 R2 操作系统是 Windows Server 2012 的升级版本，于 2013 年 10 月 18 日正式推出的新一代网络服务器操作系统，其功能涵盖服务器虚拟化、存储、软件定义网络、服务器管理和自动化、Web 和应用程序平台、访问和信息保护、虚拟桌面基础结构等。Windows Server 2012 R2 有 4 个版本，每个版本是应不同的需求而推出的，其主要性能比较见表 2-1。可以根据需要选用不同的版本，当然所需要的费用也是不一样的。

表 2-1 Windows Server 2012 R2 不同版本的主要性能比较

产品参数	Foundation（基础版）	Essential（精华版）	Standard（标准版）	Datacenter（数据中心版）
处理器芯片数量	1	2	64	64
内存限制	32GB	64GB	4TB	4TB
Hyper-V	否	否	是	是
支持客户端数量	15	25	依购买的客户端访问许可证数量而定	依购买的客户端访问许可证数量而定
适用场合	仅提供给 OEM 厂商	小型企业环境	无虚拟化或简单虚拟化的环境	高度虚拟化的云端环境
文件服务限制	一个独立的分布式文件系统根节点	一个独立的分布式文件系统根节点	不限	不限
远程桌面连接限制	20 个	250 个	不限	不限
虚拟化权限	不支持	一个虚拟机或一个物理服务器	两个虚拟机	不限

2.1.2 Windows Server 2012 R2 系统安装需求

要安装 Windows Server 2012 R2，还需要确认计算机是否满足安装的最低要求，表 2-2 列出了最低系统要求。

表 2-2　Windows Server 2012 R2 最低系统要求

组件	需求
处理器	64 位处理器，1.4GHz
内存	512MB
硬盘	32GB
显示器	超级 VGA(1024×768 像素) 或更高分辨率的显示器
其他	鼠标、键盘（或兼容的指针设备）、Internet、DVD 光驱

实际的需求要看具体的计算机配置以及需要安装的应用程序、所扮演的角色与所安装的功能等不同而增减。

2.1.3　Windows Server 2012 R2 安装前的准备工作

为顺利安装 Windows Server 2012 R2，建议先做好以下准备工作。

1．切断不必要的硬件连接

当前计算机如果正与打印机、扫描仪或 UPS（不断电系统）等非必要的外设连接，则在运行安装程序前应该先将其断开，比如 UPS 连接时会因为安装程序通过串行接口来检测所连接的设备，这可能会让 UPS 接收到自动关闭的错误指令，而造成计算机断电。

2．备份数据

安装过程可能会把硬盘内的数据删除，因此最好先将数据进行备份。

3．禁用病毒保护软件

病毒保护软件可能会干扰安装过程。 例如，扫描复制到本地计算机的每个文件，可能会明显减慢安装速度。

4．提供大容量存储驱动程序

如果制造商提供了单独的驱动程序文件，将该文件保存到软盘、CD、DVD 或通用串行总线（USB）闪存驱动器的媒体根目录中或 amd64 文件夹中。若要在安装期间提供驱动程序，在磁盘选择页上，单击“加载驱动程序”（或按〈F6〉键）。可以通过浏览找到该驱动程序，也可以让安装程序在媒体中搜索。

2.1.4　Windows Server 2012 R2 的安装选择

Windows Server 2012 R2 提供两种安装选择：带有 GUI 的服务器和核心服务器安装。选择带有 GUI 的服务器提供较为友好的管理界面，选择核心服务器安装能提供较为安全的环境，也可在安装完成后，再在两种环境中进行切换。

1．带有 GUI 的服务器

安装完成后的 Windows Server 2012 R2 包含图形用户界面，它提供友善的用户界面与图形管理工具，相当于 Windows Server 2008 R2 中的完全安装。

2．服务器核心安装

安装完成后的 Windows Server 2012 R2 仅提供最小化的环境，可以降低维护与管理需求，从而减少使用硬盘容量，减少被攻击面。由于没有图形管理接口，因此只能使用命令提示符、Windows PowerShell 或通过远程计算机来管理此台服务器。此安装支持以下服务器角色：

- Active Directory 证书服务
- Active Directory 域服务
- Active Directory 轻量级目录服务
- Active Directory Rights Management Services
- DHCP 服务器
- DNS 服务器
- 文件服务器
- Hyper-V
- IIS Web 服务器
- 打印和文件服务器
- Routing and Remote Access Services
- 流媒体服务
- Windows Server Update Services

2.2 Windows Server 2012 R2 的安装

2.2.1 从 CD-ROM 启动开始全新安装

从 CD-ROM 启动开始全新安装的步骤如下。

1）将计算机的 BIOS 设置为从 CD-ROM 启动，将 Windows Server 2012 R2 安装光盘放入光驱，重新启动计算机。

2）出现图 2-1 所示的界面后单击“下一步”按钮。

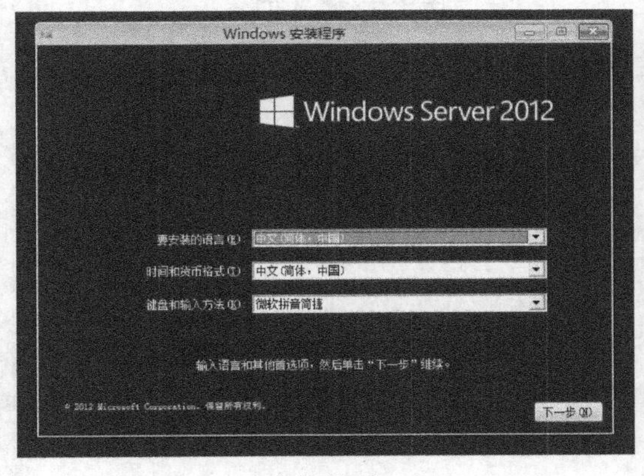

图 2-1　安装界面（1）

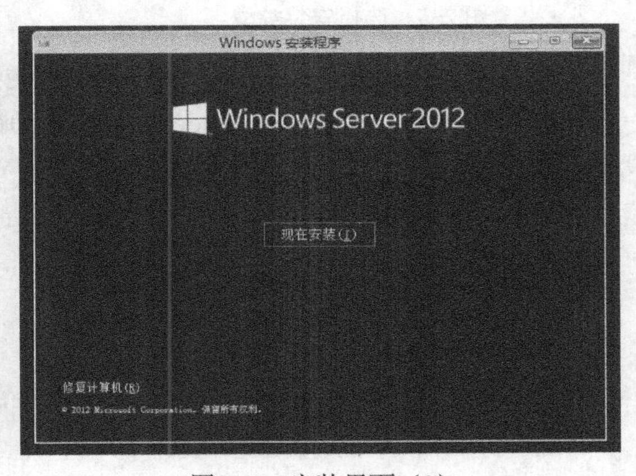

图 2-2　安装界面（2）

3）在图 2-2 中单击“现在安装”按钮。

4）在图 2-3 中选择要安装的版本（本例选择带有 GUI 的服务器）后，单击“下一步”按钮。

5）在图 2-4 中勾选“我接受许可条款”，单击“下一步”按钮。

6）在图 2-5 中单击“自定义：仅安装 Windows（高级）”。

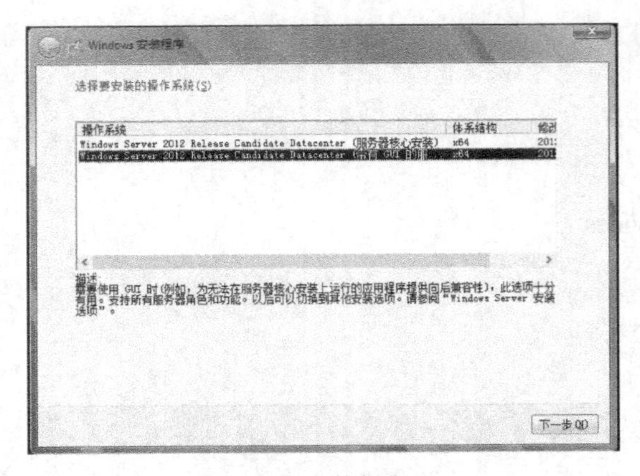

图 2-3　安装版本

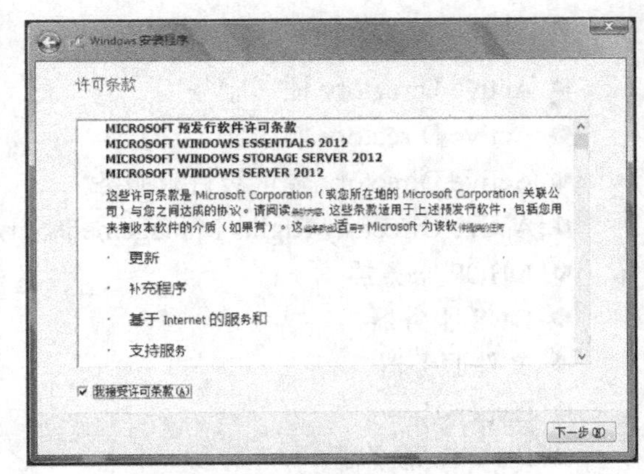

图 2-4　许可条款

7）在图 2-6 中选择“驱动器 0 未分配的空间”，单击“新建”按钮进行磁盘分区。

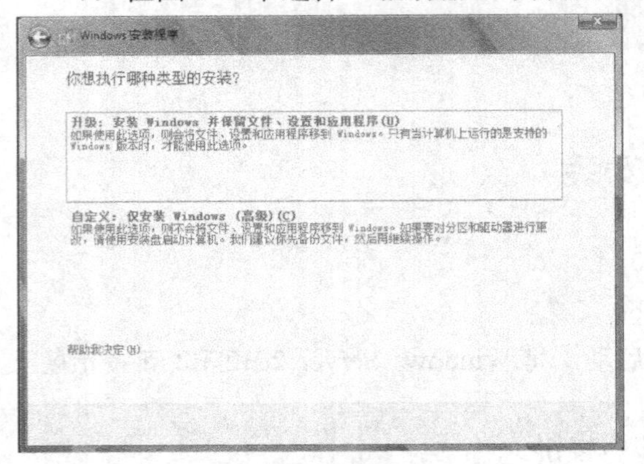

图 2-5　选择安装类型

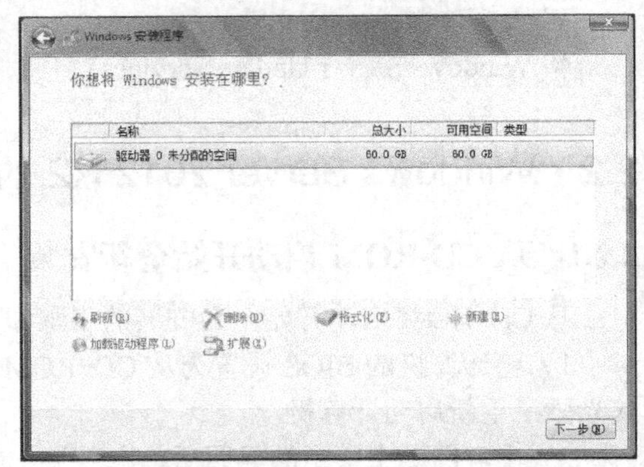

图 2-6　磁盘分区

8）在图 2-7 中选择要安装 Windows 的磁盘分区，单击“下一步”按钮。

9）安装程序开始安装 Windows Server 2012 R2，如图 2-8 所示。

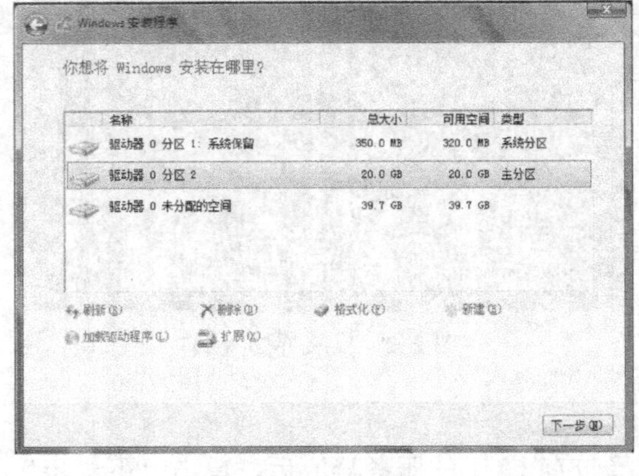

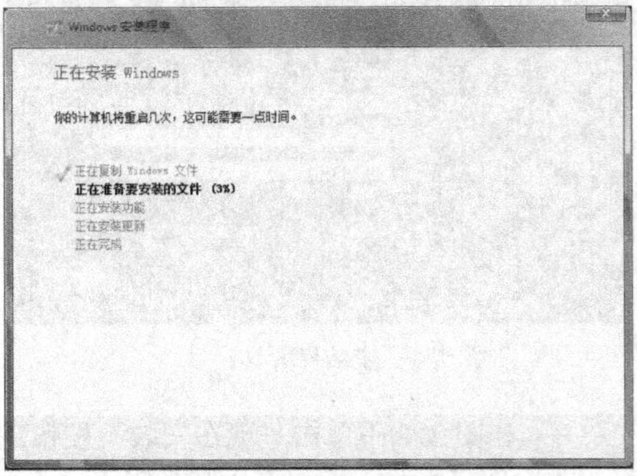

图 2-7　磁盘分区

图 2-8　安装 Windows Server 2012 R2

10）在安装过程中系统会根据需要自动重新启动。在安装完成前，会要求设置 Administrator 的密码，如图 2-9 所示。设置完密码后，按〈Enter〉键完成 Windows Server

2012 R2 系统的安装。系统完成界面如图 2-10 所示。

图 2-9　设置 Administrator 密码

图 2-10　系统完成界面

☞ **注意：**

Windows Server 2012 R2 对于账户密码的要求十分严格，无论管理员还是普通用户都要求设置强密码，且密码至少为 6 个字符，不能包含用户账户名称或全名。所谓强密码，需要至少满足下面 4 组中的 3 组条件。

- 包含大写字母（A～Z）。
- 包含小写字母（a～z）。
- 包含数字（0～9）。
- 包含特殊符号（如#、$、! 等）。

11）在图 2-10 中按〈Alt+Ctrl+Del〉组合键登录，输入管理员密码后就可以进入 Windows Server 2012 R2 系统了。系统默认自动启动“服务器管理器”窗口，如图 2-11 所示。

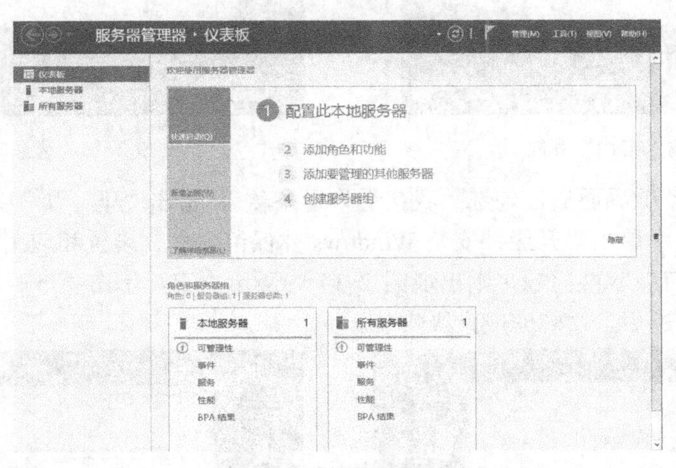

图 2-11 “服务器管理器”窗口

2.2.2　在运行 Windows 的环境中安装

如果已经安装了 Windows Server 2012 R2 之前的操作系统，并且已经启动，可以在 Windows 下开始 Windows Server 2012 R2 的安装，安装完毕后可以实现双启动。安装是利用安装光盘中的 i386 目录下的 winnt32.exe 文件进行的。

1）启动现有的 Windows 系统。

2）将 Windows Server 2012 R2 安装光盘放入光驱，通过弹出的提示窗口来执行安装程序。

3）在图 2-12 中单击“现在安装”按钮。出现图 2-5 中界面后选择“升级”安装。

4）在图 2-13 中可以选择“立即在线安装更新（推荐）”，以便确保能够顺利安装成功，但是要确保此计算机能够上网。

图 2-12 “开始安装”界面

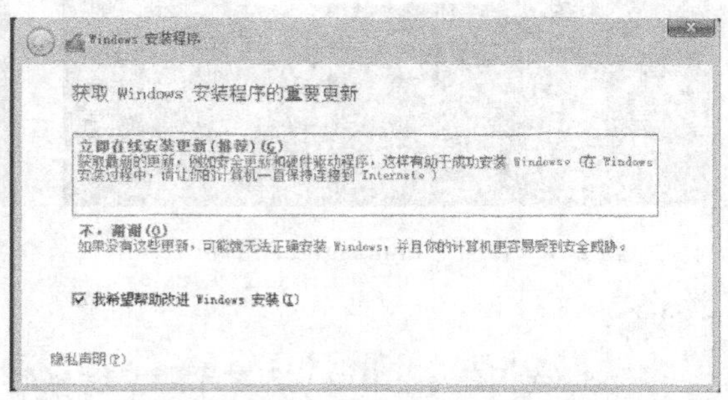

图 2-13 “在线更新”界面

5）在图 2-14 中输入产品密钥，单击“下一步”按钮。

6）在图 2-15 中选择要安装的版本，单击“下一步”按钮。

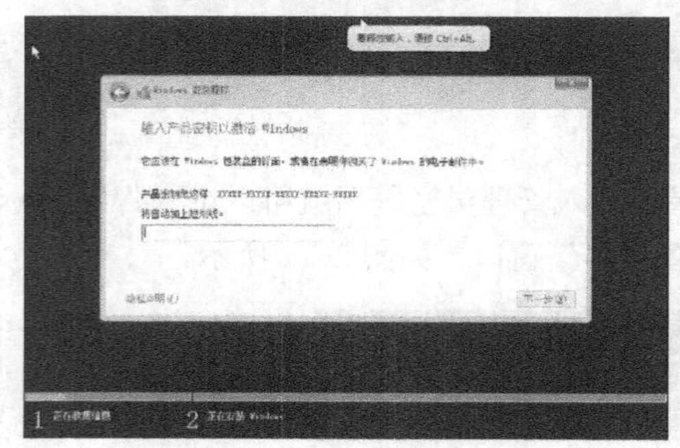

图 2-14 “输入密钥”界面

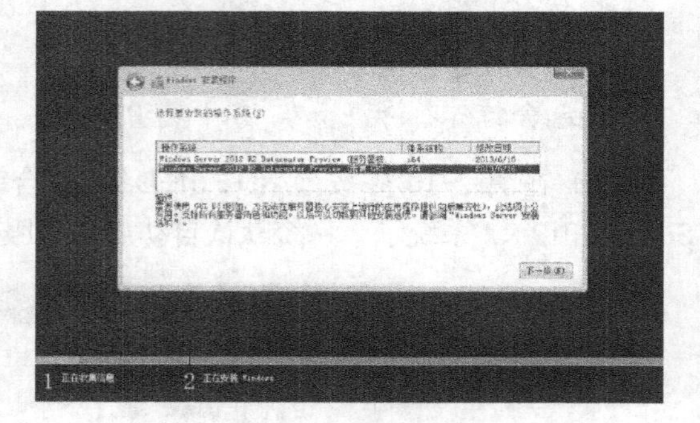

图 2-15 选择安装版本

7）出现许可条款界面后，勾选“我接受许可条款”，单击“下一步”按钮。

8）在图 2-16 中单击“升级：安装 Windows 并保留文件、设置和应用程序”。

9）若系统没有兼容性问题，则出现图 2-17 中所示内容，单击“下一步”按钮，否则需要先解决兼容性问题后，才能完成升级安装。

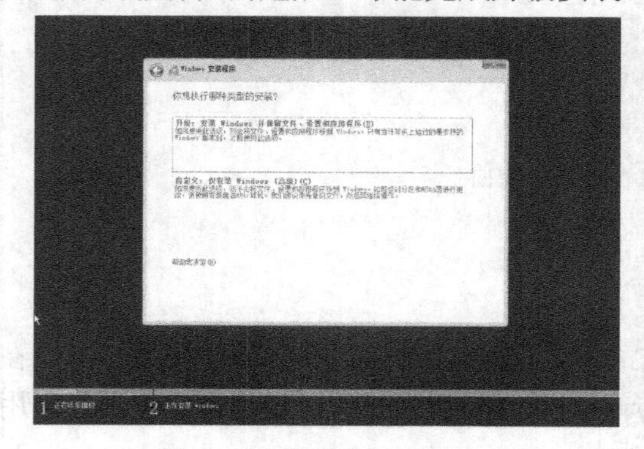

图 2-16 选择升级安装

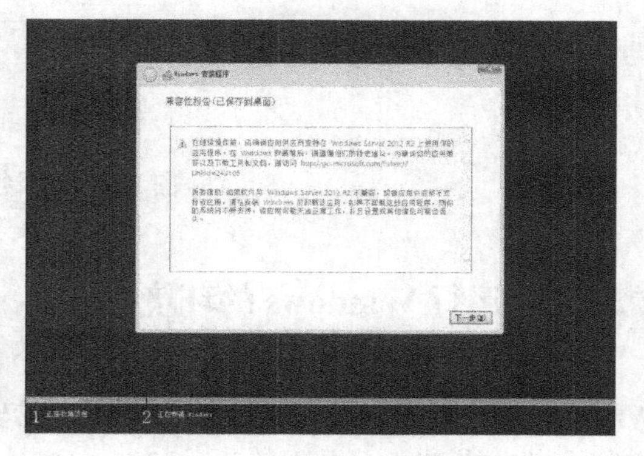

图 2-17 生成兼容性报告

10）安装程序开始执行升级操作，如图 2-18 所示。重启数次后升级安装完成。

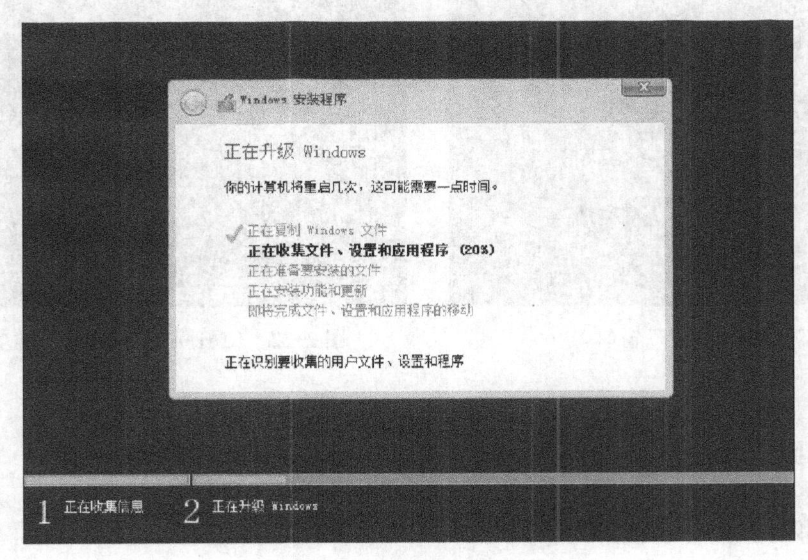

图 2-18　升级安装完成

2.2.3　注销、登录与关机

1．注销与锁屏

注销会结束当前正在运行的应用程序，若想继续使用计算机，必须重新登录。

锁屏期间运行的应用程序仍然会继续运行。若要解除锁屏，则需要输入密码。如图 2-19 所示。

2. 关机与重新启动

若要将计算机关机或重新启动，则如图 2-20 所示，先将鼠标指针移动到右下角，出现侧边栏后，单击齿轮图标，出现如图 2-21 界面后单击“电源”→“关机”或“重新启动”，在弹出的操作说明窗口中单击“继续”按钮。

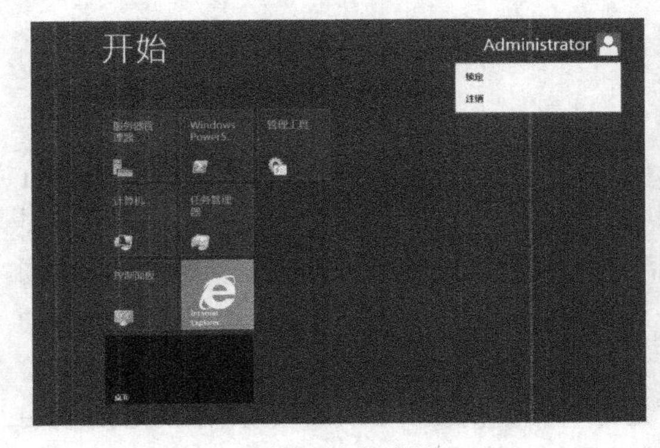

图 2-19　注销与锁屏

图 2-20　侧边栏

或直接按〈Ctrl+Alt+Del〉组合键，然后在图 2-22 所示界面中选择相应功能，在右下角可直接单击关机图标。

图 2-21　侧边栏“设置”窗口

图 2-22　〈Ctrl+Alt+Del〉快捷键功能界面

2.3　系统网络配置

2.3.1　服务的管理

Windows Server 2012 R2 为用户提供了多种多样的网络服务，如消息服务、DHCP 服务、DNS 服务等。可以使用“管理工具”中的“服务”工具对系统的服务器进行管理。步骤如下。

1）双击“管理工具”中的“服务”图标，弹出“服务”窗口，如图 2-23 所示。在窗口的左部显示的是哪台计算机上的服务，窗口的中部是本地计算机上的服务；窗口的右部显示的是各种不同的服务名称以及服务的描述。也可以选择“操作”→“连接到另一台计算机”命令，对远程计算机上的服务进行管理。

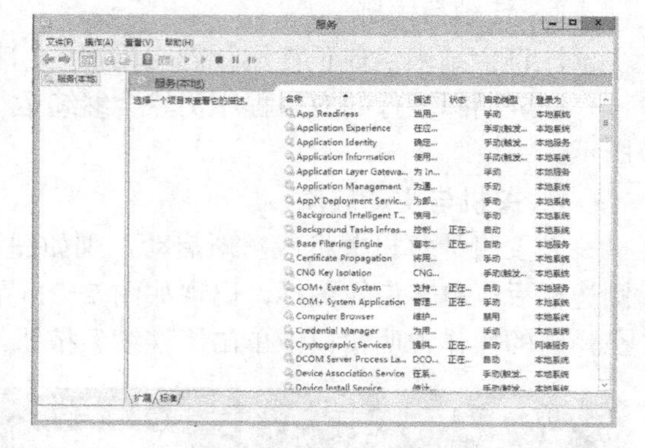

图 2-23　“服务”窗口

2）在窗口的左侧有“扩展”和“标准”两个标签。选择“扩展”标签后，在“服务”窗口中会显示服务的描述。各种服务功能及其用途可参见“服务”的描述以及以后的章节，不在此一一介绍。

3）要管理某一系统服务，直接双击“服务”图标打开“服务”的属性窗口。以 Messenger 服务为例，如图 2-24 所示，在“可执行文件的路径”文本框中显示的是为提供服务而执行的文件。“启动类型”下拉列表框用于显示 Windows Server 2012 R2 系统启动时是否自动启动该服务：“自动”表示服务随同 Windows 系统的启动而启动；“手动”表示服务不随 Windows 系统而启动，而是管理员手动启动；“禁止”则是不允许启动该服务。

“服务状态”栏显示的是该服务的状态，可以通过“服务状态”下面的按钮来控制服务的启动、停止等状态。“启动参数”文本框中显示的是启动服务时使用的参数。例如要启动 Messenger 服务，如果启动类型为“禁止”，把启动类型改为“手动”后单击“启动”按钮即可。

4）在“服务”属性窗口的“登录”选项卡中，可以设定服务是以何种登录身份运行的，默认是“本地系统账户”，如图 2-25 所示。如果要为服务指定登录身份，选择“此账户”单选按钮，然后单击“浏览”按钮打开“选择用户”对话框，选择一个登录用户后单击“确定”按钮，输入账户的密码。

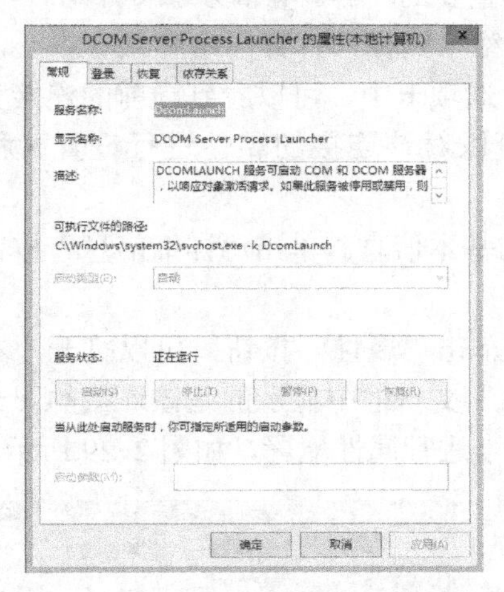

图 2-24 “Messenger 服务”属性窗口

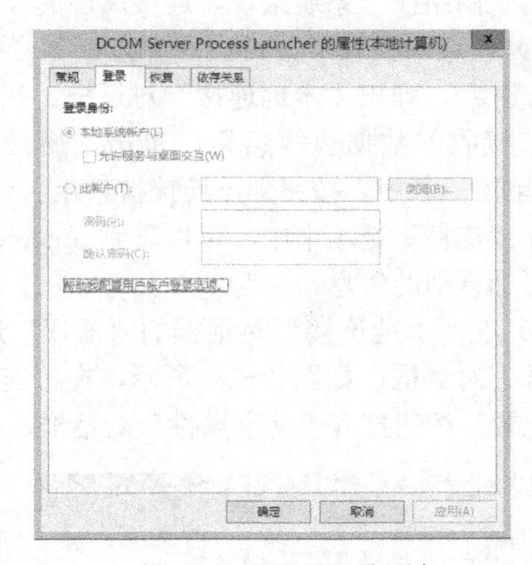

图 2-25 “登录”选项卡

在“登录”选项卡中还可以指定哪个硬件配置文件启动或者禁止该服务。如果管理员在某一个硬件配置文件中禁止了某服务，则系统启动时如果选择该硬件配置文件，系统将不启动该服务。

5）选择“恢复”选项卡，如图 2-26 所示，可以设定服务启动第一次、第二次、后续失败后系统应采取的相应操作。操作可以是“不操作”“重新启动服务”“运行一个程序”和“重新启动计算机”等。如果选择“运行一个程序”，还可以选择要运行的程序、命令行参数以及程序在何时启动；如果选择“重新启动计算机”，则可以单击“重新启动计算机”选项按钮打开“重新启动计算机选项”对话框，如图 2-27 所示，可以设置在几分钟后启动计算机以及是否向管理员发送消息。

6）在“依存关系”选项卡中，可以显示该服务依赖其他哪些服务，以及有哪些服务依赖于它。如果停止某一服务，可能导致依赖于它的其他服务不能正常工作。

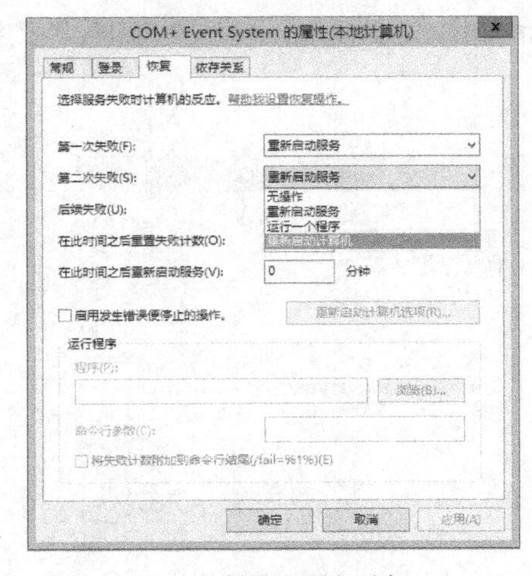

图 2-26 “恢复”选项卡

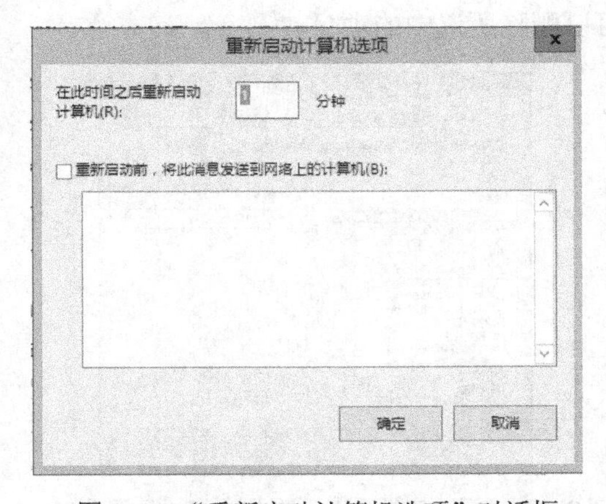

图 2-27 “重新启动计算机选项”对话框

2.3.2 网络连接

对于网络操作系统来说，连接属性的设置是至关重要的内容。设置步骤如下。

1）在桌面模式下，右击右下方任务栏中的“网络”图标，打开网络和共享中心，单击“本地连接”，弹出“本地连接”对话框。在“常规”选项卡中，可以看到当前的连接状态、发送和接收的数据包等信息。单击“属性”按钮可以对该连接的属性进行设置（稍后介绍），单击“禁用”按钮则该连接被禁止。

在“支持”选项卡中，可以看到 Internet 协议的基本信息。单击“详细信息”按钮可以得到更加详细的信息。

2）在“本地连接”对话框的“常规”选项卡中单击“属性”按钮，可以打开“本地连接属性”对话框，如图 2-28 所示。在“连接时使用”文本框中显示的是该连接的网卡，单击“配置”按钮打开“网卡属性”对话框，可以对网卡进行属性配置，如图 2-29 所示。

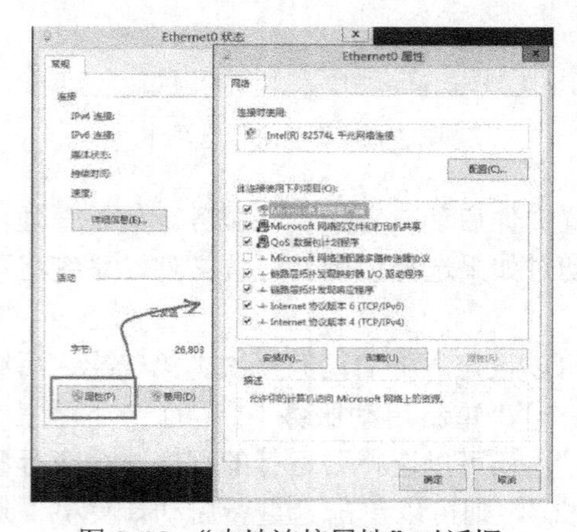

图 2-28 “本地连接属性”对话框

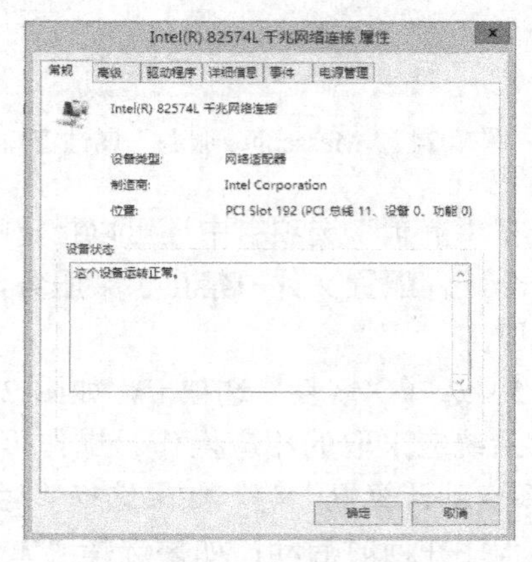

图 2-29 “网卡属性”对话框

3）在“网卡属性”对话框的“高级”选项卡中，可以设置网卡的工作速率、双工模式等，如图 2-30 所示。

4）在如图 2-28 所示的“本地连接属性”对话框中列出了此连接使用的项目。单击“安装”按钮可以添加新的网络组件，例如新的网络协议，如图 2-31 所示。单击“卸载”按钮可以删除所选中的项目。

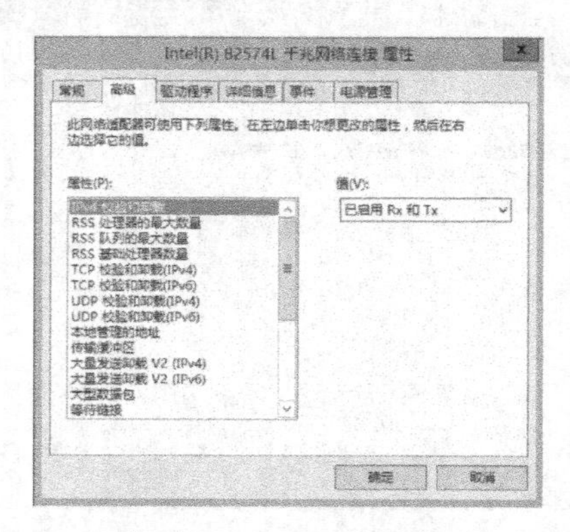

图 2-30 “网卡属性”对话框的“高级”选项卡

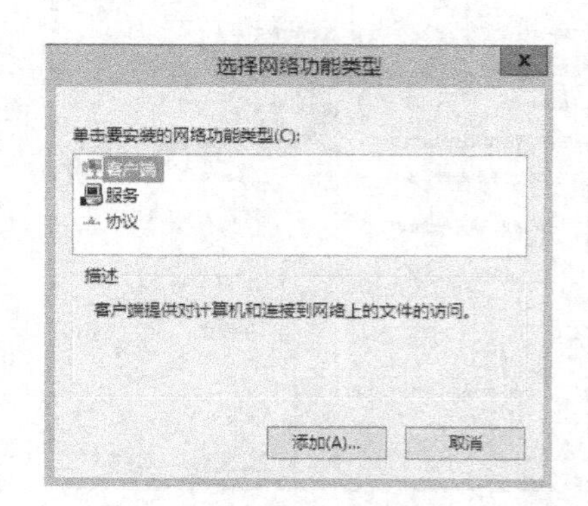

图 2-31 添加新的网络组件

5）在所有的项目中，“Internet 协议（TCP/IP）”项目是最常用的，直接在图 2-28 中双击它可以打开“Internet 协议（TCP/IP）属性”对话框，如图 2-32 所示。在“常规”选项卡中可以指定网络的 IP 地址以及 DNS 服务器的地址是自动获得的还是人工指定的值。

6）单击“高级”按钮可以打开“高级 TCP/IP 设置”对话框，如图 2-33 所示，从中可以设置多个 IP 地址、多个网关、Wins 服务器的地址等。在以后的章节中将介绍这些设置的意义。

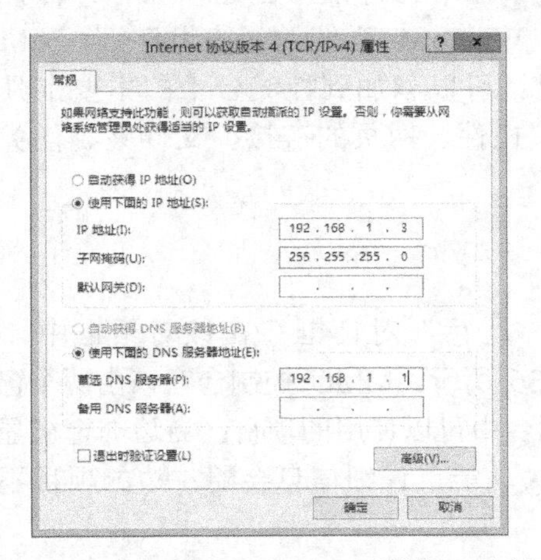

图 2-32 “Internet 协议（TCP/IP）属性”对话框

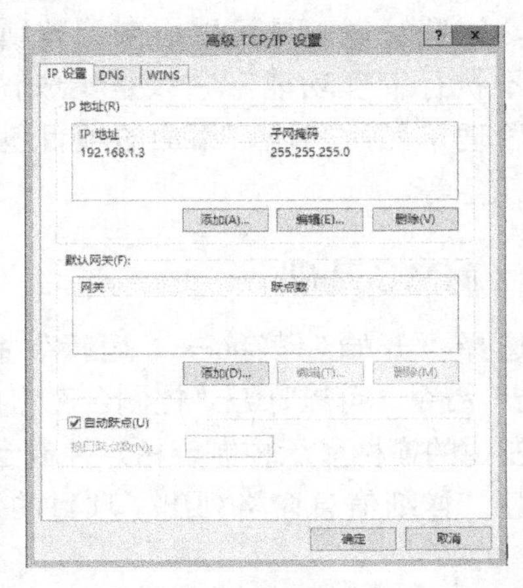

图 2-33 “高级 TCP/IP 设置”对话框

2.3.3 Windows 防火墙

1. 启用与关闭 Windows 防火墙

系统默认已经启用 Windows 防火墙，这会阻挡其他计算机与此计算机的通信。修改步骤如下：打开“开始”菜单→“控制面板”，在控制面板中选择“系统和安全”，打开 Windows 防火墙设置窗口。

2. 解除对程序的阻止

Windows 防火墙默认会阻止所有的入站连接，但是可以通过“允许应用或功能通过 Windows 防火墙”来解除阻止。单击图 2-34 中“允许应用或功能通过 Windows 防火墙”，则弹出如图 2-35 所示界面，勾选需要允许通过的应用即可。

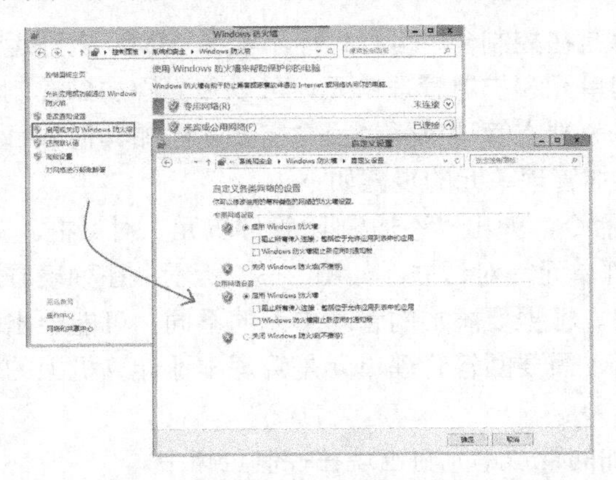

图 2-34 启用或关闭 Windows 防火墙

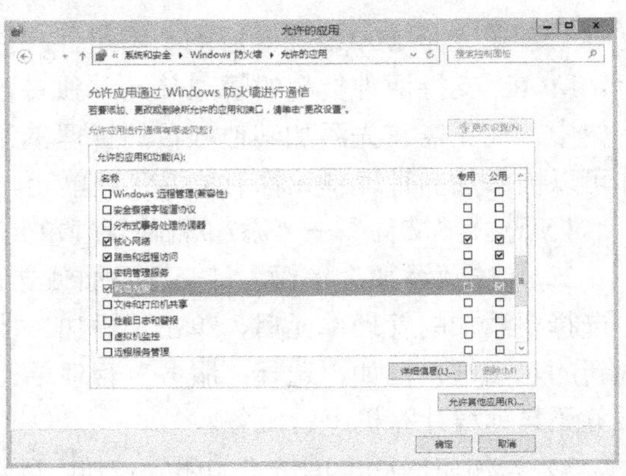

图 2-35 允许应用通过防火墙

2.4 MMC

Windows Server 2012 R2 是一个复杂的系统，要管理好系统需要有各种不同的管理工具，然而管理好这些工具本身就是一件复杂的事情，MMC（Microsoft Manage Console，微软管理控制台）提供了一个管理工具的途径。MMC 允许用户创建、保存并打开管理工具，这些管理工具可以用来管理硬件、软件和 Windows 系统的网络组件等。MMC 本身并不执行管理功能，它只是集成管理工具而已。可以添加到控制台中的主要工具类型称为管理单元，其他可添加的项目包括 ActiveX 控件、网页的链接、文件夹、任务板视图和任务等。

2.4.1 MMC 基础

选择“开始”菜单→“运行”命令，打开“运行”对话框，在该对话框中，输入“mmc”命令，可以打开“控制台”窗口，如图 2-36 所示。MMC 控制台窗口由两个窗格组成：左边的窗格显示控制台树，控制台树显示控制台中可以使用的项目；右边的窗格显示详细信息，详细信息窗格列出了项目的信息及其有关功能，详细信息会随左边的项目不同而不同。

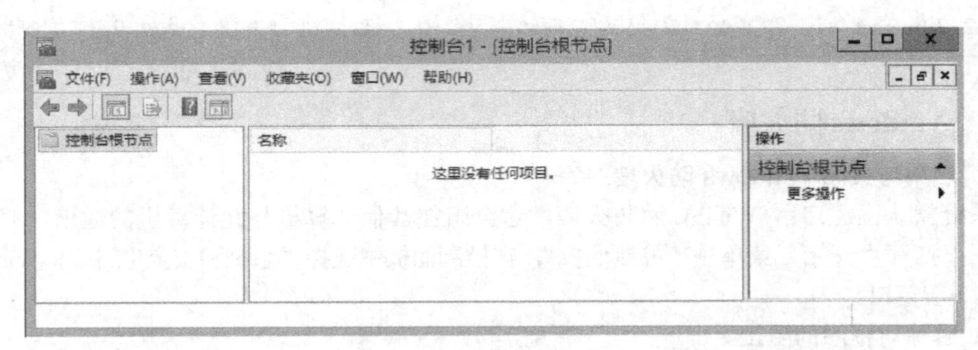

图 2-36 “控制台”窗口

2.4.2 添加 / 删除管理单元

管理单元是 MMC 控制台的基本组件，它总是在控制台中运行，而不能在 MMC 之外运行。MMC 支持两种类型的管理单元：独立管理单元和扩展管理单元。可以独立添加到控制台树中，而无需首先添加其他项目的管理单元称为独立管理单元；反之需要先添加其他项目才可以被添加的管理单元称为扩展管理单元。添加管理单元的步骤如下。

1）选择“文件”→“添加/删除管理单元”命令，弹出“添加/删除管理单元”对话框。

2）单击“添加”按钮，打开“添加独立管理单元”对话框，如图 2-37 所示，在列表框中选择要添加的管理单元后，单击“添加”按钮。根据要添加的管理单元的不同，可能会出现新的对话框，例如，选择“服务”管理单元后，需要回答管理单元是管理本地计算机上的服务还是远程计算机上的服务。

3）添加完毕后，单击“关闭”按钮，新添加的管理单元将出现在控制台树中。

4）如果需要添加扩展管理单元，选择“文件夹的扩展”标签，如图 2-38 所示。可在此页面指定要启用的扩展，以便在控制台、管理单元或扩展添加或删除功能。选项有“始终启用所有可用的扩展”和“只启用所选的扩展”，默认选择第 1 项。

5）选择“文件”→“保存”或者“另存为”命令可以保存控制台，下次直接双击控制文件打开控制台，原先添加的管理单元将仍旧存在，可以用来进行计算机的管理工作。

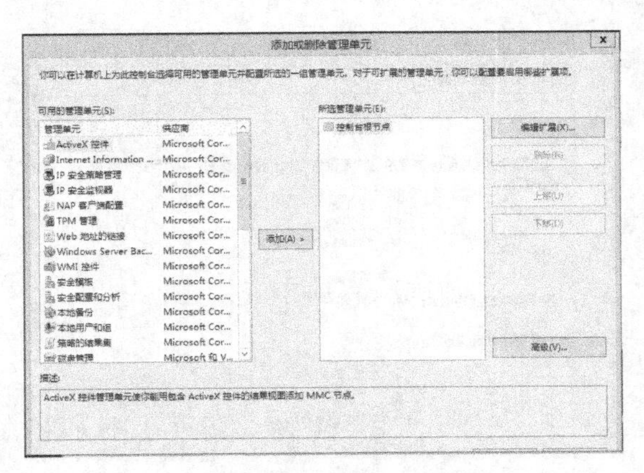

图 2-37 “添加独立管理单元”对话框

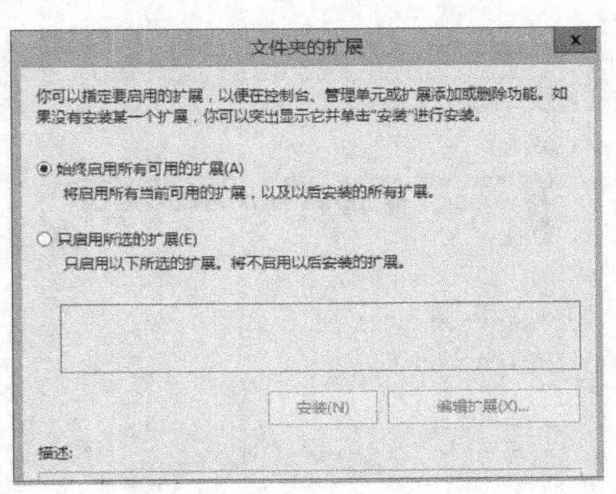

图 2-38 “扩展”标签

2.4.3 MMC 模式

控制台可以保存下来以供下次使用，然而有时想创建一个控制台给一个普通用户使用，但不想给予他在控制台中添加或者删除管理单元的权利，这种情况可以通过微软管理控制台模式来实现。控制台有两种模式：作者模式和用户模式。如果控制台为作者模式，用户既可以往控制台中添加、删除管理单元，也可以在控制台中创建新的窗口、改变视图等。而用户模式，有以下 3 种访问权限。

- 完全访问：用户不能添加、删除管理单元或者控制台的属性，但是可以访问所有的窗口管理命令，以及所有提供的控制台树的全部权限。
- 受限访问，多窗口：仅允许用户访问在保存控制台时可见的控制台树的区域，可以创建新的窗口，但是不能关闭已有的窗口。
- 受限访问，单窗口：仅允许用户访问在保存控制台时可见的控制台树的区域，允许创建新的窗口，但是阻止用户打开新的窗口。

设置控制台模式的步骤如下。

1）选择“文件”→“选项”命令，弹出“选项”对话框，如图 2-39 所示。

2）单击“更改图标”按钮可以选择一个新的图标文件，在“控制台模式”下拉列表框中选择所要设定的模式。

3）在图 2-40 中，选中“不要保存对此控制台的更改”复选框，用于用户更改控制台后，关闭控制台时不会把更改保存在控制台文件中。

4）在图 2-40 中，“允许用户自定义视图”复选框用于控制用户能否从“查看”菜单中自定义控制台右边窗格的视图（如大图标、小图标、列表等）。

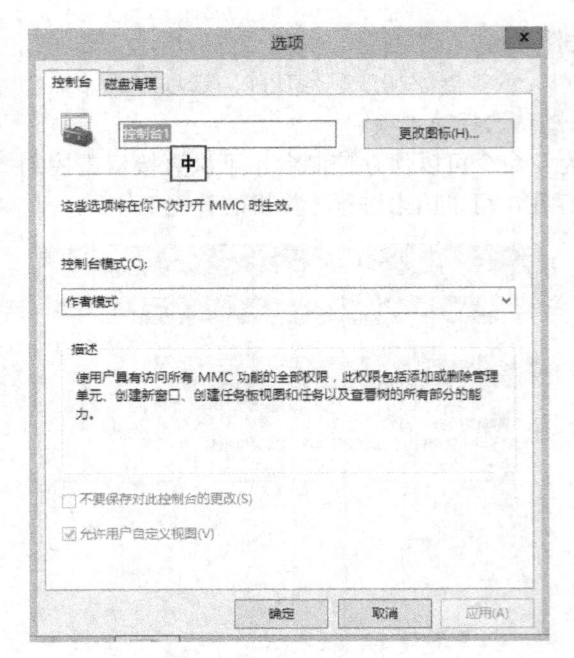

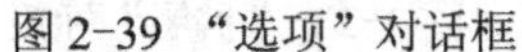

图 2-39 “选项”对话框

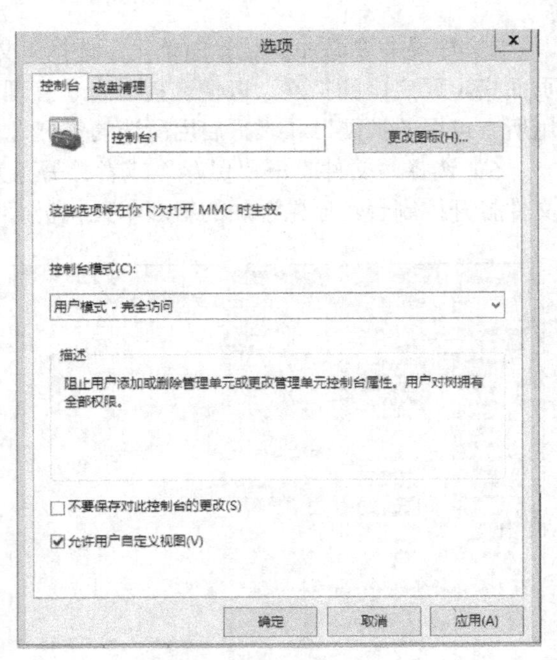

图 2-40 控制台模式设置

本章小结

1）本章首先介绍了 Windows Server 2012 R2 的 4 个版本：Foundation（基础版）、Essential（精华版）、Standard（标准版）和 Datacenter（数据中心版），不同版本所支持的性能及其使用场合是不同的。安装 Windows Server 2012 R2 前要确定计算机的配置是否满足安装的最低要求，另外，还要检查硬件的兼容性。

2）Window Server 2012 R2 有不同的安装方式，可以从 CD-ROM 开始全新的安装、升级安装等。重点介绍了从 CD-ROM 开始安装，在安装过程中要对磁盘进行分区，并把分区格式化成所需的文件系统格式。不同的文件系统（FAT 和 NTFS）有各自的特点，推荐采用 NTFS。

3）本章还简单介绍了系统网络配置以及 MMC 控制台的使用方法。

第3章　Windows网络操作系统管理基础

本章以 Windows Server 2012 为例，介绍其本地用户管理、文件系统管理等基本系统操作技能。网络操作系统（Network Operating System，NOS）是使网络上的计算机能方便而有效地共享网络资源、为网络用户提供所需的各种服务软件和相关协议的集合。网络操作系统运行在网络服务器上，在整个网络中占主导地位，指挥和监控整个网络的运转。如果说网络设备是构成网络的骨架，那么网络操作系统和相关的协议就是网络的灵魂。任何一个希望掌握网络技术的人，都应较好地掌握一到两种网络操作系统的管理和使用，只有这样才能真正了解网络的含义，并享受到网络带来的方便、快捷和高效。

3.1　本地用户的管理

每个用户都需要有一个账户，以便登录到域访问网络资源或登录到某台计算机访问该机上的资源。用户的账户类型有域账户、本地账户和内置账户。域账户用来登录网络，本地账户用来登录到某台计算机，内置账户用来对计算机进行管理。组是用户账户的集合，管理员通常通过组来对用户的权限进行设置，从而简化了管理。

3.1.1　账户的类型

在计算机网络中，计算机的服务对象是用户，用户通过账户访问计算机资源，所以用户也就是账户。所谓用户的管理也就是账户的管理。

用户通过账户名和密码来标识。账户名是用户的文本标签；密码是用户的身份验证字符串，是 Windows Server 2012 网络上的个人唯一标识。系统通过账户来确认用户的身份，并赋予用户对资源的访问权限。

账户名的命名规则如下。

- 账户名必须唯一，且不分大小写。
- 最多可包含 20 个大小写字符和数字，输入时可超过 20 个字符，但只识别前 20 个字符。
- 不能使用保留字字符："^ : ; | - , + * ? < > 。
- 可以是字符和数字的组合。
- 不能与组名相同。

为了维护计算机的安全，每个账户必须有密码。设立密码应遵循以下规则。

- 必须为 Administrator 账户分配密码，防止未经授权就使用。
- 明确是管理员还是用户管理密码，最好用户管理自己的密码。
- 密码的长度在 8～128 位之间。
- 使用不易猜出的字母组合。例如不要使用用户的名字、生日、家庭成员的名字等。
- 密码可以使用大小写字母、数字和其他合法的字符。

Windows Server 2012 服务器有两种工作模式：工作组模式和域模式。针对这两种工作模式有两种用户身份：本地账户和域账户。

1. 域和工作组的区别

在前文介绍的安装过程中，系统就询问过要将计算机加入一个域还是一个工作组。那么"域"和"工作组"到底是什么?又有什么区别呢?域和工作组都是由一些计算机组成的，比如可以把公司的每个部门组织成一个域或者一个工作组。这种组织关系和物理上计算机之间的连接没有关系，是逻辑意义上的。一个网络中可以创建多个域和多个工作组。

域和工作组之间的区别可以归结为以下几点。

1）创建方式不同。工作组可以由任何一个计算机的主人来创建，用户在"计算机名称更改"对话框中输入新的组名，重新启动计算机就创建了一个新组。每一台计算机都可以创建一个组。如图 3-1 所示。

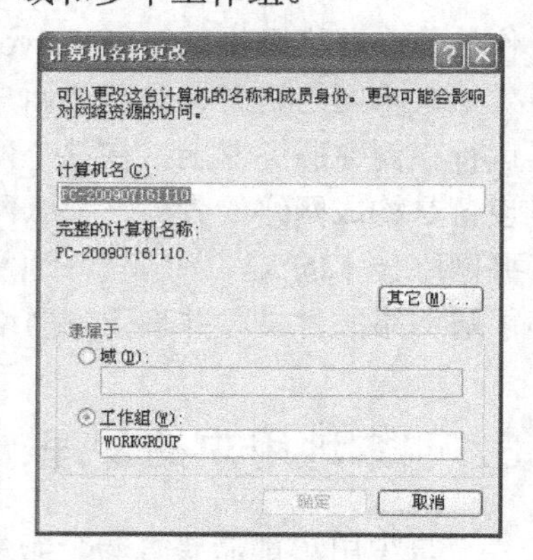

图 3-1　新工作组的创建

2）安全机制不同。在域中有可以登录该域的账户，这些由域管理员来建立。在工作组中不存在组账户，只有本机上的账户和密码。

3）登录方式不同。在工作组方式下，计算机启动后自动就在工作组中。登录域时要提交域用户名和密码，一旦登录，便被赋予相应的权限。

2. 本地账户

本地账户对应对等网的工作组模式，建立在非域控制器的 Windows Server 2003 独立服务器、成员服务器以及 Windows 客户端。本地账户只能在本地计算机上登录，无法访问域中其他计算机资源。本地计算机上有一个管理账户数据的数据库，称为 SAM（Security Accounts Managers，安全账户管理器）。SAM 数据库文件路径为\windows\system32\config\SAM。在 SAM 中，每个账户被赋予唯一的 SID（Security Identifier，安全识别号），用户要访问本地计算机，都需要经过该机 SAM 中的 SID 验证。

本地的验证过程都由创建本地账户的本地机完成，没有集中的网络管理。

3. 域账户

域账户对应域模式网络。域账户和密码存储在域控制器上的 AD 数据库中，域数据库的路径为域控制器中的\windows\NTDS\NTDS.DIT，因此，域账户和密码被域控制器集中管理。

本地的验证过程都由创建本地账户的本地机完成，没有集中的网络管理。用户可以利用域账户和密码登录域，访问域内资源。域账户建立在 Windows Server 2012 域控制器上，域账户一旦建立，会自动地被复制到同域中的其他域控制器上。复制完成后，域中的所有域控制器都能在用户登录时提供身份验证功能。

4. 内置账户

Windows Server 2012 中还有一种账户叫内置账户，它与服务器的工作模式无关。当 Windows Server 2012 安装完毕后，系统会在服务器上自动创建一些内置账户。经常使用的内置账户有 Administrator 和 Guest。Administrator（系统管理员）拥有最高的权限，管理着 Windows Server 2012 系统和域。系统管理员的默认名字是 Administrator，可以更改系统管理员的名字，但不能删除该账户。该账户无法被禁止，永远不会到期，不受登录时间和只能使用指定计算机登录的限制。

Guest（来宾）是为临时访问计算机的用户提供的。该账户自动生成，且不能被删除，可以更改名字。Guest 只有很少的权限，默认情况下，该账户被禁止使用。当希望局域网中的用户都可以登录到自己的计算机，但又不愿意为每一个用户建立一个账户时，就可以启用 Guest。

3.1.2 本地账户

1．创建本地账户

本地账户是工作在本地机的，只有系统管理员才能在本地创建用户。下面举例说明如何创建本地用户。例如在 Windows 独立服务器上创建本地 Userl 的操作步骤如下。

1）选择“管理工具”→“计算机管理”→“本地用户和组”选项，在弹出的“计算机管理”窗口中用鼠标右键单击“用户”选项，选择“新用户”命令，如图 3-2 所示。

2）弹出“新用户”对话框，如图 3-3 所示。该对话框中的选项介绍如下。

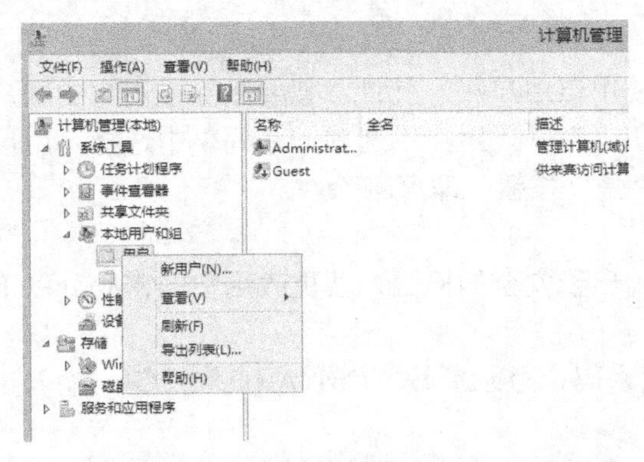

图 3-2 “计算机管理”窗口

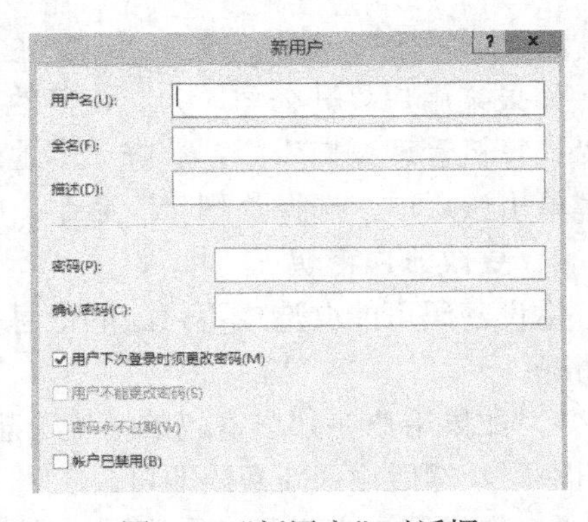

图 3-3 “新用户”对话框

- 用户名：系统本地登录时使用的名称。
- 全名：用户的全称。
- 描述：关于该用户的说明文字。
- 密码：用户登录时使用的密码。设置密码时，至少有 6 个字符，同时要求至少要包含 A～Z，a～z，0～9，非字母数字（如!、￥、#、%）4 组符号中的 3 组，区分字母的大小写，否则为无效密码。
- 确认密码：为防止密码输入错误，需再输入一遍。
- 用户下次登录时须更改密码：用户首次登录时，使用管理员分配的密码，当用户再次登录时，强制用户更改密码。用户更改后的密码只有自己知道，这样可保证安全使用。
- 用户不能更改密码：只允许用户使用管理员分配的密码。
- 密码永不过期：密码默认的有限期为 42 天，超过 42 天系统会提示用户更改密码。选中此项表示系统永远不会提示用户修改密码。
- 账户已停用：选中此项表示任何人都无法使用这个账户登录。适用于某员工离职时，防止他人冒用该账户登录。

用户账户建立完成后，可先注销，再利用新建立的账户练习登录，如图 3-4 所示。

2．更改账户名

要对已经建立的账户更改登录名，则在“计算机管理”中→“本地用户和组”→“用户”列表中选择，用鼠标右键单击该账户，选择“重命名”命令输入新名字，如图 3-5 所示。

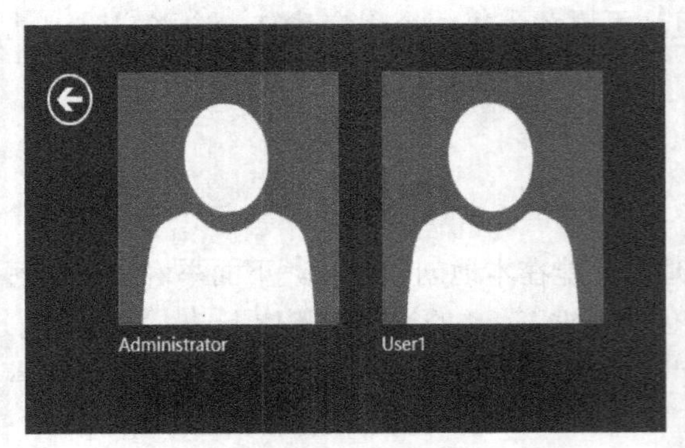

图 3-4　新账户登录

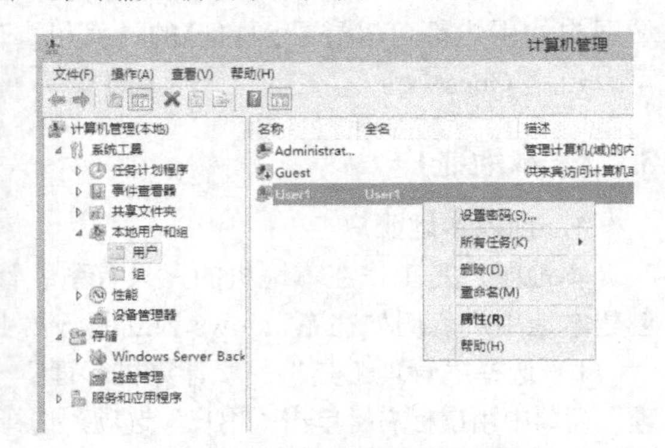

图 3-5　更改账户名与删除账户

3．删除账户

如果某用户离开公司，为防止其他用户使用该用户账户登录，就要删除该用户的账户。在“计算机管理窗口”中，选择“本地用户和组”→“用户”选项，在列表中选择，用鼠标右键单击该账户，选择“删除”命令；单击“是”按钮，即可删除。

4．更改账户密码

重设密码可能会造成不可逆的信息丢失。出于安全的原因，要更改用户的密码分以下几种情况。

1）如果用户在知道密码的情况下想更改密码，登录后按〈Ctrl+Alt+Del〉键，输入正确的旧密码，然后输入新密码即可。

2）如果用户忘记了登录密码，则使用“密码重设盘”来进行密码重设。密码重设只能用在本地机中。

创建密码重设盘的步骤如下。

1）登录后按〈Ctrl+Alt+Del〉键，单击“更改密码”按钮，弹出“更改密码”对话框，单击“创建密码重置盘”按钮，如图 3-6 所示。

图 3-6　创建密码重置盘

2）弹出“忘记密码向导”对话框，单击“下一步”按钮。按照提示，插入一张 U 盘，单击“下一步”按钮。

3）输入当前的密码，单击“下一步”按钮，系统开始创建密码重设盘。如果忘记密码，可利用密码重设盘设置新密码。

利用密码重设盘设置新密码步骤如下。

1）在登录输入密码有误时，会弹出对话框，单击“重设”按钮重设密码向导对话框，单击“下一步”按钮。

2）弹出“插入密码重设盘”对话框，将密码重设盘插入 U 盘，单击“下一步”按钮。

3）输入新密码及密码提示。单击“下一步”按钮。打开“正在完成密码重设向导”对话框，单击“完成”按钮。

如果没有密码重设盘，就需要请系统管理员为用户设置新密码，步骤是单击“计算机管理”→“本地用户和组”，在“用户”选项列表中选择，用鼠标右键单击该账户，选择“设置密码”命令，如图 3-7 所示。缺点是用户密码改变后，将无法访问有些受保护的数据，例如用户加密文件、存储在本机用来连接 Internet 的密码等。

5. 禁用与激活账户

当某个用户长期休假或离职时，就要禁用该用户的账户，不允许该账户登录。该账户信息会显示为“×”。禁用与激活一个本地账户的步骤如下。

1）用鼠标右键单击该账户，选择“属性”命令，如图 3-8 所示。

2）弹出“User1 属性”对话框，选择“常规”选项卡，选中“账户已禁用”复选框，如图 3-8 所示。单击“确定”按钮，该账户即被禁用。

3）如果要重新启用某账户，只要取消选中“账户已禁用”复选框即可。

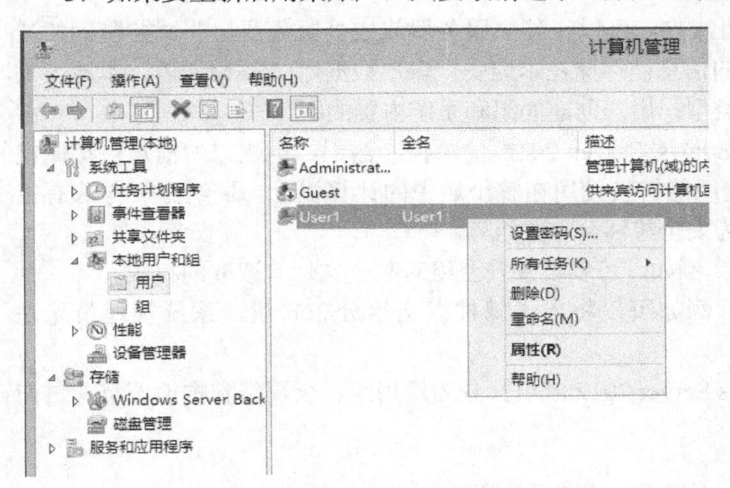

图 3-7　重设账户密码

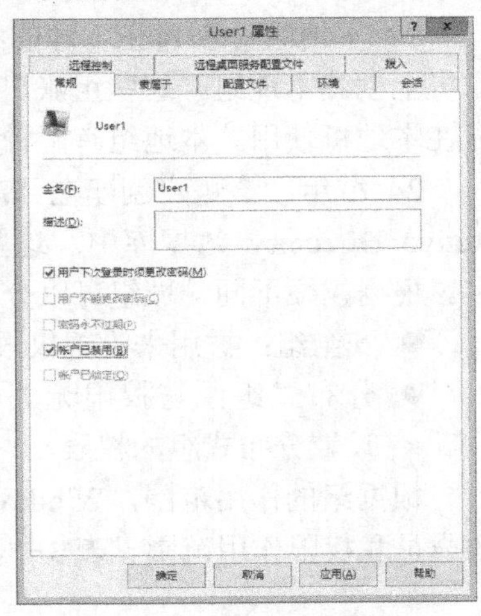

图 3-8　禁用本地账户

3.2　组的管理

3.2.1　组的概念

1. 什么是组

在前面提到过工作组是 Windows Server 2012 安全机制的一个部分，那么这个组到底是什么意思?在什么情况下会用到组呢?可以把组看作用户都归到一个组中，只要给这个组分配此权限，组内的用户就都会拥有此权限。就好像给一个班级发了一个通知，班级内的所有学生都会收到这个通知一样。组是为了方便管理用户的权限而设计的。

组是指本地计算机或 Active Directory 的对象，包括用户、联系人、计算机和其他组。在 Windows Server 2012 中，通过组来管理用户和计算机对共享资源的访问。如果赋予某个组访问某个资源的权限，这个组的用户都会自动拥有该权限。引入组的概念主要是为了方便管理访问权限相同的一系列用户账户。

例如，销售部的员工可能需要访问所有与销售相关的资源。这时不用逐个向该部门的员工授予对这些资源的访问权限，而是可以使员工成为销售组的成员，以使用户自动获得该组的权限。如果某个用户日后调往另一部门，只需将该用户从组中删除，所有访问权限即会随之撤销。与逐个撤销对各资源的访问权限相比，该技术相当便利。

Windows Server 2012 也使用唯一安全标识符 SID 来跟踪组。权限的设置都是通过 SID 进行的，不是利用组名。更改一个组账户名，并没有更改该组的 SID。这意味着在删除组之后又重新创建该组，不能期望所有权限和特权都与以前相同。新的组将有一个新的安全标识符，旧组的所有权限和特权都将丢失。

在 Windows Server 2012 中，用组账户来表示组。用户可通过用户账户登录计算机，但不能通过组账户登录计算机。

2. 组的类型

与用户账户一样，根据 Windows Server 2012 服务器的工作组模式和域模式，组分为本地组和域组。

1）本地组：创建在本地的组账户。可以在独立服务器或成员服务器、非域控制器的计算机上创建本地组。这些组账户的信息被存储在本地安全账户数据库（SAM）内。本地组只能在本地机使用。本地组有两种类型：用户创建的组和系统内置的组。

2）域组：该账户创建在 Windows Server 2012 的域控制器上，组账户的信息被存储在 Active Directory 数据库中。这些组能够被使用在整个域中的计算机上。域组分类方法有很多。根据权限不同，域组可以分为安全组和分布式组。

- 安全组：被用来设置权限。例如，可以设置安全组对某个文件有读取的权限。
- 分布式组：与权限无关，例如可以将电子邮件发送给分布式组。系统管理员无法设置分布式组的权限。

根据组的作用范围，Windows Server 2012 域组又分为通用组、全局组和本地域组，它们的成员和权限作用范围见表 3-1。

表 3-1　组成员与权限

特性 \ 组	通用组	全局组	本地域组
成员	所有域的用户、全局组、通用组。不包括任何域的本地域组	同一域的用户、全局组	所有域的用户、全局组、通用组。同一域的本地域组
权限范围	所有域	所有域	同一域
转换	可以转换为本地域组，可以转换为全局组（只要该组的成员不含通用组）	可以转换为通用组（只要该组不是隶属于任何一个全局组）	可以转换为通用组（只要该组的成员不含本地域组）

3.2.2　创建本地组

创建本地组的用户必须是 Administrators 组或 Account Operators 组的成员。建立本地组并在本地组中添加成员的步骤如下。

1）以 Administrator 身份登录。选择“管理工具”→“计算机管理”→“本地用户和组”→“组”选项，用鼠标右键单击“组”选项，选择“新建组”命令，如图 3-9 所示。

2）弹出“新建组”对话框，输入组名、组的描述，单击“添加”按钮即可把已有的账户或组添加到该组中。该组的成员在“成员”列表框中列出，如图 3-10 所示。

3）单击“创建”按钮完成创建工作。本地组用背景为计算机的两个人头像表示。

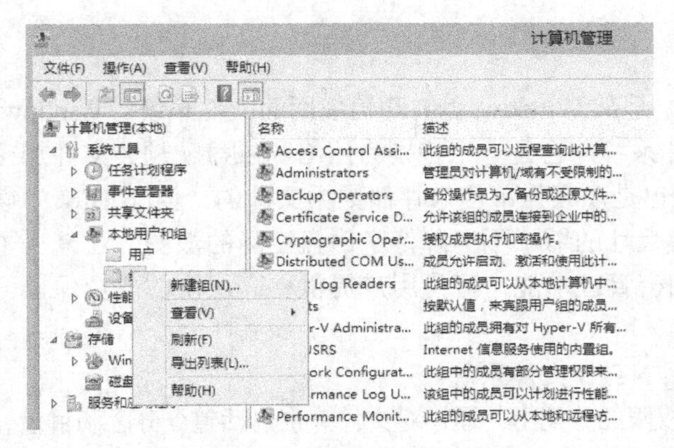

图 3-9　创建本地组　　　　图 3-10 “新建组”对话框

3.2.3　管理本地组

在“计算机管理”窗口右部的组列表中，用鼠标右键单击选定的组，选择快捷菜单中的相应命令可以删除组、更改组名，或者为组添加或删除组成员，如图 3-11 所示。

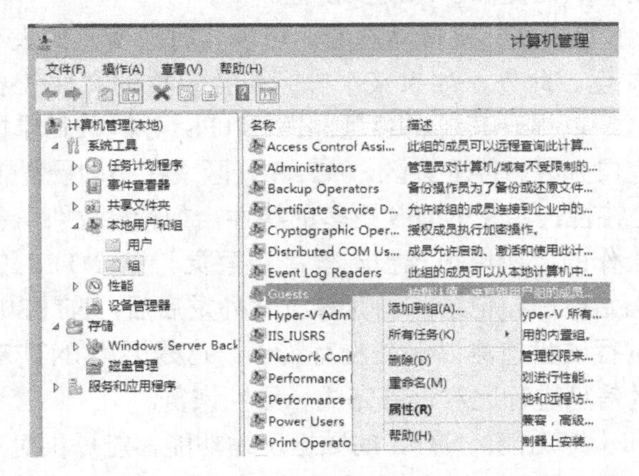

图 3-11 “计算机管理”窗口

3.3　文件权限

文件权限使管理员能够管理用户对 Windows 计算机上文件系统资源的访问。Windows 是通过设置文件权限来保护数据安全的。文件权限分很多种，有共享文件夹权限、NTFS 权限等。

文件系统指文件命名、存储和组织的总体结构：在安装 Windows、格式化现有的卷或者安装新的硬盘时，首先要进行文件系统的选择。Windows Server 2012 使用 ReFS 和 NTFS 文件系统。

ReFS（Resilient File System，弹性文件系统）是在 Windows 8.1 和 Windows Server 2012 中新引入的一个文件系统，目前只能应用于存储数据，还不能引导系统，并且在移动媒介上也无法使用。ReFS 是与 NTFS 大部分兼容的，其主要目的是为了保持较高的稳定性，可以自动验证数据是否损坏，并尽力恢复数据。下面主要以 NTFS 文件系统为例进行讲解。

3.3.1 NTFS 文件系统

NTFS（New Technology File System）是从 Windows NT 开始使用的文件系统。Windows Server 2012 也推荐使用这种高性能的文件系统，它是一个特别为网络和磁盘配额、文件加密等管理安全特性设计的磁盘格式。NTFS 也是以簇为单位来存储数据文件的，但 NTFS 中簇的大小并不依赖于磁盘或分区的大小。簇尺寸的缩小不但降低了磁盘空间的浪费，还减少了产生磁盘碎片的可能。NTFS 支持文件加密管理功能，可为用户提供更高层次的安全保证。NTFS 文件系统具有如下功能。

- 支持域的管理：域控制器需要使用 NTFS 文件系统。
- 文件权限分配：这主要体现在文件权限的分配上。通过对文件（也包括整个分区和目录）权限的分配，可以限制任何用户对文件的访问，这对于多用户环境管理来说极其重要。
- 磁盘配额功能：在 NTFS 文件系统下可以进行磁盘配额管理。磁盘配额是指管理员可分配和限制用户所能使用的磁盘空间，每个用户只能使用最大配额范围内的磁盘空间。设置磁盘配额后，还可以对每个用户的磁盘使用情况进行跟踪和控制。这项功能使得管理员可方便合理地为用户分配存储资源，避免可能由于磁盘空间使用的失控造成系统崩溃，从而提高了系统安全性。
- 动态磁盘管理：NTFS 5.0 支持动态卷，可以实时改变卷的大小而不用重启或退出系统，也不用格式化。此外，如果某个分区包含重要的文件信息，可以为这个分区创建动态镜像分区，以提升其逻辑容量。在 NTFS 分区的目录中加载分区没有格式和磁盘限制，即空白分区、FAT 分区、NTFS 分区或在不同硬盘上的分区都可以加载。
- 更多的系统后台特性：由于 NTFS 更多的特性，如稀疏文件、重装入点、卷装入点等都是处于后台工作的，所以很难被一般用户察觉。以 NTFS 的可恢复特性为例，文件系统中的日志始终都在记录，当计算机意外重启后，NTFS 分区不会像 FAT 分区那样需要系统进行磁盘检测以保证没有错误。这是因为 NTFS 会在第一时间将日志记录与当前分区信息进行比对，并完成一致性恢复。
- 数据 EFS 加密和压缩功能：NTFS 的数据压缩功能，能提供对单个文件、目录及分区的数据压缩以节约磁盘空间，由于这种压缩是文件系统级的，因此效率较高，而且被压缩的内容能被任何基于 Windows 的应用程序直接读写，无须解压缩软件。NTFS 的 EFS 数据加密功能提供透明加密，具备访问权限的用户访问加密数据时与访问其他内容毫无区别，而无访问权限的用户则被告知无权访问。如果没有加密用户的账户和密码，即使具备计算机管理员权限的用户也无法访问。由于这两种属性都是基于文件系统的，所以只有分区被破坏或格式化才能被去除。
- Unicode 统一编码支持：NTFS 文件系统支持 Unicode 统一编码。对于资料交流来说，不同计算机系统的不同字符编码是很大的障碍，Unicode 的出现就是为了解决不同语言系统间兼容性问题的。只要是使用 Unicode 编码的文件，在任意支持 Unicode 的系统平台上都可被正确打开，而不会出现乱码。
- NTFS 元数据恢复记录：NTFS 元数据恢复记录可帮助用户在断电或发生其他系统问题时尽快地恢复信息。该功能允许在重新启动计算机后不等待运行 chkdsk.exe 即可立刻访问卷。

3.3.2 NTFS 权限类型

Windows Server 2012 的 NTFS 磁盘上提供 NTFS 权限，NTFS 权限是指系统管理员或文件拥有者赋予用户和组访问某个文件和文件夹的权限，即允许或禁止某些用户或组访问文件或文件夹，以实现对资源的保护。NTFS 权限可以应用在本地或在域中。

NTFS 文件系统为卷上的每个文件和文件夹建立了一个访问控制列表（ACL），ACL 中列出了用户和组对该文件或文件夹所拥有的访问权限。当用户或组访问该资源时，ACL 首先查看该用户或组是否在 ACL 上，如果不在 ACL 上，则无法访问这个文件或文件夹；再比较该用户的访问类型与在 ACL 中的访问权限是否一致，如果一致就允许用户访问该资源，否则就无法访问。

1．NTFS 文件权限类型

NTFS 文件权限是应用在文件上的 NTFS 权限，用来控制用户对文件的访问。下面按照权限从小到大的顺序来做进一步说明。

- 读取（Read）：允许用户读取文件，查看文件的属性（只读、隐藏、存档、系统），查看文件的所有者及其权限。
- 写入（Write）：允许用户改写文件，改变文件的属性，查看文件的所有者及其权限。
- 读取与执行（Read&Execute）：允许用户运行应用程序，执行读取权限操作。
- 修改（Modify）：允许用户修改或删除文件，执行写入权限，执行读取与执行权限。
- 完全控制（Full Control）：允许用户修改文件 NTFS 权限并获得文件所有权，允许用户执行修改权限。

2．NTFS 文件夹权限类型

文件夹权限用来控制用户对文件夹和该文件夹下的文件及子文件夹的访问。默认情况下该文件夹下的文件及子文件夹继承该文件夹的 NTFS 权限，所以通过对文件夹 NTFS 权限的设置可以赋予该文件夹下的文件及其子文件夹 NTFS 权限。下面列出了 NTFS 文件夹权限的具体内容。

- 读取（Read）：允许用户查看文件夹内的文件和子文件夹，查看文件夹的属性、所有者及其权限。
- 写入（Write）：允许用户在文件夹中创建新文件和子文件夹，改变文件夹的属性，查看文件夹的所有者及其权限。
- 列出文件夹内容（List Folder Contents）：允许用户查看文件夹内的文件和子文件夹的内容。
- 读取与执行（Read&Execute）：允许用户把文件夹移动到其他文件夹中，即使用户没有其他文件夹的权限，执行读取权限，执行列出文件夹内容操作。
- 修改（Modify）：允许用户删除文件夹，并对文件夹有写入权限和读取与执行权限。
- 完全控制（Full Control）：允许用户修改文件夹 NTFS 权限并获得文件夹所有权、删除子文件夹和文件的 NTFS 权限。允许用户执行其他所有权限。

3.3.3 NTFS 权限规则

用户账户可能会属于多个组，如果每个组对某个资源拥有不同的权限，那么该账户的用户对该资源到底拥有什么样的权限呢?对于这种多重权限，NTFS 遵循下面的规则分配用户文件权限的优先级。

1．NTFS 权限的累积

用户对某文件的有效权限是分配给该用户和该用户所属的所有组的 NTFS 权限的总和。例如，用户 User1 同时属于组 Group A 和组 Group B，它们对某文件的权限分配如表 3-2 所示。

表 3-2　NTFS 权限的累积实例

用户和组	权　限
User1	写入
Group A	读取
Group B	运行

则用户 User1 的有效权限为这 3 个权限的总和，即“写入+读取+运行”。

2．文件权限优先于文件夹权限

如果既对某文件设置了 NTFS 权限，又对该文件所在的文件夹设置了 NTFS 权限，文件的权限高于文件夹的权限。例如，用户 User1 对文件夹 C:\data 有“读取”权限，但该用户又对文件 C:\data\exereise.txt 有“修改”权限，则该用户最后的有效权限为“修改”。

3．拒绝权限优先于其他权限

当用户对某资源同时拥有拒绝权限和其他权限时，拒绝权限优先于其他权限。“拒绝优先”提供了强大的手段来保证文件或文件夹被适当保护。例如，用户 User1 同时属于组 Group A 和组 Group B，它们对某文件的权限分配如表 3-3 所示。

表 3-3　NTFS 拒绝权限优先于其他权限实例

用户和组	权　限
User1	读取写入
Group A	拒绝写
Group B	写入

用户 User1 的有效权限为“读取”。因为 User1 是 Group A 的成员，Group A 对该文件的权限是“拒绝写”，根据拒绝权限优先于其他权限，Group B 赋予成员 User1 写入的权限不生效。

4．NTFS 权限的继承

默认情况下，分配给父文件夹的权限可被子文件夹和包含在父文件夹中的其他文件继承。可以阻止这种权限的继承，这样该子文件夹和文件的权限将被重新设置。

3.3.4　NTFS 权限设置

NTFS 权限设置就是将某个文件或文件夹赋予用户怎样的权限，包括设置文件、文件夹的权限，删除继承权限，设置 NTFS 特殊权限。

1．设置文件夹的 NTFS 权限

对于指定的文件夹，只有其拥有者（CREATOR OWNER）、管理员和有完全控制权限的用户才可以设置其 NTFS 权限。下面举例说明这样的用户如何将该文件夹的权限赋予其他用户。例如，要设置 User 组的用户 User1 对 C:\data 文件夹拥有“修改”的权限，具体操作步骤如下。

1）在“文件夹”中用鼠标右键单击 data 文件夹，选择“属性”命令，打开“data 属性”对话框，单击“安全”选项卡中的“编辑”按钮，打开“data 的权限”对话框如图 3-12 所示，图中的文件夹已有些默认权限设置，这是从 C：继承的，如灰色对钩表示的权限。

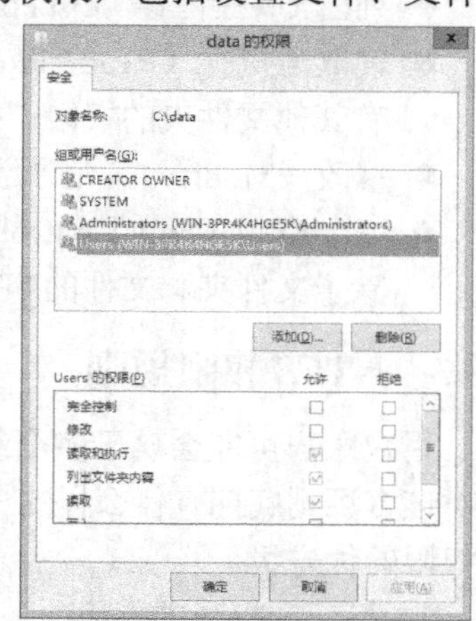

图 3-12　“安全”选项卡

2）单击“添加”按钮，打开“选择用户或组”对话框，单击“高级”按钮，弹出如图 3-13 所示的对话框。在单击“立即查找”按钮，输入 User1，单击“确定”按钮。在权限列表中单击“修改”项的“允许”复选框，如图 3-14 所示，单击“确定”按钮。

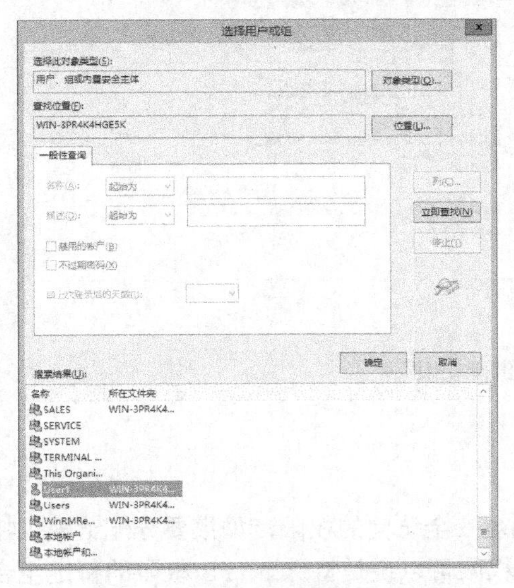

图 3-13 “选择用户或组”对话框

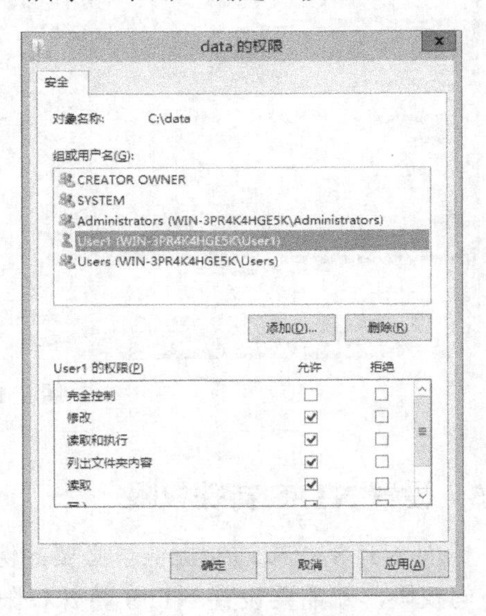

图 3-14 添加用户修改权限

2. 设置文件的 NTFS 权限

对于指定的文件，只有其拥有者、管理员和有完全控制权限的用户才可以设置其 NTFS 权限。例如，管理员设置 User 组的用户 User1 对 C:\data\exam.txt 文件拥有“写入”的权限，具体操作步骤如下。

1）在“文件夹”中用鼠标右键单击 C:\data\exam.txt 文件，选择“属性”命令，打开文件属性对话框，单击“安全”选项卡中的“编辑”按钮，打开文件的安全属性对话框。

2）单击“高级”按钮，弹出“exam.txt 的高级安全设置”对话框，选择“权限”选项卡，单击“添加”按钮。

3）弹出“选择用户或组”对话框，在“输入对象名称来选择”列表框中输入用户“User1”，单击“确定”按钮；在权限列表中单击“写入”项的“允许”，单击“确定”按钮。基本操作与文件夹类似。

3. 删除继承权限

默认情况下，用户为某文件夹指定的权限会被该文件夹所包含的子文件夹和文件继承。当用户修改一个文件夹的 NTFS 安全权限时，不仅改变了该文件夹的权限，也同时改变了该文件夹包含的子文件夹和文件的权限。如果文件夹不想继承父文件夹的权限，可以通过取消选中“允许父项的继承权限传播到该对象和所有子对象。包括那些在此明确定义的项目。”复选框，来阻止来自父文件夹的权限继承，然后就可以对该文件或文件夹重新设置权限。例如，设置 C:\data\exam.txt 不继承 C:\data 的权限，操作如下。

打开 C:\data\exam.txt 文件的安全属性对话框。在弹出“exam.txt 的高级安全设置”对话框中的“权限”选项卡中，单击“禁用继承”按钮，如图 3-15 所示。

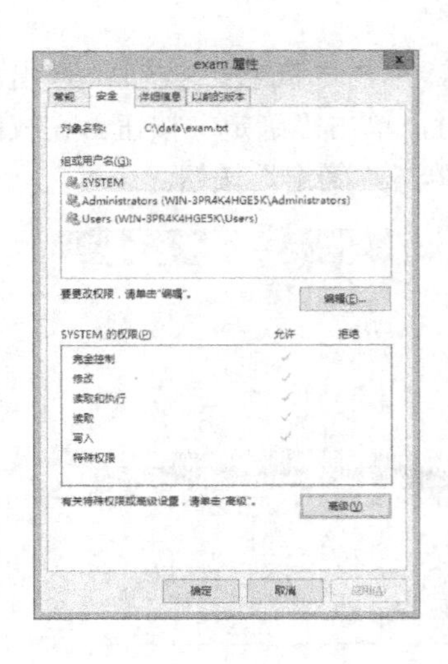

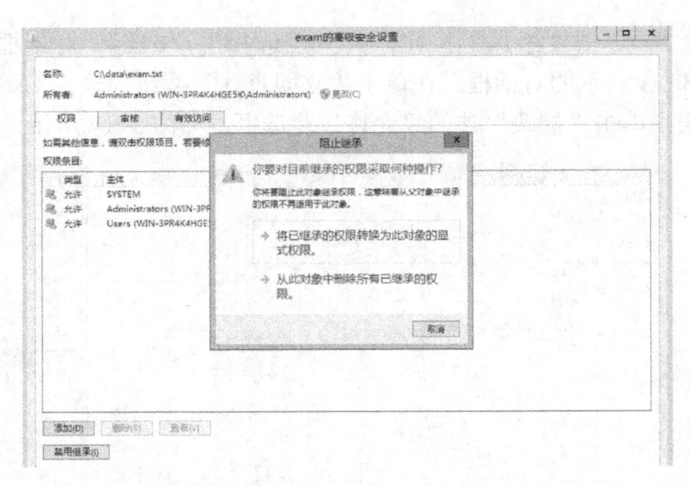

图 3-15　删除继承权限

3.3.5　设置 NTFS 特殊权限

标准 NTFS 权限通常提供了必要的保证资源被安全访问的权限，如果要分配给用户特定的访问权限，就需要设置 NTFS 特殊权限。标准权限可以说是特殊 NTFS 权限的特定组合，特殊 NTFS 权限包含了各种情况下对资源的访问权限，它规定了用户访问资源的所有行为。为了简化管理，将一些常用的特殊 NTFS 权限组合起来并内置到操作系统形成标准 NTFS 权限。表 3-4 所示为 NTFS 特殊权限和标准权限的关系。

表 3-4　特殊权限和标准权限的关系

特殊 NTFS 权限 \ 标准的 NTFS 权限	完全控制	修改	读取及运行	读取	写入	列出文件夹目录
完全控制	√					
遍历文件夹/运行文件	√	√	√			√
列出文件夹/读取数据	√	√	√	√		√
读取属性	√	√	√	√		√
读取扩展属性	√	√	√	√		√
创建文件/写入数据	√	√			√	
创建文件夹/附加数据	√	√			√	
写入属性	√	√			√	
写入扩展属性	√	√			√	
删除子文件夹及文件	√					
删除	√	√				
读取权限	√	√	√	√		√
更改权限	√					
取得所有权	√					

在特殊权限中比较难以理解的是更改权限和获取所有权。

1．更改权限

在标准 NTFS 权限中，只有“完全控制”权限才允许用户更改文件或文件夹 NTFS，但“完全控制”权限同时有删除文件夹或文件的权限。如果要赋予其他用户更改文件或文件夹的权限，而不能删除或写文件及文件夹，就要用到更改权限功能。例如管理员赋予用户User1 对文件 C:\data\exam.txt 更改的权限，具体操作如下。

1）在“文件夹”中用鼠标右键单击 C:\data\exam.txt 文件，选择“属性”命令，打开文件属性对话框，选择“安全”选项卡，单击“高级”按钮，弹出文件的“exam.txt 的高级安全设置”对话框，在“权限”选项卡中单击“添加”按钮。

2）通过“选择主体”，确定用户 User1，使用“显示高级权限”编辑确认更改的权限。如图 3-16 所示。

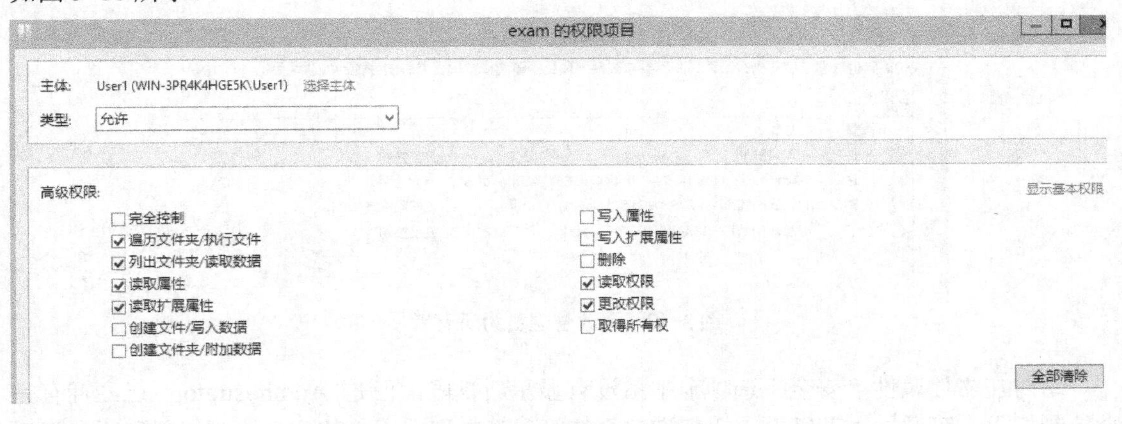

图 3-16 添加更改权限

2. 获取所有权

通过指派和撤销权限的操作，可能会出现包括使系统管理员在内的所有操作者都无法访问某个文件的情况。为了解决这个问题，Windows 引入了所有权的概念。Windows Server 2012 中任何一个对象都有所有者，所有者与其他权限是彻底分开的。对象的所有者拥有一项特殊的权限——指派权限。默认情况下，创建文件和文件夹的用户是该文件或文件夹的所有者，拥有所有权。除了用户自行新建的对象外，Windows Server 2012 中其他对象的所有者都是本地 Administrators 组的成员。系统中可以取得所有权的用户还有以下几种。

- 管理员组的成员，这是 Administrators 组的一项内置功能，任何人无法删除它。
- 拥有文件夹或文件的“取得所有权”这项特别访问权限的用户。
- 拥有文件或文件夹的完全控制权限的用户，因为完全控制权限包含“所有权”这项特别访问权限。

所有权可以用以下方式转换。

- 当前所有者可以将“取得所有权”权限授予另一用户，这将允许该用户在任何时候取得所有权。该用户必须实际取得所有权才能完成所有权的转移。
- 管理员可以取得所有权。

尽管管理员可以取得所有权，但是管理员不能将所有权转让给其他人。此限制可以让管理员对其操作负责任。如何让管理员获得所有权呢?以取得 C:\u\exec.txt 文件的所有权为例，该文件的拥有者是 User1，希望管理员取得该文件的所有权。步骤如下。

1）以系统管理员身份登录，在“文件夹”中用鼠标右键单击 C:\u\exec.txt 文件，选择“属性”命令弹出文件属性对话框，选择“安全”选项卡，单击“高级”按钮，弹出“exec 的高级安全设置”对话框，在“所有者”后单击“更改”按钮，如图3-17所示。

2）在将所有者更改为列表框中选择“Administrators（ccc\Administrators）”，单击“确定”按钮。

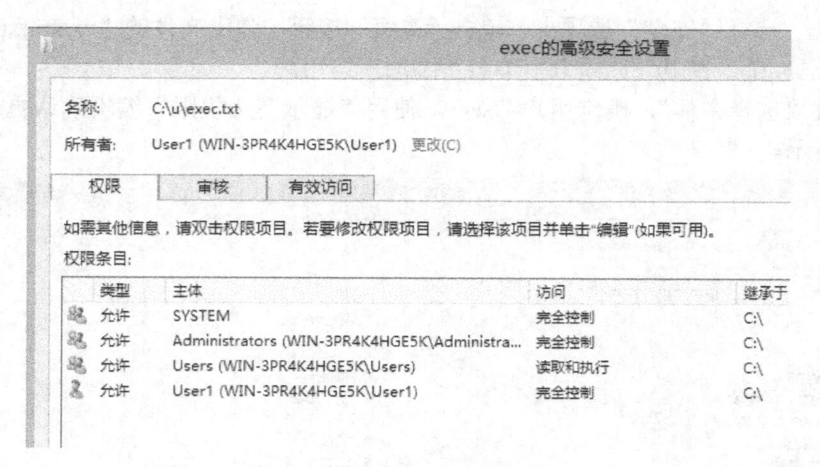

图3-17　更改管理员为所有者

这时在文件属性“安全”选项卡中虽没有显示新权限，但是Administrators已经拥有完全控制权限，可通过“高级”按钮查询。系统管理员在取得文件的完全控制权限和所有权后就可以重新根据需要设置该文件的权限。

3.4　文件压缩与加密

3.4.1　文件压缩

Windows Server 2012有两种文件压缩方式：NTFS压缩和压缩文件夹压缩。

NTFS压缩是NTFS文件系统内置的功能。NTFS文件系统的压缩和解压缩对于用户而言是透明的。用户对文件或文件夹应用压缩时，系统会在后台自动对文件或文件夹进行压缩和解压，用户无需干涉。这项功能大大节约了磁盘空间。例如，使用NTFS压缩功能对C:\data文件夹压缩，步骤如下。

1）在“文件夹”中用鼠标右键单击C:\data文件夹，选择“属性”命令，在弹出对话框中选择“常规”选项卡，显示了文件夹的大小和文件占用空间。

2）单击“高级”按钮，选中“压缩内容以便节省磁盘空间”复选框，如图3-18所示，单击“确定”按钮。

3）选择“将更改应用于此文件夹、子文件夹和文件”单选按钮，如图3-19所示，单击“确定”按钮。

- “仅将更改应用于此文件夹”表示该文件夹下现有的文件和子文件夹不被压缩，以后添加到该文件夹下的文件、子文件夹及其内容将被压缩。
- “将更改应用于此文件夹、子文件夹和文件”表示该文件夹下现有的文件和子文件夹和将来要添加到该文件夹下的文件、子文件夹及其内容都将被压缩。

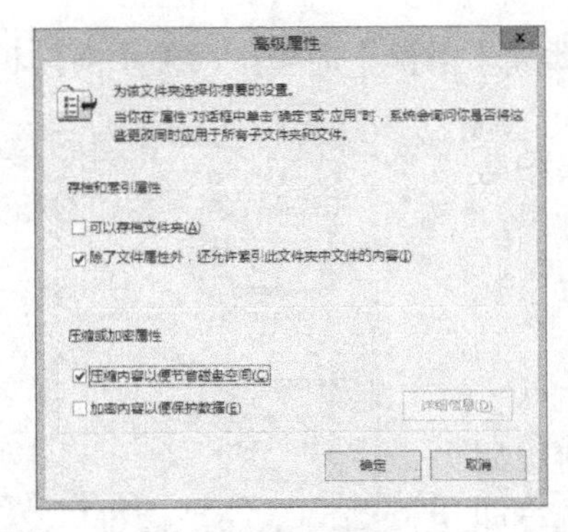

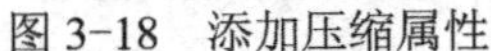
图 3-18　添加压缩属性

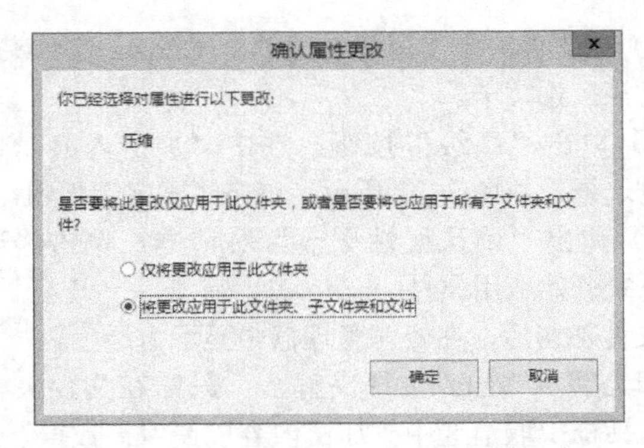

图 3-19　确认属性更改

从文件夹属性窗口中可以看到，现在的文件总容量仍为 28.5MB，但实际占用空间已变小了，只有 19.5MB。如图 3-20 所示。

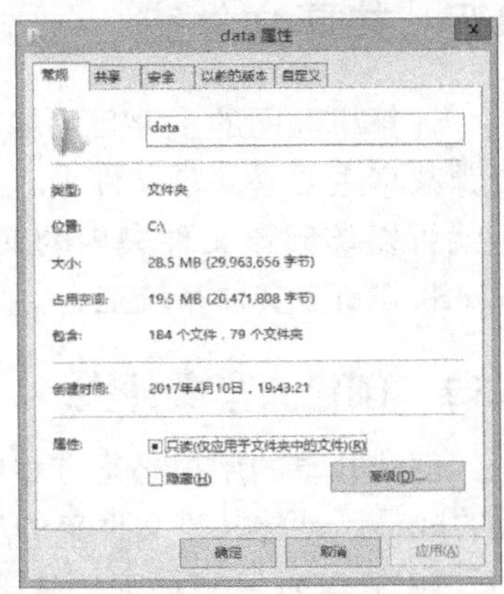

图 3-20　查看压缩结果

压缩文件或文件夹时，要注意以下几点。

- 当复制压缩文件时，在目标盘上是按文件没有压缩时的大小申请磁盘空间；压缩文件复制时，系统先将文件解压缩，然后进行文件复制，复制到目标地址后再将文件压缩。
- 加密文件不能进行压缩。
- 可以直接使用压缩文件，系统自动完成解压操作。
- 同分区内移动文件，文件压缩属性不变，其他情况的移动和复制文件将继承目标文件夹的压缩属性。
- 压缩文件在系统中显示不同颜色。

3.4.2　文件加密

Windows Server 2012 利用加密文件系统提供对文件加密的功能，从而提高了文件的安全性。用户或应用程序读取加密文件时，系统会将文件从磁盘内读出、自动解密后供用户或应用程序使用，而存储在磁盘内的文件仍然处于加密状态；当用户或应用程序将文件写入磁盘时，文件会自动加密后再写入磁盘。下面是加密文件的特性。

- 文件加密只在 NTFS 文件系统内实现，加密文件复制到 FAT 分区后，该文件会被解密。
- 利用 EFS 加密的文件在网络上传输时是以解密的状态进行的，所以文件加密只是存储加密。
- NTFS 文件的加密和压缩是互斥的，如果对已经压缩的文件加密，则该文件会自动解压；如果压缩已经加密的文件，则该文件会自动解密。
- 多个用户之间不能共享加密文件。
- 用户对文件加密后，只有该用户可以透明地访问该文件，要想让其他用户访问该文件，必须授权。

如将 C:\data 文件夹加密，步骤如下。

1）在文件夹中用鼠标右键单击 C:\data 文件夹，选择“属性”命令，在弹出对话框中选择“常规”选项卡。

2）单击“高级”按钮，选中“加密内容以便保护数据”复选框，如图 3-21 所示，单击“确定”按钮。

3）弹出“确认属性更改”对话框，单击“确定”按钮。系统开始应用属性。

文件加密后，在资源管理器中显示为绿色。

如需将 C:\data 文件夹解密，只需在文件夹“高级属性”对话框中取消选中“加密内容以便保护数据”复选框即可，其他操作与上例的操作类似。

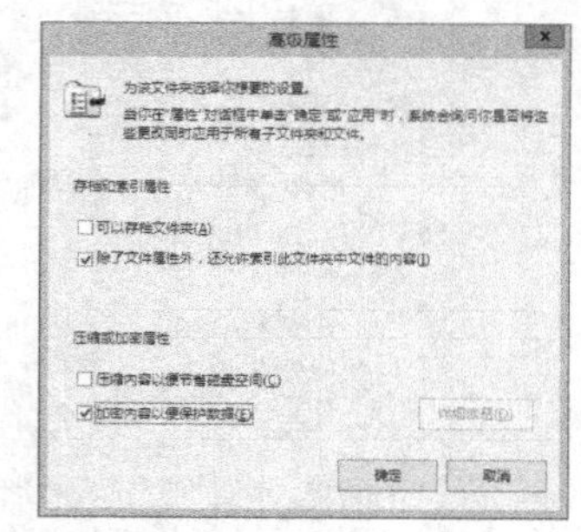

图 3-21　添加加密属性

3.5　共享文件夹

计算机联网的主要目的就是资源共享，资源共享包括软件资源和硬件资源的共享。软件资源共享主要是共享文件夹。当用户将某个文件夹共享后，网络上的用户在权限许可的情况下就可以访问该文件夹内的文件、子文件夹等内容。共享文件夹可以用在 FAT、FAT32、NTFS、ReFS 文件系统上。

3.5.1　创建共享文件夹

创建共享的用户必须有相应的权限，在它的用户必须是 Administrator 或 Server Operators 组的成员。创建共享文件夹的步骤如下。

1）在文件夹中选中要共享的文件夹，用鼠标右键单击，选择“属性”命令，如图 3-22 所示。

2）在弹出的“文件共享”对话框中，选择“共享”选项卡，如图 3-23 所示。

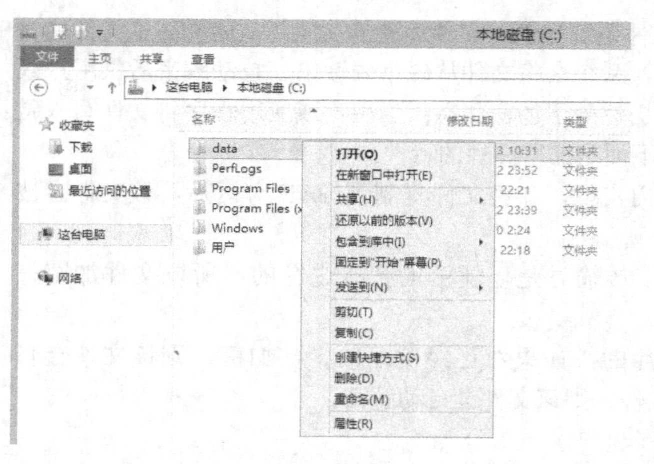

图 3-22　共享文件夹的创建

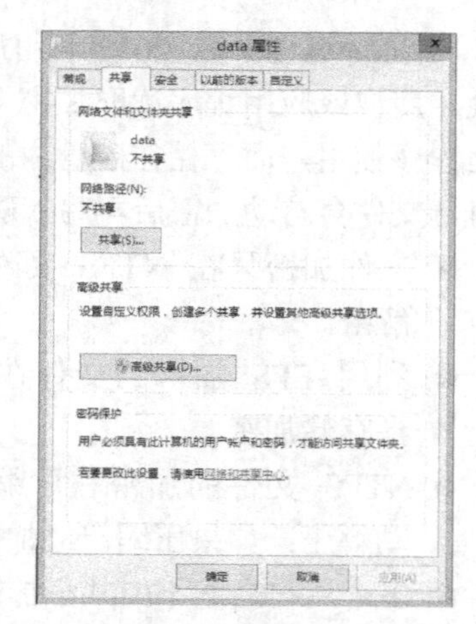

图 3-23　特定用户对共享文件的权限设置

3）在“共享”选项卡下，选择“高级共享”按钮，弹出如图 3-24 所示的对话框，可输入文件夹的共享名，共享名将显示给所有从网络上访问该文件夹的用户，默认时共享名和文件夹的名称是一样的。如果要终止共享该文件夹，可选择“停止共享”单选按钮。如果要限制同时访问该文件夹的用户数量，则在“将同时共享的用户数量限制为（L）”文本框中输入用户数量。

4）完成共享的设定后，系统会启动文件与打印机共享，可以通过“控制面板”→“网络和 Internet”→“网络和共享中心”→“更改高级共享设置”来查看设置，如图 3-25 所示。

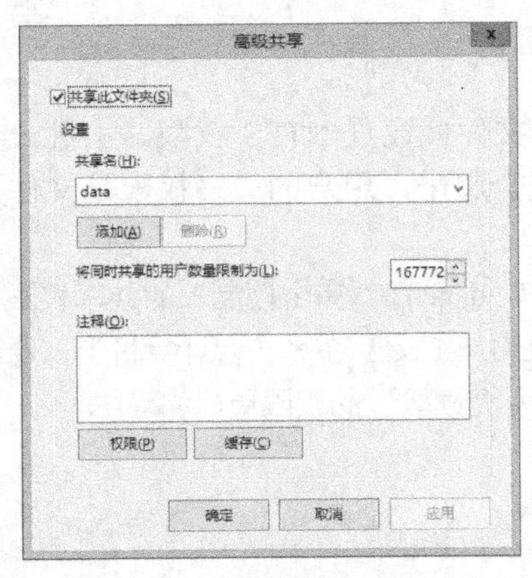

图 3-24　设置共享名与用户数量

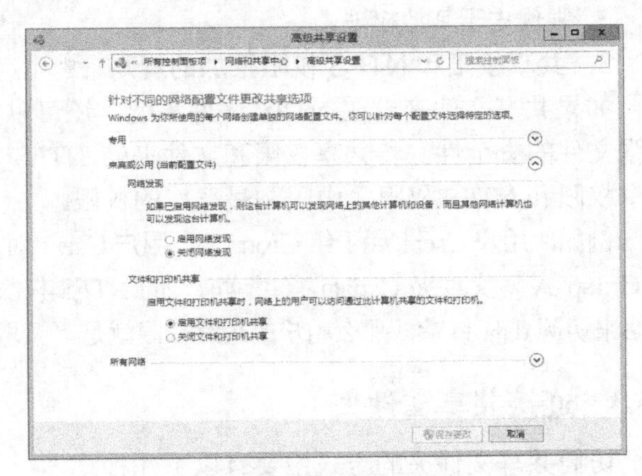

图 3-25　文件与打印机共享

3.5.2　控制共享权限

1．共享权限

网络上的用户要想查看共享文件夹的内容，必须对共享文件夹拥有一定的权限，否则将产生安全问题。只有网络用户需要分配共享文件夹的权限，本地用户不受此权限限制。下面介绍共享文件夹的权限及其功能，如图 3-26 所示。

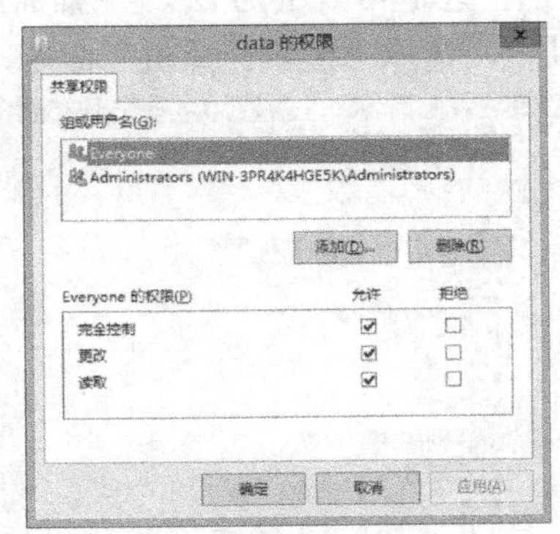

图 3-26　共享文件夹的权限

- 完全控制：查看该共享文件夹内的文件名称、子文件夹名称；查看文件内数据，运行程序；遍历子文件夹；向该共享文件夹内添加文件、子文件夹；修改文件内数据；删除子文件夹及文件；更改权限；取得所有权权限。
- 更改：查看该共享文件夹内的文件名称、子文件夹名称；查看文件内数据，运行程序；遍历子文件夹；向该共享文件夹内添加文件、子文件夹；修改文件内数据。
- 读取：查看该共享文件夹内的文件名称、子文件夹名称；查看文件内数据，运行程序；遍历子文件夹。

2．共享权限累加的规则

如果网络上的某用户属于多个组，这些组对某个文件夹拥有不同的共享权限，那么该用户最终的权限遵循如下原则。

- 权限有累加性：用户对某文件夹的有效权限是分配给这个用户和该用户所属的

所有组的共享权限的总和。例如，用户 User1 同时属于组 Group A 和组 GroupB。则用户 User1 的有效权限为这 3 个权限的总和，即“更改+读取”。

● 拒绝权限优先于其他权限：当用户对某文件夹拥有“拒绝权限”和其他权限时，拒绝权限优先于其他权限。例如，用户 User1 属于组 Group A，用户 User1 有读取权限而且 Group A 有拒绝更改权限，则用户 User1 对该文件夹的极限为“拒绝更改”，因为拒绝权限优先于其他权限。

3．共享权限和 NTFS 权限累加的规则

如果共享文件夹设在 NTFS 文件系统，还可以将共享文件夹设置 NTFS 权限，来进一步增强文件的安全性。将共享权限和文件夹的 NTFS 权限组合起来，用户的最终权限是文件夹共享权限和 NTFS 权限之中限制最严格的权限。

例如，用户 User1 属于组 Group A，用户 User1 对文件夹 C:\data 有“完全控制”的共享权限，组 Group A 对文件夹 C:\data 有“读取”的 NTFS 权限，如果用户 User1 在另一台计算机上，通过网络来访问 data 目录，那么用户的最终权限就是“读取”，因为“读取”的权限更严格。

3.5.3 连接共享文件夹

访问共享文件夹的方式主要有以下几种。

1．利用网络发现搜索计算机

Windows 具备在网络上搜索计算机的功能。具体操作为：单击“开始”→“资源管理器”选项，打开资源管理器窗口，如图 3-27 所示，用鼠标右键单击“网上邻居”，选择“搜索计算机”命令，打开“搜索计算机”窗口，输入要搜索的计算机名，单击“搜索”按钮。找到计算机后，双击该计算机的图标，输入用户名和密码，就可以访问共享文件夹了。

2．通过“网上邻居”

这是常规的方法。在桌面上双击“网上邻居”图标，或者用鼠标右键单击“网上邻居”，选择“搜索计算机”命令，找到共享文件夹所在的计算机，如图 3-28 所示。

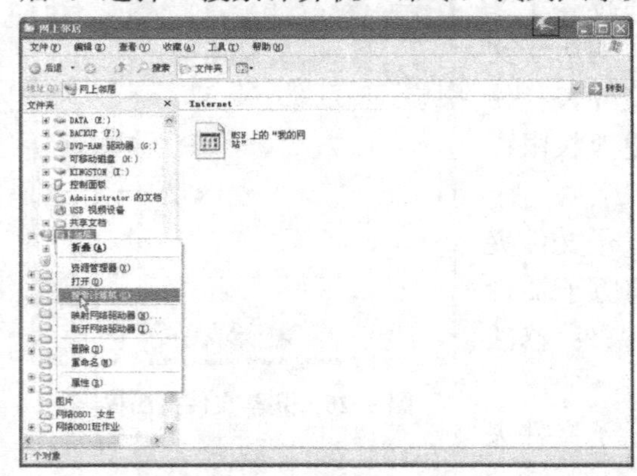

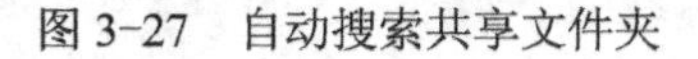

图 3-27　自动搜索共享文件夹

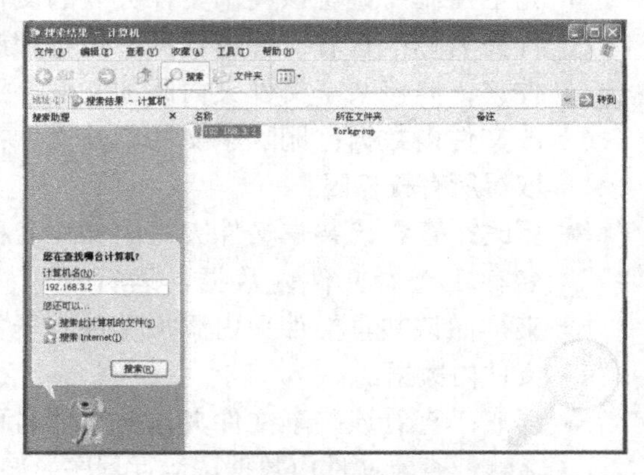

图 3-28　找到共享文件夹所在的计算机

3．通过“映射网络驱动器”

如果某个共享文件夹经常被用户访问，则可以利用“映射网络驱动器”将共享文件夹作为本地计算机的一个驱动器，如图 3-29 所示。对于用户而言就像访问本地计算机上的同一个驱动器一样，但实际上仍是远程计算机上的共享文件夹。 映射网络驱动器的步骤如下。

1）用鼠标右键单击桌面上的“网上邻居”图标，选择“映射网络驱动器”命令，弹出如图 3-30 所示的对话框；输入驱动器的盘符以及远程计算机上的文件夹共享名，形式为\\server\shared folder name。也可以单击的“浏览”按钮找到共享文件夹。

2）选中“登录时重新连接”复选框可以使得用户登录时自动恢复该网络驱动器的映射，否则用户将每次手动进行驱动器的映射。

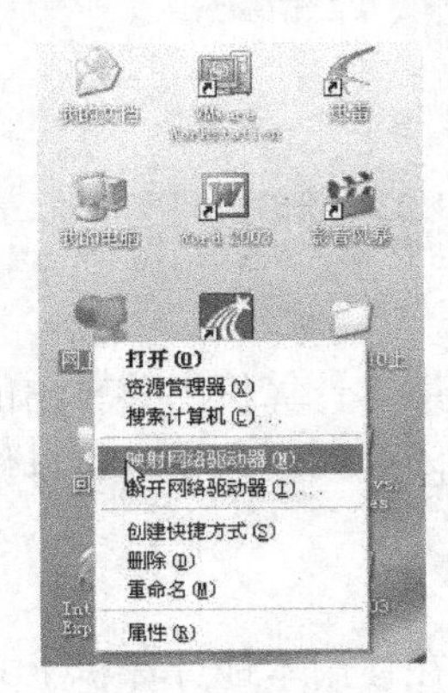

图 3-29 “网上邻居”右键菜单

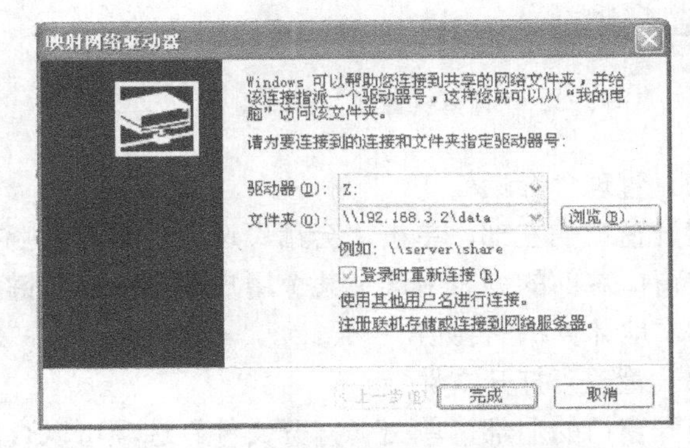

图 3-30 “映射网络驱动器”对话框

4. 使用“运行”对话框

如果知道共享文件夹的网络路径，可以在“开始”→“运行”对话框中直接输入共享文件夹的网络路径，如图 3-31 所示。

图 3-31 直接输入共享文件夹的网络路径

使用隐藏共享文件夹有两种目的：一种是操作系统为了使系统能够正常工作而自动创建的，如 C$、ADMIN$等，只有 Administrators 组的成员才能访问这类共享文件夹，用户不能也无须更改它们；另一种是用户出于安全的目的而不愿在网络中让其他用户看到。要隐藏共享文件夹，只需在共享文件夹的共享名后面加上$即可。系统就会自动隐藏这些共享文件夹。

只有知道隐藏的共享文件夹共享名及其网络路径的用户，才可以通过映射网络驱动器或者使用“运行”对话框来连接它们。

3.5.4 管理共享文件夹

管理共享文件夹的操作步骤如下。

在“管理工具”中找到“计算机管理”，打开“计算机管理”窗口，从中可以对本地计算机上共享出来的文件夹进行管理，如图 3-32 所示。

（1）管理“共享”

如图 3-32 所示，展开窗口的左部，单击“共享”选项可以查看本地计算机上所有的共享文件夹，其中包括系统自动共享的隐藏共享文件夹。要停止某个共享，在窗口右部的列表中选中该共享，用鼠标右键单击，选择“停止共享”命令即可，如图 3-33 所示。系统自动创建的隐藏共享在系统重新启动后会重新出现，这些共享包括 ADMIN$、IPC$以及各个驱动器的共享。

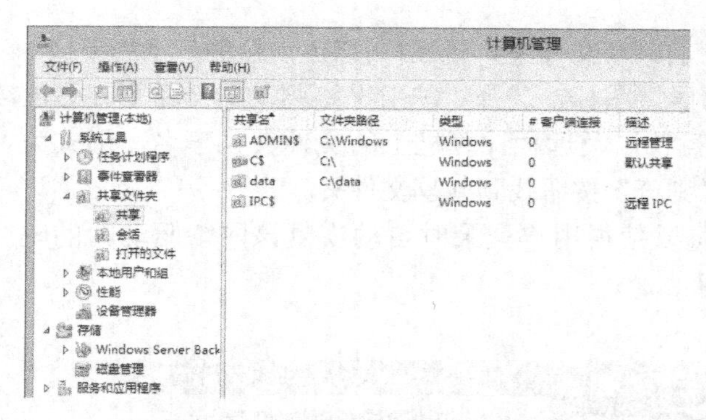

图 3-32 “计算机管理”窗口

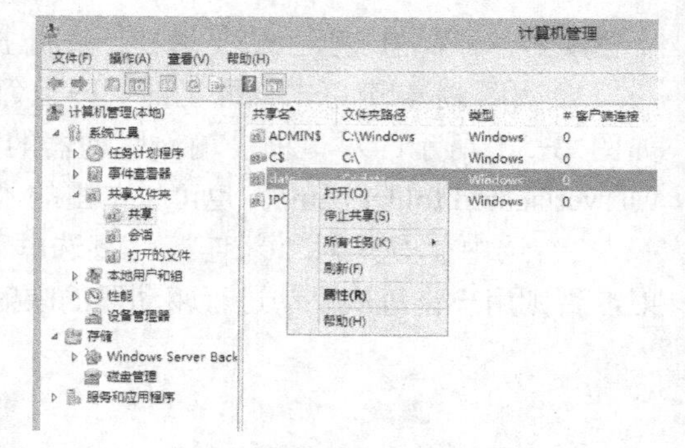

图 3-33 管理“共享”

（2）管理“会话”

展开窗口的左部，单击“会话”选项可以查看哪些用户在使用本计算机上共享出的文件夹。在窗口右部的列表中选中某个用户单击鼠标右键，选择“关闭会话”命令，可以停止该用户和本地计算机的会话。

（3）管理“打开文件”

展开窗口的左部，单击“打开文件”选项可以查看哪些用户在使用本地计算机上共享文件夹中的哪个文件。在窗口右部的列表中选中某个打开的文件后用鼠标右键单击，选择“将打开的文件关闭”命令可以关闭打开的文件，

本章小结

1）本章介绍了用户和组的概念与意义，重点讲解使用管理工具中的“计算机管理”创建与管理本地用户和本地组账号、密码与权限。

2）系统介绍了 Windows 中的 NTFS 文件系统特性，讨论了 NTFS 文件系统下的通过属性中的“安全”选项卡设置文件和文件夹权限的类型特殊权限与标准权限，以及确定规则、分配安全权限的操作步骤、安全权限在移动和复制文件或文件夹时的变化、安全权限的规划原则等。

3）介绍了文件压缩和加密的知识，通过属性中的“常规”选项卡设置。

4）介绍了共享权限的确定规则，通过属性中的“共享”选项卡设置共享文件夹以及设置共享文件的权限；介绍了连接使用共享文件夹的方法，以及通过管理工具中的计算机管理管理共享文件夹。

第4章　网络寻址服务

本章主要介绍IP地址的含义、DNS服务的基本原理、如何架设域名服务器和配置DNS客户端，简单介绍 WINS 服务的基本概念和运行方式，同时介绍 DHCP 服务的基本原理和如何架设DHCP服务器。

4.1　IP 协议

IP 协议是 TCP/IP 参考模型中两个最重要的协议之一，也是最重要的 Internet 标准协议之一。本节重点介绍IP地址分类的规则、子网掩码的概念以及子网的划分方法。

4.1.1　IP 协议的作用

IP 协议工作时相当于 OSI 参考模型的第 3 层。IP 协议定义了 Internet 上相互通信的计算机的 IP 地址，并通过路由选择，将数据报由一台计算机传递到另一台计算机。IP 协议提供点到点无连接的数据报传输机制，不能保证传输的可靠性，只检验 IP 报头，丢失数据的恢复或者数据的纠错是由上一级协议进行的。

4.1.2　IP 地址

1．IP 地址及格式

与 Internet 相连的任何一台计算机，不论是大型机还是 PC 都称为主机。为了实现主机间的通信，Internet 上的每个主机都必须有一个 IP 地址，而且各主机间的 IP 地址不允许重复。事实上，不仅网络中的主机具有 IP 地址，网络中的每个结点（如路由器、交换机等）都应有一个或多个 IP 地址。主机中如果插有多块网卡，那么每块网卡都应有自己的 IP 地址。IP 地址是 Internet 中每个主机（或结点）身份的标识。

IPv4 的 IP 地址是由 32 位二进制数（4B）组成。通常，每 8 位用一个十进制数表示，32 位二进制数可用 4 个十进制数来表示，十进制数之间用小数点分开，如对于 172.16.0.113 这个 IP 地址，与其对应的二进制数表示为：

10101100　00010000　00000000　01110001

将二进制转换成十进制，十进制记数系统使用数字 0～9 和 10 的指数幂来表示一个数。例如，十进制数 207 是 $2\times10^2 + 0\times10^1 + 7\times10^0$ 的和。二进制记数系统使用数字 1 和 0 及 2 的指数幂来表示一个数，如图 4-1 所示。二进制数 11001 等于 $1\times2^4 + 1\times2^3 + 0\times2^2 + 0\times2^1 + 1\times2^0$。点分十进制表示形式永远不会包含大于 255 的数，因为其中的各个十进制数分别代表 32 位地址的 8 位。8 位能够表示的最大二进制数是 11111111，即十进制数 255。

引用某个 IPv4 地址时，应使用 w.x.y.z 表示形式。图 4-2 描绘了 IPv4 地址的结构。

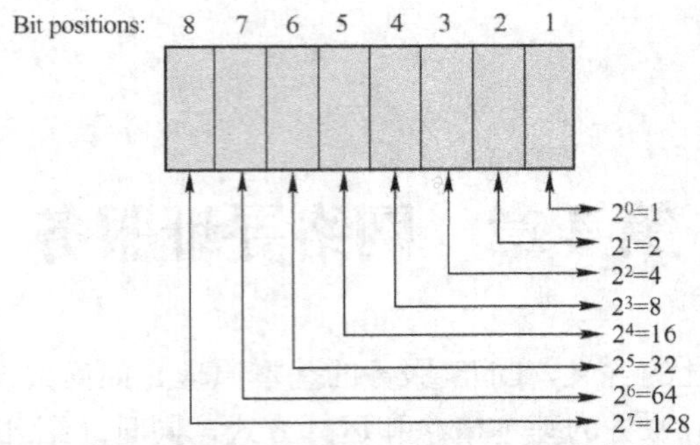

图 4-1　一个 8 位二进制数各个位的位置以及它们的十进制值

该地址的格式采用分层结构，由网络号（Network-id）字段（或网络地址）和主机号（Host-id）字段两部分组成。网络号表示入网主机所在网络的标识，主机号用来表示入网主机在本网段中的标识，如图 4-3 所示。

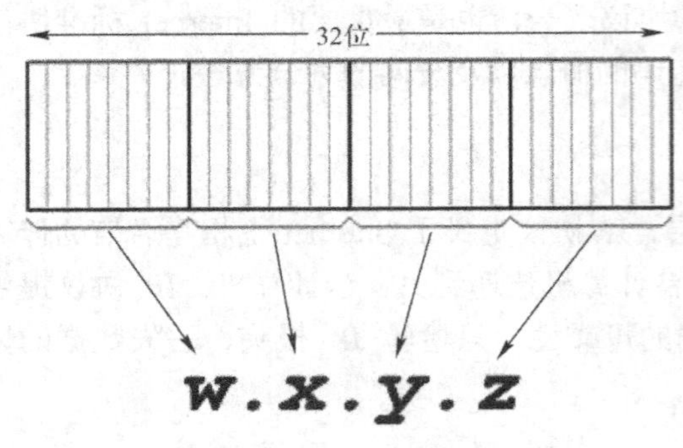

图 4-2　IPv4 地址的结构

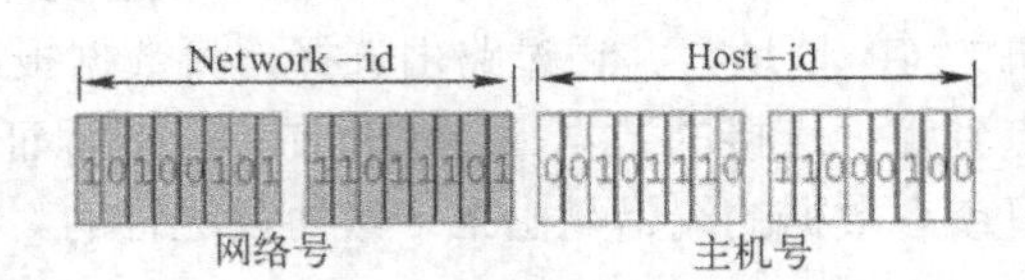

图 4-3　IP 地址的结构

2. IP 地址的分类

由于各种网络的差异很大，有的网络拥有的主机多，而有的网络上的主机则很少，况且各网络的用途也不尽相同。所以，将 IP 地址划分为 5 类，用 IP 地址的前 5 位标识。A 类地址的第 1 位为 0，B 类地址的前 2 位为 10，C 类地址的前 3 位为 110，D 类地址的前 4 位为 1110，E 类地址的前 5 位为 11110，如图 4-4 所示。

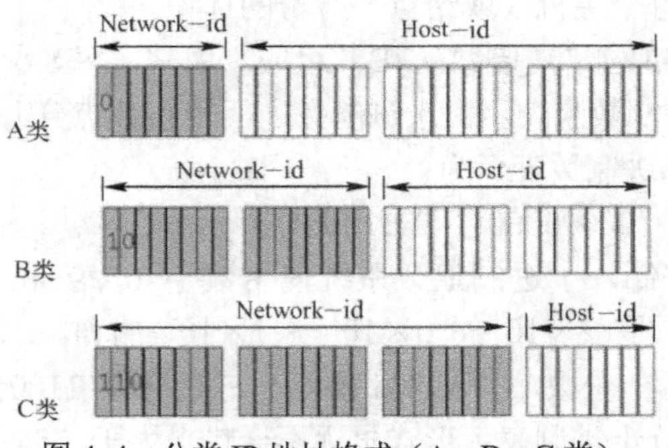

图 4-4　分类 IP 地址格式（A、B、C 类）

A、B、C 3 类地址是最常用的地址。A 类地址的网络号占字节数为 1B，主机号占 3B；B 类地址的网络号占字节数为 2B，主机号占字节数为 2B；C 类地址的网络号占字节数为 3B，主机号占字节数为 1B。D 类地址是组播地址，主要供 Internet 体系结构研究委员会（Internet Architecture Board，IAB）使用。E 类地址保留今后使用。各类 IP 地址格式如图 4-4 所示。

3．常用的 3 类 IP 地址

下面针对常用的 A、B、C 这 3 类 IP 地址进行讨论。

A 类地址的网络号占字节数为 1B，但第一位为 0 除外，只有其余 7 位可供使用，这一字节十进制数值的范围是 0～127，实际分配使用的网络号是 $2^7-2=126$ 个（1～126 号）。其中，网络号全 0 指“本网络”，保留未分配；127（即 01111111）保留作为本地软件测试本地主机用。A 类地址的主机号占字节数为 3B，主机号不能是全 0 或者全 1。全 0 的主机号字段表示该 IP 地址是“本主机”所连接到的单个网络地址（例如，一个主机的 IP 地址为 10.10.10.1，则该主机所在的网络地址为 10.0.0.0）；全 1 的主机号字段表示一个网络的所有主机，即广播地址（B 类地址、C 类地址也遵循主机号不能是全 0 或者全 1 的规则）。因此，一个 A 类网络可以拥有的最大主机数是 16777214（即 $2^{24}-2$）个。

B 类地址的网络号占字节数为 2B，前面 2 位（10）除外，只有其余 14 位可供使用，第一字节十进制值的范围是 128～191。由于前面 2 位（10）使得整个两个字节的网络号不会出现全 0 或全 1，故 B 类地址的网络数为 16384（2^{14}），但 B 类地址的每个网络上的最大主机数仍需扣除全 0 和全 1。因此，一个 B 类网络可以拥有的最大主机数是 65534（$2^{16}-2$）个。

C 类地址网络号占字节数为 3B，除去前面 3 个固定位（110），还有 21 位可供使用，第一字节十进制值的范围是 192～223。C 类地址的网络数为 2097152（2^{21}），一个 C 类网络可以拥有的最大主机数是 254（即 2^8-2）个。

4.1.3 子网划分

1．子网掩码

子网掩码（Subnet Mask）是一个网络的重要属性，它表明本网是如何划分的，也便于网络设备尽快地区分本网段地址和非本网段的地址，从而简化路由器的路由选择算法。子网掩码与 IP 地址一样，也是 32 位，正常情况下的子网掩码为：网络标识（Network-id）为全 1；主机标识（Host-id）为全 0。

全 1 位与 3 层 IP 地址的网络号和子网号相对应，全 0 位则对应 3 层 IP 地址的主机号。子网掩码具有两大功能：一是区分 IP 地址中的网络部分和主机部分；二是将网络划分为若干子网。IP 地址在没有子网掩码的情况下是不能存在的，每台主机在设置其 IP 地址时还要设置子网掩码。子网掩码确定了 32 位 IP 地址中的多少位用于定义网络，从而计算出主机所在网络的网络地址。计算方法是使 IP 地址和子网掩码按位作逻辑“与”运算，得到的结果就是网络地址。

假设有一台主机 A，其 IP 地址是 172.16.11.113，子网掩码是 255.255.0.0。进行如下运算：

IP 地址	172.16.11.113	10101100	00010000	00001011	01110001
子网掩码	255.255.0.0	11111111	11111111	00000000	00000000
逻辑与		10101100	00010000	00000000	00000000
子网地址		172	16	0	0

由此知道，主机 A 的网络地址是 172.16.0.0，占用了 16 位。

每一类 IP 地址都有其默认的子网掩码，如下所示。

● A 类 IP 地址网络默认的子网掩码为：255.0.0.0。

● B 类 IP 地址网络默认的子网掩码为：255.255.0.0。

● C 类 IP 地址网络默认的子网掩码为：255.255.255.0。

在实际应用中，不论 IP 地址属于哪一类，都可以根据网络建设的需要，人为定义其实际的子网掩码。使用子网掩码能很快地识别实际网络中两个主机的 IP 地址是否属于同一网络。

如主机 A 与主机 B 要交换信息。其 IP 地址和子网掩码如下所示。

主机 A：IP 地址为 192.168.1.10

子网掩码为 255.255.255.0

路由器地址为 192.168.1.1

主机 B：IP 地址为 192.168.2.11

子网掩码为 255.255.255.0

路由器地址为 192.168.2.1

路由器从端口 1：192.168.1.1 接收到主机 A 发往主机 B 的 IP 数据报文后的处理过程如下。

1）首先用端口 192.168.1.1 与子网掩码 255.255.255.0 进行逻辑“与”运算，得到端口网段地址为 192.168.1.0。

2）将目的地址 192.168.2.11 与子网掩码 255.255.255.0 进行逻辑“与”运算，得到 192.168.2.0。

3）将结果 192.168.2.0 与端口网段地址 192.168.1.0 比较。如果相同，则认为是本网段的，不予转发；如果不相同，则将该 IP 报文转发到端口 2：192.168.2.1 所对应的网段。

2．子网的概念

分类地址存在一些不合理之处，具体体现在以下几个方面。

1）IP 地址空间利用率低。如采用 A 类地址的网络可连接 1600 万个以上的主机，而每个 B 类地址网络可连接的主机数也达到 65000 个以上，可是实际上有些网络连接的主机数目远远达不到这样大的数值，如 100BASE-T 以太网的工作站数最大只有 1024 个。一个单位的剩余地址，无法供其他单位使用。IP 地址的浪费，导致有限地址空间资源过早耗尽。

2）如果一个网络上安装过多主机，会因拥塞而影响网络性能。

3）如果一个单位的物理网络太多，给每个物理网络分配一个网络号，会使路由表太大，并在查询路由时耗费更多的时间。同时，也使路由器之间定期交换的路由信息大量增加，从而使路由器和整个网络的性能下降。

为了解决分类地址存在的不合理性，人们提出了“划分子网”。

子网是指一个组织中相连的网络设备的逻辑分组。一般来说，子网可表示为某地理位置内（某大楼或相同局域网中）的所有计算机。将网络划分成一个个逻辑段（即子网），以便更好地管理网络。同时，也可以提高网络性能，增强网络安全性。另外，将一个组织内的网络划分成各个子网，只需要通过单个共享网络地址，即可将这些子网连接到 Internet 中，从而减缓了 Internet 的 IP 地址的耗尽问题。用路由器来连接 IP 子网，并可最小化每个子网必须接收的通信量。

3．子网划分的方法

要将一个单位所属物理网络划分为若干子网，可用主机号的若干位作为子网号字段，主机号字段则相应减少若干位。这样两层的 IP 地址在一个单位内部就变成 3 层 IP 地址：{<网

络号>，（子网号），<主机号>}。同时，在默认的子网掩码中加入一些位，子网位来自主机地址的最高相邻位，并从一个 8 位的位组边界开始，如表 4-1 所示。

表 4-1　子网的对应二进制数、十进制数和可用子网数

加入到子网的位数	二 进 制 数	十 进 制 数	可用子网数
1	10000000	128	2
2	11000000	192	4
3	11100000	224	8
4	11110000	240	16
5	11111000	248	32
6	11111100	252	64
7	11111110	254	128
8	11111111	255	256
9	11111111.10000000	255.128	512
10	11111111.11000000	255.192	1024
11	11111111.11100000	255.224	2048
12	11111111.11110000	255.240	4096
13	11111111.11111000	255.248	8192
14	11111111.11111100	255.252	16384
15	11111111.11111110	255.254	32768
16	11111111.11111111	255.255	65536

由于划分子网，只是将 IP 地址的主机号字段进行再划分，而不改变 IP 地址的网络号。因此，从外部发往本单位某个主机的 IP 数据报，仍根据 IP 数据报的目的网络号找到连接在本单位网络上的路由器，此路由器再根据目的网络号和子网号找到目的子网，最后由目的子网将 IP 数据报送往目的主机。

4.2　名称解析服务

WINS 服务（Windows Internet Name Service，Windows 网际名称服务）是由 Microsoft 公司开发出来的一种网络名称转换服务。它可以为 NetBIOS 名称提供名称注册、刷新、释放和解析服务，这些服务允许 WINS 服务器维护一个将 NetBIOS 名映射到 IP 地址的动态数据库，大大减轻了对网络通信的负担。

IP 地址为 Internet 提供了统一的寻址方式，直接使用 IP 地址便可以访问 Internet 中的主机资源。但是，由于 IP 地址只是一串数字，没有任何意义，对于用户来说，记忆起来十分困难，相反，有一定含义的主机名易于记忆。利用域名系统（Domain Name System，DNS）可以实现 IP 地址与主机名之间的映射，它是 TCP/IP 协议簇中的标准服务。

与纯二进制数值相比，用“点—数”记号法表示 IP 地址虽然比较简单，但当要连接大量的主机时，就难以记忆了，而且单纯的数字不能对组织机构进行比较形象、直观的描述。于是就产生了“名称—地址”转换的方案，为主机赋予有意义的名称来帮助用户记忆和识别，而且名称的采用还可避免 IP 地址变动的问题。名称与地址的转换是由名称解析系统来实现的，有多种名称解析方案，其中域名系统是最通用的解决方案，域名服务是最基本的网络服务之一。在使用 Internet 时，经常要用到域名。例如，使用浏览器浏览页面，要在地址栏中输入 Web 服务器的网址，在使用 Outlook 收发邮件时，要设置发送和接收邮件服务器的网址，这些网址一般都是以域名的形式提供的，需要通过网上的域名服务器来将其翻译为 IP 地址。作为网络管理员，不仅仅是使用域名服务，往往需要在网络中建立自己的域名服务系统，提供名称解析服务。在 Windows 网络中，考虑到兼容性，除了域名解析外，传统的 NetBIOS 名称解析很有必要，WINS 服务就是一种重要的 NetBIOS 名称解析解决方案。本章在介绍名称解析服务基本知识的基础上，重点以 Windows Server 2012 为例，介绍 DNS 服务和 WINS 服务的配置管理和应用。

4.2.1 名称解析服务概述

解决 IP 地址与主机名、计算机名称对照的问题是 TCP/IP 配置的一个重要方面。目前的解决方案主要有 HOSTS 文件、DNS 服务、WINS 服务和 LMHOSTS 文件等。HOSTS 文件和 DNS 服务主要解决主机名（TCP/IP 主机）与 IP 地址的对照问题，通用于各种网络体系。WINS 和 LMHOSTS 解决的是计算机名称（NetBIOS 名称）与 IP 地址的对照问题，只适用于微软系统。考虑到兼容性和功能，应首选 DNS 服务。另外，网络系统都内置广播方式，可在同一网段内解析计算机名称。

4.2.2 HOSTS 文件

Internet 的前身 ARPA 网只为少量的计算机提供连接服务，用一个名为 HOST.txt 的文本文件对网内的所有主机提供地址翻译。这个文件记录了“名称—地址”的转换关系。现在的 TCP/IP 网络仍然支持这种传统方式。HOST 码文件是一个纯文本文件，又称主机表，可用文本编辑器软件来处理，这个文件以静态映射的方式提供主机名与 IP 地址的对照表。这里的名称既可以是域名，也可以是主机名或计算机名，使用起来非常灵活。例如：

192.168.168.1　　www.mycompany.com　（域名）

192.168.168.10　　sales　　（主机名）

在本地主机上建立 HOSTS 文件后，要同某主机通信时，可直接使用该主机的名称，本地主机将该名称自动翻译成目标主机的 IP 地址。HOSTS 只适合小型的网络使用，对于大型的网络，每个主机的 IP 地址都要编入 HOSTS 文件，是非常麻烦的，而且只要有主机更改名称或者 IP 地址时，每台主机都要更新，以保持对照表的一致性。不过利用 HOSTS 文件寻找 IP 地址的效率非常高，特别适用于规模较小的 Intranet 网络，如工作组级网络。

随着越来越多的主机加入网络，路由发送给包含 HOSTS 文件的主机通信量大大增长，网络会不堪重负，于是产生了一种基于分布式数据库的域名系统 DNS。

4.2.3 域名系统

域名系统在 TCP/IP 网络上是通过 DNS 服务器提供 DNS 服务来实现的。DNS 是一种采用客户端/服务器机制，实现名称与 IP 地址转换的系统。通过建立 DNS 数据库，记录主机名称与 IP 地址的对应关系，驻留在服务器端，为客户端端的主机提供 IP 地址解析服务。当某主机要与其他主机通信时，就可利用主机名称向 DNS 服务器查询此主机的 IP 地址。

1．域名系统的组成

整个域名系统包括以下 4 个组成部分。

- DNS 域名称空间：指定用于组织名称的域的层次结构。

● 资源记录：将 DNS 域名映射到特定类型的资源信息，以供在名称空间中注册或解析名称时使用。

● DNS 服务器：存储和应答资源记录的名称查询。

● DNS 客户端：也称解析程序，用来查询服务器，将名称解析为查询中指定的资源记录类型。

2．域名系统的结构

整个 Internet 的 DNS 域名系统的结构如同一棵倒过来的树，层次结构非常清楚。根域位于最顶部，紧接着在根的下面是几个顶级域，每个顶级域又进一步划分为不同的二级域，二级下面再划分子域，子域下面可以有主机，也可以再分子域，直到最后是主机。例如，主机 www.microsoft.com 只有 3 个层次，其中 microsoft.com 是域名，www 是主机名，表明该主机是 Web 服务器；而主机 www.abc.edu.cn 为 4 个层次，其中 abc.edu.cn 是域名，www 是主机名。

InterNIC 负责管理世界范围的 IP 地址分配，也管理着整个域结构。整个 Internet 的域名服务都是由 DNS 来实现的。在树结构中使用的任何 DNS 域名从技术上说都是域，进一步划分子域，是为了扩充 DNS 树，增加管理层次，如将域再按部门或地理位置划分子域。例如，注册到 IBM（IBM.com.）的 DNS 域名称作二级域，这是因为该名称有两个部分（称为标识），这两个部分显示它比树的顶级或根低两个等级。大多数 DNS 域名有一个或多个标识，每一个都表示树中的新等级。名称中使用句点分隔标识。DNS 域名架构见图 4-5 所示。

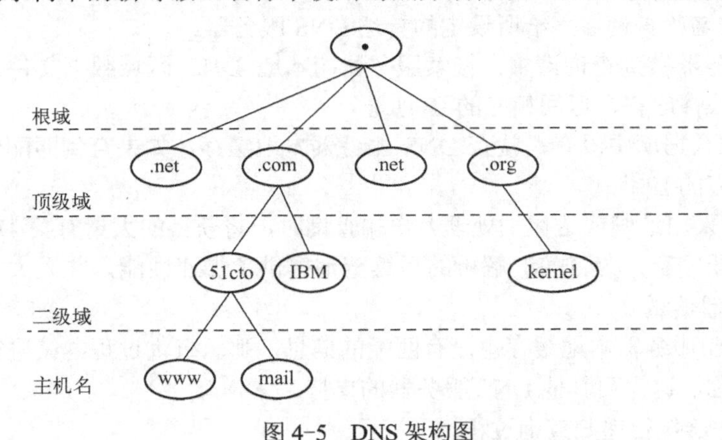

图 4-5　DNS 架构图

在实际应用中往往把域名分成两类，一类称为国际顶级域名（简称国际域名），另一类称为国内域名。一般国际域名的最后一个后缀是“国际通用域”，如 com（商业机构）、net（网络服务机构）、gov（政府机构）、edu（教育科研机构）等。国内域名的后缀通常要包括“国际通用域”和“国家域”两部分，而且要以“国家域”作为最后一个后缀。各个国家都有自己固定的国家域，如 cn 代表中国、us 代表美国、uk 代表英国等。

3．域名标识

与文件系统的结构类似，每个域都可以用相对的或绝对的名称来标识，相对于父域来表示一个域，可以用相对域名；绝对域名指完整的域名，主机名指为每台主机指定的主机名称。带有域名的主机名是全称域名。要在整个 Internet 范围内来识别特定的主机，必须用全称域名，例如 mycompany.com。在 Internet 的每个网络都必须有自己的域名，应向 InterNIC

注册自己的域名，这个域名对应于自己的网络，注册的域名就是网络域名。例如 Microsoft 公司的域名是 microsoft.com，www 是它的一个主机。拥有注册域名后，即可在网络内为特定主机或主机的特定应用程序服务，自行指定主机名或别名，如 info、www 等。

当然，如果要建立 Intranet，而且不想同 Internet 相连，可不必申请域名，完全按自己的需要设置域名体系。要将域名转换成 IP 地址，TCP/IP 网络应有一台服务器，对网络的主机名进行跟踪和维护，这种服务器就是名称服务器，对于客户端的域名查询，负责返回与那个名称相对应的 IP 地址。如果请求的名称不在名称服务器内，服务器就会向其他网络的更高级别的名称服务器发出名称解析请求。

4. 理解 DNS 名称解析过程

DNS 服务器为所管辖的一个或多个区域维护和管理数据，并将数据提供给查询的 DNS 客户端。具体的域名解析过程说明如下。

1）首先使用客户端本地 DNS 解析程序缓存进行解析，如果解析成功，返回相应的 IP 地址。否则继续下面的解析过程。

本地 DNS 解析程序的域名信息缓存有两个来源。

- 如果本地配置有 HOSTS 文件，则来自该文件的任何主机名称到地址的映射，在 DNS 客户服务启动时将预先加载到缓存中。HOSTS 文件比 DNS 先响应。
- 从以前的 DNS 查询应答的响应中获取的资源记录，将被添加至缓存并保留一段时间。

2）客户端将名称查询递交给所设定的首选 DNS 服务器。

3）DNS 服务器接到查询请求，搜索服务器端本地 DNS 区域数据文件，如果查到匹配信息，则作出权威性应答，返回相应的 IP 地址。

4）如果区域数据库中没有，就查 DNS 服务器本地缓存，如果查到匹配信息，则作出肯定应答，返回相应的 IP 地址。

DNS 服务器采用递归或迭代来处理客户端查询时，将获得的大量有关 DNS 名称空间的重要信息由服务器缓存，为 DNS 解析的后续查询提供了加速性能，并大大减少了网络上与 DNS 相关的查询通信量。

5）如果 DNS 服务器本地缓存也没有匹配的信息，那么查询过程继续进行，使用递归查询来完全解析名称，这需要其他 DNS 服务器的支持。

6）DNS 服务器执行递归查询过程。

无论是否能查到 IP 地址，都要求 DNS 服务器明确答复 DNS 客户端，但是 DNS 服务器不会将其他 DNS 服务器的地址发送给 DNS 客户端。例如，要使用递归过程来定位名称“host-a.example.Microsoft.com”，首先使用根提示查找根服务器，确定对顶级域“com”具有权威性控制的 DNS 服务器的位置。随后对顶级域名“com”使用迭代查询，以便获取“microsoft.com”服务器的参考性应答。接着将来自“microsoft.com”服务器的参考性应答传送到“example.microsoft.com”的 DNS 服务器。最后，与服务器 “example.microsoft.tom”联系上，向启动递归查询的源 DNS 服务器作出权威应答。当源 DNS 服务器接收到权威应答时，将其转发给发出请求的客户端，从而完成递归查询过程。

迭代查询是在不能使用递归查询的情况下，DNS 客户端和服务器之间使用的名称解析类型。迭代查询允许 DNS 服务器告诉 DNS 客户端另外一台 DNS 服务器的 IP 地址，然后由 DNS 客户端自动向新的 DNS 服务器查询，依次类推，直到找到所需数据为止；如果最后一台 DNS 服务器中也没有所需数据，则宣告查询失败。

递归查询要求 DNS 服务器在任何情况下都要返回请求的资源记录信息，而迭代查询将对引用的 DNS 服务器进行查询的任务交给客户端。一般 DNS 客户端向 DNS 服务器提出的查询请求为递归查询；而 DNS 服务器之间的查询请求为迭代查询。实际上 DNS 服务器向另一 DNS 服务器发出请求时，本身就充当 DNS 客户端的角色。

4.2.4 NetBIOS 名称解析

从 Windows 2000 Server 开始，可以使用动态 DNS 完成所有的名称解析任务，如果使用 Windows Server 2012 向下兼容 Windows 2000 Server 以前版本的操作系统，必须配置这些计算机的 WINS 服务器的 IP 地址，需要传统的 NetBIOS 名称解析方式。

1．NetBIOS 名称

Windows 的网络组件使用计算机名称，该名称称为 NetBIOS 名称。NetBIOS 名称由一个 15 个字节的名字和 1 个字节的服务标识符组成。如果名字少于 15 个字符，则在后面插入空格，将其填充为 15 个字符。NetBIOS 命名没有任何层次，不管是在域中，还是在工作组中，同一网段内不能重名。第 16 字节服务标识符指示一个服务，如工作站服务为 00、主浏览器为 1D、文件服务器服务为 20。

当 NetBIOS 进程与特定计算机上的特定进程通信时，使用唯一（Unique）名称；当 NetBIOS 进程与多台计算机上的多个进程通信时，使用组（Group）名称。例如，在计算机名为“xp01”的 Windows XP 计算机上启用“Microsoft 网络的文件和打印机共享”服务，启动计算机时，该服务将根据计算机名称注册一个唯一的 NetBIOS 名称“Wxp01 [20]”（其中空格数为 15 减去计算机名的字符数）。在 TCP/IP 网络中建立文件和打印共享连接之前，必须先创建 TCP 连接。要建立 TCP 连接，必须将该 NetBIOS 名称解析成 IP 地址。NetBIOS 名称解析有 3 种方案。

- 使用广播解析 NetBIOS 名称。
- 使用 LMHOSTS 文件解析 NetBIOS 名称。
- 使用 WINS 服务解析 NetBIOS 名称。

下面简要介绍前两种方式。

（1）使用广播解析 NetBIOS 名称

广播方式是系统内置的，不需配置，可根据计算机名称查询对应的 IP 地址。但是该方式只局限于同一网段，无法跨路由器查询不同网段的计算机，因为路由器都被配置为阻止广播。不过，这种广播方式还能保证同一网段中计算机名称的唯一性。

（2）使用 LMHOSTS 文件解析 NetBIOS 名称

LMHOSTS 与 HOSTS 相似，用于提供计算机名称与 IP 地址的对照表，一般作为 WINS 和广播方式的替补方式。这种方式的查询速度相对较慢，但可跨网段解析名称。LMHOSTS 文件存储在 systemroot\System32\Drivers\Etc 文件夹中。默认情况下，LMHOSTS 文件不存在。其格式很简单，例如：

```
192.168.168.1     srv2003     #PRE
192.168.168.10    sales
```

LMHOSTS 文件中可使用关键字（必须大写，前面加上“#”符号），如“#PRE”。

2．NetBIOS 名称解析机制

NetBIOS 名称解析成 IP 地址的确切机制取决于为 NetBIOS 节点配置的节点类型（Node Type），共有 4 种，说明如下。

- B 节点（广播）：使用广播 NetBIOS 名称来注册和解析名称。不过广播将干扰网络上的每个节点，而且路由器通常不转发广播，因此只能解析本地网络上的 NetBIOS 名称。
- P 节点（端对端）：使用 NetBIOS 名称服务器（NBNS），如 WINS 服务器来解析 NetBIOS 名称。这种方式不使用广播，而是直接查询名称服务器。
- M 节点（混合）：B 节点和 P 节点的组合。默认情况下，M 节点作为 B 节点使用。如果 M 节点无法通过广播解析名称，则使用 P 节点查询 NBNS 服务器。
- H 节点（混合）：P 节点和 B 节点的组合。默认情况下，H 节点作为 P 节点使用。如果 H 节点无法通过 NBNS 解析名称，则使用广播解析名称。

Windows 计算初默认是 B 节点，将其配置为 WINS 服务器时则变成 H 节点。

3．禁用 NetBIOS 名称解析

如果在全网范围内使用 Windows 2000 及以上版本，应考虑禁用 TCP/IP 上的 NetBIOS 名称解析（简称 NetBT），以完全使用 DNS 系统，让所有名称解析都通过 DNS 查询和 HOSTS 文件进行。只有当计算机不通过名称与其他使用 Windows 早期版本，或使用需要 NetBT 的 WINS 或旧版应用程序的计算机通信时，也就是不再需要 NetBIOS 名称解析时，才可禁用 NetBIOS 名称解析。网络中承担专门或安全角色的计算机，如防火墙环境中的边界代理服务器或堡垒主机，就不需要 NetBT 支持。对于运行 WINS 服务的 Windows Server 2003 服务器，必须在至少一个专用网络连接上启用 NetBIOS 名称解析。可在网络连接的 TCP/IP 协议属性设置对话框中的“WINS”选项卡上设置禁用 NetBT 的选项。

4.2.5 WINS 系统

对于需要 NetBIOS 名称解析的场合，广播方式只能解析本网段的 NetBIOS 名称，LMHOSTS 可跨网段解析 NetBIOS 名称，但需要建立静态的 NetBIOS 名称和 IP 地址对照表，而 WINS 服务则可克服这两种方式的不足，是 Microsoft 公司推荐的远程 NetBIOS 名称解析方案。WINS 将 IP 地址动态地映射到 NetBIOS 名称，保持 NetBIOS 名称和 IP 地址映射的数据库，WINS 客户用它来注册自己的 NetBIOS 服务，并查询运行在其他 WINS 客户上的服务的 IP 地址。

1．WINS 组件

- WINS 服务器：受理来自 WINS 客户端的名称注册请求，注册其名称和 IP 地址，响应客户提交的 NetBIOS 名称查询。
- WINS 客户端：查询 WINS 服务器以根据需要解析远程 NetBIOS 名称。
- WINS 代理：为其他不能直接使用 WINS 的计算机代理 WINS 服务的一种 WINS 客户端。WINS 代理仅对于只包括 NetBIOS 广播（或 B 节点）客户端的网络有用，大多数网络部署的都是启用 WINS 的客户端，不需要 WINS 代理。
- WINS 数据库：存储和复制 NetBIOS 名称到 IP 地址的映射。

2．WINS 名称解析

WINS 用于解析 NetBIOS 名称，但是为了使名称解析生效，客户端必须可以动态添加、删除或更新 WINS 中的名称。在 WINS 系统中，所有的名称都通过 WINS 服务器注册。名称存储在 WINS 服务器上的数据库中，WINS 服务器响应基于该数据库项的名称—IP 地址解析请求。WINS 客户端 / 服务器通信过程包括以下几个环节。

- 注册名称：WINS 客户端请求在网络上使用 NetBIOS 名称。该请求可以是一个唯一（专有）名称，也可以是一个组（共享）名。NetBIOS 应用程序还可以注册一个或多个名称。
- 更新名称：WINS 客户端需要通过 WINS 服务器定期更新其 NetBIOS 名称注册。WINS 服务器处理名称更新请求与新名称注册类似。
- 释放名称：当 WINS 客户端完成使用特定的名称并正常关机时，会释放其注册名称。在释放注册名称时，WINS 客户端会通知其 WINS 服务器（或网络上其他可能的计算机），将不再使用其注册名称。
- 解析名称：为网络中所有的 NetBIOS（NetBT）客户端解析 NetBIOS 名称查询。

3. WINS 工作原理

默认情况下，WINS 客户端使用 H 节点作为 NetBIOS 名称注册的节点类型。对于 NetBIOS 名称查询和解析，它也使用 H 节点行为，WINS 客户端通常执行以下一系列步骤来解析名称。

1）客户端检查查询的名称是否是它所拥有的本地 NetBIOS 计算机名称。

2）客户端检查远程名称的本地 NetBIOS 名称缓存，如果匹配，就返回相应的 IP 地址，否则继续查询。远程客户端的解析名称放置在该缓存中，并将保留 10min。

3）客户端将 NetBIOS 查询转发到已配置的主 WINS 服务器中。如果主 WINS 服务器应答查询失败（因为主 WINS 服务器不可用，或因为它没有名称项），则客户端将按照列出和配置使用的顺序尝试与其他已配置的 WINS 服务器联系。如果没有查到，就继续下面的步骤。

4）客户端将 NetBIOS 查询广播到本地子网。如果没有查到，就继续下面的步骤。

5）如果配置客户端已使用 LMHOSTS 文件，则客户端将检查与查询匹配的 LMHOSTS 文件。

6）如果将其配置成单个客户端，则客户端会尝试 HOSTS 文件，然后尝试 DNS 服务器。

4. 使用 WINS 的好处

- 保持对计算机名称注册和解析支持的动态的名称到地址的数据库。
- 名称到地址数据库的集中式管理缓解了对管理 LMHOSTS 文件的需要。
- 通过许可客户端查询 WINS 服务器来直接定位远程系统，减少子网上基于 NetBIOS 的广播通信。
- 对网络上早期 Windows 版本和基于 NetBIOS 客户端的支持，允许这些类型的客户端浏览远程 Windows 域列表，而不需要在每个子网上有本地域控制器。
- 当执行 WINS 查找集成时，通过让客户端定位 NetBIOS 资源实现对基于 DNS 客户端的支持。

4.3 名称解析方案的选择

考虑到兼容性和功能，名称解析应采用 DNS 系统，如面向 Internet 或较大规模的 Intranet 提供的名称解析服务，在采用 Windows、UNIX 等多种操作系统的混合网络中部署名称解析系统。在 Windows 网络中，DNS 是一种重要的基础组件，Active Directory 域和

Kerberos 认证系统等基础架构都必须依赖 DNS 系统。在 Windows 网络中如果要支持 Windows 2000 以前版本，应考虑部署 WINS 系统。

4.3.1 Microsoft 的名称解析方案

综上所述，Microsoft 公司提供了比较完善的解决方案，有广播方式、HOSTS 文件、DNS 服务、WINS 服务和 LMHOSTS 文件共 5 种方式，可以将它们划分为以下两种网络名称解析方法。

- 主机名称解析：Windows 基于套接字的名称解析方式，依赖于 HOSTS 文件或查询 DNS 以执行名称解析功能。
- NetBIOS 名称解析：使用 NetBIOS 重定向程序来搜索基于查询的 NetBIOS 名称的地址，依赖于 LMHOSTS 文件或查询 WINS 执行名称解析。

对于 Windows 网络，可以使用 WINS 将计算机名称（NetBIOS 名称）解析为 IP 地址，WINS 服务可以使计算机名称与 IP 地址的对照表自动生成和更新，与 DHCP 能很好地集成，大大减轻管理工作负担。但是最好的解决方案是使用域名系统。Microsoft 公司从 Windows 2000 开始支持动态 DNS，动态 DNS 提供与 WINS 类似的服务，能够让客户端在 DNS 中自动建立主机记录，并使用 DNS 查找其他动态注册的主机名称，不需要 DNS 管理人员的参与。与 WINS 相比，动态 DNS 更先进，可以建立层次名称体系，而且是一个通用于各种平台的开放性标准。只有 Windows 2000 及以上版本的计算机能够进行动态注册 DNS 域名，因此对于一些规模较大、包括多种 Windows 版本的网络，部署 WINS 系统还是必要的。即使网络中所有计算机都运行 Windows 2000 及以上版本，遇到 DNS 故障时，WINS 服务临时解析 NetBIOS 名称。由于 DNS 服务在 Internet 和 Intranet 中都占有极其重要的地位，每一个完善的 TCP / IP 网络都应提供 DNS 服务体系。

在默认情况下，运行 Windows 2000 及以上版本的操作系统的 WINS 客户端被配置为先使用 DNS 解析长度超过 15 个字符或包含句点“.”的名称。对于少于 15 个字符并且不包含句点的名称，如果将客户端配置为使用 DNS 服务器，则可以在 WINS 查询失败之后再次将 DNS 用作最终选项。

对于启用 WINS 的客户端来说，如果提供多种名称解析方式，解析的基本顺序如下。

1）确定名称是否多于 15 个字符或包含句点。如果是，则向 DNS 查询名称。

2）确定名称是否存储在客户端的远程名称缓存中。

3）尝试使用 WINS 解析名称。

4）对子网使用本地 IP 广播。

5）如果启用 LMHOSTS，则检查 LMHOSTS 文件。

6）检查 HOSTS 文件。

7）查询 DNS 服务器。

4.3.2 DNS 服务器软件一览

用于服务器端的 DNS 软件目前有两种类型。

1. DNS 服务器软件

一般网络操作系统都内置了这种 DNS 服务器软件，如 Windows 2003 Server、Windows Server 2012、Linux 等，它们的功能很强，可支持非常复杂的网络，属于专门的 DNS 服务器软件，用于建立域名服务系统。DNS 服务以分布式数据库的形式提供主机名与 IP 地址转换的服务。采用分层管理的数据模型、客户端/服务器机制、DNS 请求转发方式，只需在服务器上维护数据，适用于大型的 Intranet 乃至整个 Internet，而且 InterNIC 负责 Internet 的 DNS 统一管理。但是主机名和 IP 地址的对照关系是静态的，更新和维护比较不便。现在 DNS 能与 DHCP 集成起来使用，而且还能与活动目录整合。

2. DNS 加速器软件

一般用来加快 Intranet 查询 DNS 域名的速度，称为 DNS 加速器。比较有名的是 LH Software 公司的 Simple DNS Plus，它是一款共享软件，可运行于 Windows 平台。代理服务器软件大都提供了 DNS 代理或加速功能，如 WinGate、WinRoute、SyGate 和 WinProxy 等，功能比较单一，仅能转发 DNS 查询，或通过 DNS 访问记录缓存加速 DNS 查询。另外，一些防火墙和路由器设备也内置 DNS 代理或加速功能。

4.4 使用 Windows Server 2012 建立 DNS 服务

接下来以 Windows Server 2012 R2 平台为例，介绍 DNS 服务的配置、管理和应用。在建立 DNS 服务之前，进行 DNS 规划很有必要。

4.4.1 DNS 规划

1. 域名空间规划

DNS 的域名空间规划决定如何使用 DNS 命名以及通过使用 DNS 要达到什么目的。要在 Internet 上使用自己的 DNS，个人或公司必须先向一个授权的 DNS 域名注册颁发机构申请并注册一个二级域名，注册并获得至少一个可在 Internet 上有效使用的 IP 地址。这项业务通常可由 ISP 代理。

如果准备使用活动目录（Active Directory），则应从活动目录设计着手，并用适当的 DNS 域名空间支持它。

如果决定将名称服务 DNS 的使用限制在专用名称空间，例如建立独立的 Intranet 网络，可以选择任何 DNS 命名标准来配置 DNS 服务器，使之作为网络 DNS 分布式设计的有效根服务器，或形成一个自身包含 DNS 域树的结构和层次。

2. DNS 服务器的规划

DNS 服务器的规划决定网络中需要的 DNS 服务器的数量及其各自的作用，根据通信负载、复制和容错问题，确定在网络上放置 DNS 服务器的位置。对于大多数安装配置来说，为了实现容错，至少应该对每个 DNS 区域使用两台服务器。DNS 被设计成每个区域有两台服务器，一个是主服务器，另一个是备份或辅助服务器。在单个子网环境中的小型局域网上仅使用一台服务器时，可以配置该服务器扮演区域的主服务器和辅助服务器两种角色。

4.4.2 DNS 服务器的安装

Windows Server 2012 的 DNS 服务器首先是一个标准的 DNS 服务器，符合 DNS RFC 规范，可与其他 DNS 服务器实现系统之间的互操作。除此之外，它具备一些增强特性，如条件转发器（在查询中按照 DNS 域名来转发 DNS 查询）、存根区域、支持活动目录、增强的

DNS 安全功能等。

1. 在 Windows Server 2012 计算机上安装 DNS 服务器

在 Windows Server 2012 上安装 DNS 服务器的方法较为简单，只是要注意该服务器本身的 IP 地址应是固定的，不能是动态分配的。可使用控制面板中的“服务器管理器窗口”，单击“配置此本地服务器”的“添加角色和功能”进行安装，如图 4-6 所示，持续单击“下一步”按钮，选择“DNS 服务器”。

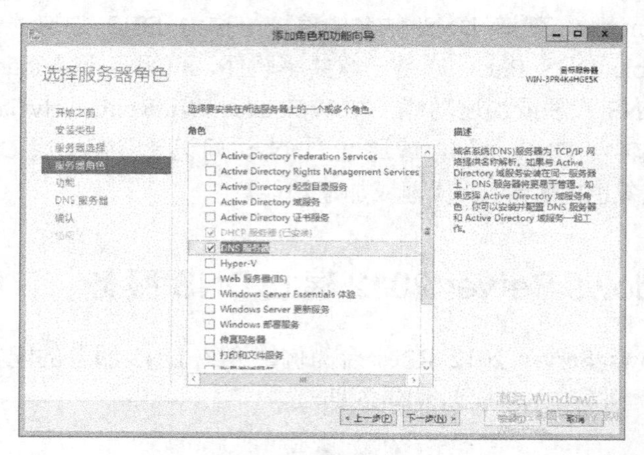

图 4-6 DNS 服务器安装

安装完毕后，不必重新启动系统。管理员通过 DNS 控制台对 DNS 服务器进行配置。

2. DNS 服务器的管理界面

DNS 服务器的管理与配置比较复杂，关键是要搞清 DNS 服务器的结构。DNS 服务器是以区域而不是域为单位来管理服务的。DNS 数据库的主要内容是区域文件。一个域可以分成多个区域，每个区域可以包含子域，子域可以有自己的子域或主机。区域是从管理的角度来界定的，在具体应用时也是一个域。

具体到 Windows Server 2012，DNS 服务是由 DNS 控制台来管理的。选择“开始”→“程序”→“管理工具”→“DNS”命令，可打开 DNS 控制台。DNS 是典型的树形层次结构，在控制台可以管理多个 DNS 服务器，一个 DNS 服务器可以管理多个区域，每个区域可再管理域（子域），域（子域）再管理主机，基本上就是“服务器—区域—域—子域—主机”的层次结构。当然一个区域也可以由多个服务器来管理。DNS 数据库包含一个或多个区域文件，每个区域文件记录的是资源记录，由资源记录来记录区域所管理的主机。

4.4.3 建立和管理 DNS 区域

DNS 名称空间可分成若干区域，区域存储有关一个或多个 DNS 域的名称信息。对于包括在区域中的每个 DNS 域名，该区域成为该域的有关信息的权威性信息源。设置 DNS 服务器，首要的任务就是建立 DNS 区域和域的树状结构。DNS 服务器以区域为单位来管理服务，区域是一个数据库，用来链接 DNS 名称和相关数据，如 IP 地址和网络服务，在 Internet 环境中一般用二级域名来命名，如 microsoft.com。

DNS 区域分为两类：一类是正向搜索区域，即名称到 IP 地址的数据库，用于提供将名称转换为 IP 地址服务；另一类是反向搜索区域，即 IP 地址到名称的数据库，用于提供将 IP 地址转换为名称的服务。

下面将通过如图 4-7 所示的 DNS 网络拓扑图的来说明如何设置 DNS 服务器及客户端。

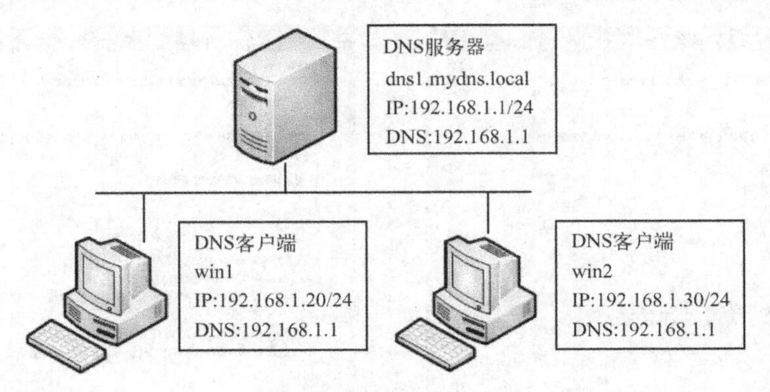

图 4-7　DNS 网络拓扑图

1．新建 DNS 区域的操作步骤

1）在 DNS 控制台树中，用鼠标右键单击要配置的 DNS 服务器下面的“正向搜索区域”节点，选择“新建区域”命令，启动新建区域向导，如图 4-8 所示。单击“下一步”按钮，出现如图 4-9 所示的对话框，有 3 种区域类型，这里选择“主要区域”选项。

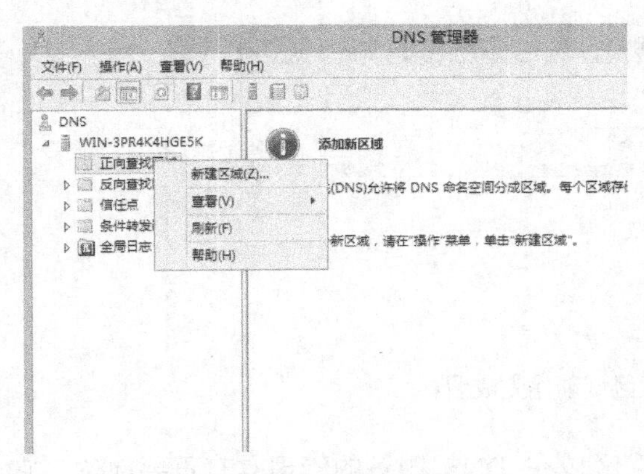

图 4-8　新建区域

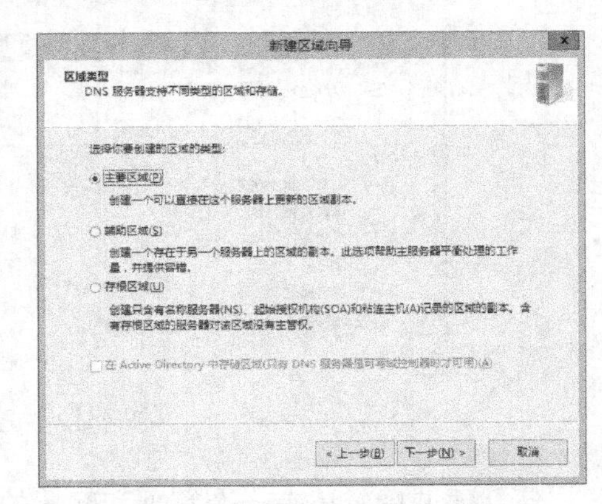

图 4-9　选择 DNS 区域类型

只有在运行 DNS 服务器的计算机作为域控制器时，“在 Active Directory 中存储区域”选项才可选用，如果选择该项，区域数据就作为 Active Directory 数据库的组成部分存储并复制。存根区域是一个区域副本，只包含标识该区域的权威 DNS 服务器所需的一些资源记录。存根区域用来让主持父区域的 DNS 服务器知道其子区域的权威 DNS 服务器，从而保持 DNS 名称解析效率。存根区域由以下部分组成：委派区域的起始授权机构（SOA）资源记录、名称服务器（NS）资源记录和主机（A）资源记录。存根区域的主服务器是对于子区域有权威性的一个或多个 DNS 服务器，通常 DNS 服务器主持委派区域的主要区域。

2）单击“下一步”按钮，打开如图 4-10 所示的“区域文件”对话框，输入区域名称。如果用于 Internet 上，这里的名称一般是申请的二级域名；对于用于 Intranet 的内部域名，则可以自行定义，可启用顶级域名。

3）单击“下一步”按钮，打开如图 4-11 所示的“动态更新”对话框，选择默认的“不允许动态更新”。

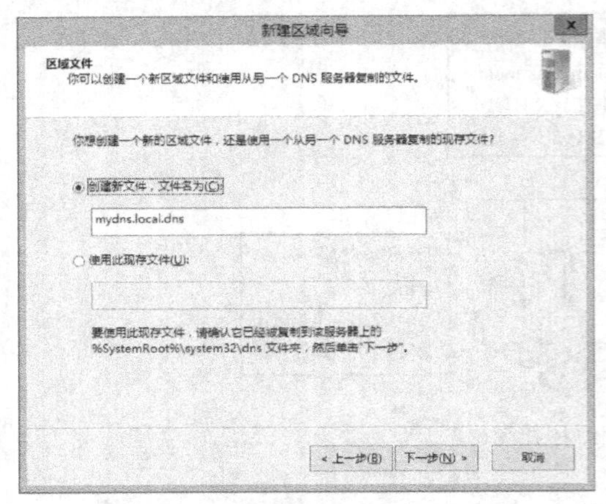

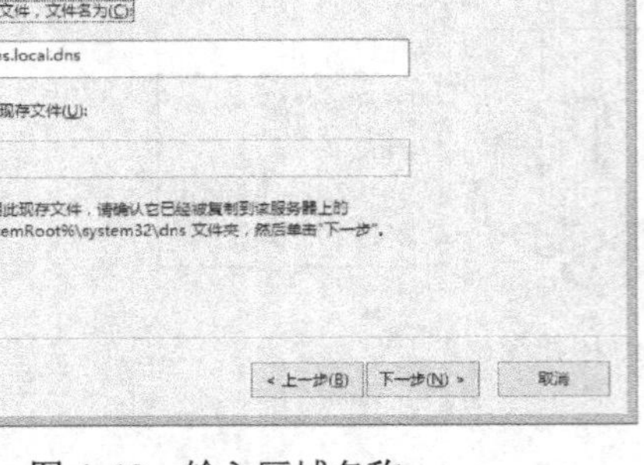

图 4-10　输入区域名称　　　　图 4-11　动态更新对话框

4）单击“下一步”按钮，显示新建区域的基本信息，单击“完成”按钮。创建完成正向搜索区域，如图 4-12 所示。

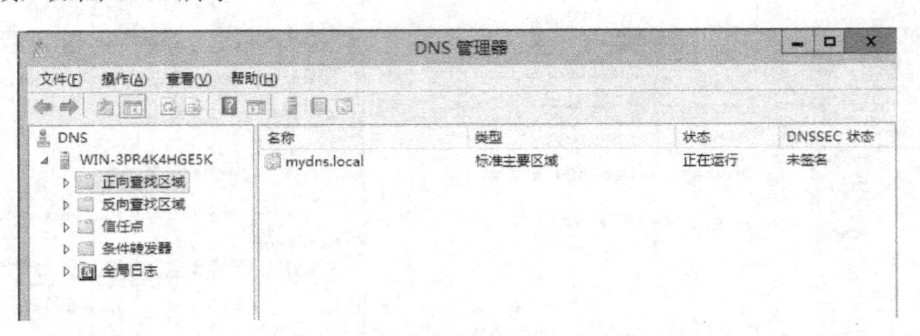

图 4-12　正向搜索区域创建完成图

建立区域后，还有一个管理和配置的问题。区域在 DNS 服务的管理具有重要地位，它是 DNS 服务主要的管理单位。用户可通过“区域属性”选项卡来配置 DNS 服务。从 DNS 控制台的目录树中选择要配置的区域，打开“区域属性”选项卡，不仅可设置区域的基本属性，还可设置高级属性。

2. 设置区域常规属性（区域文件和动态更新）

在 DNS 控制台树中，用鼠标右键单击要配置的 DNS 服务器，选择“所有任务”→“启动”或“暂停”命令，可以恢复或中断对该区域的服务，如图 4-13 所示。

3. 设置区域授权属性

要将“类型”的选项改为“标准辅助区域”，就需要指定另一个 DNS 服务器的 IP 地址作为获得此区域的更新信息的源，其操作是：通过正向查找区域中的“属性”，如图 4-14 所示，通过“区域文件名”用来更改文件名称。如图 4-15 所示。

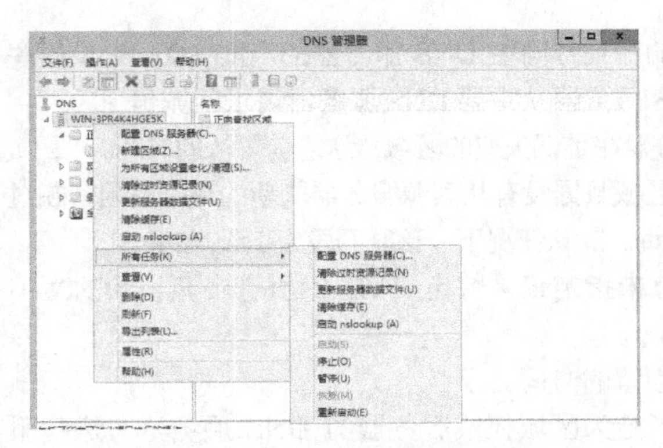

图 4-13　DNS 服务的启动与停止

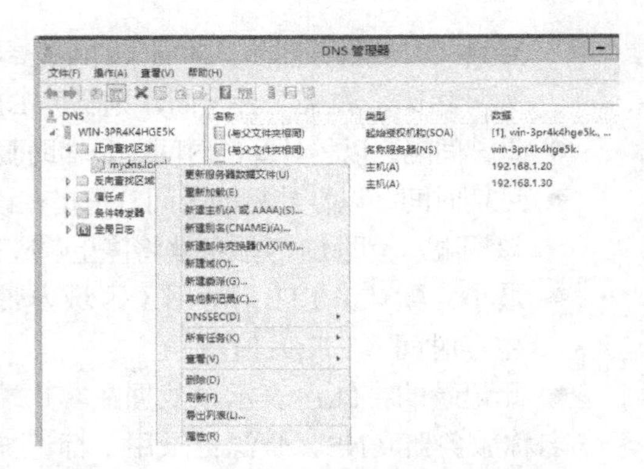

图 4-14　正向查找区域的“属性”命令

管理员还可设置动态更新功能。动态更新允许 DNS 客户端变动时，使用 DNS 服务器注册和动态地更新其资源记录，这样就不必手工管理区域记录了，对于频繁移动或改变位置并使用 DHCP 的客户端特别有用。在“动态更新”列表中选择“非安全”或“无”（默认）来启用或禁用区域的动态更新功能。

DNS 服务器加载区域时，使用起始授权机构（SOA）和名称服务器（NS）两种资源记录来确定区域的授权属性，它们在区域配置中具有特殊作用。在默认情况下，添加新区域向导会自动创建这些记录。

起始授权机构（SOA）资源记录在任何标准区域中都是第一个记录，指明区域的源名称，包含作为区域信息主要来源的服务器的名称，还表示该区域的其他基本属性。在区域属性对话框中切换到如图 4-16 所示的“起始授权机构”选项卡，设置以下各项属性。

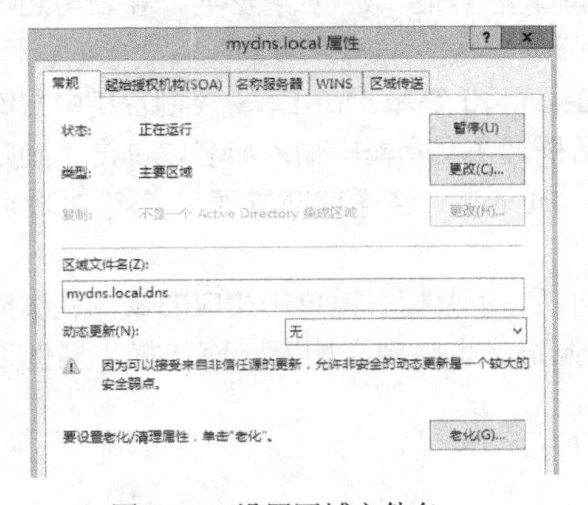

图 4-15　设置区域文件名

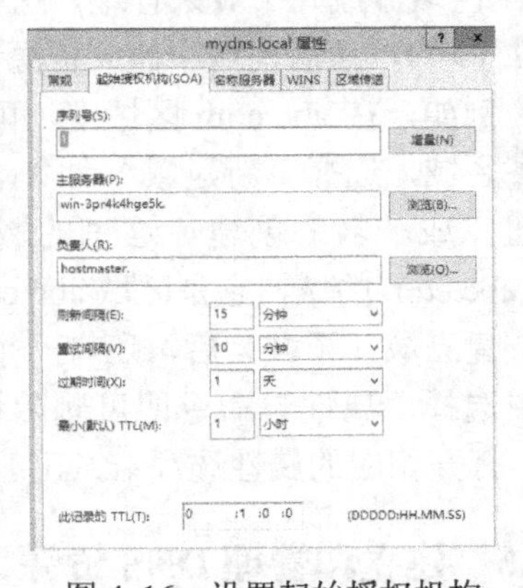

图 4-16　设置起始授权机构

- 序列号：表示该区域文件的修订版本号。每次区域中的资源记录改变时，该值便会增加。该值很重要，它使部分改动或完全修改的区域都可在后续传送中复制到其他辅助服务器上。
- 主服务器：区域的主 DNS 服务器的主机名。
- 负责人：管理区域的负责人的电子邮件地址。注意在该电子邮件名称中使用英文句点“.”代替符号“@”。
- 刷新间隔：以秒计算的时间，表示辅助 DNS 服务器更新的频率。当刷新间隔到期时，辅助 DNS 服务器将其本地 SOA 记录的序列号同主 DNS 服务器的当前 SOA 记录的序列号相比，如果二者不同，则辅助 DNS 服务器从主要 DNS 服务器请求区域传送。

- 重试间隔：以秒计算的时间，是辅助服务器在重试失败的区域传送之前等待的时间。
- 过期时间：以秒计算的时间，是指在该区域数据没有从其源服务器刷新的最长期限，超过该期限，辅助 DNS 服务器将停止响应查询。默认情况下，该时间段为 1 天（24h）。
- 最小（默认）TTL：适用于区域内带有未指定记录特定 TTL 的所有资源记录的最小生存时间（TTL）值。
- 此记录的 TTL：表示该数据在客户端存留的时间。

名称服务器（NS）资源记录用于标记被指定为区域权威服务器的 DNS 服务器，这些服务器能给出权威性应答。在区域属性对话框中切换到“名称服务器”选项卡，即可编辑名称服务器列表，根据需要将其他 DNS 服务器指定为区域的权威服务器。

4．设置区域传送

DNS 提供了将名称空间分割成一个或多个区域的选项，可以将这些区域存储、分配和复制到其他 DNS 服务器。标准的主区域在第一次创建时以文本文件形式存储，包含在单个 DNS 服务器上的所有资源记录信息。该服务器充当该区域的主服务器。区域信息可以复制到其他 DNS 服务器，以提高容错性能和服务器性能。在区域属性对话框中切换到“区域传送”选项卡，设置有关选项。

4.4.4 建立和管理 DNS 域

创建区域之后，需要向区域添加所需的资源记录。如果要增加域名层次，有时需要将 DNS 区域分成几个域来管理，这样就应在区域中再建立 DNS 域（如有必要，在域中还可再建立子域），然后在域中建立资源记录。

例如，在 abc.com 区域中，可以建立 mis、sales 和 rd 等域。在 DNS 控制台树中右键单击某区域，选择“新建域”命令，打开相应的对话框，在文本框中输入域名，单击“确定”按钮完成域名的创建。这里的域名是相对域名，如 mis，这样就建立了一个绝对域名为 mis.abc.com 的域，它是区域 abc.com 中的域。

建立域（子域）后，还有一个管理和修改的问题。用鼠标右键单击相应的域，从快捷菜单中选择“属性”命令即可删除该域，域中的资源记录也将随之删除。而选择“属性”命令，打开相应的属性选项卡，可编辑修改该域。

4.4.5 建立和管理 DNS 资源记录

区域文件记录的内容就是资源记录。DNS 通过资源记录来识别 DNS 信息。区域信息的记录是由名称、类型和数据 3 个项目组成的。类型决定着该记录的功能，例如 NS 表示名称服务器，A 表示主机，CNAME 表示主机的别名，MX 表示主机为邮件交换器，PTR 表示 IP 地址的反向 DNS 域名。

（1）建立主机记录

在多数情况下，DNS 客户端要查询的是主机信息。用户可在区域、域或子域中建立主机，操作很简单。在 DNS 控制台树中用鼠标右键单击一个区域或域（子域），选择“新建主机”命令，如图 4-17 所示。

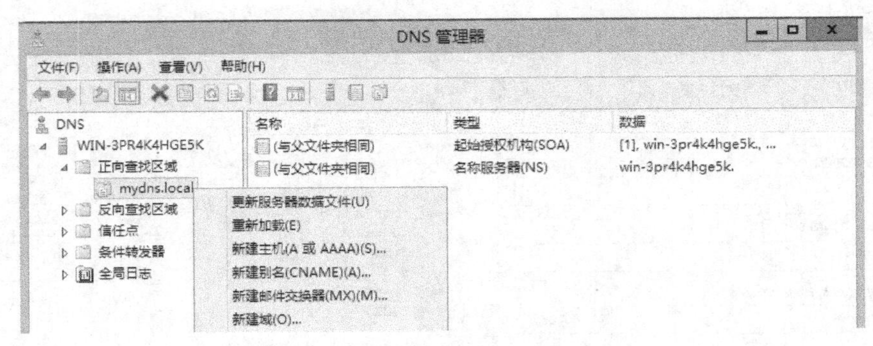

图 4-17　新建主机

打开如图 4-18 所示的对话框，在“名称”文本框中输入主机名称（这里应输入相对名称，而不能是全称域名）；在“IP 地址”文本框中输入与主机对应的实际 IP 地址；如果 IP 地址与 DNS 服务器位于同一子网内，且建立了反向搜索区域，则可选择“创建相关的指针（PTR）记录”选项，这样，反向搜索区域中将自动添加一个对应的记录。单击“添加主机”按钮，完成该主机的创建。区域内需要的大多数主机记录可以包含提供共享资源的工作站或服务器、邮件服务器、Web 服务器以及其他 DNS 服务器等。这些资源记录由区域数据库中的大部分资源记录构成。

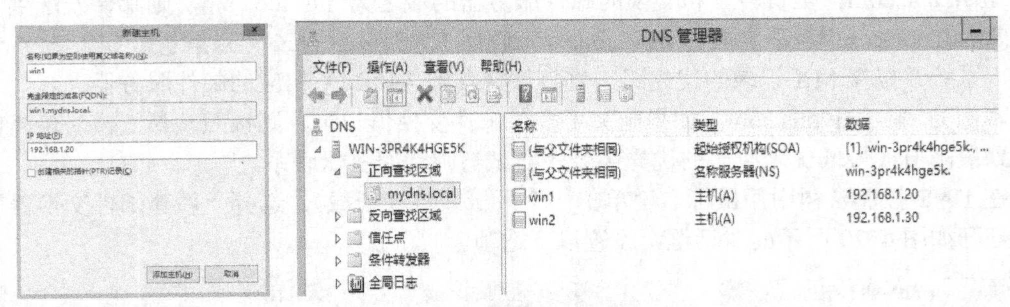

图 4-18　新建两条主机记录

在客户端 win1 上通过输入 ping win2.mydns.local 可成功 ping 通另一台主机 win2。

并非所有计算机都需要主机资源记录，但是在网络上以域名来提供共享资源的计算机需要该记录。一般为具有静态 IP 地址的服务器创建主机记录，也可为分配静态 IP 地址的客户端创建主机记录。

当 IP 配置更改时，计算机使用 DHCP 客户服务在 DNS 服务器上动态注册和更新自己的主机资源记录。

（2）建立别名记录

别名记录往往用来标识同一主机的不同用途。例如，某主机要充当 Web 服务器，可给它起个别名，便于 Web 用户使用。在 DNS 控制台树中用鼠标右键单击一个区域或域（子域），选择“新建别名”命令，打开如图 4-19 所示的对话框。

在“别名”文本框中输入别名名称，这里是相对于父域的名称，别名多用服务名称，如 WWW 表示充当 WWW 服务器，FTP 表示充当 FTP 服务器，news 表示充当新闻服务器，当然也可以是绰号或昵称。在“目标主机的完全合格的域名”文本框中输入该别名对应的主机的全称域名，也可单击“浏览”按钮从 DNS 记录中选择。

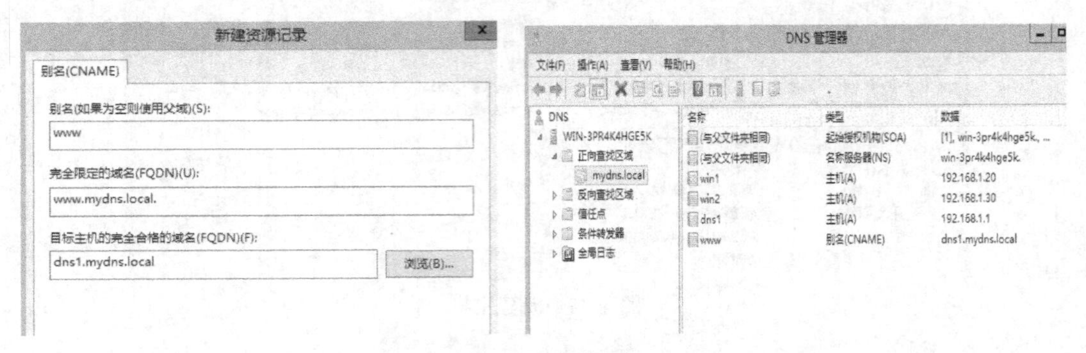

图 4-19　新建别名记录

（3）建立邮件交换器记录

邮件交换器（MX）资源记录为电子邮件服务专用，用于电子邮件应用程序发送邮件时根据收信人的地址后缀来定位邮件服务器。具体地讲，电子邮件应用程序利用 DNS 客户端，根据收信人邮件地址中的 DNS 域名，向 DNS 服务器查询邮件交换器资源记录，定位要接收邮件的邮件服务器。例如，在邮件交换器资源记录中，将邮件交换器记录所负责的域名设为 mail.abc.com，负责转发和交换的邮件服务器的域名为 nts.abc.com，则邮件发送到“用户名@mail.abc.com”，系统将对 mail.abc.com 进行 DNS 中的 MX 记录解析。如果 MX 记录存在，系统就根据 MX 记录的优先级，将邮件转发到与该 MX 相应的邮件服务器上。

本例为 dns1.mydns.com，如果定义了多条邮件交换器记录，则按照从最低值（最高优先级）到最高值（最低优先级）的优先级顺序尝试与邮件服务器联系。

在 DNS 控制台树中用鼠标右键单击一个区域或域（子域），选择“新建邮件交换器”命令，打开如图 4-20 所示的对话框，设置以下选项。

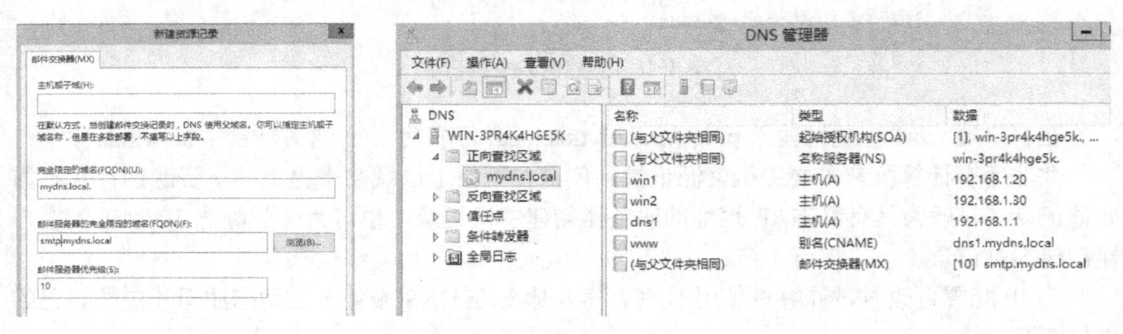

图 4-20　建立邮件交换记录

- 主机或子域：输入此邮件交换器记录所负责的域名，也就是要发送邮件的域名。电子邮件应用程序将收件人地址的域名与此域名对照，以定位邮件服务器。这里的名称是相对于父域的名称，例中的名称为“smtp”，父域为“mydns.com”，则邮件交换器的全称域名为“smt.mydns.com”。如果为空，则设置父域为此邮件交换器所负责的域名，即“mydns.com”。
- 邮件服务器：输入负责处理上述域（域名由“主机或子域”指定）邮件的邮件服务

器的全称域名。发送或交换到邮件交换器记录所负责域中的邮件将由该邮件服务器处理。用户可单击“浏览”按钮从 DNS 记录中选择。

- 邮件服务器优先级：输入一个表示优先级的数值，范围为 0～65535。

当一个区域或域中有多个邮件交换器记录时，这个数值决定邮件服务的优先级，邮件优先送到值小的邮件服务器。如果多个邮件交换器记录的优先级的值相同，则尝试随机地选择邮件服务器。最后单击“确定”按钮，向该区域添加新记录。

4.4.6 建立与管理反向搜索区域

在大部分的 DNS 搜索中，客户端一般执行正向搜索，正向搜索是基于存储在地址资源记录中的另一台计算机的 DNS 名称的搜索。这类查询希望将 IP 地址作为应答的资源数据。DNS 也提供反向搜索过程，允许客户端在名称查询期间使用已知的 IP 地址并根据它的地址搜索计算机名。

由于反向查询的特殊性，DNS 定义了特殊域 in_addr.arpa，并将其保留在 Internet DNS 名称空间中，以提供实际可靠的方式来执行反向查询。而且，为了创建反向名称空间，in_addr.arpa 域中的子域是通过 IP 地址带句点的十进制编号的相反顺序形式的。在 DNS 中建立的 in_addr.arpa 域树要求定义其他资源记录类型，如指针资源记录。这种资源记录用于在反向搜索区域中创建映射，该反向搜索区域一般对应于其正向搜索区域中主机的 DNS 计算机名的主机记录。实际上，建立和配置反向区域并不是必需的。通过反向查询来识别主机的反向搜索区域和指针资源记录的配置只不过是 DNS 标准实现的可选部分。

建立反向搜索区域的步骤与正向搜索区域一样。从 DNS 控制台树中选择“反向搜索区域”，如图 4-21 所示，选择“新建区域”命令，打开相应的对话框，启动新建区域向导，按照向导的提示，在图 4-22 所示界面的“网络 ID”文本框中输入“192.168.1”，单击“下一步”按钮，完成反向查找区域的建立。

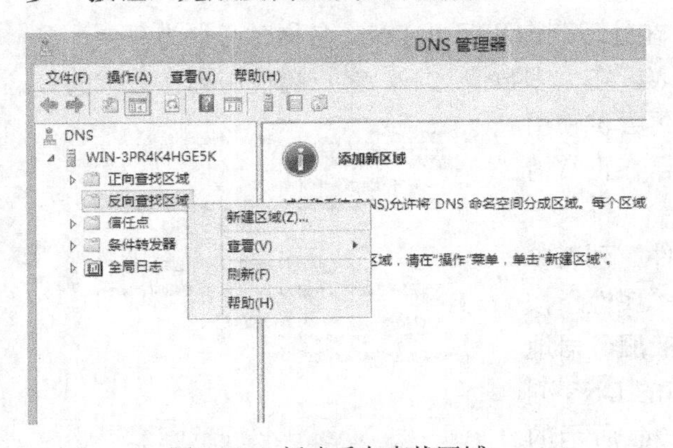

图 4-21　新建反向查找区域

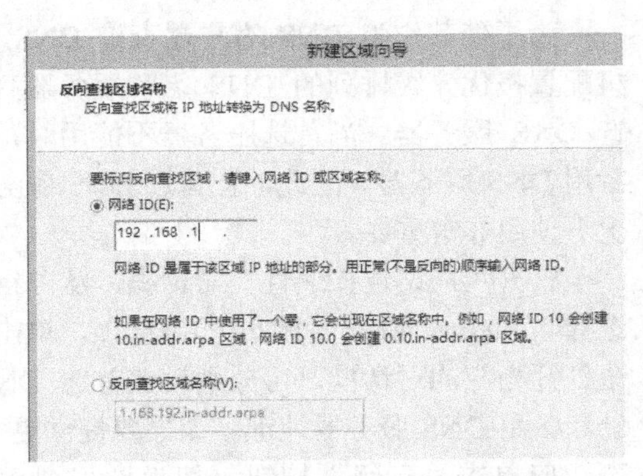

图 4-22　设置反向查找区域的网络 ID

在反向查找区域内新建指针（PTR）记录，为 DNS 客户端提供反向查询服务，如图 4-23 所示。

指针建立后，可以在 DNS 客户端上使用命令行 ping –a 192.168.1.20 来测试，显示域名为 win1.mydns.local。

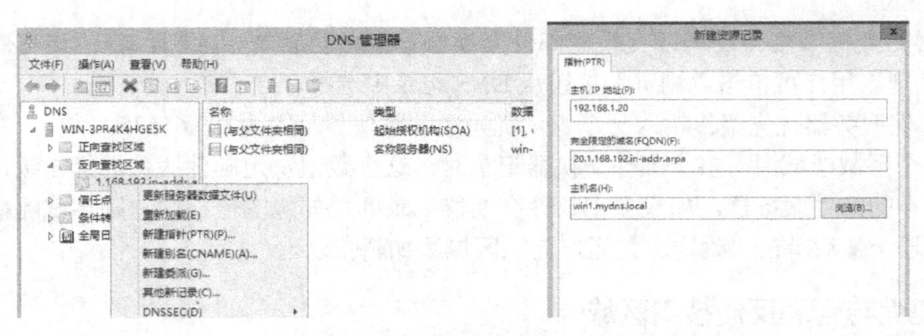

图 4-23　新建指针（PTR）记录

4.4.7　配置和管理 DNS 客户端

客户端如果要使用 DNS 服务器的服务，就必须进行设置。任何基于 Windows 的计算机经适当配置都可作为 DNS 客户端运行。对于带有静态配置 IP 地址的客户端，配置 DNS 包括以下任务。

- 为每台计算机设置 DNS 计算机（主机）名称和主 DNS 后缀。
- 设置 DNS 服务器列表供客户端查询使用。
- 设置 DNS 客户端在执行 DNS 查询时使用的 DNS 后缀搜索列表。
- 设置特定连接的动态更新和注册行为。

其中第 1 项和第 4 项任务主要供动态 DNS 注册使用。对于启用 DHCP 的客户端，第 2 项和第 3 项任务可由 DHCP 服务器为客户端统一配置。

对于客户端，在配置每台计算机的 TCP/IP 属性时，需要设置多项 DNS 配置。这里以 Windows 7 为例进行介绍。

（1）配置 DNS 服务器列表

为了使其作为 DNS 客户端查询 DNS，在处理查询和解析 DNS 名称时必须为每台计算机配置按优先级排列的 DNS 名称服务器列表。在大多数情况下，客户端使用列在首位的首选 DNS 服务器。当首选服务器不能用时，再尝试使用备用 DNS 服务器。因此，让首选 DNS 服务器在正常情况下使用非常重要。

打开“网络连接属性”对话框，从“组件”列表中选择“Internet 协议（TCP/IP）”选项，单击“属性”按钮打开相应的对话框，可分别设置首选 DNS 服务器地址和备用 DNS 服务器地址。如果要提供更多的 DNS 列表，应单击“高级”按钮，切换到如图 4-24 所示的“DNS”选项卡，在“DNS 服务器地址”列表中可添加和修改要查询的 DNS 服务器地址。

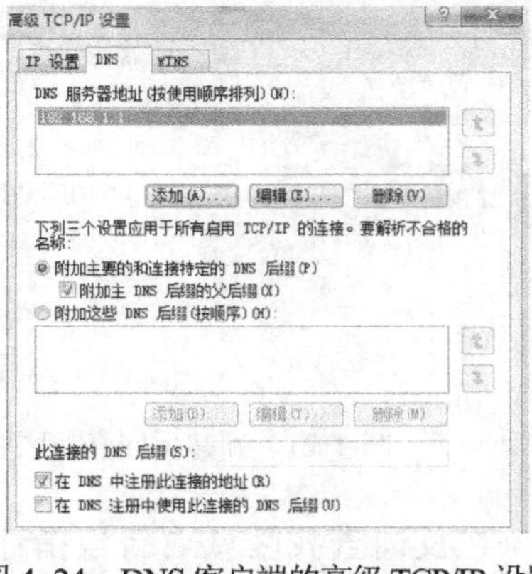

图 4-24　DNS 客户端的高级 TCP/IP 设置

（2）配置 DNS 后缀搜索列表

对于不完整的 DNS 域名，可通过配置 DNS 域后缀搜索列表来进行扩展查询。在 DNS 后缀列表中添加其他后缀，则 DNS 客户端将该列表中的后缀名称添加到原始名称末尾，形成备用的 DNS 域名，再尝试向 DNS 服务器查询，这样可以在多个指定的 DNS 域中搜索较短的计算机名称。

打开“高级 TCP/IP 设置”对话框，切换到“DNS”选项卡，设置以下有关 DNS 后缀的选项。

- 附加主要的和连接特定的 DNS 后缀：用于设置 DNS 客户端是否启用主 DNS 后缀（通过控制面板的“系统属性”对话框指定）和特定的 DNS 后缀。如果选中下面的“附加主 DNS 后缀的父后缀”复选框，那么在查询主机时还要搜索主 DNS 后缀的父后缀，直到二级域名，例如，主 DNS 后缀为 info.abc.com，查询主机 www 时将分别查询 www.info.abc 和 www.abc.com。
- 附加这些 DNS 后缀：用于设置多个 DNS 后缀。例如，同时设置了 acompany.com 和 bcompany.com，在查询每个主机时，会依次对这两个后缀进行查询。
- 此连接的 DNS 后缀：设置该网络连接的特定 DNS 后缀。如果这里设置了相应的后缀，就将忽略由 DHCP 服务器指定的 DNS 后缀。

（3）为启用 DHCP 的客户端启用 DNS

要使用由 DHCP 服务器提供的动态配置 IP 地址为客户端配置 DNS，一般只需在 DHCP 服务器端设置两个基本的 DHCP 作用域选项：006（DNS 服务器）和 015（DNS 域名），如图 4-25 所示。006 选项定义供 DHCP 客户端使用的 DNS 服务器列表，015 选项为 DHCP 客户端提供在搜索中附加和使用的 DNS 后缀。如果要配置其他 DNS 后缀，需要在客户端为 DNS 手动配置 TCP/IP。

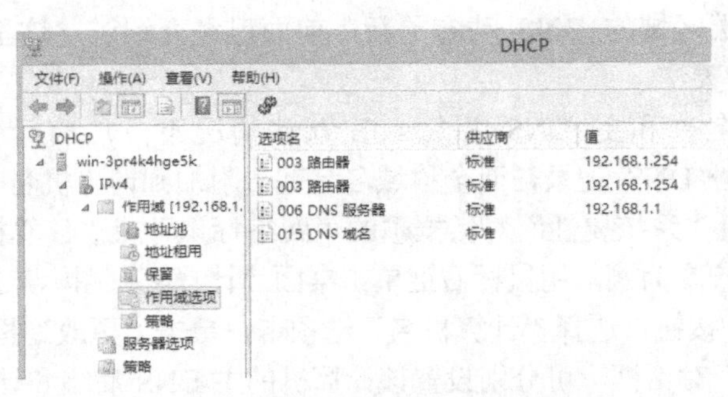

图 4-25　DNS 客户端的 DHCP 作用域选项

（4）使用 ipconfig 命令管理客户端 DNS 缓存

TCP/IP 中的 DNS 解析器可以缓存 DNS 名称查询。客户端的 DNS 查询首先响应客户端的 DNS 缓存。DNS 缓存支持未解析或无效 DNS 名称的负缓存，DNS 客户端从 DNS 服务器接收到查询名称的否定应答时，将其添加到缓存，而否定性结果会缓存一小段时间，期间不会再次被查询，再次查询可能会引起查询性能方面的问题，因此遇到 DNS 问题时，可清除缓存。在计算机中使用 ipconfig 实用程序可查看并清除 DNS 缓存的内容，例如，使用命令 ipconfig/displaydns 可显示和查看客户端解析程序缓存，使用 ipconfig/flushdns 命令可刷新和重置客户端解析程序缓存。

4.4.8　DNS 动态注册和更新

以前的 DNS 被设计为区域数据库是静态改变的，添加、删除或修改资源记录仅能通过手工完成。Microsoft 公司从 Windows 2000 开始在 DNS 客户端和服务器支持 DNS 动态更新。动态更新允许 DNS 客户端在发生更改（域名更改或 IP 地址更改）的任何时候，能够使用 DNS 服务器注册和动态地更新其资源记录，从而减少手动管理工作。这对于频繁移动或改变位置并使用 DHCP 获得 IP 地址的客户端特别有用。

DNS 服务器服务允许在每个区域上启用或禁用动态更新。默认情况下，DNS 客户端服务在配置用于 TCP/IP 时，将动态更新 DNS 中的主机（A）资源记录。通过动态更新协议，允许 DNS 客户端变动时自动更新 DNS 服务器上的资源记录，而不需管理员的干涉。

除了在 DNS 客户端和服务器之间实现 DNS 动态更新外，还可通过 DHCP 服务器来代理 DHCP 客户端向支持动态更新的 DNS 服务器进行 DNS 记录更新。为安全起见，Microsoft 公司强烈建议在 AD 环境中实现 DNS 动态更新。

（1）在 DNS 客户端和服务器之间实现 DNS 动态更新

已经部署 DNS 动态更新的计算机网络，遇到以下任何一种情况，都可以导致 DNS 动态更新。

- 在 TCP/IP 配置中为任何一个已安装好的网络连接添加、删除或修改 IP 地址。
- 通过 DHCP 服务器更改或续订 IP 地址租约，如启动计算机或执行 ipconfig/renew 命令。
- 执行 ipconfig/registerdns 命令，手动刷新 DNS 中客户端名称注册。
- 启动计算机。
- 将成员服务器升级为域控制器。

要实现这项功能，既要在 DNS 服务器端启用动态更新功能，又要在客户端启用 DNS 动态更新。关于服务器端区域的 DNS 动态更新，前面已经介绍过，这里不再赘述。下面介绍一下 DNS 客户端的设置。

1）设置计算机名称和主 DNS 后缀。在默认情况下，所有计算机都在其全称域名（FQDN）的基础上注册 DNS 记录，而全称域名是基于附加到计算机名的主 DNS 后缀基础上的。这需要通过计算机“系统属性”对话框中的“网络标识”或“计算机名”选项卡来配置。这里以 Windows 7 客户端为例，用鼠标右键单击桌面“计算机”图标，打开“属性”对话框，单击“高级系统设置”按钮，选择“计算机名”选项卡，单击“更改”按钮，弹出“DNS 后缀和 NetBIOS 计算机名”对话框，可分别设置该计算机的主 DNS 后缀和计算机名，如图 4-26 所示。本例中域名第 1 个句点之前的名称 “WIN701”是计算机名，第 1 个句点之后的名称即为主 DNS 后缀。应用这些更改之后，重新启动计算机以便用新的 DNS 域名初始化。

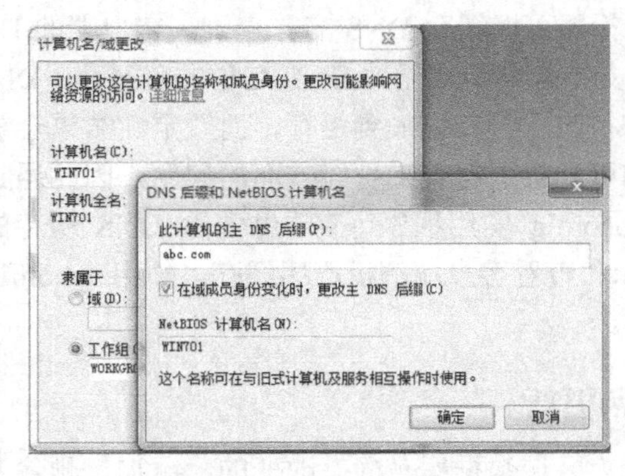

图 4-26　设置计算机主 DNS 后缀和计算机名

如果这里不设置主 DNS 后缀，可在下面的设置 DNS 动态注册选项中进一步设置。

2）设置 DNS 动态注册选项。打开“高级 TCP/IP 设置”对话框，切换到“DNS”选项卡，设置以下有关 DNS 自动更新的选项。

- 在 DNS 中注册此连接的地址：选中该项，自动将该计算机的名称和 IP 地址注册到 DNS 服务器。例如，将完整的计算机名称改为 www.abc.com，则将 www.abc.com 及其对应的 IP 地址更新到 DNS 服务器。
- 在 DNS 注册中使用此连接的 DNS 后缀：选中该项，注册的 DNS 域名由计算机名称（完整的计算机名称的第 1 个标识）和该网络连接的特定 DNS 后缀（在“此连接的 DNS 后缀”框中定义）组成。例如，如果连接的 DNS 后缀为 abc.com，而计算机的完整名称为 www.abc.com，则注册的域名为 www.abc.com。

为确保 DNS 动态更新的安全，应当使用 Active Directory 集成区域，这样，DNS 控制台便可提供访问控制列表（ACL）编辑功能，可为指定的区域或资源记录添加或删除来自 ACL 的用户或组。对于启用 DHCP 的客户端，也需要设置上述动态更新选项。

（2）DHCP 服务器代理 DNS 动态更新

使用集成了 DHCP 的 DNS 服务器安装 Windows Server 2012 DHCP 服务时，可以配置 DHCP 服务器，使其 DHCP 客户端对任何支持动态更新的域名系统 DNS 进行 DNS 更新。如果由于 DHCP 的原因而使 IP 地址信息发生变化，则会在 DNS 中进行相应的更新，对该计算机的名称到地址的映射进行同步。DHCP 服务器服务可为不支持动态更新的传统客户端执行代理注册和 DNS 记录更新。

要使 DHCP 服务器代理客户端实现 DNS 动态更新，可在相应的 DHCP 服务器和 DHCP 作用域上设置 DNS 选项，方法是从 DHCP 控制台树中，用鼠标右键单击相应的服务器或作用域，选择“属性”命令，打开属性对话框，并切换到“DNS”选项卡（如图 4-27 所示），设置相应选项即可。默认情况下，始终会对新安装的并且运行 Windows Server 2012 的 DHCP 服务器以及为它们创建的任何新作用域执行更新操作。可以设置以下 2 种模式。

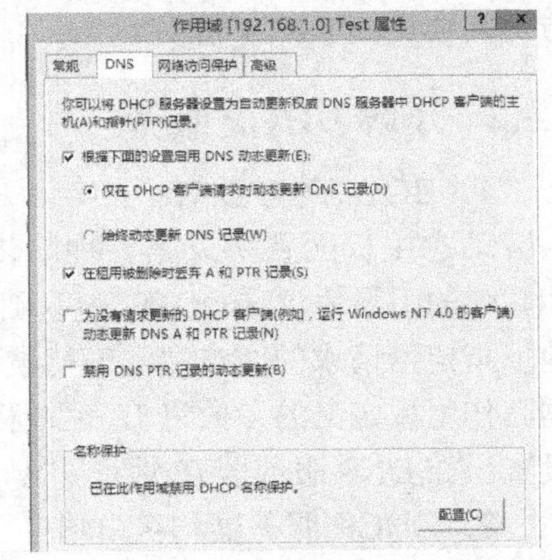

图 4-27　DHCP 服务器的“DNS”选项卡

- 仅在 DHCP 客户端请求时动态更新 DNS 记录：即 DHCP 服务器根据 DHCP 客户端请求进行注册和更新。
- 始终动态更新 DNS 记录：即 DHCP 服务器始终注册和更新 DNS 中的客户端信息。选在该模式下，不论客户端是否请求执行它自身的更新，DHCP 服务器都会执行该客户端的全称域名（FQDN）、租用的 IP 地址信息以及其主机和指针资源记录的更新。

以上 2 种模式都是针对 Windows Server 2012 DHCP 服务器和客户端的设置。

（3）资源记录的老化和清理

Windows Server 2012 DNS 服务器支持老化和清理功能。启动动态更新功能后，当与网络连接的计算机启动时，资源记录被自动添加到区域中。但在某些情况下当计算机从网络上断开时，不会自动删除资源记录。如果网络中有移动式用户和计算机，则该情况可能经常发生。

可在 DNS 服务器属性对话框中切换到“高级”选项卡，选中“启用过时资源记录自动清理”复选框，并设置合适的清理周期，以按期自动清理。也可在 DNS 控制台树中用鼠标右键单击相应的 DNS 服务器，选择“清理过时资源记录”命令，立即进行清理。还可在区域的属性设置对话框中单击“老化”按钮，打开相应的对话框，设置资源记录的清理和老化属性。

4.5 DHCP 服务

在 TCP/IP 网络中，每一台计算机都必须拥有唯一的 IP 地址，如果这些 IP 地址都要依靠手工管理和分配，将变得非常烦琐，给系统管理员增加不少负担。遇到网络规模比较大，或者网络上的计算机频繁变动的情况，就更麻烦了。建立 DHCP（动态主机配置协议）服务可自动分配地址，更为重要的是，使用 DHCP 服务可对网络客户端自动进行 TCP/IP 配置，从而简化管理员的网络管理工作。DHCP 是一种基本的网络服务，一般网络操作系统和网络设备都内置了 DHCP 服务器软件，本章主要以 Windows Server 2012 为例，介绍如何建立和使用 DHCP 服务器。

4.5.1 DHCP 服务概述

在 TCP/IP 网络中设置计算机的 IP 地址，可以采用两种方式：一种是手工设置，即分配静态的 IP 地址，这种方式容易出错，易造成地址冲突，适用于规模较小的网络；另一种是由 DHCP 服务器自动分配 IP 地址，适用于规模较大的网络，或者是经常变动的网络，这种方式需要用到 DHCP 服务。

4.5.2 了解 DHCP 服务

1．BOOTP 与 DHCP

动态主机配置协议是一种简化主机 IP 配置管理的 TCP/IP 标准，简称 DHCP。它以 UNIX 的引导协议 BOOTP 为基础，进行了功能扩展。BOOTP 只是简单地将地址表中的 IP 地址指定给请求的客户端，最初被设计为在旧系统上启用无盘工作站的引导配置。DHCP 根据其作用域定义的参数将 IP 地址租用给客户端，而且能够在作用域上配置其他 TCP/IP 公共设置，如 DNS 服务器 IP 地址、WINS 服务器 IP 地址等。

2．DHCP 服务器和客户端

DHCP 基于客户端/服务器模式，DHCP 服务器为 DHCP 客户端提供自动分配 IP 地址的服务，DHCP 客户端启动时自动与 DHCP 服务器通信，并从服务器那里获得自己的 IP 地址。DHCP 服务器就是安装 DHCP 服务器软件的计算机，DHCP 客户端就是启用 DHCP 功能的计算机，运行 Windows 系统的计算机都可作为 DHCP 客户端（只需在 TCP/IP 设置中选择自动获取 IP 地址）。

DHCP 客户端与 DHCP 服务器通过 4 个数据包相互通信，其过程如图 4-28 所示。

DHCPDISCOVER：客户端首先发出广播消息到网络中，查找能够提供 IP 地址的 DHCP 服务器。

DHCPOFFER：DHCP 服务器收到广播后，它在 IP 地址池中挑选一个未出租的 IP 地址暂时保留，发消息到客户端。

DHCPREQUEST：客户端收到消息后，以广播的方式响应，并把请求发送到 DHCP 服务器。

DHCPACK：服务器收到请求消息后，发送确认消息到客户端，该消息包含客户端的相关 IP 设置，如 IP 地址、子网掩码、默认网关、DNS 服务器。

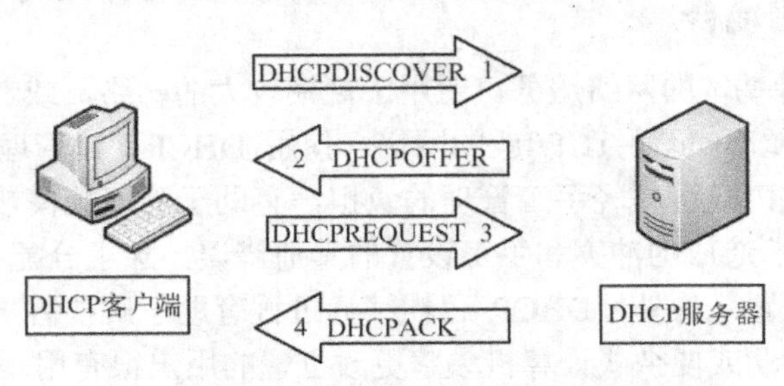

图 4-28　DHCP 服务器与 DHCP 客户端通信图

通过在网络上安装和配置 DHCP 服务器，DHCP 客户端可在每次启动并加入网络时，动态地获得其 IP 地址和相关配置参数。DHCP 服务器以地址租约的形式将该配置信息提供给发出请求的客户端。租约定义了从 DHCP 服务器分配的地址可以使用的时间期限。当服务器将地址租用给客户端时，租约生效。在租约过期之前，客户端一般需要通过服务器更新租约。当租约期满或在服务器上被删除时，租约将自动失效。租约期限决定租约何时期满以及客户端需要用服务器更新的频率。

3. IP 地址的自动分配与动态分配

DHCP 服务器向 DHCP 客户端分配 IP 地址的方式有两种。

- 自动分配：DHCP 客户端一旦从 DHCP 服务器租用到 IP 地址后，这个地址就永久地给该客户端使用。这种方式也称为永久租用，适用于 IP 地址较为充足的网络。
- 动态分配：DHCP 客户端第一次从 DHCP 服务器租用到 IP 地址后，这个地址归该客户端暂时使用；一旦租约到期，IP 地址归还给 DHCP 服务器，可提供给其他客户端使用。该客户端如果还需要 IP 地址，就可以向 DHCP 服务器租用另一个 IP 地址。这种方式也称限定租期，适用于 IP 地址比较紧张的网络。

4. 申请新 IP 地址和续租 IP 地址

DHCP 客户端每次启动时，都要与 DHCP 服务器通信，以获取 IP 地址及有关的 TCP/IP 配置。有两种情况，一是 DHCP 客户端向 DHCP 服务器申请新的 IP 地址；二是已经获得 IP 地址的 DHCP 客户端要求更新租约，继续租用该地址。

只要符合下列情形之一，DHCP 客户端就要向 DHCP 服务器申请新的 IP 地址。

- 计算机第一次以 DHCP 客户端身份启动。从静态 IP 地址转向使用 DHCP 也属于这种情形。
- DHCP 客户端租用的 IP 地址已被 DHCP 服务器收回，并提供给其他客户端使用。
- DHCP 客户端自行释放已租用的 IP 地址，要求使用一个新地址。

如果 DHCP 客户端要延长现有 IP 地址的使用期限，则必须更新租约。当遇到以下任何一种情况时，需要续租 IP 地址。

- 不管租约是否到期，已经获取 IP 地址的 DHCP 客户端每次启动时，都将以广播方式向 DHCP 服务器发送 DHCPREQUEST 信息，请求继续租用原来的 IP 地址。即使 DHCP 服务器没有发送确认信息，只要租期未满，DHCP 客户端仍然能使用原来的 IP 地址。

- DHCP 客户端在租约期限超过一半时，自动以非广播方式向 DHCP 服务器发出续租 IP 地址的请求。

4.5.3 DHCP 的应用场合

DHCP 服务是一种基本的网络服务，适用于规模较大的网络，或者是经常变动的网络，或者是因网络管理需要统一配置 TCP/IP 的网络。使用 DHCP，让管理人员能够集中管理 IP 地址的分配和发放问题，既可减轻手工管理的负担，有助于管理规模较大的网络，又可避免多人设置同一 IP 地址所造成的冲突和手工设置的其他错误。除了分配 IP 地址之外，还可进行客户端 TCP/IP 的设置。另外，DHCP 租约续订过程有助于解决客户端配置需要经常更新的问题，这对于使用移动或便携式计算机频繁更改位置的用户很有用。

可利用动态分配解决 IP 地址不足的问题。例如，C 类网络支持 254 台主机，若超过 254 台主机，IP 地址就不够用了，这时就可利用 DHCP 动态分配解决。IP 地址是动态分配的，只要有空闲的 IP 地址，DHCP 客户端就可暂时租用，当客户端不用此地址时，就由服务器收回备用，因此特别适合于一些 ISP。为便于管理，许多 Intranet（如网吧、公共机房等）的 IP 地址也是采用 DHCP 动态分配的。

网络操作系统一般都内置了 DHCP 服务器软件，如 Linux 操作系统、Windows Server 2012 等，它们的功能都很强，可支持非常复杂的网络。代理服务器软件大都提供了局域网专用的 DHCP 服务器软件，如 WinGate、WinRoute、SyGate 和 WinProxy 等，它们的功能比较单一，适于小型网络。另外，许多网络硬件设备，如路由器、防火墙也都内置有 DHCP 功能。

4.5.4 安装 DHCP 服务器

在 Windows Server 2012 上安装 DHCP 服务器并不复杂，只是要注意 DHCP 服务器本身的 IP 地址应是固定的，不能是动态分配的。可使用“控制面板”→“服务器管理器”→“仪表板”→“配置此本地服务器”→“添加角色和功能”进行安装，如图 4-29 所示，持续单击“下一步”按钮，选择“DHCP 服务器”。

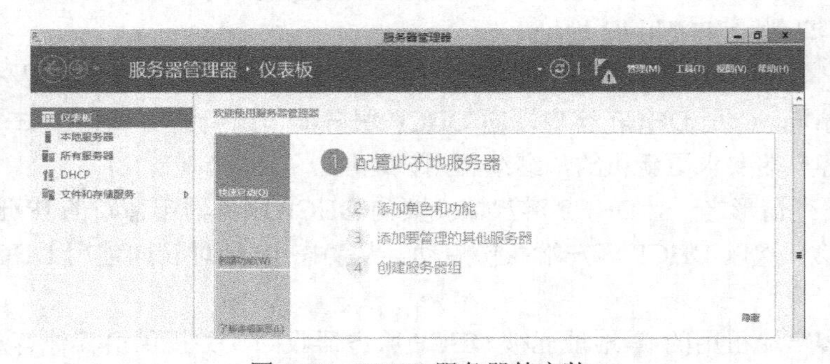

图 4-29 DHCP 服务器的安装

安装完毕后，管理员可通过单击“服务器管理器”窗口的“工具”菜单中的“DHCP”，启动 DHCP 管理控制台对 DHCP 服务器进行配置，如图 4-30 所示。

打开 DHCP 管理器，对 DHCP 服务器进行配置和管理。凡是由控制台界面来管理的服务都具有典型的树状层次结构，DHCP 也不例外。DHCP 控制台可管理多个 DHCP 服务器，每个 DHCP 服务器可管理多个作用域（又称领域），配置信息都是以作用域为单位来管理的，每个作用域拥有特定的 IP 地址范围。“DHCP 管理器”窗口如图 4-31 所示。

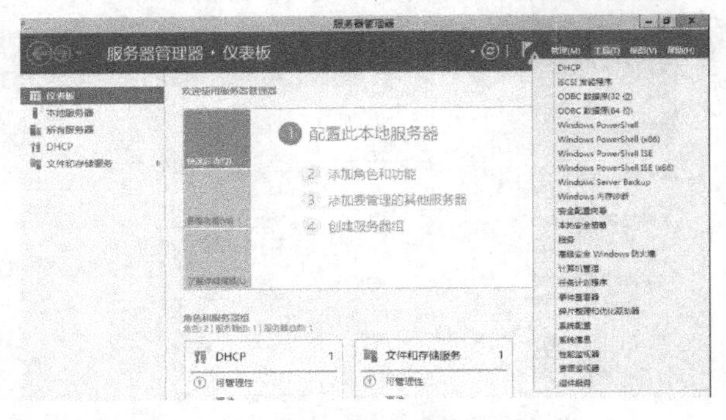

图 4-30　DHCP 管理控制台的启动

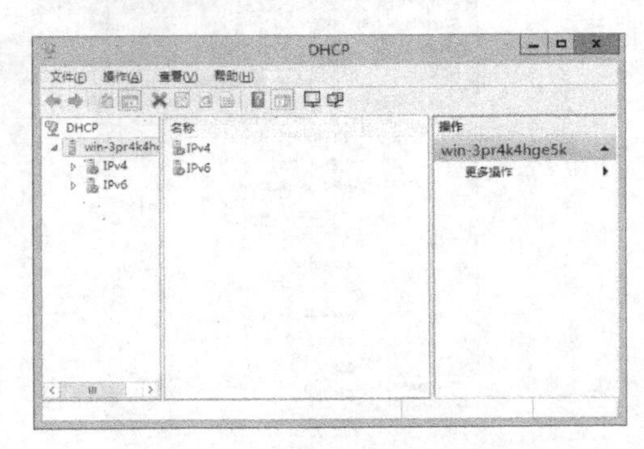

图 4-31　“DHCP 管理器”窗口

4.5.5　DHCP 服务器的启动、停止与暂停

安装 DHCP 服务器后，管理员可以很方便地启动或停止 DHCP 服务器，在控制台树中，选择相应的 DHCP 服务器，单击鼠标右键，从快捷菜单中选择“所有任务”，并从中选择“启动”“停止”“暂停”“继续”“重新启动”，如图 4-32 所示，即可对整个 DHCP 服务器进行相应的管理。

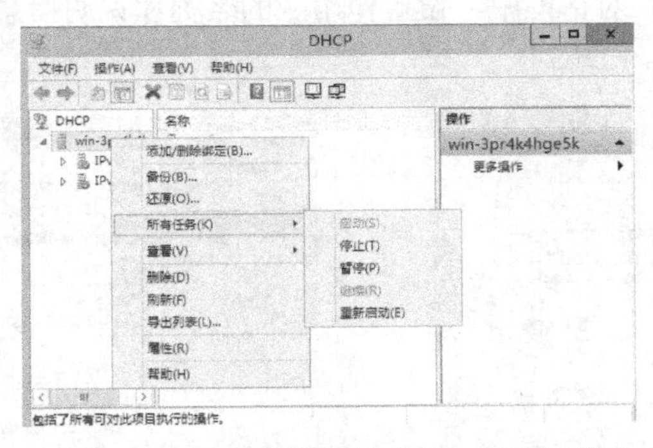

图 4-32　DHCP 服务器的启动、停止与暂停

4.5.6　设置冲突检测

设置冲突检测是一项 DHCP 服务器级的重要功能。如果启用这项功能，DHCP 服务器在提供给客户端的 DHCP 租约时，可用 ping 程序来测试可用作用域的 IP 地址。如果 ping 探测到某个 IP 地址正在网络上使用，DHCP 服务器就不会将该地址租用给客户。打开 DHCP 管理器，用鼠标右键单击要设置的 DHCP 服务器下的“IPv4”节点，从快捷菜单中选择“属性”命令，打开“IPv4 属性”对话框，切换到如图 4-33 所示的“高级”选项卡，在“冲突检测次函数”文本框中，输入大于 0 的数字，然后单击“确定”按钮。

这里的数字决定将其租用给客户端之前，DHCP 服务器测试 IP 地址的次数。附加的每次冲突检测尝试，在等候超时的 ping 请求的同时，延迟 DHCP 服务器响应达 1s 的时间，这将增加服务器的负载。建议用不大于 2 的数值进行 ping 尝试。

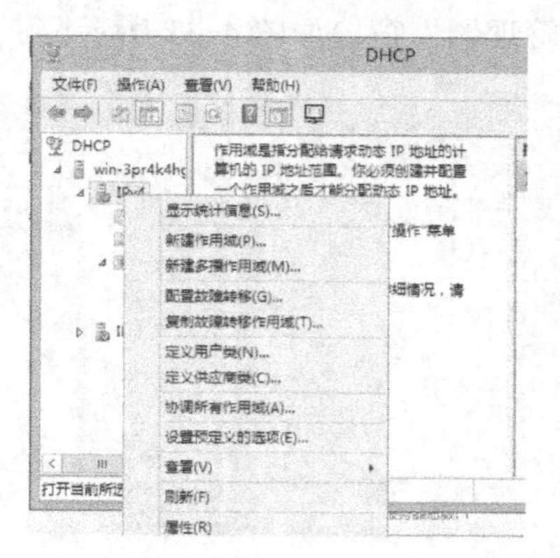

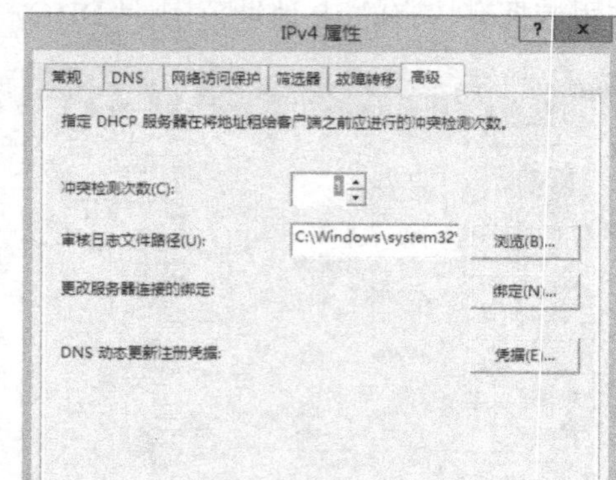

图 4-33　设置冲突检测功能

4.5.7　创建 DHCP 作用域

在 DHCP 服务器内至少要建立一个 IP 作用域，当 DHCP 客户端向 DHCP 服务器租用 IP 地址时，DHCP 服务器就可以从这些作用域中选择一个未出租的 IP 地址，租借给客户端。

1）在“DHCP 管理器”窗口的控制台树中，用鼠标右键单击相应的 DHCP 服务器下的“IPv4”节点，选择“新建作用域”命令，如图 4-34 所示，启动新建作用域向导。

2）在“作用域名称”对话框中，设置作用域的名称和说明信息，如图 4-35 所示，单击“下一步”按钮。

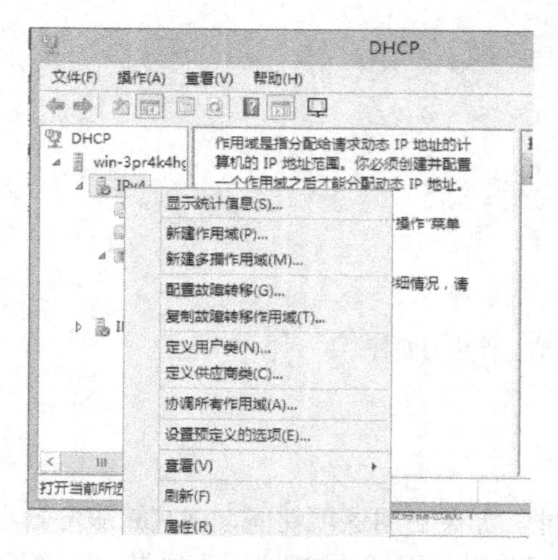

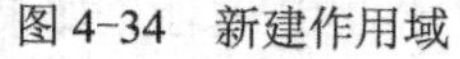
图 4-34　新建作用域

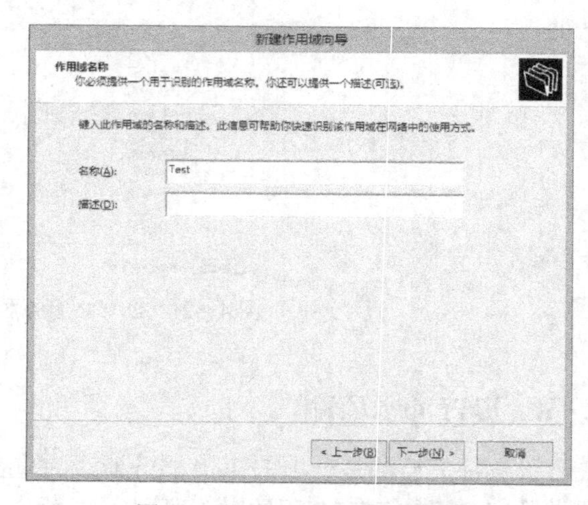

图 4-35　“作用域名称”对话框

3）出现如图 4-36 所示的“IP 地址范围”对话框。在“起始 IP 地址”和“结束 IP 地址”文本框中输入要分配的 IP 地址，以确定地址范围。在“长度”和“子网掩码”文本框中设置相应的值，以解析 IP 地址的网络和主机部分。

这里的长度指 IP 地址中网络部分的位数。建议使用对大多数网络有用的默认子网掩码。如果知道网络需要不同的子网掩码，则可根据需要来修改这个值。

4）单击“下一步”按钮，打开如图 4-37 所示的对话框。可根据需要从 IP 地址范围中选择一段或多段要排除的 IP 地址，排除的地址不能对外出租。如果要排除单个 IP 地址，只需在“起始 IP 地址”中输入地址。

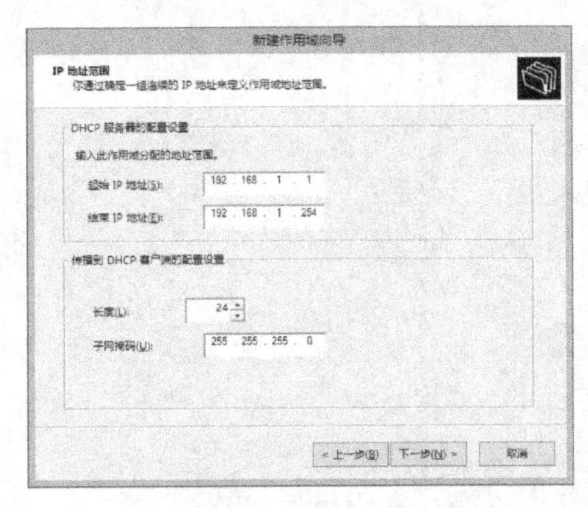

图 4-36 “IP 地址范围”对话框

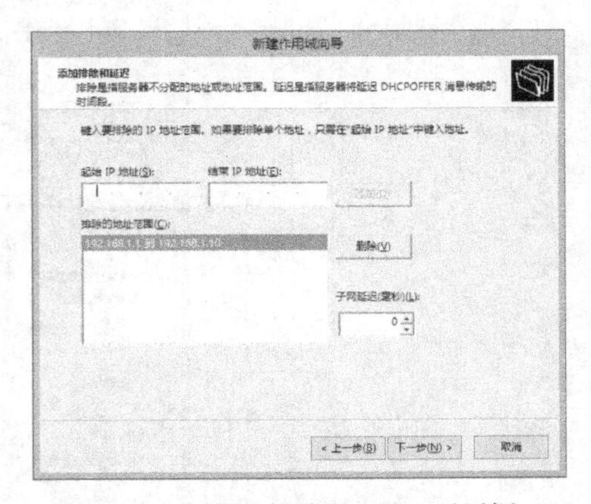

图 4-37 “添加排除和延迟”对话框

5）单击“下一步”按钮，打开“租用期限”对话框，定义客户端从作用域租用 IP 地址的时间长短，如图 4-38 所示。对于经常变动的网络，租期应短一些，默认为 8 天。

6）单击“下一步”按钮，完成作用域的创建。

7）在“DHCP 管理器”窗口的控制台树中，用鼠标右键单击相应的 DHCP 服务器下的“IPv4”节点中的作用域，选择“激活”命令，如图 4-39 所示，该作用域就可提供 DHCP 服务了。

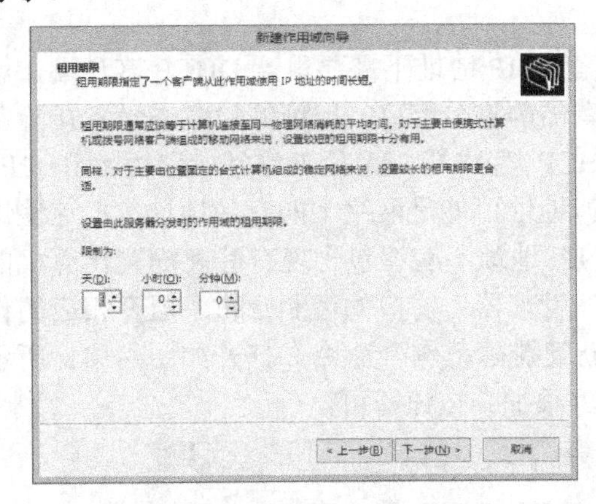

图 4-38 “租用期限”对话框

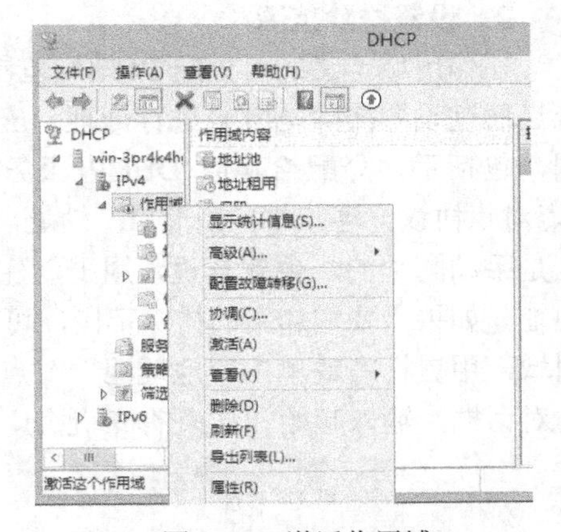

图 4-39 激活作用域

在创建作用域的过程中，根据向导提示，可以很方便地设置作用域的主要属性，包括 IP 地址的范围、子网掩码和租用期限等，还可定义作用域选项。管理员也可根据需要进一步实现更灵活的配置。

4.5.8 配置和管理作用域

1. 作用域的基本配置

在“DHCP 管理器”窗口控制台树，用鼠标右键单击相应的作用域，选择“属性”命令，打开如图 4-40 所示的“作用域属性”对话框，其中有“常规”“DNS”“网络访问保护”和“高级”4 个选项卡。

图 4-40 “作用域属性”对话框

在“常规”选项卡中，可以查看和修改作用域名、IP 地址范围和租用期限。创建作用域时，默认租约期限设置为 8 天。在大多数情况下，这个值就足够了。但是，由于租约续订是一项可以影响 DHCP 客户端和网络性能的工作，因此更改租约有效期限有时非常有用。对于大多数局域网来说，如果计算机很少移动位置，则使用默认值即可。也可选择“无限制”选项来设置无限期的租约时间，但此选项应谨慎使用。

2. 设置排除范围

在作用域定义的可分配 IP 地址范围中，如果有些 IP 地址不需要租给 DHCP 客户端，就应当通过设置排除范围来进行处理。应该针对所有需静态分配 IP 地址的设备来设置排除范围，包括手动分配给其他 DHCP 服务器、非 DHCP 客户端、无盘工作站、路由器和 PPP（点对点协议）客户端的所有 IP 地址。排除的 IP 地址可能是网络上的有效地址，但这些地址是手动配置的。也就是说，用于创建作用域的 IP 地址不应该包含现有静态配置计算机的地址。如果需要增加新的排除范围，可在“DHCP 管理器”窗口的控制台树中展开相应的作用域，用鼠标右键单击“地址池”节点，选择“新建排除范围”命令，打开如图 4-41 所示的对话框，输入起始和结束的 IP 地址，然后单击“添加”按钮即可。

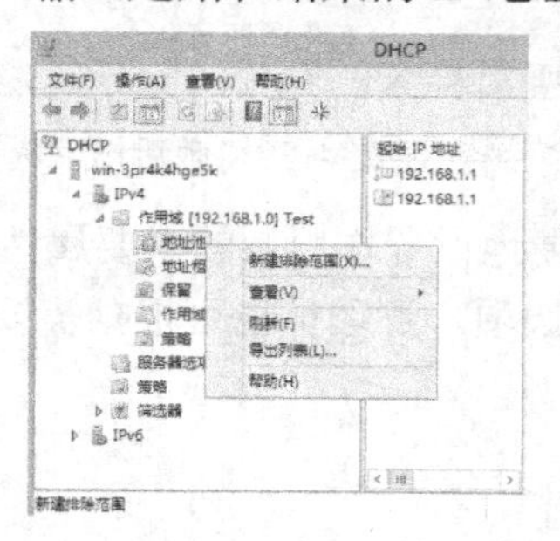

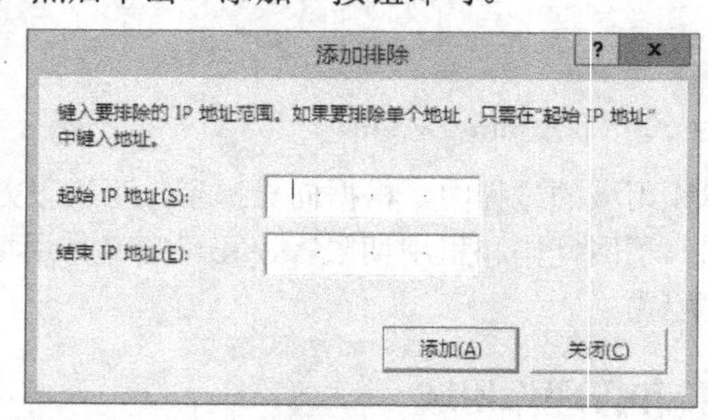

图 4-41　添加排除范围

也可以方便地查看、修改和删除排除范围。如果需要查看排除范围，可从作用域中选择“地址池”，在右侧区域出现的地址列表中，用鼠标右键单击要排除的 IP 地址范围，选择

“删除”命令即可删除该排除范围。

3. 设定客户端保留地址

排除的地址不允许服务器分配给客户端，而保留地址则将特定的 IP 地址留给特定的 DHCP 客户端，供其永久使用。可为网络上的指定计算机或设备的永久租约指定保留某些 IP 地址，一般仅为因特定目的而保留的 DHCP 客户端或设备（如打印服务器）建立保留地址。

要创建保留区，可在“DHCP 管理器”窗口的控制台树中展开某作用域，用鼠标右键单击其中的“保留”选项，选择“新建保留”命令，打开如图 4-42 所示的对话框。在“保留名称”文本框中指定保留的标识名称，在“IP 地址”文本框中输入要为客户端保留的 IP 地址，在“MAC 地址”文本框中输入客户端网卡的 MAC 编号，最后选择所支持的客户端类型。这里的 MAC 地址也就是网卡的卡号。

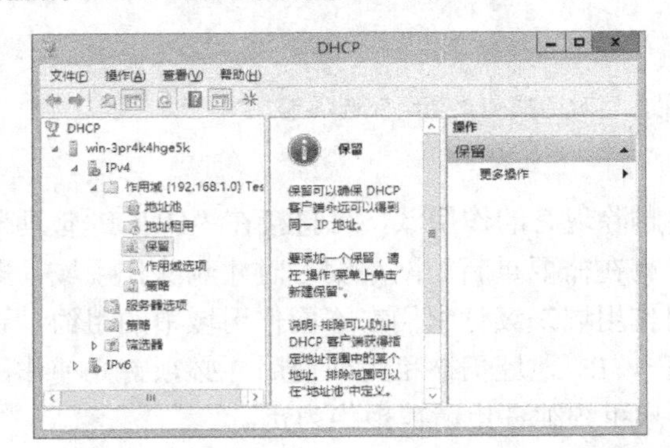

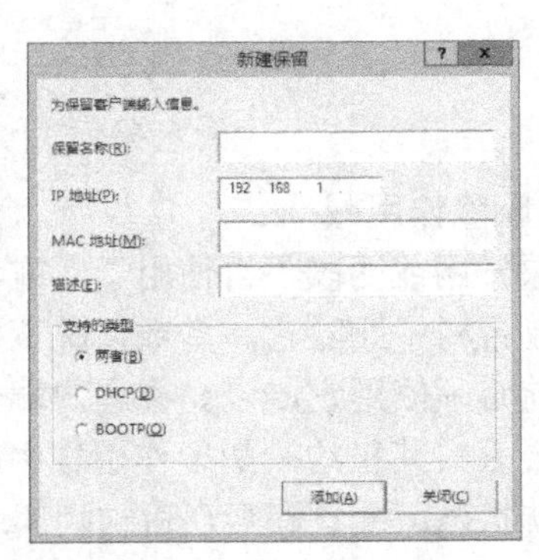

图 4-42　设定保留地址

如果要更改当前客户端的保留 IP 地址，则必须删除客户端现有的保留地址，然后添加新的保留地址。如果要为新的客户端保留 IP 地址，或者保留与其当前地址不同的新地址，就应该检查并确认此地址没有被 DHCP 服务器租用。如果使用覆盖保留 IP 地址范围的作用域配置了多个 DHCP 服务器，则必须在每个 DHCP 服务器上生成和复制客户端保留地址。否则，保留的客户端可能接收到不同的 IP 地址，这取决于响应客户端请求的 DHCP 服务器。

4. 管理租约

由 DHCP 服务器为其客户端租用 IP 地址。每份租约都有期限，到期后如果客户端要继续使用该地址，则客户端必须续订。租约到期后，将在服务器数据库中保留大约 1 天的时间，以确保在客户端和服务器处于不同的时区、单独的计算机时钟没有同步、在租约过期时客户端从网络上断开等情况下，能够维持客户租约。过期租约包含在活动租约列表中，用变灰的图标来区分。用户也可以通过删除租约来强制中止租约。删除租约与客户租约过期有相同的效果，下一次客户端启动时，必须进入初始化状态并从 DHCP 服务器获得新的 TCP/IP 配置信息。

5. 设置 BOOTP 客户端支持

Windows Server 2012 DHCP 服务器能够同时响应 BOOTP 和 DHCP 请求。BOOTP 客户端的初始化过程与 DHCP 客户端使用的租约过程不同。要使 DHCP 服务器支持 BOOTP 客户端，必须首先在服务器的 DHCP 作用域中配置 BOOTP 地址池，同时启用 BOOTP 客户端支持功能。

在“DHCP 管理器”窗口的控制台树中，用鼠标右键单击相应的作用域，从快捷菜单中选择“属性”命令，切换到“高级”选项卡，如图 4-43 所示，选中“两者”或“仅

BOOTP”选项，即可启用 BOOTP 客户端支持。如有必要，可在“BOOTP 客户端的租约期限”区域中调整默认的租约时间。

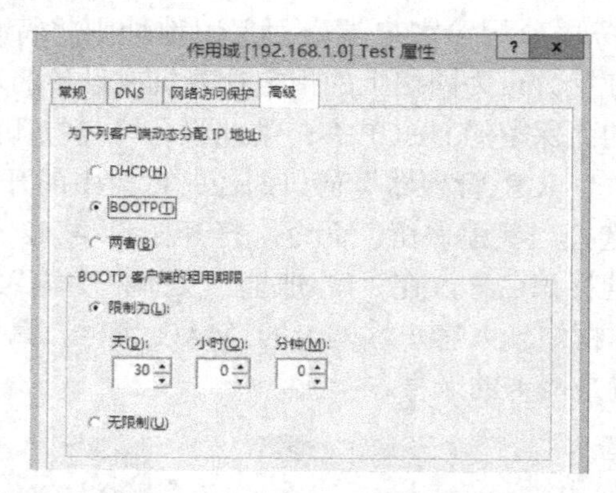

图 4-43 “作用域属性”对话框的“高级”选项卡

6．删除作用域

如果子网或网段不再使用了，或者要删除现有的作用域，可直接在“DHCP 管理器”窗口的控制台树中删除它。多数情况下，只有在需要重新为网络编号时才删除作用域。删除作用域之前必须停用它，以允许客户端使用作用域来续订它们在不同作用域中的租约。否则，客户端会丢失其租约。如果作用域中的任一 IP 地址仍被租用或使用，必须首先使作用域保持为活动状态，一直到客户租约到期或客户租约续订申请被拒绝为止。

4.5.9 设置超级作用域

当 DHCP 服务器上有多个作用域时，就可组成超级作用域，作为单个实体来管理。超级作用域常用于多网配置。所谓多网，是指在同一物理网段上使用两个或多个 DHCP 服务器以管理分离的逻辑 IP 网络。在多网配置中，可以使用 DHCP 超级作用域来组合多个作用域，为网络中的客户端提供来自多个作用域的租约。使用新建超级作用域向导来创建超级作用域。

1）在“DHCP 管理器”窗口的控制台树中，用鼠标右键单击 DHCP 服务器下的“IPv4”节点，从快捷菜单中选择“新建超级作用域”命令，启动新建超级作用域向导。

2）在“超级作用域名”对话框中设置标识名称，单击“下一步”按钮。

3）在打开的“选择作用域”对话框的“可用作用域”列表中，选择要纳入超级作用域管理的作用域。

4）单击“下一步”按钮，完成超级作用域的创建。

如果在 DHCP 服务器中已建立了超级作用域，还可将其他作用域添加到超级作用域中。超级作用域可以解决多网结构中的某些 DHCP 配置问题。一种典型的情况，是当前活动作用域的可用地址池几乎已耗尽，需要向网络添加更多的计算机，可使用另一个 IP 网络地址范围以扩展同一物理网段的地址空间。超级作用域只是一个简单的容器，删除超级作用域不会删除其中的子作用域。

4.5.10 设置多播作用域

多播地址范围使用 D 类 IP 地址（范围从 224.0.0.0～239.255.255.255）。这些地址仅用于多播（也称为组播），而不用于常规的 DHCP 作用域。多播作用域是通过使用多播地址动态客户分配协议（MADCAP）来支持的，这是一种用于进行多播地址分配的标准协议。MADCAP 协议规定多播地址分配（MADCAP）服务器如何动态地将 IP 地址提供给网络上的其他计算机（MADCAP 客户端）。

多播作用域和 MADCAP 只为多播范围内的 IP 地址提供动态分配 IP 地址配置的机制。一般还要求其他网络配置细节，以便针对计算机的配置需要启用多播功能。

使用新建多播作用域向导来创建多播作用域。根据提示操作即可，关键是设置多播作用域的地址范围，其中的“TTL”用来设置多播作用域可经过的路由器数目。

一旦多播地址分配服务器配置并分配了一组 IP 地址，那么任何通过该服务器注册其成员身份的多播客户端都可接收发送到该地址的数据流。通过用该服务器注册，客户端可有效地加入流过程，如实时视频或音频网络传输。多播地址分配服务器还管理着多播组列表，应更新其成员身份和状态，以便由当前的所有成员接收多播通信。

4.5.11 设置 DHCP 选项

根据 DHCP 选项的作用范围，可以设置 4 个不同级别的 DHCP 选项。

- 服务器选项：应用于默认 DHCP 服务器的所有作用域。
- 作用域选项：应用于在 DHCP 服务器上的某个特定的作用域。
- 保留区选项：仅应用于特定的保留 DHCP 客户端，适用于有特殊配置要求的个别 DHCP 客户端。使用该选项之前，必须首先将相应客户端的保留地址添加到作用域。
- 策略选项：可以通过策略来针对特定的计算机设置选项。

在多数网络中，通常首选作用域选项来进行配置。在使用新建作用域向导的过程中，可定义最常用的作用域选项（DNS、默认路由）。这里再示范一下配置作用域的操作步骤。

1）在“DHCP 管理器”窗口的控制台树中展开相应的作用域，用鼠标右键单击“作用域选项”节点，选择“配置选项”命令，如图 4-44 所示，打开“作用域选项”对话框。

2）如图 4-45 所示，打开“作用域选项”对话框的“常规”选项卡，从“可用选项”列表中选择要设置的选项，定义相关的参数。例如，要设置路由器，可选择“003 路由器”，在下面的数据输入区域显示、添加和修改路由器的 IP 地址，也可以设置 DNS 服务器。这样，DHCP 服务器将自动把默认路由、DNS 等信息配置客户端的 TCP/IP 设置中。

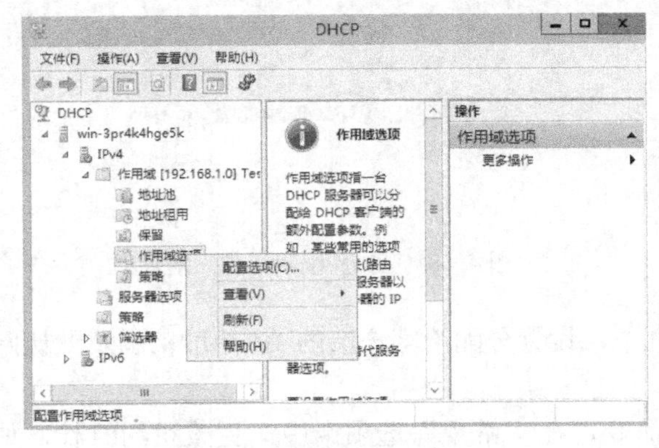

图 4-44　设置作用域选项

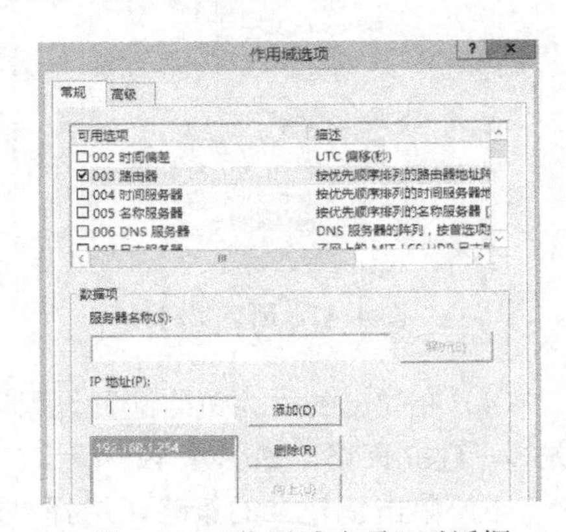

图 4-45 “作用域选项”对话框

3）如果设置“高级”选项，就切换到“高级”选项卡，继续下面的操作。从“供应商类别”下拉列表中选择 DHCP 服务器上定义的供应商类别，为作用域指派特定的选项类别，默认选中“DHCP 标准选项”项目。

服务器选项与保留区选项与此类似，不再赘述。

还可以通过策略选项来分配不同的 IP 地址与选项给指定的客户端，客户端可以通过 MAC 地址、供应商类、用户类、客户端标识符、中继代理信息等来进行区分，如图 4-46 所示。

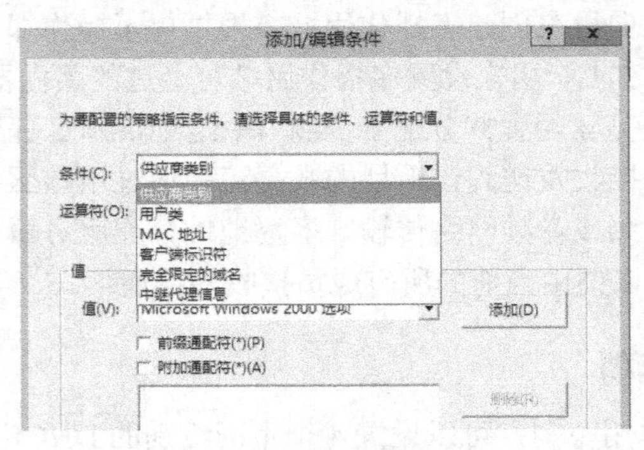

图 4-46　客户端的策略分类

首先通过策略，为指定的 MAC 地址客户端分配相关 IP 地址，具体操作如下：

1）在“DHCP 管理器”窗口的控制台树中，用鼠标右键单击“DHCP”→“IPv4”→“作用域”→“策略”，从快捷菜单中选择“新建策略”命令，如图 4-47 所示，启动新建策略向导，新建策略 Policy1。

2）在“策略名”对话框中设置策略名称，单击“下一步”按钮。

3）在弹出的“添加/编辑条件”对话框中，设置“条件”为“MAC 地址”，单击“下一步”按钮，如图 4-48 所示。

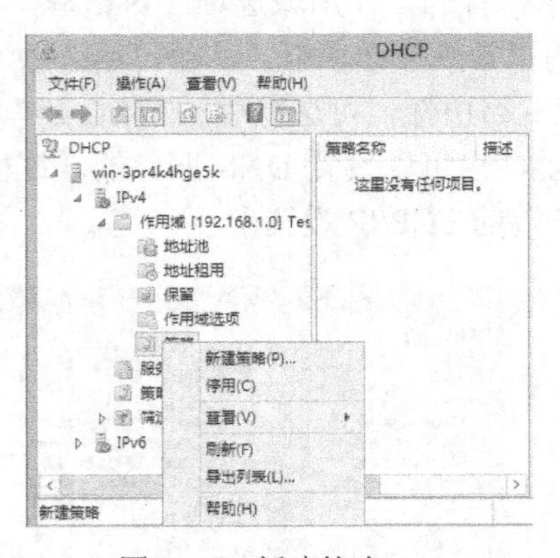

图 4-47　新建策略

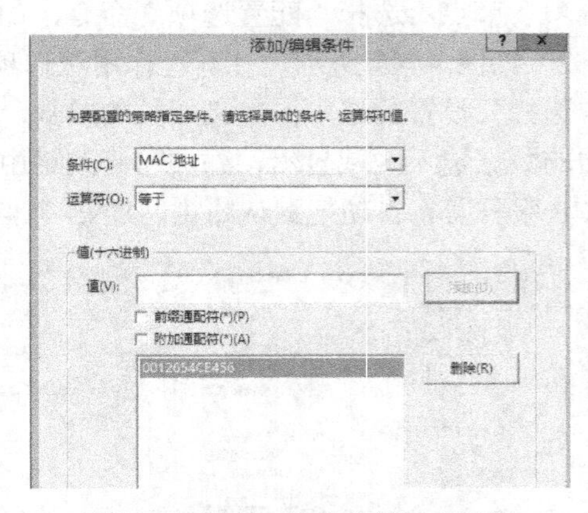

图 4-48 “添加/编辑条件”对话框

4）在弹出的“为策略配置设置”对话框中，设置分配给客户端的 IP 地址范围及默认网关等，建立策略，如图 4-49 所示。

5）单击新建立的策略，选择“属性”命令，在“常规”选项卡中，更改租约时长，如图 4-50 所示。

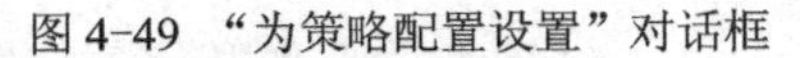

图 4-49 “为策略配置设置”对话框

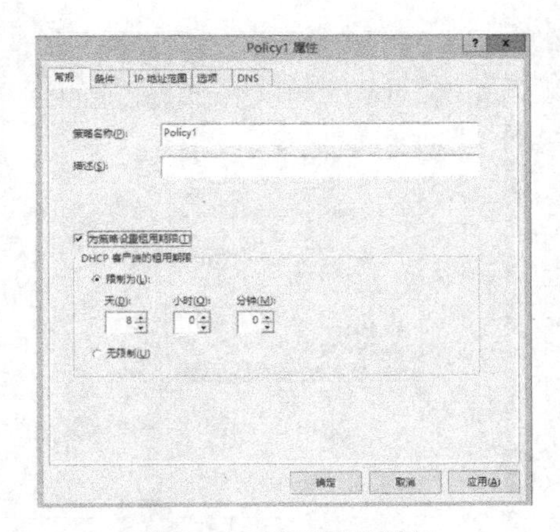

图 4-50 更改租约时长

在相应的客户端上可以执行 ipconfig/renew 命令来更新租约，再通过 ipconfig/all 命令来查看 IP 地址分配情况。

相应地，还可以通过用户类别 ID 来区别客户端。如要为整个销售部门的计算机分配相关 IP，具体操作如下：

1）在“DHCP 管理器”窗口的控制台树中，用鼠标右键单击 DHCP 服务器下的“IPv4”节点，从快捷菜单中选择“定义用户类”命令，启动新建用户类向导，如图 4-51 所示。

2）在“新建类”对话框中，设置用户类名称为“SALES”，完成新建用户类，如图 4-52 所示。

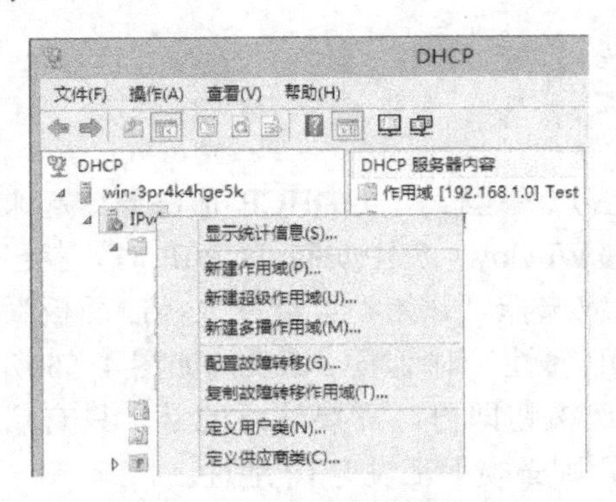

图 4-51 启动新建用户类向导

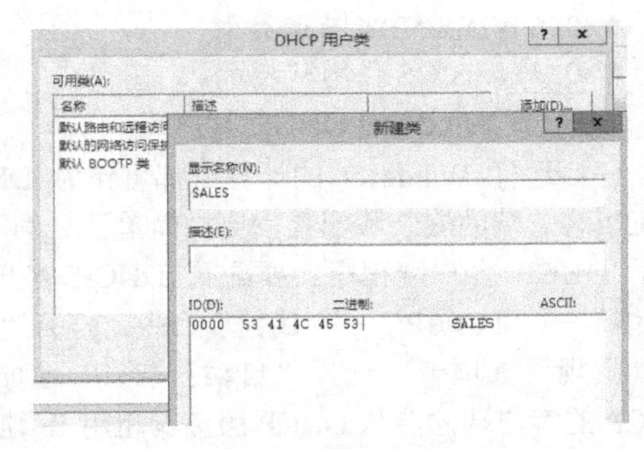

图 4-52 “新建类”对话框

3）在“DHCP 管理器”窗口的控制台树中，用鼠标右键单击“DHCP”→“IPv4”→“作用域”→“策略”，从快捷菜单中选择“新建策略”命令，新建策略 Policy2。

4）在“添加/编辑条件”对话框中，设置“条件”为“用户类”，单击“下一步”按钮，如图 4-53 所示。

5）在“为策略配置设置”对话框中，设置分配给客户端的 IP 地址范围及默认网关等，建立针对销售部门全部计算机的 DHCP 策略，如图 4-54 所示。

在相应的客户端上可以执行 ipconfig/setclassid“以太网”SALES 将机器的用户类 ID 设置为 SALES，再可通过 ipconfig/all 命令来查看 IP 地址分配情况。

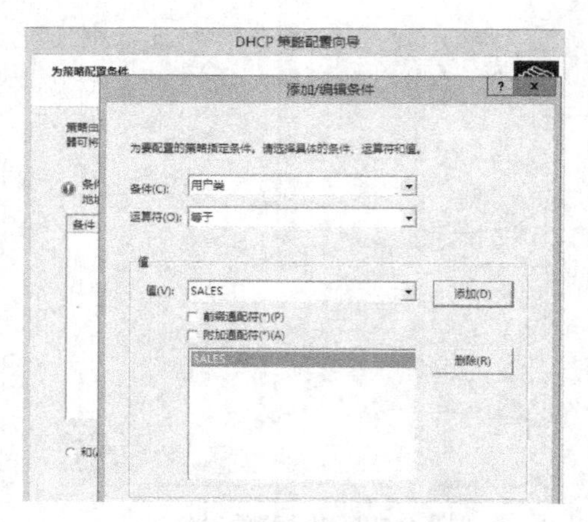

图 4-53 “添加/编辑条件”对话框

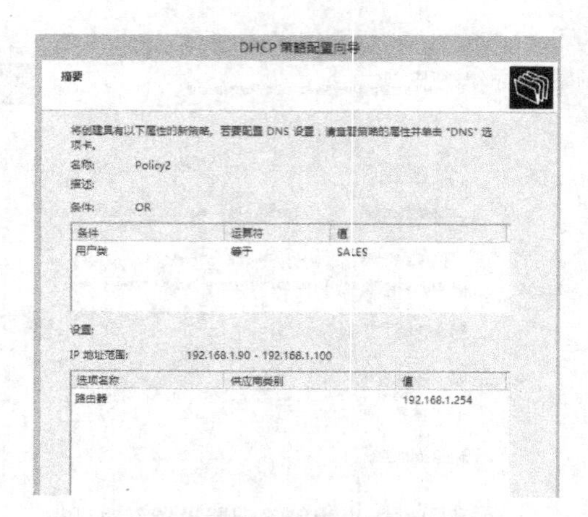

图 4-54 DHCP 策略配置摘要

4.5.12 Windows 客户端支持的 DHCP 选项

前面介绍的选项列表中列出了众多的选项，但是如果使用 Windows 计算机作为 DHCP 客户端，则支持的 DHCP 选项比较有限。这里将能支持的常见选项列举如下。

- 003 路由器。
- 006 DNS 服务器。
- 015 DNS 域名。
- 044 WINS/NBNS 服务器。
- 046 WINS/NBT 节点类型。
- 047 NetBIOS 作用域表示。

1．配置 Windows DHCP 客户端

任何运行 Windows 的计算机都可作为 DHCP 客户端运行。与 DHCP 服务器比起来，DHCP 客户端的安装和配置就更加简单了。例如，在 Windows 7 中安装 TCP/IP 时，就已安装了 DHCP 客户端程序。要配置 DHCP 客户端，应选择“开始”菜单→“控制面板”→“网络”→“TCP/IP”→“属性”命令，打开“TCP/IP 属性”对话框，切换到如图 4-55 所示的“常规”选项卡，选择“自动获取 IP 地址”单选按钮即可。需要注意的是，只有启用 DHCP 的客户端才能从 DHCP 服务器租用 IP 地址，否则必须手工设定 IP 地址。

运行 Windows 的客户端还增加了 DHCP 客户端备用配置，如图 4-56 所示，便于用户在两个或多个网络之间轻松地转移计算机，而无需重新配置 IP 地址、默认网关和 DNS 服务器等网络参数。例如，便携式计算机在网络之间迁移，使用这种方法就特别方便。

2．DHCP 客户端续租地址和释放租约

在 DHCP 客户端可要求强制更新和释放租约。当然，DHCP 客户端也可以不释放、不更新（续租），等待租约过期而释放占用的 IP 地址资源。一般使用命令行工具 ipconfig。

每个 IP 地址是有一定租期的，若租期已到，DHCP 服务器就能够将这个 IP 地址重新分配给其他计算机。因此每个客户计算机应该提前续租它已经租用的 IP 地址，这就需要向 DHCP 服务器请求更新租约，续租原地址。

执行命令 ipconfig/renew 可更新所有网络适配器的 DHCP 租约。

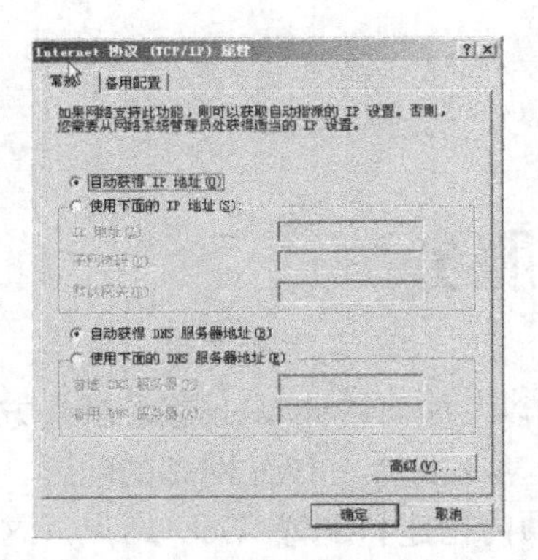

图 4-55 设置“常规”选项

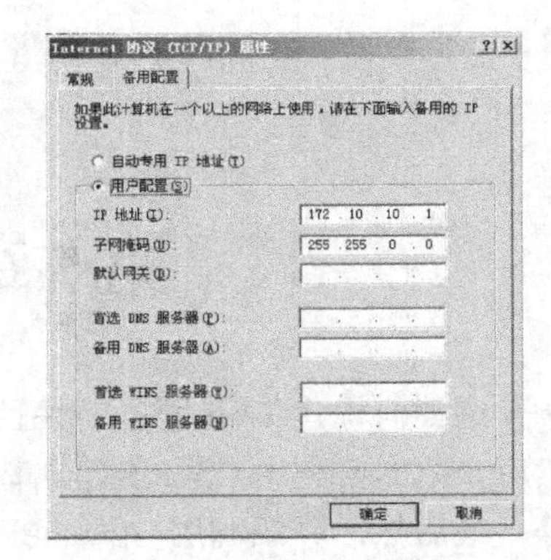

图 4-56 设置备用配置

一旦服务器返回不能续租的信息，DHCP 客户端就只能在租约到达时放弃原有的 IP 地址，重新申请一个新 IP 地址。为避免发生问题，续租在租期达到一半时就将启动，如果没有成功就将不断启动续租请求过程。

DHCP 客户端可以主动释放自己的 IP 地址请求。

执行命令 ipconfig/release 可释放所有网络适配器的 DHCP 租约。

执行命令 ipconfig renew adapter 可释放指定网络适配器的 DHCP 租约。

本章小结

1）本章介绍了 IPv4 地址与子网划分，名称解析服务中的 HOSTS 文件、DNS 服务和 WINS 服务的基本概念。

2）重点讲解了 DNS 服务的基本原理，通过 DNS 管理器架设主域名服务器，新建正向、反向查找区域，设置主机、别名记录，以及配置 DNS 客户端。

3）重点讲解了 DHCP 服务的基本原理，通过 DHCP 管理器架设 DHCP 服务器管理，创建、配置、管理 DHCP 作用域，包括 IP 地址的排除与保留、租约等，设置 DHCP 4 种选项：服务器选项、作用域选项、保留区选项、策略选项。

第5章　Web服务

本章介绍如何构建 Web 服务，并且对 Web 的原理以及如何设计 Web 服务解决方案进行介绍；然后介绍如何利用 IIS 8.5 建立基于 ASP 技术的 Web 站点、Web 网站的配置、虚拟目录技术等；最后然后介绍利用 Apache HTTP Server 如何构建和配置 Web 站点，这是基于 PHP 技术的 Web 应用的解决方案。

5.1　Web 简介

Web 服务是通过客户端的 HTTP 请求连接到提供 Web 服务的网站上，由 Web 服务组件处理 HTTP 请求并配置和管理 Web 应用程序。

5.1.1　Web 的工作原理

Web 服务是一个软件系统，用以支持网络间不同机器的互动操作。网络服务通常是许多应用程序接口（API）所组成的，它们通过网络，例如国际互联网（Internet）的远程服务器端，执行客户所提交服务的请求。

在 Web 应用环境中，有两种角色：一种是 Web 客户端，一种是 Web 服务器。我们经常使用的 IE 浏览器就是一种 Web 客户端软件。而一个一个的网站对应的就是一个一个的 Web 服务器，但用户需要了解从输入一个网址到 Web 服务器传送回需要 Web 页面中间的原理和过程。

1．标准的通信协议

通信协议是网络上计算机之间能够进行通信的规则的集合，HTTP 就是一种标准的通信协议。

HTTP（超文本传输协议）是一个基于请求与响应模式的、无状态的、应用层的协议，常基于 TCP 的连接方式，HTTP1.1 版本中给出一种持续连接的机制，绝大多数的 Web 开发，都是构建在 HTTP 协议之上的 Web 应用。

我们对 HTTP 协议的细节不用过多深究，只需要明白只要是使用相同的 HTTP 协议，不管计算机的操作系统是什么、浏览器是什么、服务器软件是什么，都能够进行 Web 网站的访问。

2．浏览器的结构

Web 浏览器实际上是由 HTML 解析器（负责解析 Web 页面中的文字）、图片解析器（负责解析 Web 页面中的图片）、声音播放器（负责播放声音）和视频播放器（负责播放视频）等构成的总体，如图 5-1 所示。由于版本的原因，有的浏览器版本可能不支持最新的一些数据格式，所以就会出现无法正常解析 Web 页面内容的情况。用户可以在了解清楚 Web 页面使用的声音或者视频的格式后通过下载专门的浏览器插件来扩展浏览器的功能。

3．Web 访问的过程

一次在客户端和服务器之间进行的完整的 Web 访问过程包括的步骤，如图 5-2 所示。

客户端通过浏览器向 Web 服务器发出连接请求，当得到响应后请求 Web 服务器将资源传递到浏览器的页面上，这样就可以看到完整的页面。

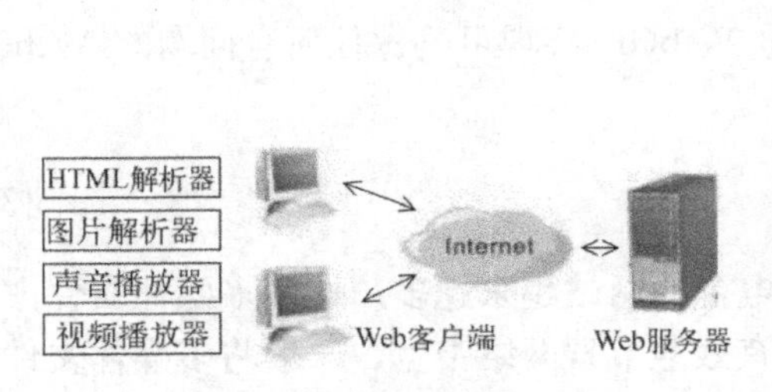

图 5-1　Web 浏览器的结构

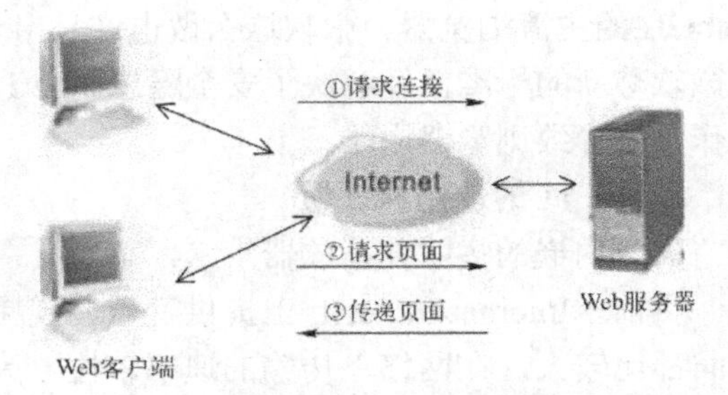

图 5-2　Web 客户端和浏览器访问过程

5.1.2　IE 浏览器的使用与配置

Web 客户端软件中，Microsoft 公司的 IE 系列占据了绝对主流，其界面如图 5-3 所示，下面简要介绍 IE 11 浏览器的新特性和一些使用与配置方法。

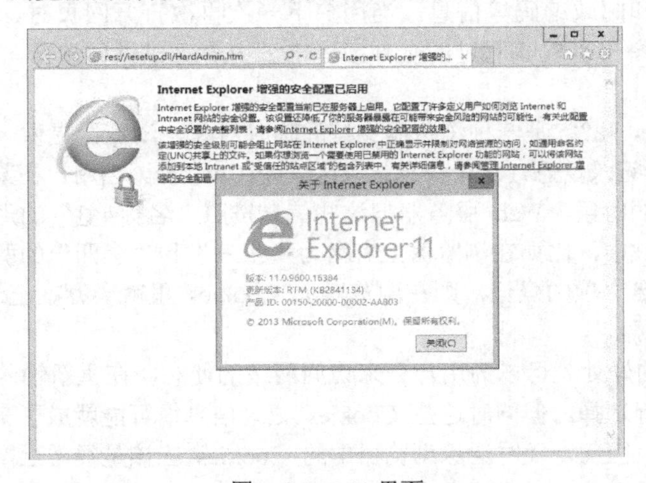

图 5-3　IE 11 界面

1. IE 11 的新特性

（1）速度更快、响应程度更高的浏览体验

IE 11 引入了全新功能来改善实际网站性能。IE 11 是第一个能够通过 GPU 以本机方式实时对 JPG 图像进行解码的浏览器，因此页面加载速度更快、内存占用更少，从而降低功耗、延长电池使用时间。IE 11 还是第一个通过 GPU 呈现文本的浏览器。文本和图像是 Web 的核心，经过加速的文本和 JPG 性能几乎会影响用户看到的每个页面。

（2）领先的 JavaScript 性能

IE 11 中的JavaScript引擎（即 Chakra）的性能得到了新的提升。JIT 编译器支持更多优化项，包括多态缓存属性和内联函数调用，因此有更多代码经过 JIT 编译，从而减少了耗费在 JavaScript 编译工作上的时间。垃圾回收更高效地利用后台线程，大大降低了 UI 线程由于执行垃圾回收而被阻止的频率并缩短了被阻止的时间。

（3）对WebGL的支持

WebGL 是可在浏览器内渲染 3D 图形的开放图形标准。此前 IE 是唯一一个尚未支持 WebGL 的主流浏览器。微软这么做也许是出于安全的原因，不过 IE 11 终于开始支持了，因为微软称新的标准已经解决了安全隐患。IE 11 的 WebGL 实现可确保任何有问题的 WebGL 操作不会导致浏览器崩溃。

2．IE 11 的使用和配置

（1）内嵌的多媒体播放器

目前，Internet/Intranet 上提供音乐、视频和电台的网站越来越多，这些多媒体文件占用空间都比较大，在网络上传输的速率较慢。为了有效地节省网络带宽，一般将多媒体文件经过压缩后传输，在客户端上再释放出来进行播放。在 IE 11 中，Microsoft 公司内嵌了对音乐、视频和网络电台的支持插件 Flash Player，用户在使用 IE 11 的时候，不再需要安装专门的多媒体支持软件就可以无缝地播放多媒体了。

（2）对 Cookies 的清除功能

经常上网时可能会遇到类似的情况，在访问某些网站时，会要求填写某些表格，要求输入诸如姓名、住址和邮政编码等信息。当用户下一次再次打开网页时，会发现在填写这些内容时，会自动列举出以前填写过的全部或者部分内容可以供你选择。这就是 Cookies 的作用。

什么是 Cookies 呢?它是一种浏览器支持的临时对象，浏览器提供一块临时的信息记录区域让 Web 服务器记录信息，这个信息记录区就是 Cookies。当用户在某个网站的登记表格中填写某些数据项的时候，Web 服务器把这些信息按照“名称=值”的形式存入到用户的浏览器的某个临时区域中，比如在浏览器上有名为“张三”和“李四”的两个人先后使用同一个网站进行了“姓名”项的登记，则在浏览器上 Cookies 里就会存在记录“姓名=张三；姓名=李四”这样的信息。

Cookies 存在的好处是可以为用户带来访问网站的便利，在重新输入信息的时候，可以在以前的信息中进行选择。但同时这些 Cookies 记录信息很可能就成了一些不法网站获取用户隐私的最好途径。因此，及时清除浏览器中的 Cookies 应该是经常上网的用户提高安全防范的途径之一。有一些专门的免费软件可以帮助用户清除 Cookies，如超级兔子魔法设置程序等。在 IE 11 中已经内嵌了这一功能。

1）在 IE 11 的菜单栏选择“工具”的“Internet 选项”选项，出现如图 5-4 所示的 Internet 选项的“常规”选项卡，单击“删除”按钮。

2）出现如图 5-5 所示的选择界面，选中“Cookies 和网络数据”复选框将删除 Cookies。

当然，仅仅清除 Cookies 还不足以清除所有的上网信息，用户可以安装超级兔子魔法设置这样的共享软件来协助完成。

（3）对隐私的保护功能

对于一些可信的站点，可以开放 Cookies，对于一些不可信的站点关闭 Cookies，对 Cookies 的操作进行严格的规定就能更好地保护隐私信息。IE 11 中就提供了这样的功能。

1）如图 5-6 所示为 Internet 选项的“隐私”选项卡，用于对浏览器设置隐私级别。共有 6 种级别。

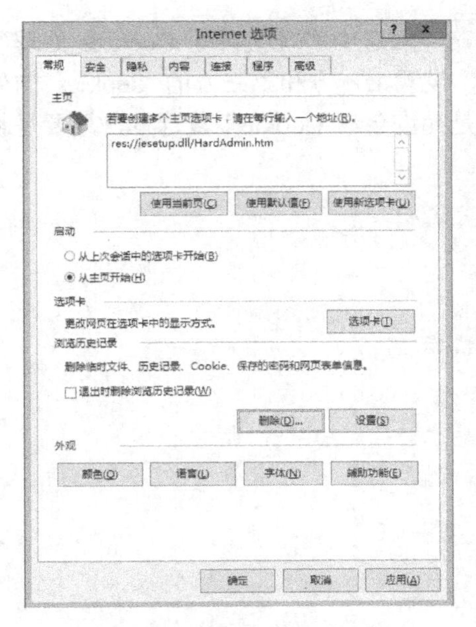

图 5-4　删除 Cookies 界面

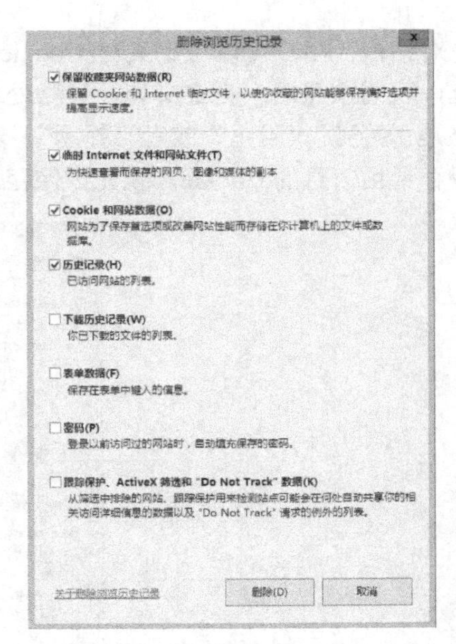

图 5-5　选定删除 Cookies 界面

- 接受所有 Cookies：所有 Cookies 都保存在计算机上，计算机上已有的 Cookies 可以由创建 Cookies 的网站读取。
- 低：阻止没有精简隐私策略的第三方 Cookie，限制没有经用户默许就保存用户联系信息的第三方 Cookie。
- 中：阻止没有精简隐私策略的第三方 Cookie，阻止没有经用户明确同意就保存用户联系信息的第三方 Cookie，限制没有经用户默许就保存用户联系信息的第三方 Cookie。
- 中高：阻止没有精简隐私策略的第三方 Cookie，阻止没有经用户明确同意就保存用户联系信息的第三方 Cookie，阻止没有经用户默许就保存用户联系信息的第三方 Cookie。
- 高：阻止来自没有精简隐私策略的网站的所有 Cookie，阻止没有经用户明确同意就保存用户联系信息的第三方 Cookie。
- 阻止所有的 Cookie：阻止来自所有网站的所有 Cookie，该计算机上已有的 Cookie 不能被网站读取。

☞ **注意：**

第一方 Cookies 来自当前正在查看的网站，或者发送到当前正在查看的网站。这些 Cookies 常用于存储信息，例如访问该站点时的首选项。第三方 Cookies 来自当前正在查看的网站以外的网站，或者发送到当前正在查看的网站以外的网站。第三方网站通常提供正在查看的网站上的内容。例如，许多站点使用来自第三方网站的广告，这些第三方的网站可能使用 Cookies。这类 Cookies 通常跟踪用于广告或其他市场目的的网页。第三方 Cookies 可以是永久文件，也可以是临时文件。

2）在如图 5-6 所示的选项卡中单击“高级”按钮，弹出如图 5-7 所示的“高级隐私设置”对话框，用户可以自定义对 Cookies 的处理策略。若选中“替代自动 Cookies 处理”复选框，表明按照用户自定义处理策略处理 Cookies，设置第一方和第三方的 Cookies 的处理策略是“接受”“阻止”或者“提示”，若选中“总是允许会话 Cookie”复选框，只要是临时地保存会话信息的 Cookie，就允许保存。

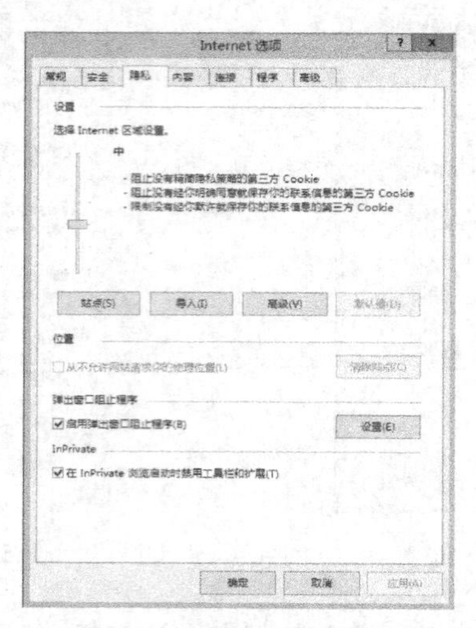

图 5-6　Internet 选项的“隐私”选项卡

3）在如图 5-6 所示界面中单击“站点”按钮，弹出如图 5-8 所示的“每个站点的隐私操作”对话框。在“网站地址”文本框中输入要进行隐私保护的网站地址，然后单击“阻止”或“允许”按钮，从而把每个网站设置的隐私策略添加到“网站地址”列表框中，单击“确定”按钮。

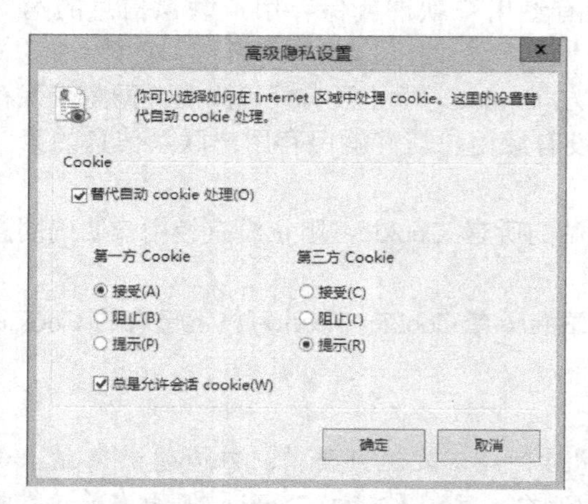

图 5-7　“高级隐私设置”对话框

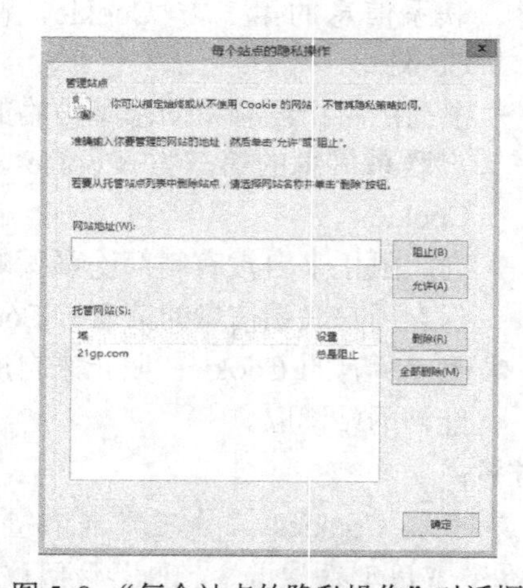

图 5-8　“每个站点的隐私操作”对话框

5.1.3　Web 服务解决方案的设计

建立自己的 Web 服务器站点时，应该从以下几方面考虑。

1．考虑站点的规模和用途

要建立的 Web 站点肯定有某种特定的用途，如信息的简单发布、基于 Web 的电子商务或者电子政务等，这些用途应该成为采用什么样的 Web 服务解决方案的首选要素。其次是考虑站点的访问规模，要对每天可能的访问流量做出正确的评估后综合进行考虑。

2．考虑数据库系统需求

现在很少有 Web 服务器站点不提供对数据库的访问。因此，后台采用什么数据库，也对 Web 服务的解决方案有直接的影响。比如采用 Foxpro、Access 数据库就决定了只能采用 Windows 操作系统，只能用于安全性要求不高的 Web 服务站点。而 SQL Server、Oracle 数据库主要用于大型的、安全性要求高的 Web 服务器站点。

3．考虑操作系统平台

目前主流的网络操作系统包括以下几种。

- UNIX 系列：UNIX 操作系统的安全性较好，但可操作性差，Web 服务器的配置和管理都比较烦琐。
- Windows 系列：Windows 网络操作系统包括 NT Server、Server 2008、Server 2012 等，有广泛的用户群，而且由于 Windows 8、Windows 10 系统的广泛使用，可以很容易地构建 Windows 网络。但 Windows 系统经常暴露出来的漏洞又使其容易成为被黑客攻击的目标。
- Linux 系列：Linux 操作系统最大的特点是开放和免费，但开放又带来了脆弱的安全，在构建大规模的商业运行的 Web 站点时不应该成为首选。

4．考虑数据库访问技术

Web 服务器提供的 Web 页面文件有两种。

- 以.htm、.html 为后缀的静态页面：静态页面是用 HTML（超文本标记语言）编写的，不具备和数据库交互的功能，不能连接数据库并动态生成结果，其作用就是在浏览器上“打印”文档。“打印”的是什么，看到的就是什么。
- 以.asp、.jsp、.php 为后缀的动态的页面文件：动态页面并不仅仅是指在页面上加上动画文件，比如 Flash 动画等，这里指的是它能够与后台数据库产生交互，既能动态查询后台数据，又能够完成数据处理功能。早期的 Web 服务器软件仅能解释执行静态的页面，为了能够访问数据库需要额外安装或开发一个在 Web 服务器和数据库服务器之间的中间件，这就是曾经风靡一时的 CGI 技术。CGI 技术解决了对后台数据库访问的难题，曾经风光无限；但由于需要掌握很专业的程序开发语言，由用户来开发这个中间件，因此又阻碍了它的流行。随着以微软的 IIS（Internet Information Server，互联网信息服务器）4.0 为代表的 Web 服务器的推出，在 Web 服务器软件上集成了对数据库的支持功能，用户只需要按照一定的规范调用数据库接口程序，进行简单的二次开发就可以完成与数据库的交互功能，这就是 ASP 脚本语言技术。另外两种标准的脚本动态页面文件规范是 PHP 和 JSP。

此外，还需要考虑使用免费的共享软件还是用商业软件来构建 Web 站点等，最后得到适合自己需求的方案。

5.1.4 典型的 Web 服务解决方案

1．IIS 服务器+ASP 技术

IIS 是 Internet Information Server 的英文简称，译为互联网信息服务器，是由 Microsoft

公司发布的，主要用于 Windows 系列操作系统的 Web 服务器软件。IIS 提供了 WWW 服务器、FTP 服务器和 Gopher 服务器，这里主要是利用它的 WWW 服务器功能。

IIS 家族包括 Windows 98 的 PWS（Personal Web Server，个人 Web 服务器）、Windows NT 4.0 的 IIS 4.0、Windows 2000 Server 的 IIS 5.0 和 Windows Server 2003 的 IIS 6.0，Windows Server 2008 的 IIS 7.0，Windows Server 2012 的 IIS 8.5。IIS 家族支持利用 ASP 技术来开发 Web 数据库应用。

ASP 是 Active Server Pages 的英文简称，译为动态服务器页面，是由 Microsoft 公司发布的、在用标准的 HTML 语言编写的 Web 页面中嵌入 VBScript、JavaScript 脚本语言代码调用 IIS 集成的服务器功能组件（也叫对象）的技术。VBScript 是遵循 Visual Basic 标准的一种脚本语言，脚本语言是一种解释执行的编程技术，比较简单，容易上手。JavaScript 是遵循 Java 标准的一种脚本语言。

IIS 内集成了 ADO（ActiveX Data Objects）、ActiveX 数据对象。这些数据对象提供了后台数据库访问接口。

☞ **注意：**

归纳 ASP 开发技术方案的主要特点为：与 Microsoft 公司的系列数据库产品集成性好、适合 Windows 系列操作系统、通过脚本语言调用 IIS 内置 ADO 对象访问数据库，简单易行。

2．Apache 服务器系列+PHP 技术

Apache 是目前 Internet 上比较流行的 Web 服务器软件，它是完全免费的。Apache 系列先后有支持 Windows NT、UNIX、Linux 的版本。Apache 是与操作系统分离的软件，另外它的一些配置需要用户自己修改。Apache 家族支持利用 PHP 技术来开发 Web 数据库应用。

PHP（Professional Hypertext Pages）是一种服务器端的动态脚本编程语言，遵循 PHP 语法格式的页面文件被 PHP 安装在服务器上的解释执行模块解释执行，将结果送回浏览器。PHP 的最大优势在于免费和源代码公开。要运行 PHP，用户必须在服务器上安装 PHP 的最新的解析器软件，如 PHP 7.1.2 等。

☞ **注意：**

归纳 PHP 开发技术方案的主要特点如下：适合多种操作系统、需要安装解析器、免费资源丰富。

3．Tomcat 服务器系列+JSP 技术

Tomcat 系列，包括 JSWDK、Tomcat 和 Resin 等，都是目前 Internet 上比较流行的 Web 服务器软件，它是完全免费的。Tomcat 系列也是与操作系统分离的软件，另外它的一些配置也需要用户自己修改。Tomcat 家族支持利用 JSP 技术来开发 Web 数据库应用。JSP（Java Server Pages）是一种服务器端的基于 Java 技术的动态脚本编程语言，遵循 JSP 语法格式的页面文件被安装在服务器上的 JSP 引擎解释执行，将结果送回浏览器。JSP 使用的是类似于 HTML 的标记语言和 Java 代码片断，JSP 引擎将 Java 代码片断编译成虚拟的字节码 Servlets，与具体的服务器运行平台无关，只与浏览器是否支持 Java 虚拟机技术有关，因此兼容性和可靠性好。要运行 JSP，用户必须在服务器上安装 JSP 的最新的引擎软件，如 Tomcat 等。

☞ **注意：**

归纳 JSP 开发技术方案的主要特点如下：适合多种操作系统、需要安装引擎、与台无

关、兼容性好、安全性高、代码可移植性好。

以上介绍了各种实现方案，读者可以根据自己的实际情况选择适合自己的 Web 站点方案，下面开始介绍典型的建站方案的实现。

5.2 基于 IIS 8.5 建立 Web 站点

IIS 8.5 提供的基本服务，包括发布信息、传送文件、支持用户通信和更新服务依赖的数据存储。

5.2.1 IIS 8.5 的功能

IIS 8.5 的主要功能如下。

1）提供了基于任务的全新 UI 并新增了功能强大的命令行工具，借助这些全新的管理工具，Web 网站管理员可以统一管理网站。

2）引入配置存储，该存储集成了针对整个 Web 平台和 ASP.NET 配置数据。

3）利用 IIS 8.5 强大的诊断工具，可以更加轻松地诊断和解决 Web 服务器上的问题。

4）在 IIS 8.5 中，Web 服务器由多个模块组成，可以根据需要在服务器中添加或删除这些模块。

5）IIS 8.5 最大程度地实现了现有应用程序的兼容性，在不更改代码的情况下实现运行 ASP 等扩展。

5.2.2 安装 IIS 8.5

要让 Windows Server 2012 提供 Web 服务，首先需要在其中安装 IIS 进而配置 Web 服务器。下面介绍安装的过程。

1）单击“开始”→“管理工具”→“服务器管理器”，打开如图 5-9 所示的“服务器管理器”窗口。

2）在图 5-9 中单击“添加角色和功能”，出现如图 5-10 所示的“开始之前”对话框，在此页面按提示检查确认准备信息。

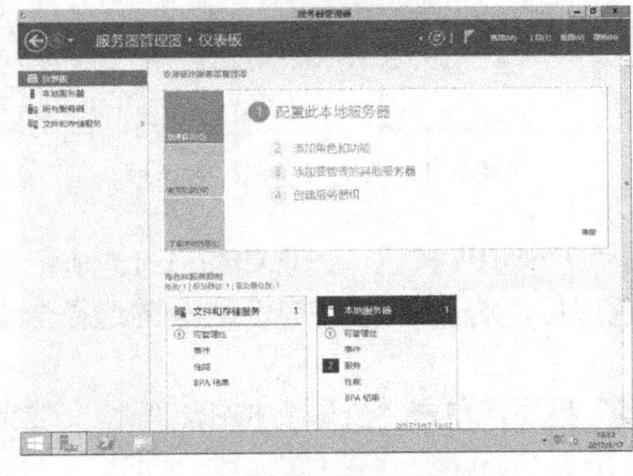

图 5-9 “服务器管理器”窗口

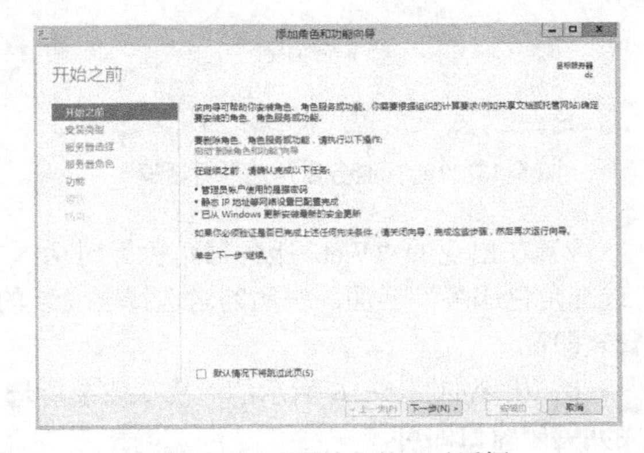

图 5-10 “开始之前”对话框

完成核对后单击“下一步”按钮。

3）出现如图 5-11 所示的“选择安装类型”对话框，提供了两种安装类型：“基于角色或基于功能的安装”和“远程桌面服务安装”。

这里选择第 1 项，单击“下一步”按钮。

4）出现如图 5-12 所示的“选择目标服务器”对话框，选择正确的目标服务，单击“下一步”按钮。

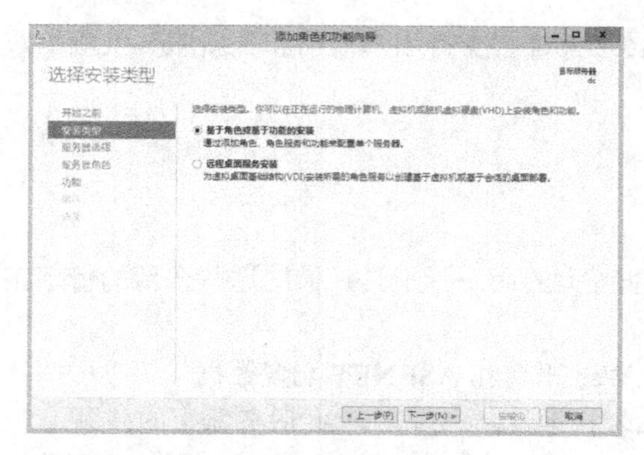

图 5-11 “选择安装类型”对话框

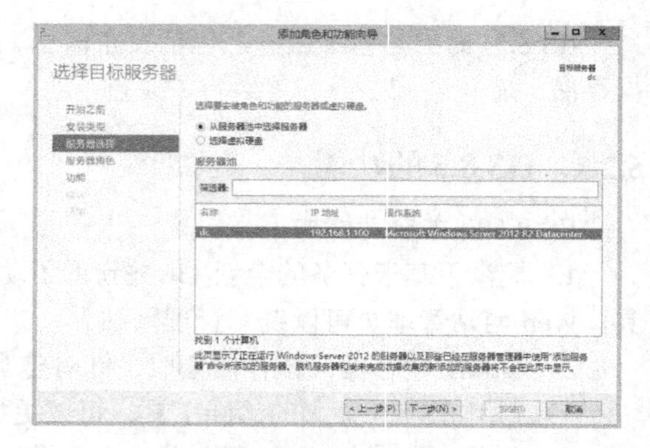

图 5-12 “选择目标服务器”对话框

5）出现如图 5-13 所示的“选择服务器角色”对话框，选择角色“Web 服务器”，在弹出的窗口中单击“添加功能”按钮，然后单击“下一步”按钮。

6）出现如图 5-14 所示的“选择功能”对话框，按照实际需求选择安装在服务器上的一个或多个功能，这里选择默认即可。单击“下一步”按钮。

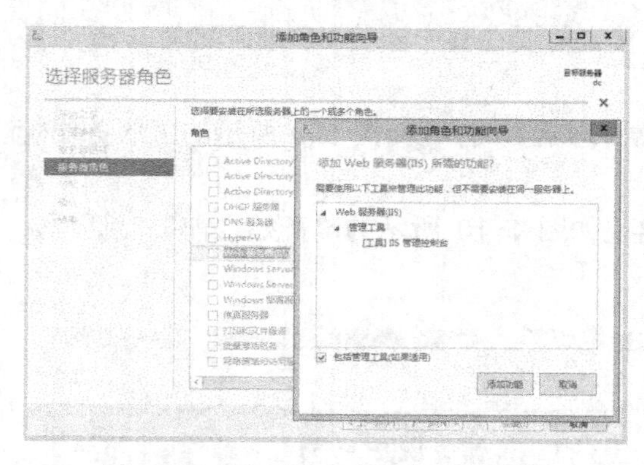

图 5-13 “选择服务器角色”对话框

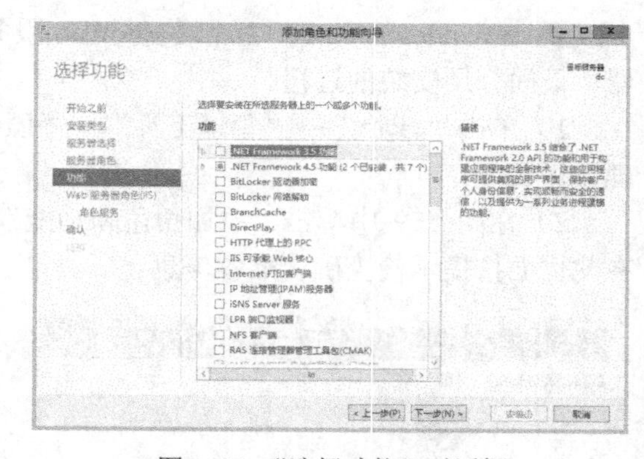

图 5-14 “选择功能”对话框

7）在出现的“Web 服务器角色”对话框单击“下一步”按钮，出现如图 5-15 所示的“选择角色服务”界面，按照需求选择要安装的角色服务，这里将除“FTP”之外的选择全选安装即可。

8）出现如图 5-16 所示的“确认安装所选内容”界面，单击“安装”按钮，等待安装完成并关闭窗口即可。

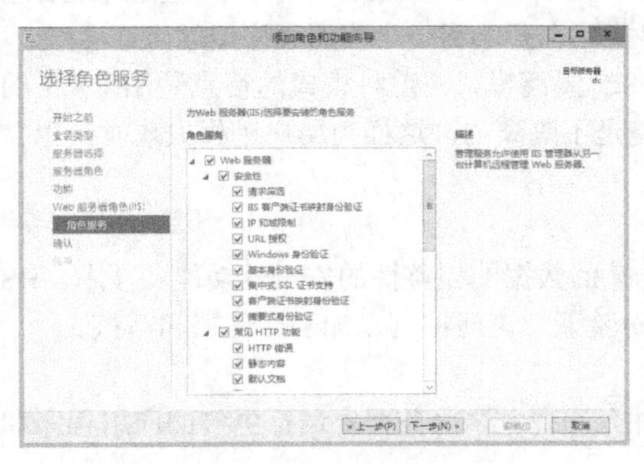

图 5-15 “选择角色服务”对话框

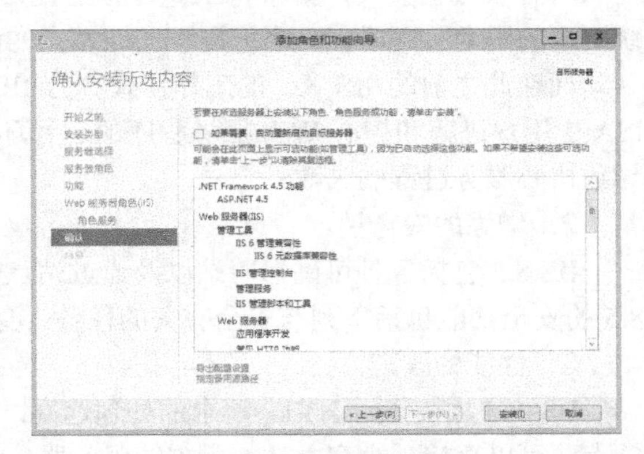

图 5-16 “确认安装所选内容”对话框

9）安装完成后，选中如图 5-17 所示的“服务器管理器”窗口中的 IIS 服务器，单击鼠标右键，选择“Internet Information Services（IIS）管理器”命令，即可进入如图 5-18 的“IIS 管理器”窗口。

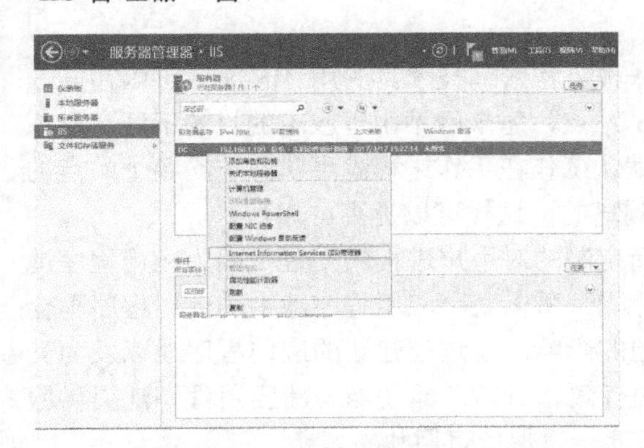

图 5-17 “服务器管理器”窗口

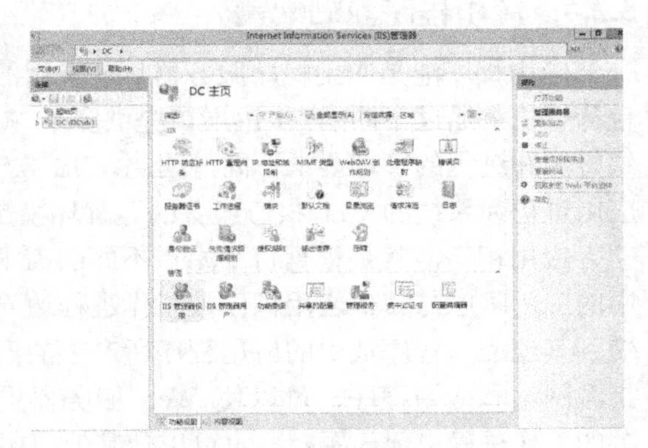

图 5-18 “IIS 管理器”窗口

5.2.3 IIS 8.5 简介

Windows Server 2012 的 Internet 信息服务器（IIS 8.5）用于在 Intranet / Internet 上提供集成、可靠、可伸缩、安全和可管理的 Web 服务器功能。IIS 8.5 可以控制和管理网站及 FTP 站点、使用网络新闻传输协议（NNTP）和简单邮件传输协议（SMTP）路由新闻或邮件。它支持用于开发、实现和管理 Web 应用程序的最新 Web 标准（如 ASP.NET、XML 和简单对象访问协议 SOAP）。

与以前的 IIS 版本比较起来，IIS 8.5 的特点如下。

1．高度的可靠性

IIS 8.5 提供了两种工作模式：IIS 8.5 隔离模式和工作进程隔离模式，默认工作在工作进程隔离模式。在该模式下有两种程序在运行，即 IIS 8.5 的核心服务程序 Inetinfo.exe 和 Internet 服务应用编程接口应用程序（ISAPI 程序）。这两者的运行环境是互相隔离的。所以，当应用程序失败时，只有对应的 ISAPI 程序的工作进程受到影响，可防止 Web 服务主控的所有服务也失败，如果将工作进程配置为在特定的 CPU 上运行，就可以更好地控制系统资源的平衡。同时，一个应用程序或站点的停止不会影响另一个应用程序或站点。

而在此之前的 IIS 8.5 的工作模式称为 IIS 8.5 隔离模式，这种模式的特点是 IIS 8.5 的 ISAPI 用户进程和核心 Web 服务程序的运行环境是不隔离的，这样当用户进程失败时，也会导致核心服务进程的失败。

2．增强的安全性

IIS 8.5 包括各种可确保网站以及通过站点传输的数据的完整性的安全性功能和技术。IIS 8.5 的安全功能包括下列与安全有关的任务：身份验证、访问控制、加密、证书和审核。

3．性能的改进

IIS 8.5 加快了对 HTTP 请求的处理速率，并允许在一个服务器上运行更多的应用程序和站点，可以直接减少宿主站点所需的服务器。

4．支持最新的 Web 标准

IIS 8.5 为最新的 Web 标准（包括 HTTP、TCP/IP、FTP、SMTP、NNTP 和 PICS 分级）提供支持。

5.2.4 应用程序池的配置

应用程序池是应用程序服务器目前采用的一种进程管理技术。利用 IIS 8.5 可以在同一台计算机上通过不同的 TCP 端口提供多个 Web 站点，每个网站由于应用的目的不同，对系统资源和进程的管理要求不同，因此，IIS 8.5 默认工作在工作进程隔离状态下，各个站点的应用进程和系统的 Web 核心服务的运行环境是隔离的，这样可以提高可靠性。

应用程序池就是根据每个站点不同的需求而定制的对用户进程的配置。因为应用程序池中的应用程序与其他应用程序被工作进程边界分隔，所以某个应用程序池中的应用程序不会受到其他应用程序池中的应用程序所产生的问题的影响。通过创建新的应用程序池以及为其指派网站和应用程序，可以使 Web 服务器更加有效、可靠，即使当为新应用程序池提供服务的工作进程出现问题时，也可以使其他应用程序一直保持可用状态。

对应用程序池的配置操作如下。

1）展开“IIS 管理器”窗口左侧，单击“应用程序池”，出现如图 5-19“应用程序池”窗口，系统默认建立了名称为“DefaultAppPool”的应用程序池，这是分配给“默认网站”的应用程序池。

下面以对“DefaultAppPool”应用程序池进行配置为例，介绍如何配置应用程序池。

2）在名为“DefaultAppPool”的应用程序池上单击鼠标右键，出现如图 5-20 所示的快捷菜单，主要的选项包括以下几个。

- 启动：启动应用程序池。
- 停止：停止应用程序池。
- 回收：回收应用程序池占用的系统资源。
- 基本设置：查看和编辑应用程序持的基本信息和托管管道模式。
- 删除：删除应用程序池。
- 高级设置：修改应用程序池的配置参数。

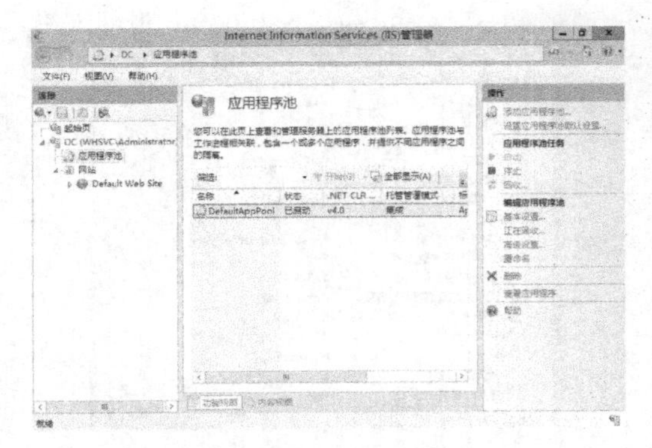

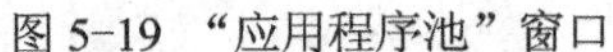

图 5-19 “应用程序池”窗口

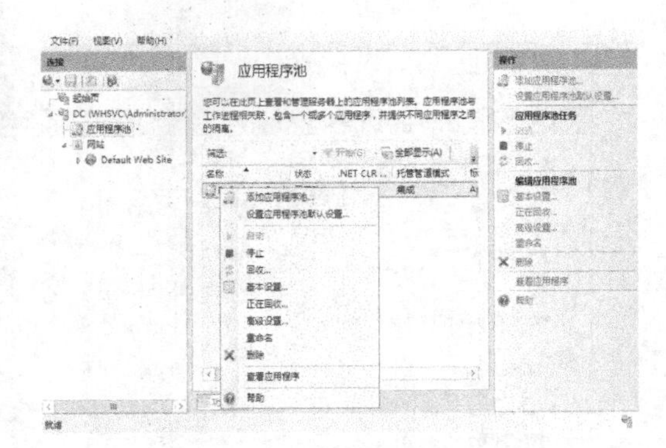

图 5-20 应用程序池右键菜单

3）选择 DefaultAppPool 右键菜单的“正在回收”选项，如图 5-21 所示，打开“编辑应用程序池回收设置”对话框，用户可以管理工作进程的回收。在工作进程隔离模式中，管理员可以将 IIS 8.5 配置成定期重新启动应用程序池中的工作进程，从而更好地管理那些有错误的工作进程，确保那些应用程序池中的指定应用程序可以正常运行，并且可以恢复系统资源。可以设置的参数包括以下几个。

- “固定时间间隔（分钟）”复选框：选中该复选框表明在特定的不活动时间间隔后回收工作进程，默认为 1740min。
- “固定请求数量”复选框：选中该复选框表明在特定数目请求后回收工作进程，默认为 35000。
- “特定时间”复选框：选中后可以设定时间计划，到达指定的时间时关闭进程并启动替换。
- “基于内存的最大值”参数：用于指定当网站消耗太多内存时回收工作进程，有两种认为网站消耗了太多内存的控制方法。一是工作进程使用的系统的普通虚拟内存的最大量（兆字节）达到在“虚拟内存使用情况”复选框后的文本框中设置的值，该值设置过高会显著地降低系统的性能，作为起始点，应使用默认值并尽可能降低该值以获得良好的性能；二是工作进程使用的专门分配的系统物理内存达到在“专用内存使用情况”复选框后的文本框中设置的值，该值过高会显著地降低系统的性能，作为起始点，应使用默认值并尽可能降低该值以获得良好的性能。

4）选择 DefaultAppPool 右键菜单的“高级设置”命令，打开 DefaultAppPool 属性的“高级设置”对话框。可以设置的参数主要有以下几个。

- “队列长度”参数：如图 5-22 所示“常规”参数组中的“队列长度”参数，可以将 IIS 配置成监视排列新的请求前，用于指定的应用程序池队列的请求数。应用程序池队列长度限制防止了大量请求排队等候及重载服务器。如果添加到队列的新请求超过了队列的容量，则服务器将拒绝请求并且将不可自定义的 503 错误响应发送到客户端。设置“队列长度”参数，将 IIS 配置成使用基于数字的方案来限制传入的 HTTP 请求，并且允许限制请求队列的大小。当达到限制时，IIS 不处理那些额外的请求，但是会给客户端发送不可自定义的 503 错误响应。该参数默认值为 1000。

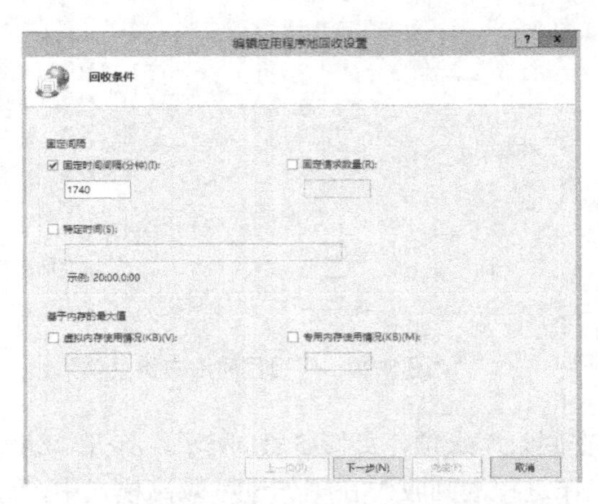

图 5-21 “编辑应用程序池回收设置”对话框

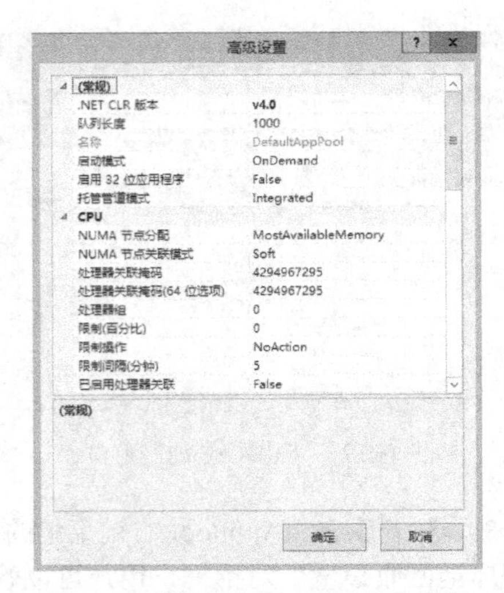

图 5-22 “常规”和“CPU”参数组

- “CPU”参数组：将 IIS 配置成根据 CPU 的使用情况来跟踪和终止工作进程。在“限制（百分比）”文本框中设置允许工作进程使用的 CPU 的使用百分比。在“限制操作”下拉列表框中有两个选项，选择“无操作”，当特定应用程序池或池组的 CPU 使用量达到设置的限制时，IIS 会将错误写入事件日志中。如果选择“关闭”，当特定应用程序池的 CPU 使用量达到设置的限制时，允许各个工作进程在应用程序池的指定的 ShutdownTimeLimit 时间（关闭时间限制）关闭，IIS 将初始化应用程序池中所有工作进程的关闭。如果进程没有在该时间段中关闭，则 IIS 将终止工作进程。根据 CPUResetInterval（CPU 复位时间间隔）中设置的时间限制来关闭和重置应用程序池。

5）如图 5-23 所示为 DefaultAppPool 属性的“进程模型”参数组，使用该选项卡可以配置工作进程运行状况监视。可以为与工作进程间的通信设置限制、确定大量进程快速失败时操作，以及设置启动和关闭的时间。可以设置的参数包括以下几个。

- “启用 Ping”参数：选中后可以将 Internet 信息服务（IIS）配置成在应用程序池中每隔特定的时间（s）Ping 各个工作进程来检测进程的活动。IIS 通过定期 Ping 工作进程以确定其响应来监视它们的运行状况。如果工作进程无法响应 Ping，则终止该工作进程并创建替换工作进程。在“Ping 间隔（秒）”文本框中设置 Ping 工作进程的时间间隔（以 s 为单位）。
- “启动时间限制”参数：在“工作进程必须在下列时间内开始（秒）”文本框中设置工作进程启动时间（以 s 为单位）。
- “关闭时间限制”参数：在“工作进程必须在下列时间内关闭（秒）”文本框中设置 IIS 检测到不活动工作进程后的终止时间（以 s 为单位）。

6）如图 5-24 所示为 DefaultAppPool 属性的“快速故障防护”参数组。

- “故障间隔（分钟）”参数：应用程序池发生指定数量的工作进程崩溃（最大故障数）的最短时间间隔（以分钟为单位）。如果低于此间隔，应用程序池将被快速故障防护功能关闭。
- “最大故障数”参数：应用程序池被快速故障防护功能关闭之前允许的最大工作进程

崩溃数。

- “已启用”参数：如果设置为 True，则当在指定的时间段（故障间隔）内出现指定数量的工作进程崩溃（最大故障数）的情况时，应用程序池将关闭。默认情况下，如果在 5 分钟的间隔内发生 5 次崩溃，应用程序池将关闭。

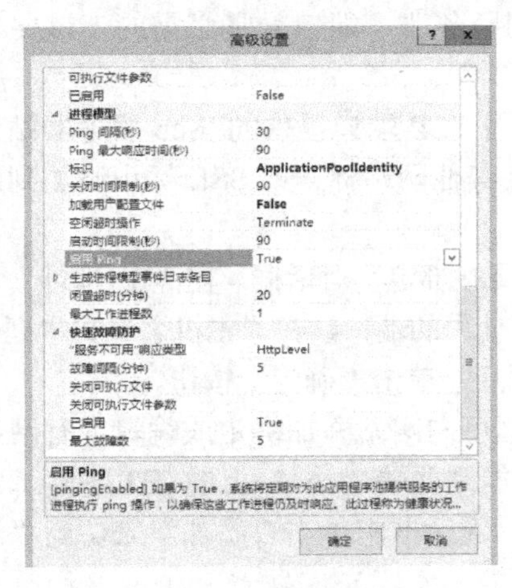

图 5-23 “进程模型”参数组

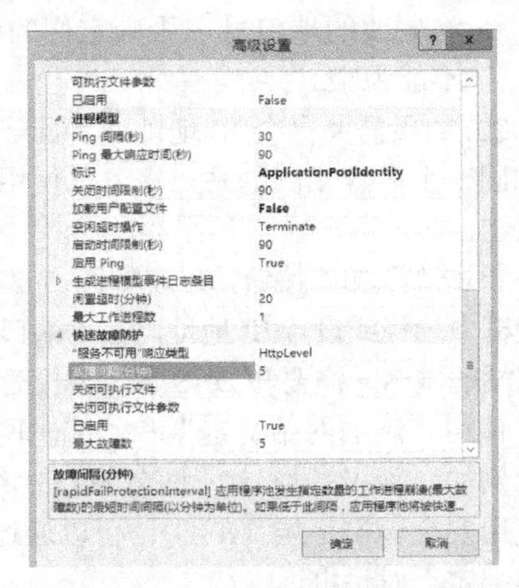

图 5-24 “快速故障防护”参数组

5.2.5 网站的配置

IIS 8.5 在安装时，自动建立了一个网站。在“IIS 管理器”窗口左侧树形结构中，单击“DC”→“网站”选项，出现名为“Default Web Site”的网站，下面以对“Default Web Site”进行配置为例予以介绍。

在“Default Web Site”上单击鼠标右键，出现如图 5-25 所示的快捷菜单，主要的选项包括以下几个。

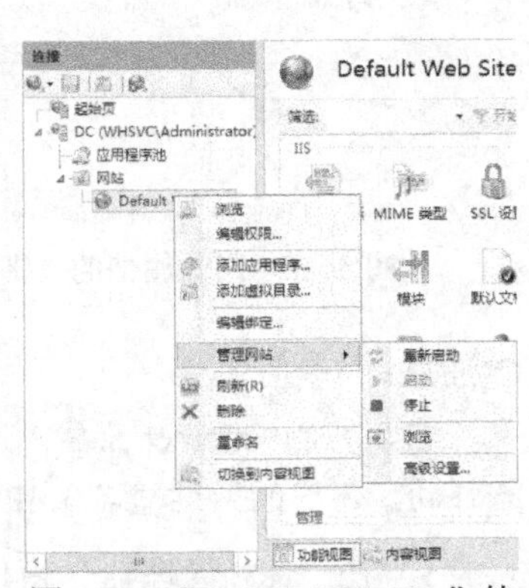

图 5-25 “Default Web Site”的右键菜单

- 浏览：以资源管理器的形式浏览网站目录和文件。
- 编辑权限：设置用户对网站主目录的访问权限。
- 添加应用程序：在应用程序池中添加应用程序。
- 添加虚拟目录：为网站添加虚拟目录。
- 停止：停止用户的连接请求，释放网站的进程。
- 重新启动：重启网站进程，接受用户连接请求。
- 删除：删除已经停止服务的网站。
- 编辑绑定：对网站 IP、端口等进行配置。

1．网站绑定

1）在图 5-25 中单击“编辑绑定”命令，打开如图 5-26 所示的“网站绑定”对话框。单击“编辑”按钮，弹出“编辑网站绑定”对话框，用户可以设置网站的类型、IP 地址、端口、主机名等。参数说明如下。

- “类型”：显示每个网站绑定的协议。
- “IP 地址”：在其下拉列表框中指定一个 IP 地址或输入用于访问该站点的新的 IP 地

址。如果没有分配指定的 IP 地址，那么此站点将响应分配给该计算机但没有分配给其他站点的所有 IP 地址，这使它成为默认网站。

- “端口”：在其文本框中输入运行 Web 服务的 TCP 端口，默认值是 80。可以将端口更改成唯一的 TCP 端口号，但是如果更改端口号，则必须预先通知客户端以便请求将更改的端口号，否则它们的请求无法连接到服务器。端口号是必需的，该文本框不能为空。

2）如果需要多个 IP 地址或者同一个 IP 地址的不同 TCP 端口提供的 Web 服务器站点绑定到同一个内容相同的站点，可以使用“添加”在此将其他网站标识或 SSL 标识添加到此计算机上。

单击“添加”按钮，出现如图 5-27 所示的“添加网站绑定”对话框，在“IP 地址”下拉列表框中选择或设置 IP 地址，在“端口”文本框中设置使用的端口，在“主机名”文本框中输入网站的域名，需要和 DNS 服务器配合使用。完成设置后，单击“确定”按钮。

使用“添加网站绑定”和“编辑网站绑定”对话框可向网站添加绑定或编辑现有网站绑定。例如，除了端口 80 上的 HTTP 绑定之外网站可能需要端口 443 上的 HTTPS 绑定以便使用安全套接字层（SSL）。可以通过从“网站绑定”对话框中单击“添加”来访问“添加网站绑定”对话框。

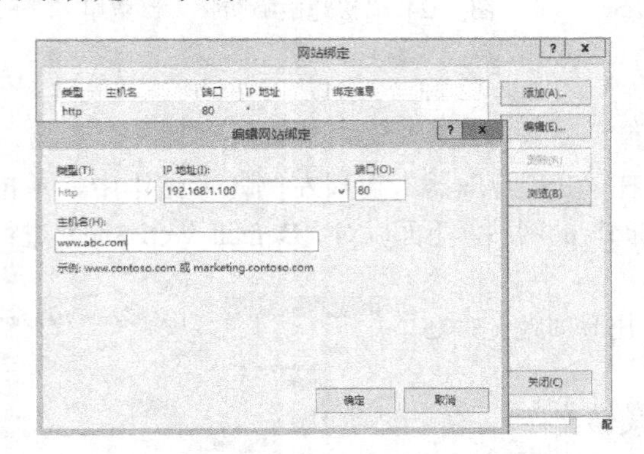

图 5-26　网站属性的“绑定”选项卡

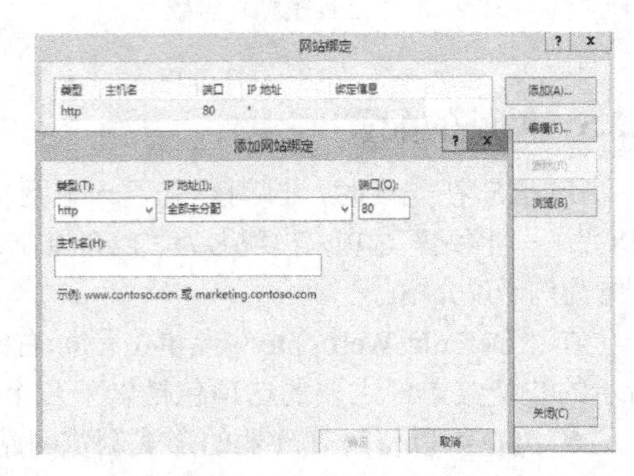

图 5-27　“添加网站绑定”对话框

☞**注意：**

当用户在 Internet 上输入“www.sina.com.cn”或者输入“sina.com.cn”，得到的页面文件都是一样的，不同的网站域名或 IP 地址对应同样的网站内容就是采用的这种技术。

3）在“IIS 管理器”窗口右侧操作区域中单击“限制”按钮，弹出“编辑网站限制”选项卡，选项卡的连接限制参数，可以以 s 为单位设置服务器断开不活动用户连接之前的时间长短。

4）在“IIS 管理器”窗口的功能视图中双击“日志”图标，打开“日志”对话框，可以设置网站的日志参数，如图 5-28 所示。日志可以记录关于用户活动的细节。在“日志文件”→“格式”下拉列表框中选择日志的格式，有 4 种选项。

- IIS（日志文件格式）：一种固定的 ASCII 格式。
- NCSA（共用日志文件格式）：一种固定的 ASCII 格式。

- W3C（扩展日志文件格式）：一种可自定义的 ASCII 格式，默认情况下选择该格式。要记录进程信息，必须选择该格式。
- 自定义：配置 IIS 以对自定义日志记录模块使用自定义格式。如果选择此选项，则“日志记录”页面将被禁用，因为无法在“IIS 管理器”窗口中配置自定义日志记录。

5）在图 5-28 中单击“选择字段”按钮，打开如图 5-29 所示的“W3C 日志记录字段”对话框，可以选择要包含在日志文件中的信息。 仅当从“日志记录”功能页上的“格式”下拉列表中选择“W3C”时，该对话框才可用。

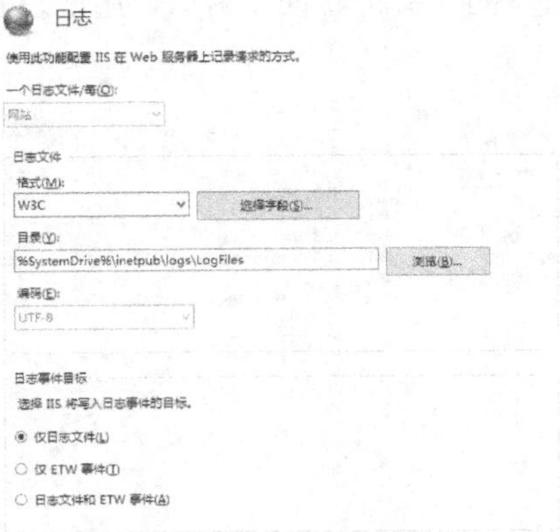

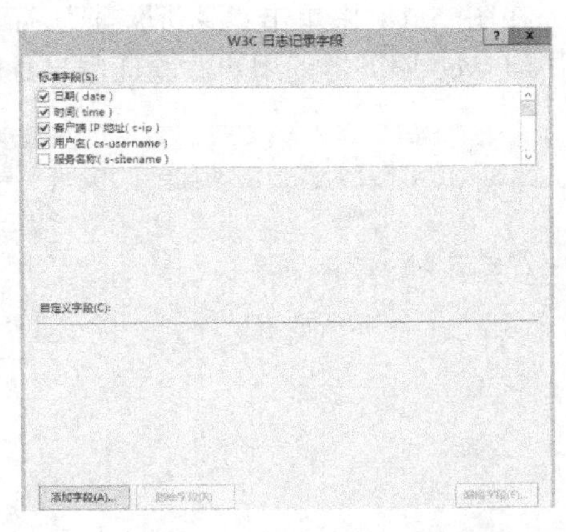

图 5-28 “日志”对话框

图 5-29 “W3C 日志记录字段”对话框

6）在“日志”参数设置页面，设置“日志事件目标” 可以指定要写入日志事件的位置，设置“日志文件滚动更新”参数使用该选项卡可以指定创建和保存日志文件计划、文件大小和方式。

2．编辑网站限制

1）在“IIS 管理器”窗口的右侧操作区域内单击“限制”按钮，打开如图 5-30 所示的“编辑网站限制”对话框，使用该选项卡可以设置影响带宽使用的属性，以及客户端 Web 连接的数量。通过配置给定站点的网络带宽，可以更好地控制该站点允许的流量。通过限制低优先级的网站上的带宽或连接数，可以允许其他高优先级站点处理更多的流量负载。

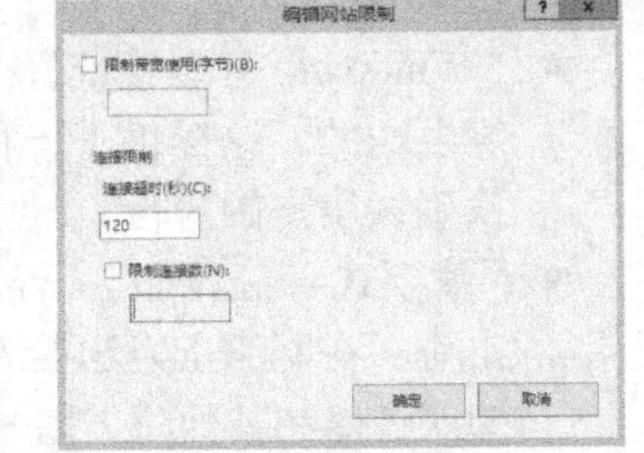

图 5-30 “编辑网站限制”对话框

2）“限制带宽使用（字节）”参数限制了该网站可用的带宽。当发送数据包时，带宽限制使用数据包计划程序进行管理。当使用 IIS 管理器将站点配置成使用带宽限制时，系统将自动安装数据包计划程序，并且 IIS 自动将带宽限制设置成最小值 1024B/s。“连接超时（秒）”为客户端连接网站的最大空闲状态时间，默认时间为 120s。

3）“限制连接数”参数用于将 IIS 配置成允许数目不受限制的并发连接，或限制该网站接收的连接个数。将站点限定在特定的连接数可以保持性能的稳定。

3．配置默认文档

1）在图 5-18 中单击“默认文档”，打开如图 5-31 所示的“默认文档”窗口，使用此页面配置可以定义站点的默认网页。

2）启用“默认文档”功能，指定客户端来请求特定文件名时返回的默认文件，按优先级顺序设置默认文档。默认文档可以是目录主页或包含站点文档目录列表的索引页。多个文档可以按照自上向下的搜索顺序列出。

3）单击右侧操作区域的“添加”按钮，打开“添加默认文档”对话框，可以在此对话框中将文件名添加到默认文档列表。选中某文档，单击“上移”和“下移”按钮可更改文档的搜索优先级。

4．身份验证

在图 5-18 中单击“身份验证”,打开如图 5-32 所示的“身份验证”窗口，用于设置可以访问 Web 服务器的用户、验证用户身份的方法。

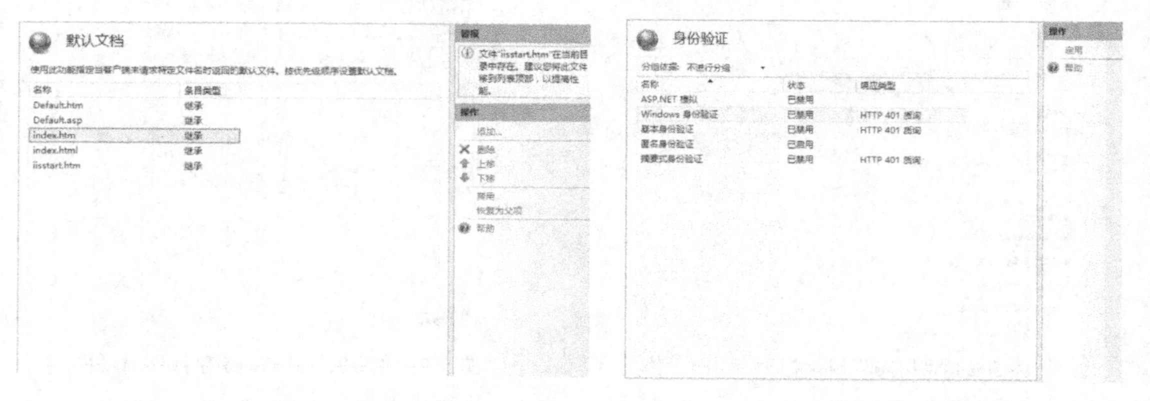

图 5-31 “默认文档”窗口　　图 5-32 “身份验证”窗口

当前有 5 种验证方法。

- “匿名身份验证”：启用该选项表明可以为用户建立匿名连接，用户可以使用匿名或来宾账户登录到 IIS。默认情况下，服务器创建和使用账户名格式为“IUSR_计算机名”。
- “Windows 身份验证”：启用该选项可以确保用户名和密码是以哈希值的形式通过网络发送的。这提供了一种身份验证的安全形式，表明使用用户的 Web 浏览器密码交换确认用户的身份。
- “摘要式身份验证”：若启用该选项表明仅与 Active Directory（活动目录）账户一起工作，在网络上发送哈希值（散列函数值）而不是明文密码。摘要式身份验证通过代理服务器和其他防火墙一起工作，并且在 Web 分布式创作及版本控制（WebDAV）目录中可用。
- “基本身份验证”：若启用该选项表明以明文（非加密的形式）在网络上传输密码。基本身份验证是 HTTP 规范的一部分并被大多数浏览器支持。但是，由于用户名和密码没有加密，因此可能存在安全性风险。
- “ASP.NET 模拟”： 如果要在非默认安全上下文中运行 ASP.NET 应用程序，启用 ASP.NET 模拟身份验证。如果对某个 ASP.NET 应用程序启用了模拟，那么该应用程序可以在以下两种不同上下文的任一上下文中运行：作为通过 IIS 身份验证的用户或作为设置的任意账户。例如，如果使用的是匿名身份验证，并选择作为已通过身份验证的用户身份运行 ASP.NET 应用程序，那么该应用程序将在为匿名用户设置的账户（通常为 IUSR）下运行。同样，如果选择在任意账户下运行应用程序，它将在为该账户设置的任意安全上下文中运行。

5. IP 地址和域限制

在图 5-18 中单击“IP 地址和域限制”，打开如图 5-33 所示的“IP 地址和域限制”窗口，用于设置基于 IP 地址或域名的可以或拒绝访问 Web 服务器的用户、计算机、计算机组或者域访问该网站的目录或文件。

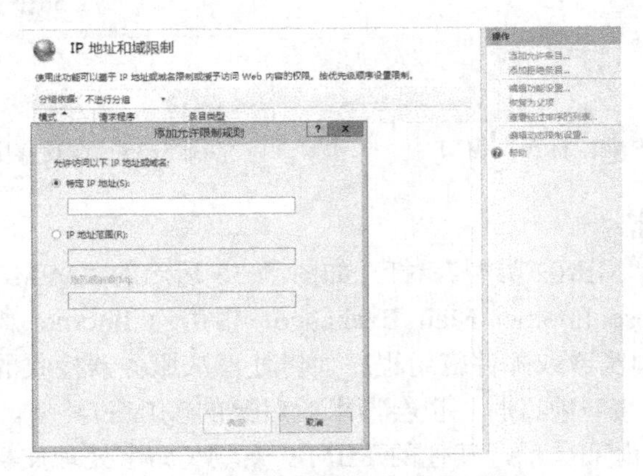

图 5-33 “IP 地址和域限制”窗口

单击右端操作区域的“添加允许条目”或“添加拒绝条目”按钮，可以为用户提供访问（或阻止用户访问）网站、目录或文件的权限，通过代理服务器访问服务器的计算机将显示与代理服务器相同的 IP 地址。

6. 配置 HTTP 响应标头

在图 5-18 中单击“HTTP 响应标头”，打开如图 5-34 所示的“HTTP 头”窗口，用于管理包含有关请求页面的信息的名称和值对列表以及配置常用的 HTTP 头。

“添加”按钮用于设置自定义 HTTP 头信息，从 Web 服务器发送到客户端浏览器。自定义头可用来将当前 HTTP 规范中尚不支持的指令从 Web 服务器发送到客户端。例如可以使用自定义 HTTP 头来允许客户端浏览器缓存页面而禁止代理服务器缓存页面。单击“添加”按钮可以添加新的自定义 HTTP 头。

“设置常用标头”按钮用于对时间敏感的网页内容（例如特定的报价或事件公告），浏览器将当前日期与过期日期相比较以决定是显示一个缓存页面，还是从服务器请求一个更新的页面。如图 5-35 所示，有 3 种设置网页是否过期的方法。

- “立即”单选按钮：表明内容将立即过期，该设置强制浏览器总是从服务器上检索有关后续请求的最新内容。
- “之后”单选按钮：通过设置特定的时间段，超过该时间段后则强制浏览器重新从服务器上检索有关后续请求的内容。
- “时间”单选按钮：表明可以设置特定的日期和时间，超过该日期和时间后则强制浏览器重新从服务器上检索有关后续请求的内容。

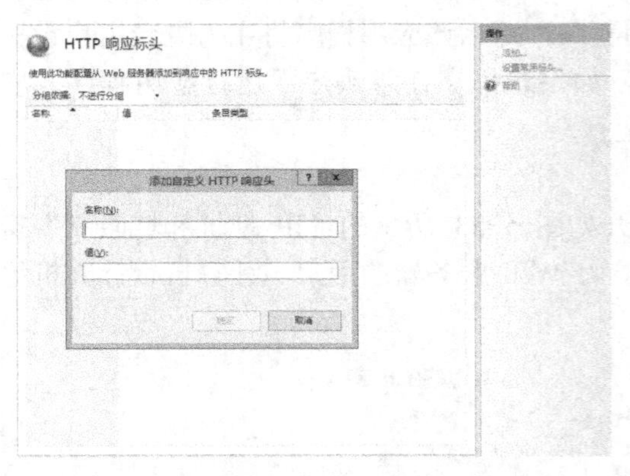

图 5-34 “HTTP 响应标头”窗口

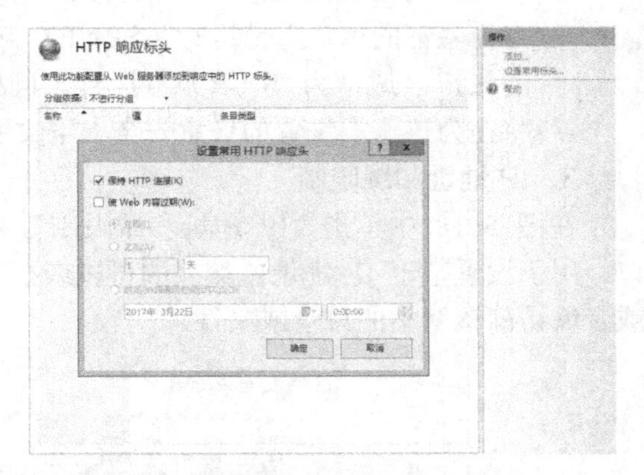

图 5-35 设置常用 HTTP 响应头

7. 配置 MIME 类型

在图 5-18 中单击“MIME 类型”，打开如图 5-36 所示的“MIME 类型”窗口，用于设置 MIME（Multipurpose Internet Mail Exchange，多用途 Internet 邮件交换）类型参数。MIME 类型说明 Web 浏览器或邮件应用程序如何处理从服务器接收的文件。例如，当 Web 浏览器请求服务器上的某一项目时，也会请求此对象的 MIME 类型。某些 MIME 类型（例如图形）可以在浏览器内部显示，其他的 MIME 类型（如字处理文档）则需要使用外部帮助应用程序来显示。当 IIS 传递邮件消息给邮件应用程序或传递网页给客户端 Web 浏览器时，IIS 也发送了所传递数据的 MIME 类型。如果存在以特定格式传递的附加或嵌入文件，那么 IIS 就会通知客户端应用程序嵌入或附加文件的 MIME 类型。然后客户端应用程序就知道了如何处理或显示正从 IIS 接收的数据。IIS 只为具有已在 MIME 类型列表中注册的扩展名的文件提供服务，并且也允许配置其他的 MIME 类型和更改或删除 MIME 类型。单击右端操作区域的“添加”按钮可以添加新的 MIME 类型。

8. 配置“错误页”

在图 5-18 中单击“错误页”，打开如图 5-37 所示的“错误页”窗口，用于自定义 HTTP 错误消息，当 Web 服务器发生错误时，将此错误消息发送给客户端。管理员可以使用

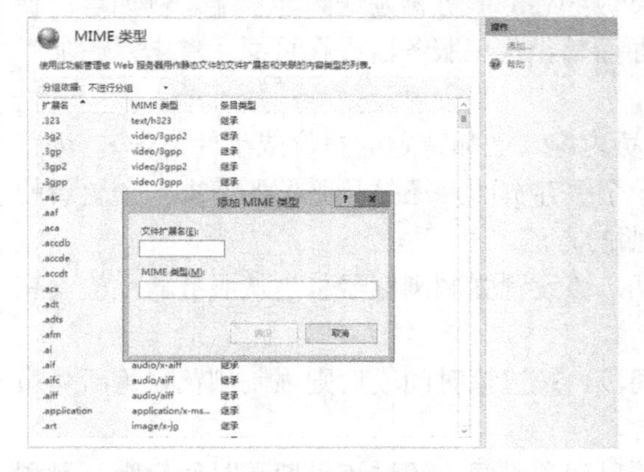

图 5-36 “MIME 类型”窗口

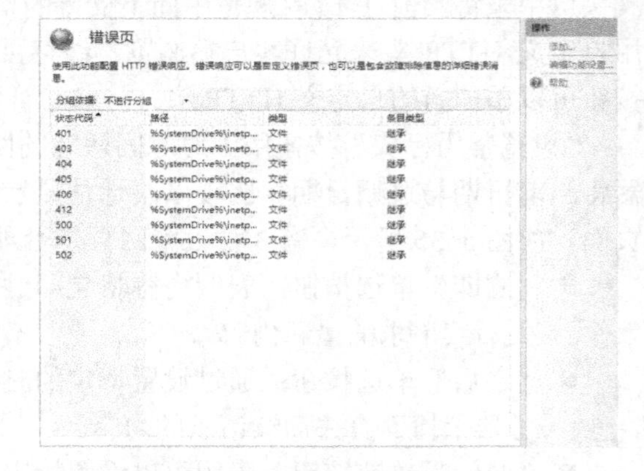

图 5-37 “错误页”窗口

IIS 提供的一般默认 HTTP 1.1 错误文件，或者创建自己的自定义错误文件。这些值可以对所有站点进行全局设置，也可以在每个站点中单独设置。IIS 对于这些设置使用继承模型。如果设置或更改了与层次结构中的其他节点处的设置有冲突的设置，那么系统将提示指定应用此新设置的节点。

在列表框中选中某个错误消息后，单击“编辑”按钮将出现如图 5-38 所示的“编辑错误页设置”对话框，可以在发生没有预定义错误页的 HTTP 错误时返回默认错误消息，主要参数功能如下。

- “自定义错误页”：选择此选项以便只使用自定义错误页对本地请求和其他计算机发出的请求作出响应。
- “详细错误”：选择此选项以便只使用“详细错误”对本地请求和其他计算机发出的请求作出响应。
- “本地请求的详细错误和远程请求的自定义错误页”：选择此选项以显示本地请求的详细错误和其他计算机发出的请求的自定义错误。
- “路径”：输入或浏览默认错误页的路径。根据从“路径类型”下拉列表中选择的选项，在“路径”字段中输入的值应该为以下值之一。

  如果选择“文件”，则指定物理路径。

  如果选择“执行 URL”，则指定与网站根目录 URL 相对应的 URL。

  如果选择“重定向”，则输入一个 URL。
- “路径类型”：从“路径类型”下拉列表中选择以下选项之一。

  文件：默认错误是静态内容，如来自 HTML 文件的内容。

  执行 URL：默认错误是动态内容，如来自 ASP 文件的内容。

  重定向：默认错误位于某个重定向 URL 处。

在操作区域中单击“添加”按钮，出现如图 5-39 所示的“添加自定义错误页”对话框，在“消息类型”下拉列表框选择希望返回到客户端浏览器的消息类型。主要参数功能如下：

- “状态代码”：输入自定义错误页适用的 HTTP 状态代码（以及可选的子状态代码）。
- “将静态文件中的内容插入错误响应中”：如果错误页应包括静态内容（如 HTML 文件中的内容）时选择此选项。在对应的“文件路径”文本框中，输入或浏览静态文件的物理路径。
- “在此网站上执行 URL”：如果错误页应包括动态内容（如 ASP 文件中的内容）时选择此选项。在对应的“URL(相对于网站根目录)”文中框中，输入自定义错误的相对路径。
- “以 302 重定向响应”：如果希望客户端被重定向到其他 URL 时选择此选项。在对应的“绝对 URL”文中框中，输入作为客户端重定向目标的完整 URL。

9．配置 HTTP 重定向

在图 5-18 中单击“HTTP 重定向”，打开如图 5-40 所示的“HTTP 重定向”窗口，用于启用重定向并配置将传入的请求重定向到新目标的方式。主要参数功能如下。

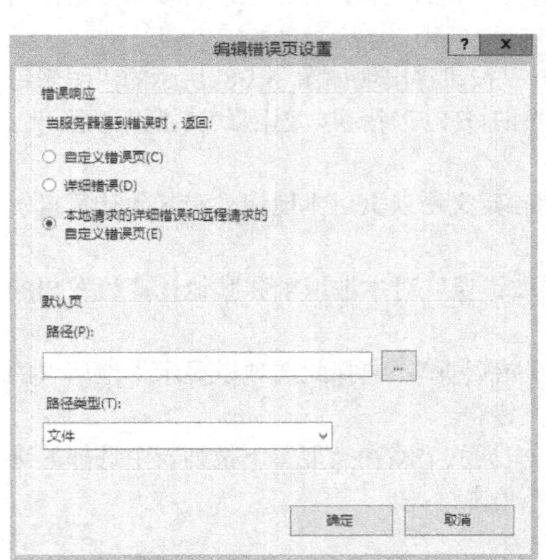

图 5-38 “编辑错误页设置”对话框

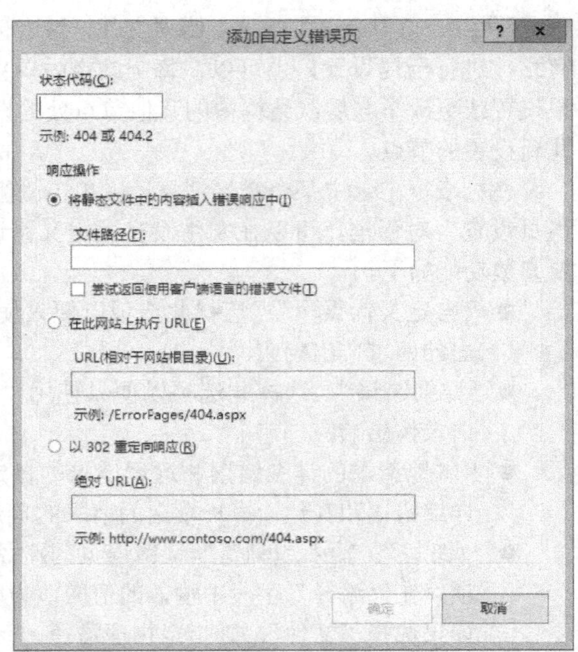

图 5-39 “添加自定义错误页”对话框

- “将请求重定向到此目标”：选择此选项以启用重定向并指定请求的重定向目标 URL。可以将请求重定向到虚拟路径，如http://www.contoso.com/sales；或重定向到文件，如 http://www.contoso.com/sales/default.aspx。

  “将所有请求重定向到确切的目标（而不是相对于目标）”：如果要将客户端重定向到“将请求重定向到此目标”文本框中所指定的确切 URL，选择此选项。如果未选定此选项，则目标是与“将请求重定向到此目标”文本框中所指定的值相对的一个目标。例如，如果将重定向目标配置为 http://www.contoso.com/sales，且传入的请求为 http://www.contoso.com/marketing/default.aspx，则 IIS 会将该请求重定向到 http://www.contoso.com/sales/default.aspx。
- “仅将请求重定向到此目录（非子目录）中的内容”：如果要将客户端只重定向到“将请求重定向到此目标”文本框中所指定的目录中的内容，则选择此选项。如果未选定此选项，则会将请求重定向到“将请求重定向到此目标”文本框中的位置以及该位置下的任何子目录。例如，如果将重定向目标配置为 http://www.contoso.com/sales，而且也没有选择“将所有请求重定向到确切的目标（而不是相对于目标）”选项，则可能会从 /sales 下的目录中提供请求。
- “状态代码”：选择以下选项之一以指定发送给客户端的重定向状态代码。

已找到(302)：通知 Web 客户端将新请求发布到该位置。此选项是默认选项。

永久(301)：通知 Web 客户端请求的资源的位置已发生永久性更改。

临时(307)：防止 Web 浏览器在发出 HTTP POST 请求时丢失数据。

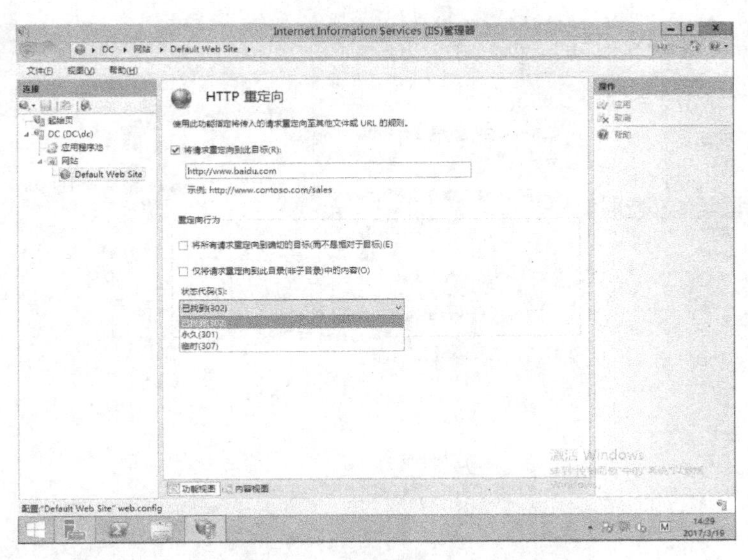

图 5-40 “HTTP 重定向”窗口

5.2.6 Web 服务扩展的配置

IIS 8.5 建立的 Web 站点，支持多种动态页面技术，如 ASP、ASP.NET、CGI 等，这是对静态的 Web 页面文件功能的扩展，称为 Web 服务扩展。在网站配置和安装过程中，选择安装相应的组件可以开放这些 Web 服务扩展，进而进行动态页面访问。

1．在 IIS 8.5 中安装支持的 Web 服务扩展

在“选择服务器角色”界面中，在“角色”→“应用程序开发”中勾选所需选项，如图 5-41 所示，单击“下一步”按钮按照向导提示完成安装。

安装完成后，打开“IIS 管理器”功能视图中的“ISAPI 和 CGI 限制”，如图 5-42 所示，已经安装的 Web 服务扩展显示在列表中。主要支持的 Web 服务扩展技术如下：

- ASP：ASP（Active Server Pages，动态服务器页面）是服务器端脚本环境，可用来创建动态交互式网页并建立强大的 Web 应用程序。当服务器收到对 ASP 文件的请求时，它会处理包含在用于构建发送给浏览器的 HTML 网页的文件中的服务器端脚本代码。除服务器端脚本代码外，ASP 文件也可以包含 HTML（包括相关的客户端脚本）和 COM 组件调用，上述这些组件可执行不同的任务，如连接到数据库或处理商业规则。
- ASP.NET：ASP.NET 是统一的 Web 应用程序平台，它提供了为建立和部署企业级 Web 应用程序所必需的服务。ASP.NET 为能够面向任何浏览器或设备的更安全的、更强的可升级性、更稳定的应用程序提供了新的编程模型和基础结构。ASP.NET 是 Microsoft.NET Framework 的一部分，是一种可以在高度分布的 Internet 环境中简化应用程序开发的计算环境。.NET Framework 包含公共语言运行库，它提供了各种核心服务，如内存管理、线程管理和代码安全。它也包含.NET Framework 类库，这是一个开发人员用于创建应用程序的综合的、面向对象的类型集合。
- CGI：使用.exe、.dll 等为后缀名的可执行文件访问数据库的技术。
- ISAPI 扩展：使用 Internet 服务 API（应用编程接口）访问数据库的技术。

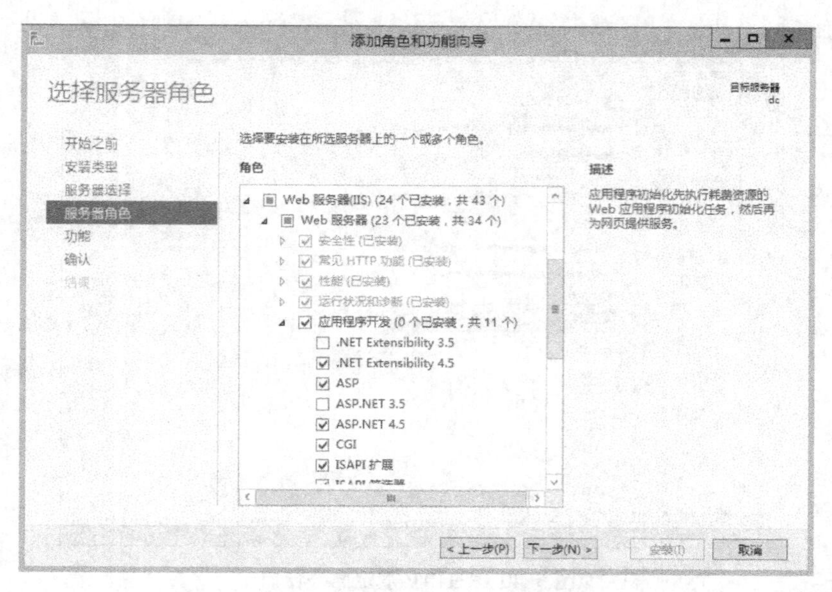

图 5-41　安装支持的 Web 服务扩展

2. Web 服务扩展的配置

1）如果某个 Web 服务扩展尚未启用，在图 5-42 中单击选中该 Web 服务扩展，然后单击右侧操作区域“允许”按钮将启用该 Web 服务扩展。

2）如果某个 Web 服务扩展已经启用，在图 5-42 中单击选中该 Web 服务扩展，然后单击右侧操作区域“拒绝”按钮将禁用该 Web 服务扩展。

3）单击右侧操作区域的“添加”，可以自定义添加其他 ISAPI 和 CGI 限制，如图 5-43 所示。

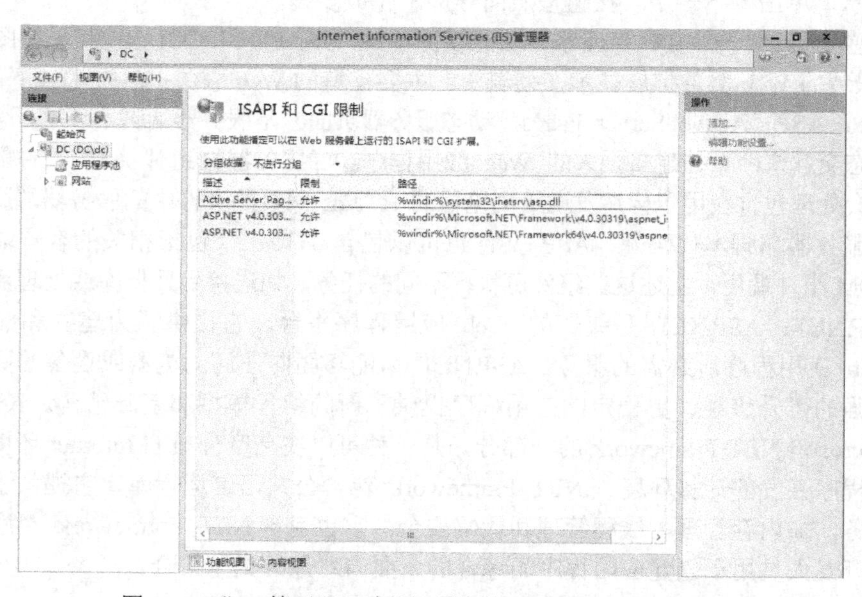

图 5-42　“IIS 管理器”功能视图中的“ISAPI 和 CGI 限制”

4）单击右侧操作区域的“编辑功能设置”，可编辑 ISAPI 和 CGI 限制设置，如图 5-44 所示。

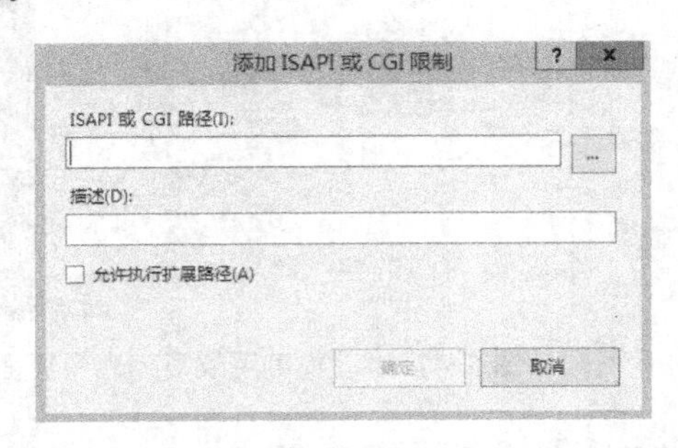

图 5-43　自定义添加其他 ISAPI 和 CGI 限制

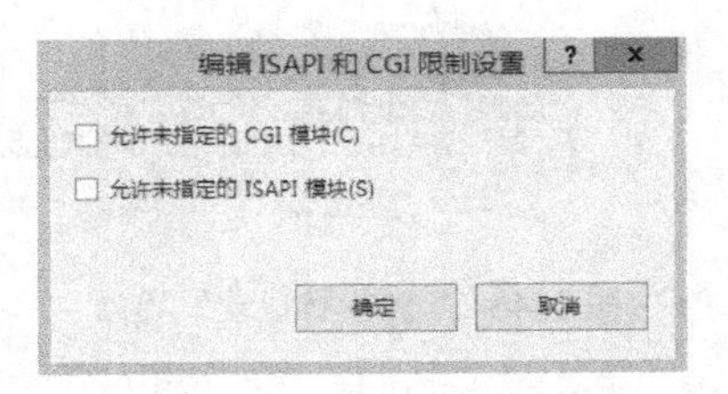

图 5-44　编辑 ISAPI 和 CGI 限制设置

5.2.7　基于 Web 的网站管理

在网址 http://www.rtr.com/fpse/Win2008R2/index.htm 中下载 the RTR FrontPage Server Extensions 2002 for IIS 8.5 on Windows Server 2012 R2，文件为 fpse02_IIS8_5_rtwc_ENG.msi，将建立第 2 个网站，名为“Microsoft SharePoint Administration”，默认运行在 5079 端口（运行端口为安装时随机分配），工作在生成的第 2 个应用程序池 MSSharePoint-AppPool，如图 5-45 所示。此网站是对 Default Web Site 进行基于 Web 管理的网站。

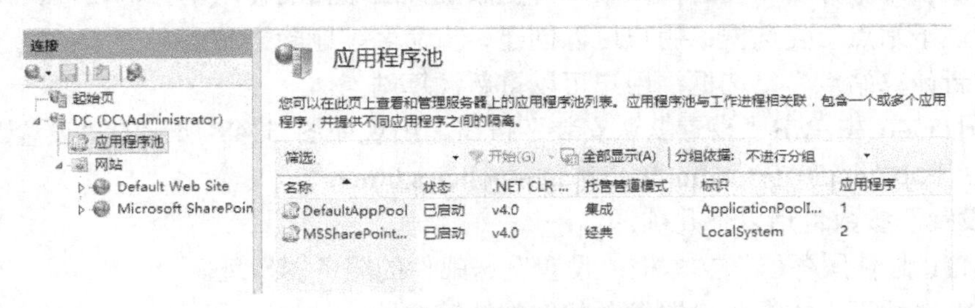

图 5-45　Microsoft SharePoint Administration 网站

下面介绍此程序提供的强大的基于 Web 管理站点的功能。

*注：FPSE 在 IIS 8.5 版本选项卡全为英文显示，本节使用之前中文版本配置页面进行说明。

1）在浏览器中访问 http://dc:5079/（格式为 http://计算机名:5079/），输入管理员账号名和密码，出现如图 5-46 所示的界面。

2）在图 5-46 中单击“设置可用权限列表”，出现如图 5-47 所示的“设置用权限列表”界面（网址：http://dc:5079/fpadmdll.dll?page=disable.latm），可以设置的对站点的使用权限包括“站点设计权限”和“站点管理员权限”两个方面。

“站点设计权限”包括以下几项。

● “创作网页”复选框：用户可以创建、编辑、删除 HTML 网页和目录。
● “浏览”复选框：用户可以浏览此 Web 站点中的网页，包括带有 Web bot 的网页。
● “设置源控件”复选框：用户可以设置源控件数据库。

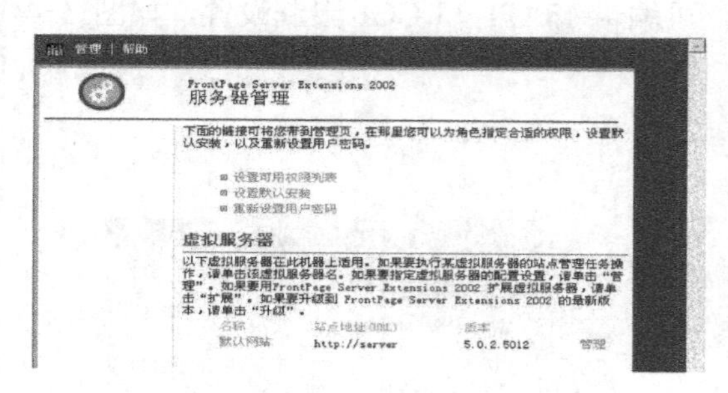

图 5-46 “服务器管理”界面

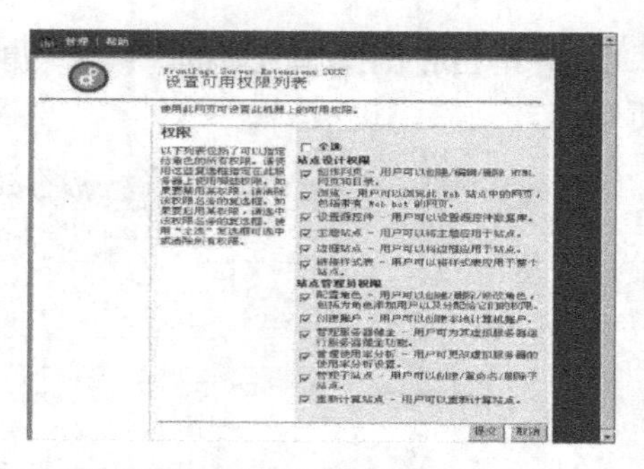

图 5-47 “设置可用权限列表”界面

- “主题站点”复选框：用户可以将主题应用于站点。
- “边框站点”复选框：用户可以将边框应用于站点。
- “链接样式表”复选框：用户可以将样式表应用于整个站点。

“站点管理员权限”包括以下几项。

- “配置角色”复选框：用户可以创建、删除、修改角色，包括为角色添加用户以及分配给它们的权限。
- “创建账户”复选框：用户可以创建本地计算机账户。
- “管理服务器健全”复选框：用户可为其虚拟服务器运行服务器健全功能。
- “管理使用率分析”复选框：用户可更改虚拟服务器的使用率分析设置。
- “管理子站点”复选框：用户可以创建、重命名、删除子站点。
- “重新计算站点”复选框：用户可以重新计算站点。

3）在图 5-46 中单击“设置默认安装”按钮，出现如图 5-48 所示的“设置默认安装”界面（网址：http://dc:5079/fpadmdll.dll?page=policies.htm）。

“邮件设置”参数包括以下几项。

- “SMTP 邮件服务器”文本框：设置发送邮件的服务器地址。
- “发件地址”文本框：设置发送邮件的信箱地址。
- “答复地址”文本框：设置回复邮件信箱地址。

“安全设置”的参数包括以下几项。

- “日志创作操作”复选框：系统日志记录对网站的创作操作。
- “需要 SSL 才能创作和管理”复选框：利用 SSL 才能创作和管理网站。
- “允许作者上载可执行程序”复选框：允许作者可以上载可执行程序。

4）在图 5-46 所示界面中单击“重新设置用户密码”按钮，出现如图 5-49 所示的“重新设置用户密码”界面（网址：http://dc:5079/fpadmdll.dll?page=password.htm）。

在“虚拟服务器”下拉列表框中显示的是网站上所有的虚拟服务器列表。

在“用户名”“新密码”和“确认新密码”文本框中设置通过 Web 管理网站的用户名和密码。

5）在图 5-46 中单击“管理”按钮，出现如图 5-50 所示的“虚拟服务器管理”界面（网址：http://dc:5079/fpadmdll.dll?page=vadmin.htm&port=/LM/W3SVC/1:&frport=%e9%bb%98%e8%ae%a4%e7%bd%91%e7%ab%99），包含的管理功能如下。

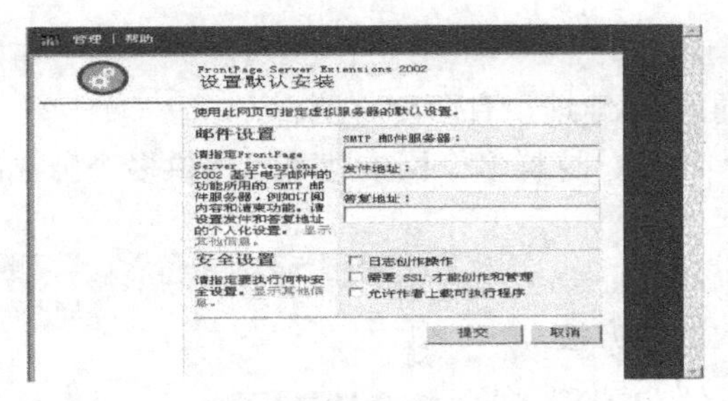

图 5-48 “设置默认安装”界面

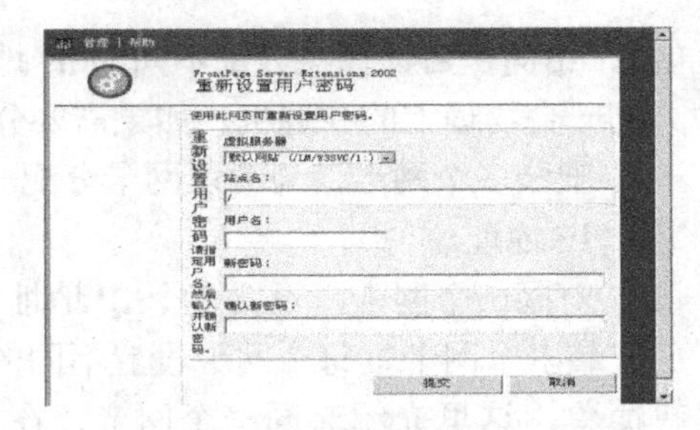

图 5-49 “重新设置用户密码”界面

- “转到”：转入网站主页面 http://dc。
- “转到站点管理”：转入网站管理主页面 http://dc/_vti_bin/_vti_adm/fpadmdll.dll?page=webadmin.htm。
- “卸载 FrontpPage Server Extensions 2002”：卸载安装在网站上的 FrontPage Server Extensions 2002，卸载后将无法进行基于 Web 的网站管理。
- “使用 FrontPage Server Extensions 2002 升级虚拟服务器”：在没有安装 FrontPage Server Extensions 2002 的网站上进行安装。
- “更改配置设置”：对默认设置内容进行修改。
- “配置用户账户限制”：出现如图 5-51 所示的用户账户限制界面，在“最多用户账户数”文本框中可以输入网站能够接受的最多用户数。

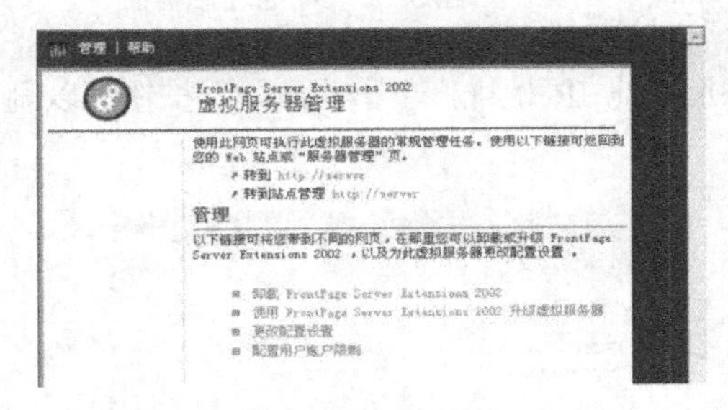

图 5-50 “虚拟服务器管理”界面

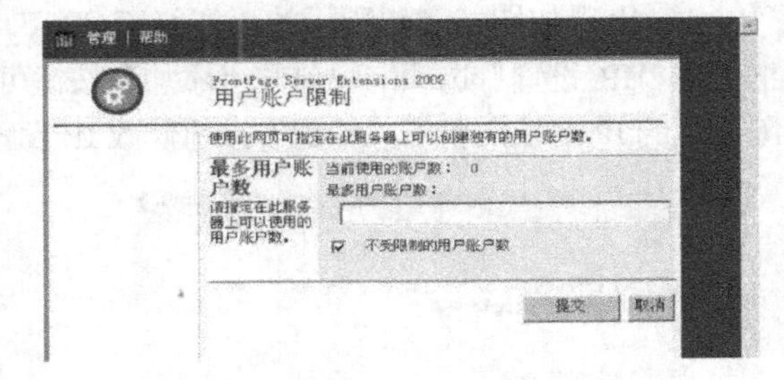

图 5-51 “用户账户限制”界面

5.2.8 虚拟服务器技术

IIS 8.5 在安装时，自动建立了默认的 Web 站点，管理员将站点的内容按照目录分类，存放在网站的主目录下就可以向用户提供 Web 服务了。有时可能还会需要在同一台计算机上提供多个 Web 站点，这些 Web 站点既可以是同一个 IP 地址，采用不同的 TCP 端口来提供，也可以是不同的 IP 地址采用相同或者不同的 TCP 端口来提供，这就是虚拟服务器技术。

虚拟服务器技术是采用特殊的软件和硬件配合的技术，将运行 Web 服务器软件的物理上的一台计算机，分隔成若干个“虚拟”的 Web 服务器，这些虚拟的服务器好像是分布在物理上不同的计算机上一样，每一个虚拟的 Web 服务器都有自己的 IP 地址和域名，具有完整的功能，虚拟服务器之间的管理互不关联。

下面介绍在运行 Windows Sever 2012 的物理上的同一台计算机利用 IIS 8.5 构建虚拟服务器的技术。

1. 给同一台计算机分配不同的 IP 地址

同一台物理上的计算机，如果需要分配不同的 IP 地址，有两种方法。

- 安装多个网卡，为每块网卡分配一个 IP 地址，这样多个网卡就可以提供多个独立的 IP 地址。
- 对同一个网卡，设置多个 IP 地址。

安装多个网卡，每个网卡设置不同的 IP 地址的方法比较简单，这里介绍对同一个网卡，在 Windows Server 2012 中如何设置不同的 IP 地址。

1）在控制面板中选择“网络和 Internet”→“查看网络状态和任务”，展开本地连接，单击“属性”按钮，弹出如图 5-52 所示的对话框。

2）在图 5-52 的“此连接使用下列项目”列表框中选中“Internet 协议版本 4（TCP/IPv4）”，然后单击“属性”按钮。

3）出现如图 5-53 所示的“Internet 协议版本 4（TCP/IPv4）属性”对话框，本机已经配置了一个 IP 地址“192.166.1.100”，子网掩码为“255.255.255.0”，单击“高级”按钮给计算机配置其他 IP 地址。

图 5-52　本地连接属性

4）出现如图 5-54 所示的“高级 TCP/IP 设置”对话框，在“IP 设置”选项卡中单击“添加”按钮可以添加其他 IP 地址，单击“删除”按钮可以删除分配的 IP 地址，单击“编辑”按钮修改 IP 设置。

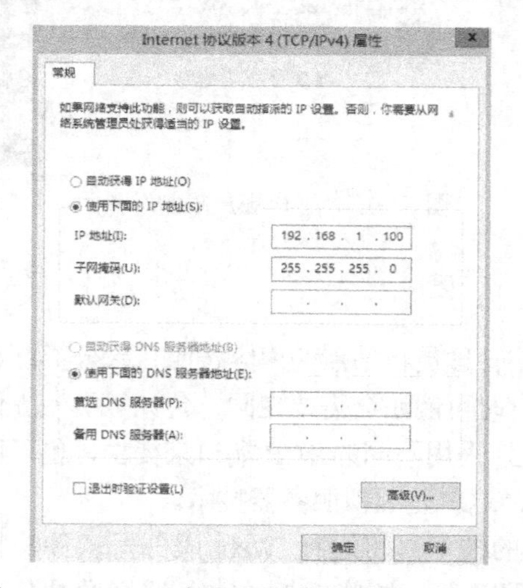

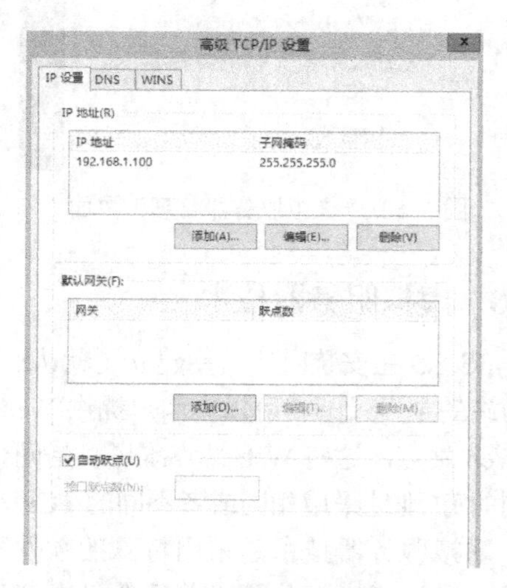

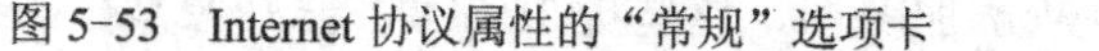

图 5-53　Internet 协议属性的“常规”选项卡　　图 5-54　高级 TCP/IP 设置的“IP 设置”选项卡

5）在图 5-54 中单击“添加”按钮，出现如图 5-55 所示的“TCP/IP 地址”对话框，在“IP 地址”文本框中输入“192.166.100.200”，在“子网掩码”文本框中输入“255.255.255.0”，单击“添加”按钮。

6）添加 IP 地址完毕后，可以通过 Ping 命令测试多个 IP 地址是否设置成功。

Pinging 192.166.100.200 with 32 bytes of data：
Reply from 192.166.100.200：bytes=32 time<1ms TTL:128
Reply from 192.166.100.200：bytes=32 time<1ms TTL:128
Reply from 192.166.100.200：bytes=32 time<1ms TTL:128

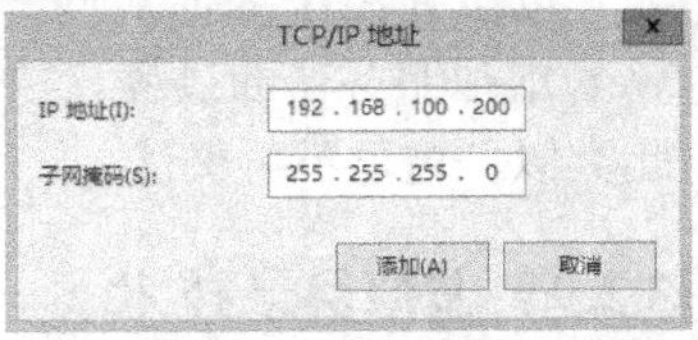

图 5-55 “TCP/IP 地址”对话框

2. 创建虚拟服务器

1）在“IIS 管理器”窗口左侧控制台树的服务器名上右击，在快捷菜单中选择“添加网站”命令，如图 5-56 所示。

2）出现如图 5-57 所示的“添加网站”对话框，在“网站名称”文本框中输入对网站的描述信息，在“应用程序池”中选择该网站使用的应用程序池，默认为该服务器上的第一个默认应用程序池 DefaultAppPool。“传递身份验证”为默认选项。

在“绑定”选项组的“类型”文本框中选择默认连接类型“http”，在“IP 地址”下拉列表框中选择新建的 IP 地址“192.166.100.200”，在“端口”文本框中输入使用的 TCP 端口，“主机名”为网站在网络上的访问名称，默认为无。单击“确定”按钮。

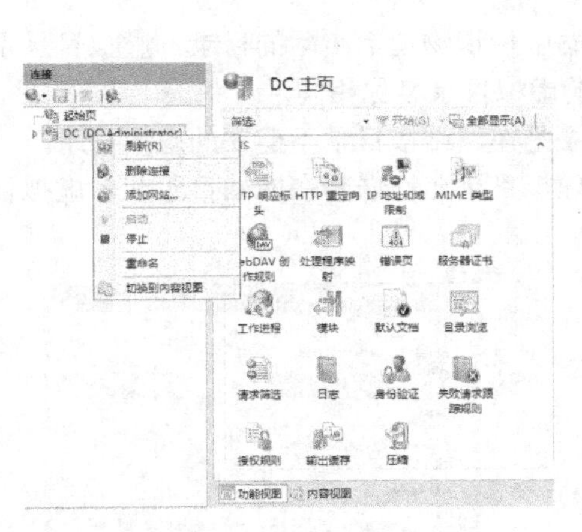

图 5-56 “添加网站”命令

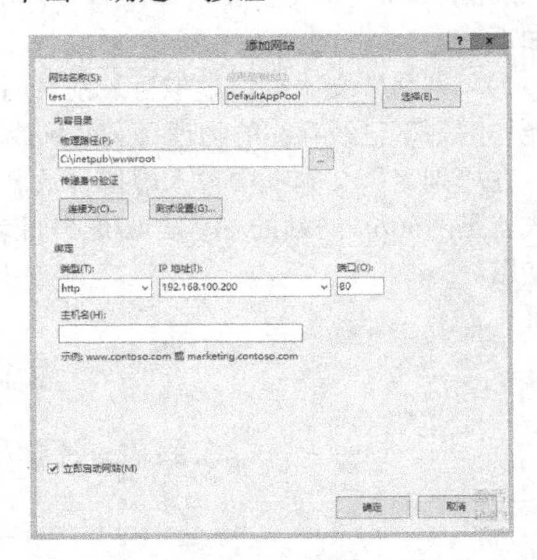

图 5-57 “添加网站”对话框

3）成功创建的 Web 虚拟服务器如图 5-58 所示，该站点通过“http://192.166.100.200/”提供服务。

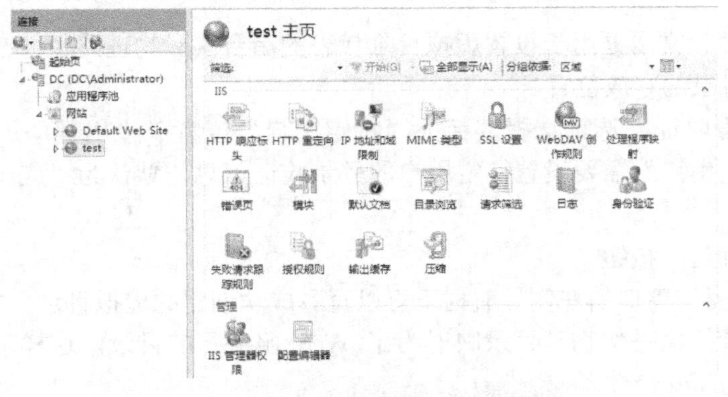

图 5-58 成功创建的 Web 虚拟服务器

以上介绍了如何对同一个网卡设置不同的 IP 地址，在同一台物理计算机上创建多个 Web 虚拟服务器的过程。在创建过程中如果对同一个 IP 地址分配不同的 TCP 端口的操作与此类似，这里不再赘述。

5.2.9 虚拟目录技术

虚拟目录的概念我们并不陌生。在网络上，通过网上邻居，将其他计算机的目录映射为本机的目录或逻辑硬盘，这就是虚拟目录的概念。虚拟目录是相对于物理目录而言的。在网站建设过程中，可能会因为安全的原因或者是空间的原因，网站的内容需要存放在不同的硬盘甚至不同的计算机上，如何将这些目录映射为同一个网站的子目录，就好像是物理上的硬盘上真正存在这样的子目录一样，这就是 Web 服务器的虚拟目录技术。

下面介绍如何建立并配置虚拟目录。

如图 5-59 所示，在“Default Web Site”上单击鼠标右键，在出现的快捷菜单中选择“添加虚拟目录”命令，出现如图 5-60 所示的“添加虚拟目录”对话框，其参数的含义和设置如下。

1）“别名”文本框。虚拟目录别名用于在网站中标识物理上实际的目录。虚拟目录别名不能与网站下已经存在的物理目录名称或者已有的虚拟目录名称相同。

在“别名”文本框中输入虚拟目录名称，如果是在网站根目录下建立的虚拟目录，访问形式就是“http://网站的 IP 地址/虚拟目录名”，虚拟目录允许嵌套在网站目录或者虚拟目录下使用。

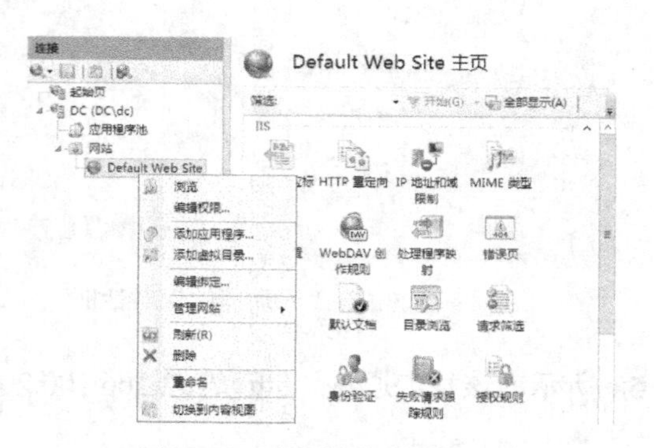

图 5-59　选择创建虚拟目录

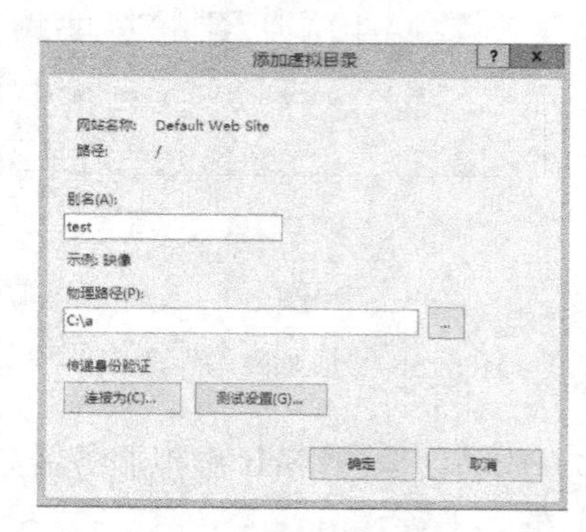

图 5-60　“添加虚拟目录”对话框

2）“物理路径”文本框用于设置虚拟目录代表的后台实际物理路径，在“物理路径”文本框中选择虚拟目录的存放位置。

3）“传递身份验证”选项选择连接为“特定用户”或者“应用程序用户（通用身份验证）”，选择“特定用户”需要设置特定用户的登录验证信息，默认为“应用程序用户（通用身份验证）”。

最后单击“确定”按钮。

在“IIS 管理器”窗口的左侧导航树下可以查看成功创建的虚拟目录，如图 5-61 所示。创建好的虚拟目录好比是将物理目录映射为了 Web 服务器的目录，这样可以对用户隐含物理目录，有利于提高安全性。

在创建好的虚拟目录“test”上右击，在出现的快捷菜单中可以对虚拟目录配置进行修改。

4）在 IE 浏览器的地址栏中输入虚拟目录的路径“http://192.168.1.100/test”，即可访问 Web 网站的虚拟目录，如图 5-62 所示。

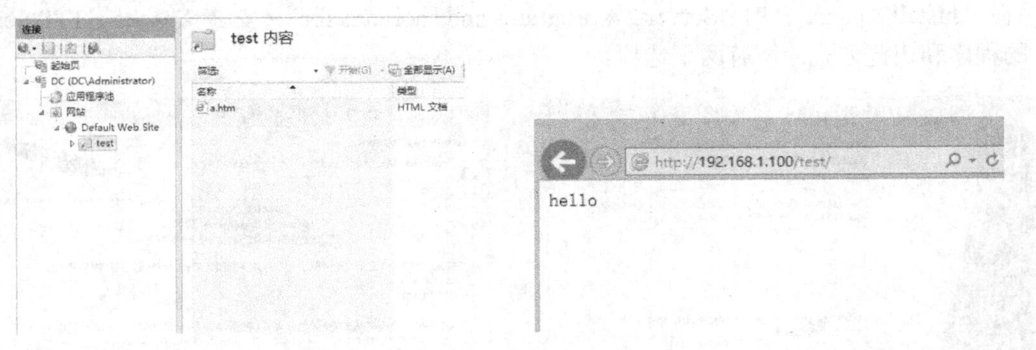

图 5-61　成功创建的虚拟目录　　　　图 5-62　访问虚拟目录

有关如何利用 IIS 8.5 建立 Web 站点，以及对建立的 Web 站点的管理就介绍到这里。IIS 8.5 提供了两种对站点的管理方式：基于在安装站点的计算机的应用程序管理器的管理和基于 Web 的远程管理，它需要在服务器站点上同时安装 FrontPage Server Extensions 2002 扩展插件。

下面介绍一些目前在 Internet/Intranet 上流行的免费建立 Web 站点的方案。

5.3　基于 Apache 建立 Web 站点

如果想利用免费的 Web 服务器软件来构建 Web 站点，可利用 Apache HTTP Server。Apache HTTP Server 有支持多种操作系统平台的版本，包括 Windows、Linux 等可以供选择，同时对 PHP 的动态页面技术有良好的支持。在 Oracle 这样的数据库产品中，已经集成了 Apache HTTP Server，可见其成功之处。下面就介绍如何利用该软件来建立并管理 Web 服务器站点。

5.3.1　安装 Apache HTTP Server

本书介绍的 Apache HTTP Server 软件，为目前流行的版本 2.4.4，文件名为 Apache HTTP Server2.4_X64.msi，大小为 8.08MB，下载地址为 http://www.csdn.net/。

1）开始安装该软件，出现如图 5-63 所示的安装向导的“Welcome”（欢迎）对话框，单击“Next”（下一步）按钮。

2）出现如图 5-64 所示的安装向导的“License Agreement”（许可协议）对话框，选中“I accept the terms in the license agreement”（我同意许可协议中的条款）单选按钮，单击“Next”按钮。

3）出现如图 5-65 所示的安装向导的“Read This First”（先睹为快）对话框，介绍了 Apache HTTP Server 的一些特性，单击“Next”按钮。

4）出现如图 5-66 所示的安装向导的“Server Information”（服务器信息）对话框，在“Network Domain”（网络域名）文本框中输入服务器所在的域名，在“Server Name”（服务器名称）文本框中输入该 Web 服务器对应的可以由 DNS 服务器解析的名称，在“Administrator's Email Address”（管理员的 E-mail 地址）文本框中输入管理员的 E-mail 地址，在“Install Apache HTTP Server 2.4 programs and shortcuts for”（安装 Apache HTTP Server 2.4 的程序和快捷方式）下有两个选项。

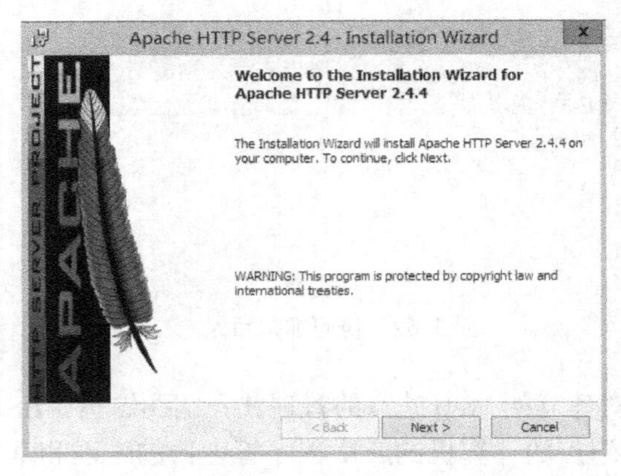

图 5-63 “Welcome”对话框

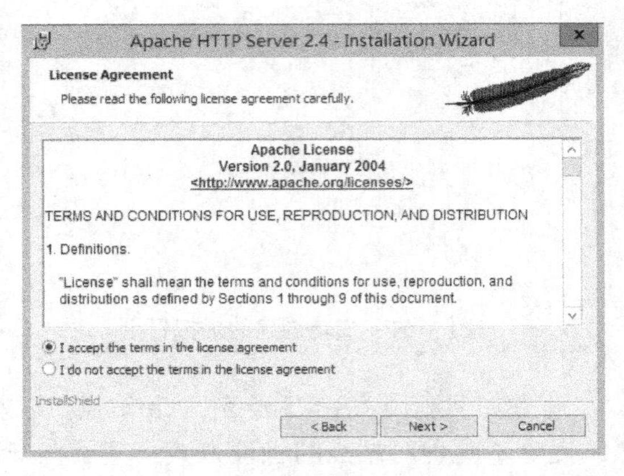

图 5-64 “License Agreement”对话框

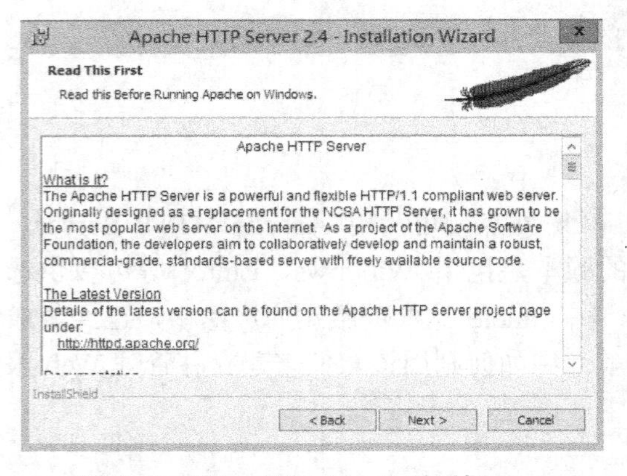

图 5-65 “Read This First”对话框

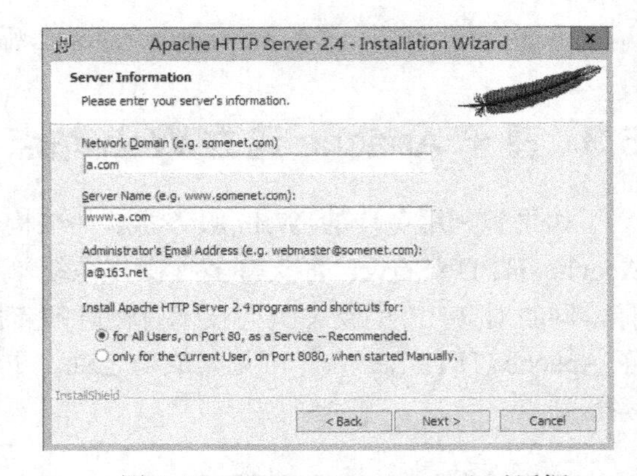

图 5-66 “Server Information”对话框

- for All Users，on Port 80，as a Service-Recommend：推荐方式，对所有的用户在 80 端口作为服务。
- Only for the Current User，on Port 8080，when started Manually：仅对当前用户使用，手工启动，在端口 8080 提供服务。

可以根据用户的实际需求进行选择，完成后单击“Next”按钮。

5）出现如图 5-67 所示的安装向导的“Setup Type”（安装类型）对话框，有两种选择。

- Typical：典型安装，将安装典型的程序特性（但用于编译模块的头文件和库不会被安装，适合初级用户）。
- Custom：定制安装，选择安装的组件（适合高级用户）。

这里选中“Typical”单选按钮，单击“Next”按钮。

6）出现如图 5-68 所示的安装向导的“Destination Folder”（安装目的文件夹）对话框，

单击“Change”（选择）按钮可以设置将 Apache HTTP Server 默认的网站内容安装在默认文件夹下，单击“Next”按钮。

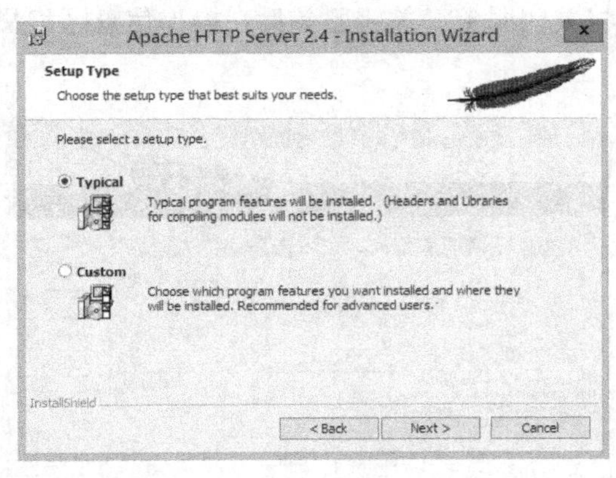

图 5-67 “Setup Type”对话框

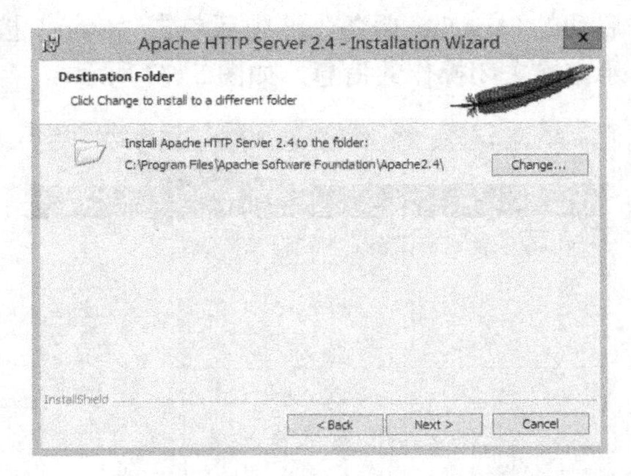

图 5-68 “Destination Folder”对话框

7）出现如图 5-69 所示的安装向导的“Ready to Install the Program”（准备安装程序）对话框，单击“Install”（安装）按钮。

8）出现如图 5-70 所示的安装向导的“Installation Wizard Completed”（安装向导完成）对话框，单击“Finish”（完成）按钮。

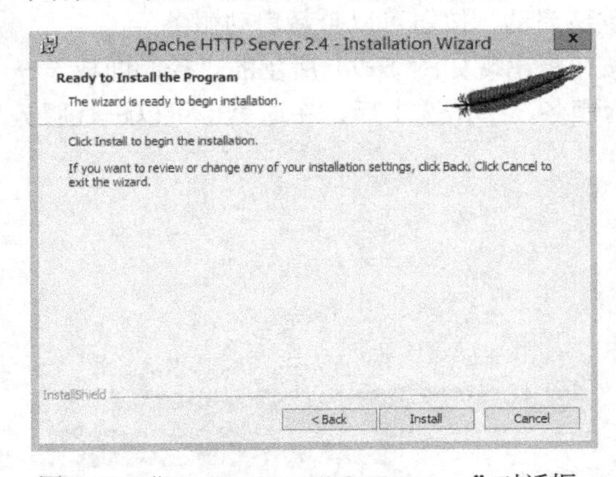

图 5-69 “Ready to Install the Program”对话框

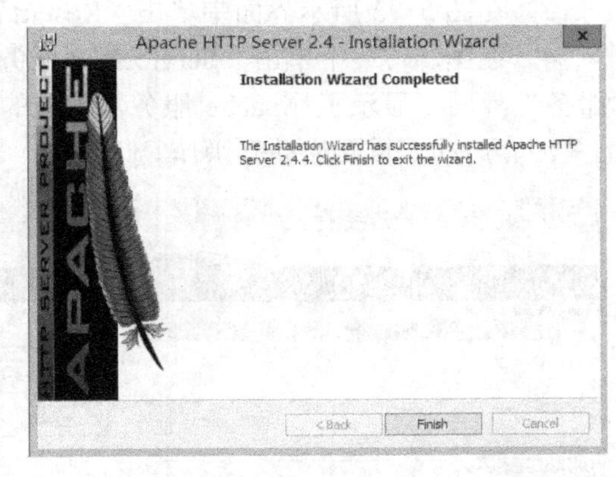

图 5-70 “Installation Wizard Completed”对话框

9）在浏览器中访问 http://服务器的 IP 地址或计算机名，出现 Apache HTTP Server 正常启动的界面，表明 Apache HTTP Server 已经正常启动。

5.3.2 Apache HTTP Server 的管理

安装完毕，如果没有别的 Web 服务器软件使用的 TCP 端口与 Apache HTTP Server 冲突，Apache 的 Web 服务已经正常启动。下面介绍对 Apache 服务器的管理操作。

在计算机桌面的右下角出现“Apache Services”（Apache 服务）图标，双击该图标出现如图 5-71 所示的“Apache Service Monitor”（Apache 服务监视器）界面，在该界面中有各种功能按钮，单击后可以对 Apache 服务器进行管理。也可以通过在“程序组”中选择相应的

Apache 程序组执行同样的功能。

1）在图 5-71 所示界面的“Service Status”（服务状态区）列表框中列举了在本机上已经启动的 Apache 服务。选中后单击“Stop”按钮将关闭服务。关闭服务后在操作信息区将显示本次关闭操作的信息，如图 5-72 所示。

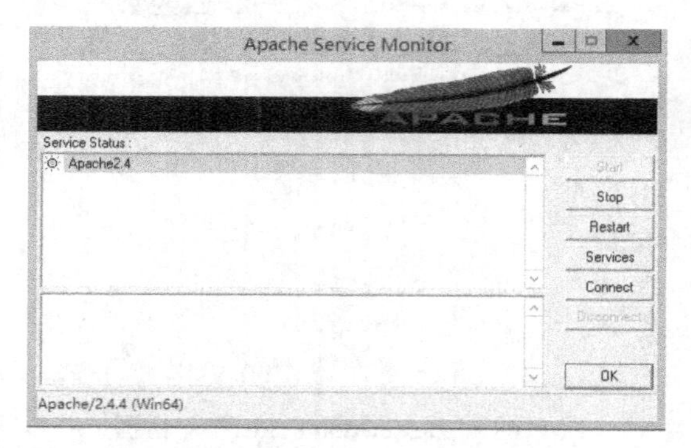

图 5-71 “Apache Service Monitor”界面

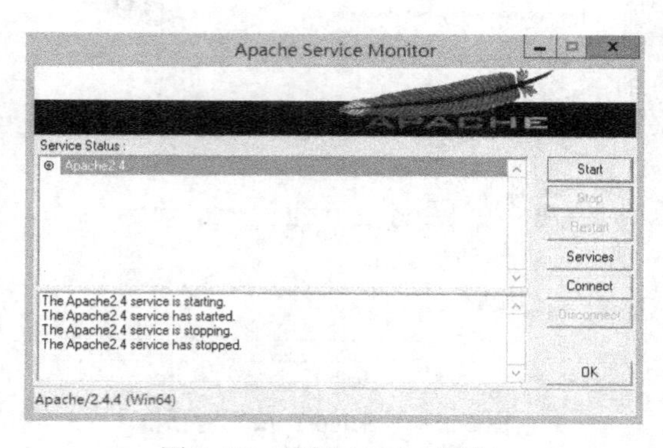

图 5-72 关闭 Apache 服务

2）在图 5-72 所示界面的“Service Status”（服务状态区）列表框中列举了在本机上已经关闭的 Apache 服务。选中后单击“Start”按钮将启动服务。启动服务后在操作信息区将显示本次启动操作的信息，如图 5-73 所示。

3）在图 5-73 所示界面中单击“Restart”（重新启动）按钮可以重新启动服务。

4）在图 5-73 中单击“Services”（服务）按钮将出现如图 5-74 所示的“控制面板”→“服务”界面，显示了 Apache 服务器对应的后台服务，单击选中后，在这里也可以进行服务的关闭、启动、重新启动等操作。

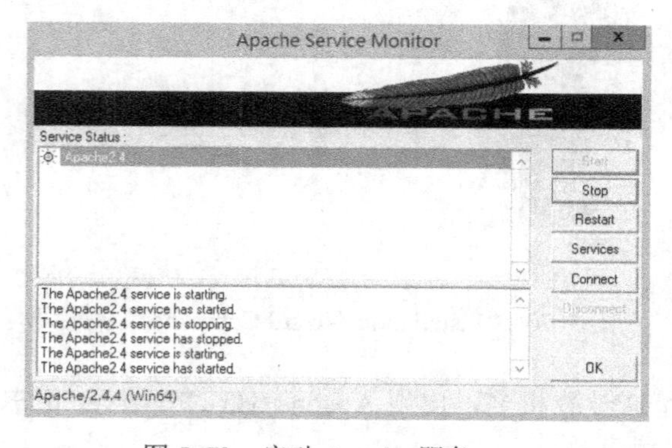

图 5-73 启动 Apache 服务

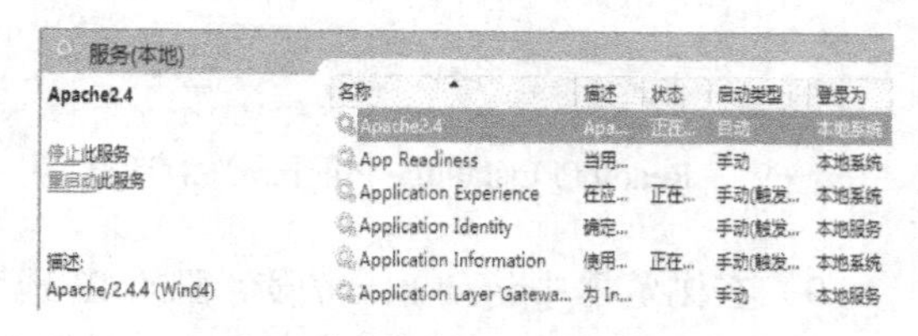

图 5-74 Apache 的后台服务

5）在图 5-73 中单击“Connect”（连接）按钮，可以连接其他安装了 Apache 服务器的计算机，连接后可以进行远程管理，出现如图 5-75 所示的界面，在“Computer Name”（计算机名称）文本框中输入远程计算机的名称或者 IP 地址，单击“Browse”（浏览）按钮可以查询远程计算机，然后单击“OK”按钮。

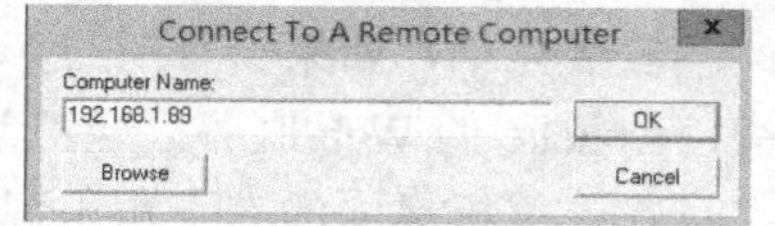

图 5-75 连接远程服务器

6）成功连接远程服务器后，在服务状态区出现连接的远程服务器的 Apache 服务，单击其他功能按钮可以对远程服务进行关闭、启动、重新启动等操作。单击“Disconnect”（断开连接）按钮将断开和远程服务器的连接。

本章小结

1）本章介绍如何构建 Web 服务，Web 服务包括两个部分：Web 服务器和 Web 客户端。Web 服务器通过某个 TCP 端口提供 Web 服务，Web 客户端通过某个 TCP 端口访问 Web 服务器。Web 服务器使用的 TCP 端口是固定的，默认为 80，而 Web 客户端使用浏览器时在本机空闲的 TCP 端口中动态分配一个空闲端口。

2）IIS 8.5 是 Windows Server 2012 中的应用程序服务器的组件，利用 IIS 8.5 可以建立支持 ASP 动态页面技术的 Web 站点。IIS 8.5 建立的站点可以运行在工作进程隔离模式上，将工作进程和提供 WWW 服务的核心程序的运行环境进行完全隔离，可以最大限度提高运行的可靠性。IIS 8.5 支持虚拟服务器和虚拟目录技术，在物理上的同一台计算机上，既可以利用多个网卡提供多个 IP 地址，也可以利用同一个 IP 地址分配不同的 TCP 端口，还可以为同一个网卡绑定多个 IP 地址。

3）利用 Apache HTTP Server 可以构建支持 PHP 脚本语言的动态 Web 站点，PHP 对 MySQL 这类的免费数据库产品具有较好的支持。

第 6 章　FTP 服务

本章主要介绍 FTP 协议和 FTP 服务的工作原理、掌握如何使用 IIS 架设和管理 FTP 站点，以及学习利用第三方软件架设 FTP 服务器；主要学习架设和管理 Serv-U FTP 服务器。

6.1　FTP 服务简介

FTP（File Transfer Protocol，文件传输协议）是 TCP/IP 协议簇的应用协议之一，主要用来在计算机之间传输文件。通过 TCP/IP 协议连接在一起的任意两台计算机，如果安装了 FTP 协议和服务器软件，就可以通过 FTP 服务相互传送文件。

1．FTP 服务

在 Internet 上有两类 FTP 服务器。一类是普通的 FTP 服务器，连接到这种 FTP 服务器上时，用户必须具有合法的用户名和口令；另一类是匿名 FTP 服务器。所谓匿名 FTP，是指在访问远程计算机时，不需要账户或口令就能访问许多文件、信息资源。用户不需要经过注册就可以与它连接并且进行下载和上传文件的操作，通常这种访问限制在公共目录下。

FTP 提供的命令十分丰富，涉及文件传输、文件管理、目录管理、连接管理等。目前世界上有很多文件服务系统，为用户提供公用软件、技术通报、论文研究报告等，这就使 Internet 成为目前世界上最大的软件和信息流通渠道。Internet 是个资源宝库，有很多共享软件、免费程序、学术文献、影像资料、图片、文字、动画等，它们都允许用户用 FTP 下载。人们可以直接使用 WWW 浏览器去搜索所需要的文件，然后利用 WWW 浏览器所支持的 FTP 功能下载文件。

2．FTP 命令

文件传输软件的使用格式为 FTP（网址或 IP 地址），若连接成功，系统将提示用户输入用户名及口令。

- User：输入合法的用户名或者 anonymous。
- Password：输入合法的口令，若以 anonymous 方式登录，一般不用口令。

进入想要连接的 FTP 站点后，用户就可以进行相应的文件传输操作了，其中一些重要的命令介绍如下。

（1）help、?、rhelp

- help：显示 LOCAL 端（本地端）的命令说明，若不接受则显示所有可用命令。
- ?：相当于 help，如?cd。
- rhelp：同 help，只是它用来显示 REMOTE 端（远程端）的命令说明。

（2）ascii、binary、image、type

- ascii：切换传输模式为文字模式。

- binary：切换传输模式为二进制模式。
- image：相当于 binary。
- type：用于更改或显示目前传输模式。

（3）bye、quit

- bye：退出 FTP 服务器。
- quit：相当于 bye。

（4）cd、cdup、lcd、pwd、!

- cd：改变当前工作目录。
- edup：回到上一层目录，相当于 cd．．。
- lcd：用于更改或显示 LOCAL 端的工作目录。
- pwd：显示目前的工作目录（REMOTE 端）。
- !：用于执行外壳命令。

（5）delete、mdelete、rename

- delete：删除 REMOTE 端的文件。
- mdelte：批量删除文件。
- rename：更改 REMOTE 端的文件名。

（6）get、mget、put、mput、recv、send

- get：下载文件。
- mget：批量下载文件。
- put：上传文件。
- mput：批量上传文件。
- recv：相当于 get。
- send：相当于 put。

（7）hash、verbose、status、bell

- hash：当有数据传送时，显示#号，每一个#号表示传送了 1024B 或 8192B。
- verbose：切换所有文件传输过程的显示。
- status：显示目前的一些参数。
- bell：当指令做完时会发出叫声。

（8）ls、dir、mls、mdir、mkdir、rmdir

- ls：有点像 UNIX 下的 ls（list）命令。
- dir：相当于 list。
- mls：只是将远端某目录下的文件存储于 LOCAL 端的某文件里。
- mdir：相当于 mls。
- mkdir：像 DOS 下的 md（创建子目录）一样。
- rmdir：像 DOS 下的 rd（删除子目录）一样。

（9）open、close、disconnect、user

- open：连接某个远端 FTP 服务器。
- close：关闭目前的连接。
- disconnect：相当于 close。

● user：再输入一次用户名和El令（类似于Linux下的su）。

当执行不同的命令时，会发现 FTP 服务器返回一组数字，每组数字代表不同的信息。常见的数字及表示的信息如表 6-1 所示。

表 6-1　访问 FTP 服务器命令的返回值及含义

数　字	含　义	数　字	含　义
125	打开数据连接，传输开始	230	用户成功登录
200	命令被接受	331	用户名被接受，需要密码
211	系统状态，或者系统返回的帮助	421	服务不可用
212	目录状态	425	不能打开数据连接
213	文件状态	426	连接关闭，传输失败
214	帮助信息	452	写文件出错
220	服务就绪	500	语法错误，不可识别的命令
221	控制连接关闭	501	命令参数错误
225	打开数据连接，当前没有传输进程	502	命令不能执行
226	关闭数据连接	503	命令顺序错误
227	进入被动传输状态	530	登录不成功

6.2　用 IIS 中的 FTP 功能搭建一个简单的 FTP 服务器

搭建 FTP 服务器的软件有多种，其中较常用的是 IIS 中的 FTP 功能与 Serv-U FTP Server。

6.2.1　安装 FTP 服务器角色服务

Windows Server 2012 R2 提供的 IIS 服务器中内嵌了 FTP 服务器软件，但是默认情况下，FTP 服务器软件是没有安装的，需要管理员手动进行安装。具体的安装步骤如下：

1）单击“服务器管理器”窗口中的“添加角色和功能”，启动“添加角色和功能向导”。

2）持续单击“下一步”按钮，直到出现“选择服务器角色”对话框，如图 6-1 所示。在“角色”列表框中勾选“Web 服务器（IIS）”复选框。

3）单击“下一步”按钮，直到显示“角色服务”对话框，选择“FTP 服务”角色即可，如图 6-2 所示。

4）继续单击“下一步”按钮，在“确认安装所选内容”对话框中单击“安装”按钮，等待几分钟即可完成 FTP 服务的安装。

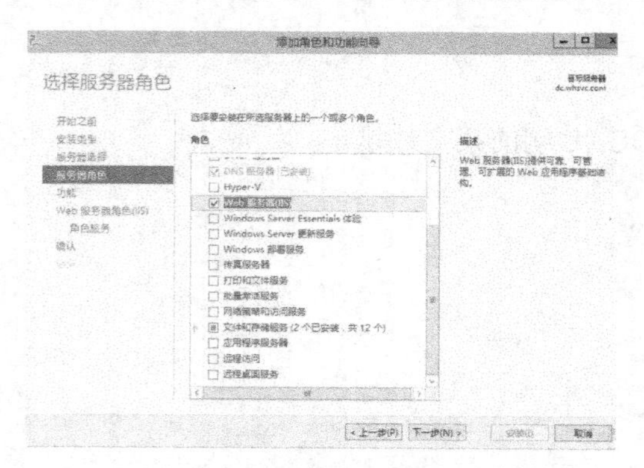

图 6-1　“选择服务器角色”对话框

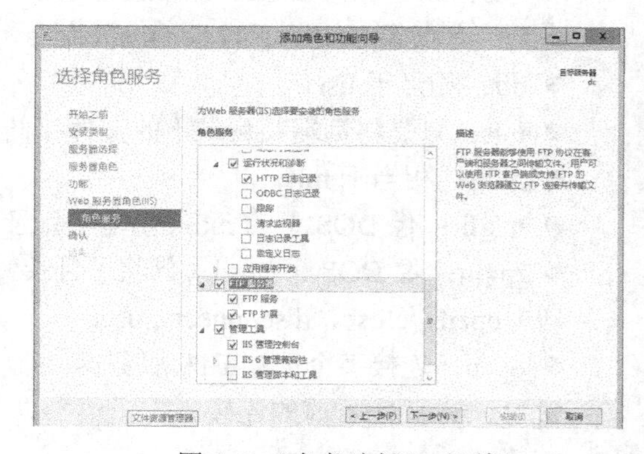

图 6-2　“角色选择”对话框

6.2.2 创建和访问 FTP 站点

安装完成后，可以通过 IIS 管理器来管理 FTP 站点。步骤如下：

1. 准备 FTP 主目录

在计算机磁盘中选择合适的位置建立 FTP 主目录，如在 C 盘上创建文件夹“C:\ftp”作为主目录，并在文件夹中存放一个文件“test1.txt”，供用户在客户端计算机上测试 FTP 站点的上传和下载。

2. 创建 FTP 站点

在“服务器管理器”窗口的“工具”菜单中单击“Internet Information Service（IIS）管理器”。

1）在“Internet Information Service（IIS）管理器”控制台树中，用鼠标右键单击服务器，在弹出的快捷菜单中选择“添加 FTP 站点”，如图 6-3 所示。

2）出现“添加 FTP 站点”对话框，如图 6-4 所示。在“FTP 站点名称”文本框中输入“ftptest”，在“物理路径”文本框中输入刚才设置的 FTP 主目录“C:\ftp”。

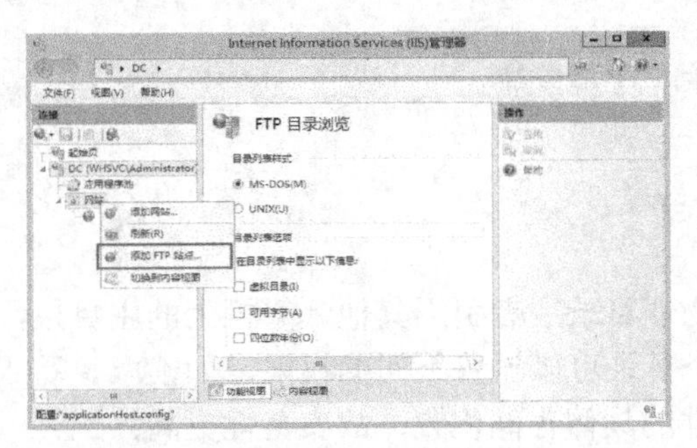

图 6-3 “IIS 管理器”控制台

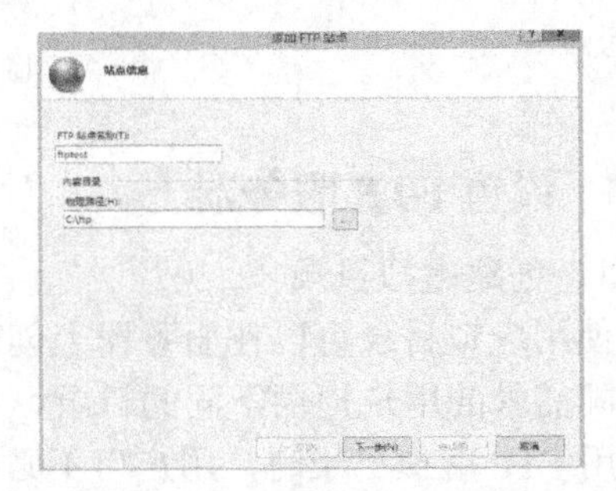

图 6-4 “添加 FTP 站点”对话框

3）单击“下一步”按钮，打开如图 6-5 所示的“绑定和 SSL 设置”对话框，在“IP 地址”文本框中输入该服务器的 IP 地址（如果该服务器只有一个 IP 地址，也可选择“全部未分配”），端口默认为“21”，在“SSL”选项下选择“无”。

4）单击“下一步”按钮，打开如图 6-6 所示的“身份验证和授权信息”对话框，输入相应信息后，单击“完成”按钮。

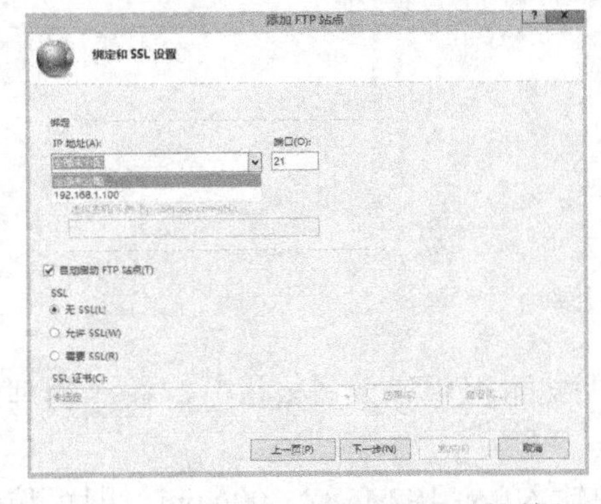

图 6-5 “绑定和 SSL 设置”对话框

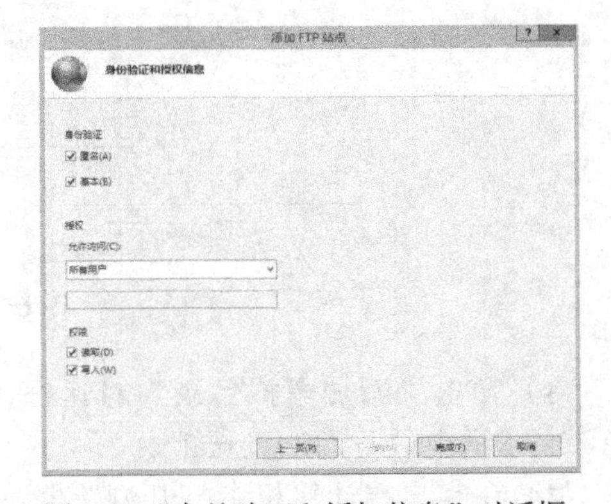

图 6-6 “身份验证和授权信息”对话框

☞ 注意：

用户访问 FTP 服务器主目录的最终权限取决于此处设置的权限与该用户对 FTP 服务器主目录的 NTFS 权限的叠加，并取其最严格的权限。

3. 测试 FTP 站点

用户在客户端计算机上打开浏览器，在地址栏中输入“ftp://192.168.1.100”即可访问刚才所建立的FTP站点了，如图 6-7 所示。

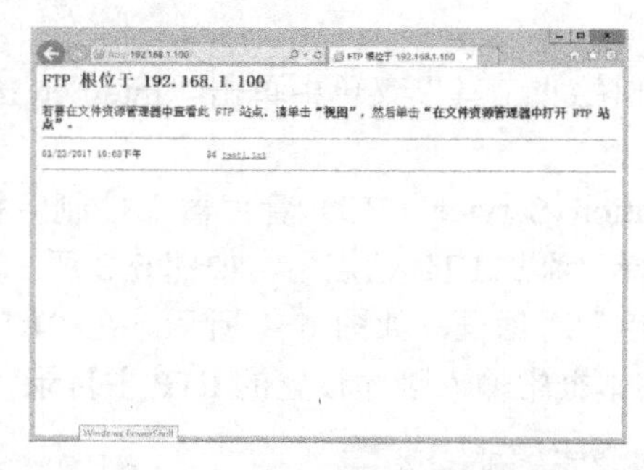

图 6-7 访问 FTP 服务器

6.2.3 设置 FTP 服务器

1. 创建虚拟目录

使用虚拟目录可以在服务器上创建多个物理目录或者引用其他计算机上的主目录，从而为不同需求的用户提供不同的目录，并且多个目录可以设置不同的权限，如读取、写入等。在使用 FTP 虚拟目录时，用户可不必知道文件的具体存储位置，故安全性更高。

1）在 FTP 服务器的其他磁盘位置上创建虚拟目录文件夹，如“C:\virtual”，作为 FTP 虚拟目录的主目录，在该文件夹下面存入测试文件“test2.txt”。

2）在“Internet Information Service（IIS）管理器”控制台树中，右击刚才所创建的 FTP 站点，在弹出的快捷菜单中选择“添加虚拟目录”，如图 6-8 所示。

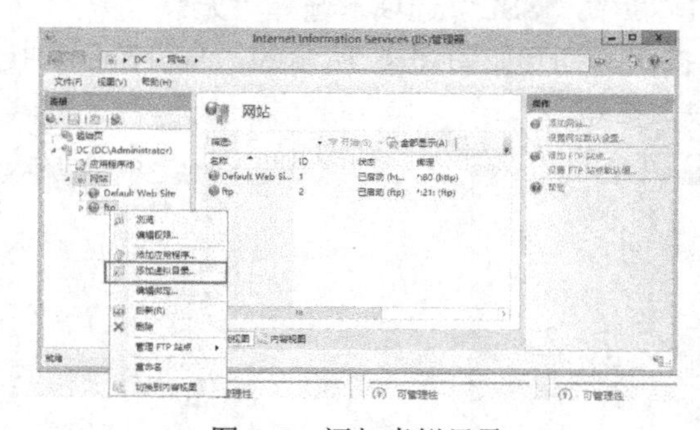

图 6-8 添加虚拟目录

3）弹出“添加虚拟目录”对话框，在“别名”文本框中输入“xuni”，在“物理路径”文本框中输入“C:\virtual”。

4）在客户端计算机上打开浏览器，在地址栏中输入ftp://192.168.1.100/xuni，即可访问刚才所建立的虚拟目录了，如图 6-9 所示。

2. 设置 IP 地址和端口

1）在“Internet Information Service（IIS）管理器”控制台树中，右击 FTP 站点，在弹出的快捷菜单中选择“编辑绑定”。

2）进入“网站绑定”窗口后，可以对 IP 地址及端口号进行修改，如图 6-10 所示。

3）修改完成后在客户端进行测试，打开浏览器，在地址栏中输入修改后的 IP 地址或者端口号，如“ftp://192.168.1.100：2121”，就可以访问 FTP 服务器。

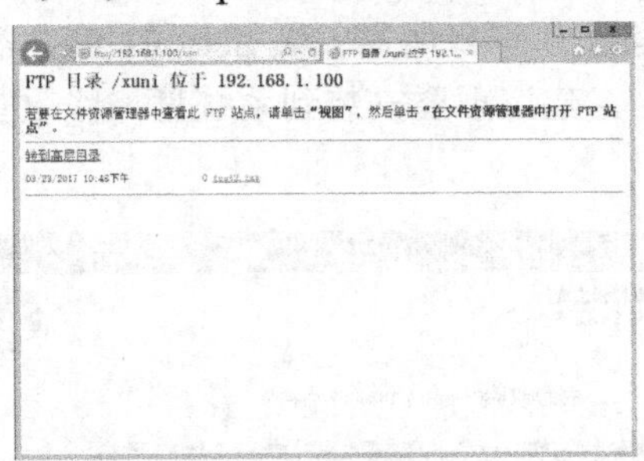

图 6-9　访问虚拟目录

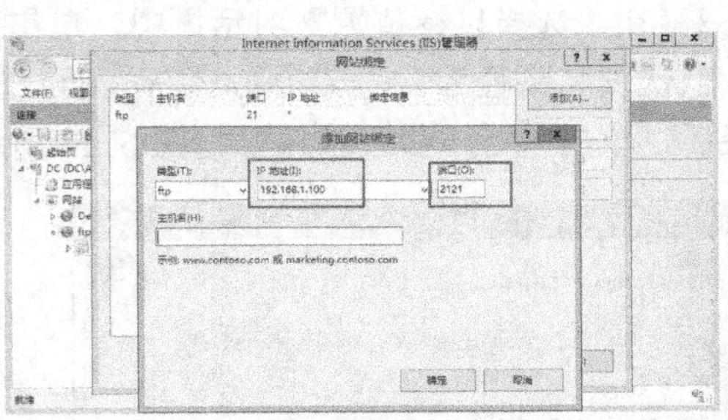

图 6-10　修改 IP 地址及端口号

6.3　用 Serv-U FTP Server 搭建 FTP 服务

Serv-U FTP Server 是一款共享软件，未注册可以使用 30 天，它是专业的 FTP 服务器软件，使用它完全可以搭建一个专业的 FTP 服务器，现在互联网专用的 FTP 服务很多采用此软件，它具有以下功能。

- 支持多用户接入，支持匿名用户，可随时限制用户登录数量。
- 可对每个用户进行单独管理，也可使用组进行管理。
- 可对用户的下载或上传速度进行限制。
- 可对目录或文件实现安全管理。
- 支持虚拟目录。
- 可对 IP 地址禁止或允许访问。
- 易于安装，便于管理。
- 一台计算机可建立多个 FTP 服务器。

6.3.1　Serv-U FTP Server 的安装

Serv-U FTP Server（以下简称 Serv-U）是专业的 FTP 服务器软件，与其他同类软件相比，Serv-U 功能强大，性能稳定，安全可靠，且使用简单，它可在同一台机器上建立多个 FTP 服务器，可以为每个 FTP 服务器建立对应的账号，并能为不同的用户设置不同的权限，能详细记录用户访问的情况等，如图 6-11 所示。

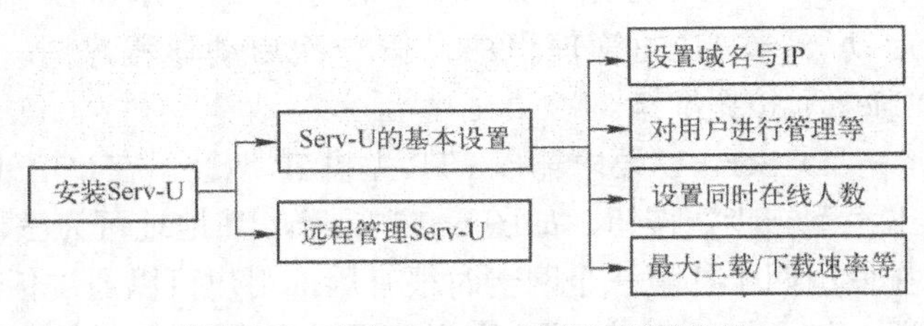

图 6-11　安装 Serv-U 任务过程示意图

从 http://www.serv-u.com 处下载最新 Serv-U，然后把它安装到计算机，操作步骤如下。

1）双击 susetup.exe，运行 Serv-U 安装程序，弹出“欢迎”对话框，单击“下一步”按钮。

2）接着弹出 Serv-U 的一些信息介绍，单击“下一步”按钮继续，弹出“许可协议”对话框，与大多数软件一样，安装之前必须接受许可协议，选中“我接受协议”单选按钮，单击“下一步”按钮，如图 6-12 所示。

3）在“选择目标位置”对话框中，单击“浏览”按钮，选择所需安装 Serv-U FTP 的路径，默认安装路径为%systemroot%/Program files/Serv-U，建议不要安装到系统盘，修改安装路径后，单击“下一步”按钮，如图 6-13 所示。

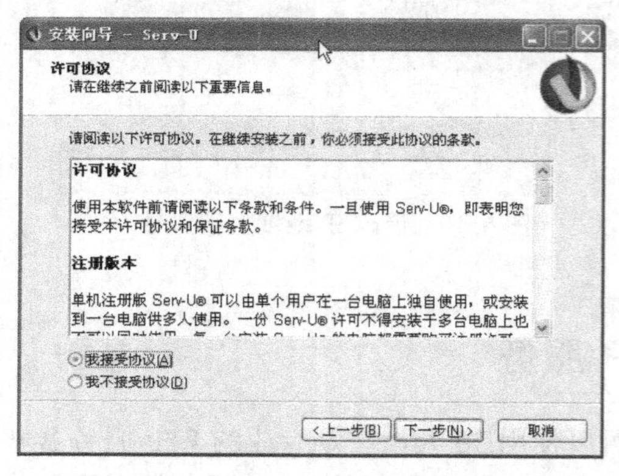

图 6-12 “许可协议”对话框

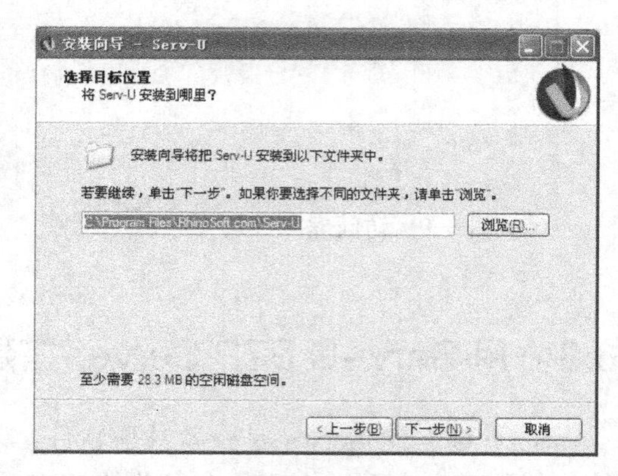

图 6-13 “选择目标位置”对话框

4）在“选择附加任务”对话框中，选择所需的程序组件，选中“创建桌面图标”“创建快速启动栏图标”和“将 Serv-U 作为系统服务安装”复选框，单击“下一步”按钮，如图 6-14 所示。

最后程序安装完毕，单击“完成”按钮结束安装。

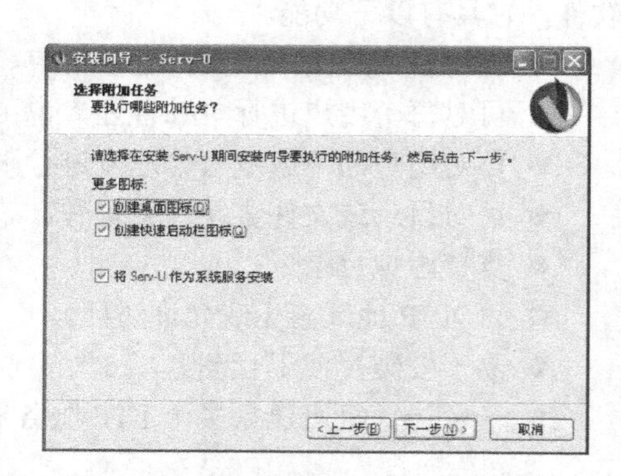

图 6-14 选择安装 Serv-U 的组件运行

6.3.2 Serv-U 的基本设置

安装完 Serv-U 以后，需要对此进行设置，才能正式投入使用，首先对域名与 IP 地址进行设置，操作步骤如下。

1）单击“开始”菜单→“程序”→“Serv-U FTP Server”→“Serv-U Administrator”启动 Serv-U 的管理程序，第一次启动该程序时，会自动运行 Serv-U 设置向导，单击“Next”按钮继续。

2）Serv-U 要求输入 FTP 主机 IP 地址，在“IP 地址”文本框中输入本机的 IP 地址，单击“下一步”按钮，如图 6-15 所示。IP 地址可为空，含义是本机所包含所有的 IP 地址，这在使用两个甚至三个网卡时很有用，用户可以通过任一个网卡的 IP 地址访问到 Serv-U 服务器，如指定了 IP 地址，则只能通过指定 IP 地址访问 Serv-U 服务器，同时如果读者的 IP 地址是动态分配的，建议此项保持为空。

3）弹出域名设置框，在“域名”文本框中输入“bbb.xxx.com”，单击“Next”按钮，如图 6-16 所示。

4）Serv-U 询问是否允许署名用户访问，读者可根据自己的需要选择“是”或“否”，这里选择的是“是”，单击“下一步”按钮，如图 6-17 所示。

图 6-15　输入 FTP 服务器的 IP 地址

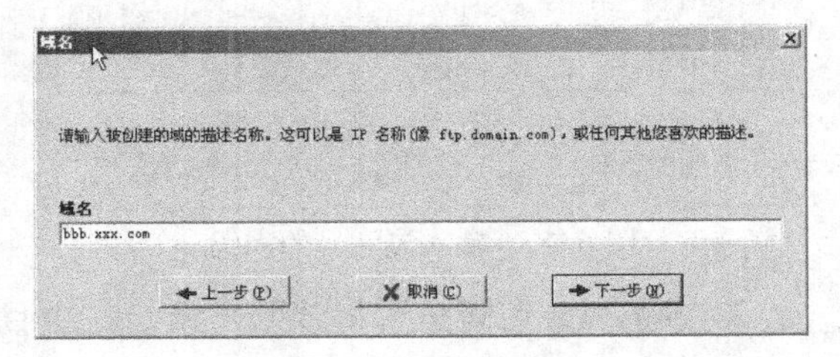

图 6-16　输入 FTP 服务器的域名

5）选择“是”后，则需为 Anonymous 账户指定 FTP 上传或下载的主目录，输入的是“C:\xx”，单击“下一步”按钮继续；Serv-U 继续询问是否将用匿名用户锁定在主目录中，为了安全考虑，一般情况回答“是”，单击“下一步”按钮。此时已经设置好了 Serv-U 的域名与 IP 地址，同时已经允许匿名用户登录访问 C:\xx，如图 6-18 所示。

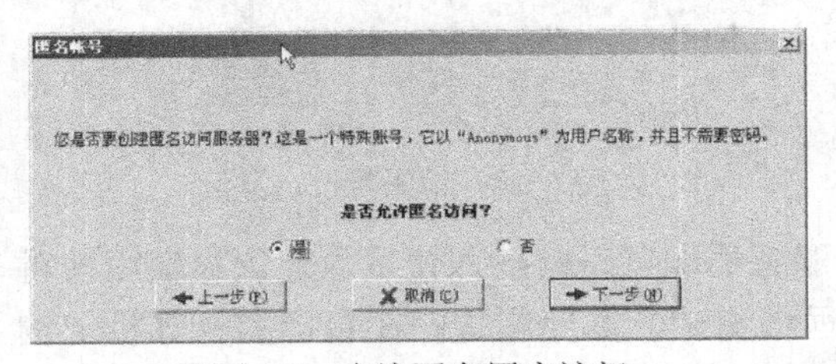

图 6-17　允许匿名用户访问

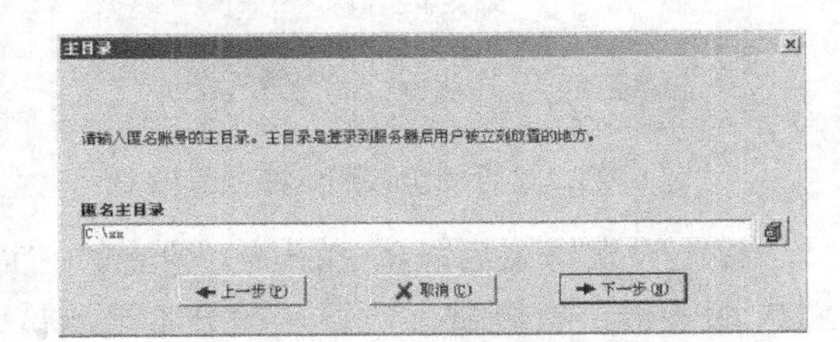

图 6-18　指定匿名用户的主目录

6.3.3　创建新账户

Serv-U 已经允许匿名用户登录，并取得访问权限，但最好还是建立一套自己的完整用户管理制度。具体操作步骤如下。

1）在对匿名用户设置了主目录后，并回答是否锁定主目录后，单击“下一步”按钮，此时 Serv-U 运行创建账户向导，单击“是”按钮，然后再单击“下一步”按钮继续，在弹出的对话框中的“账号登录名称”文本框中输入所要设置的账户名称，输入“myftp”，然后单击“下一步”按钮，如图 6-19 和图 6-20 所示。

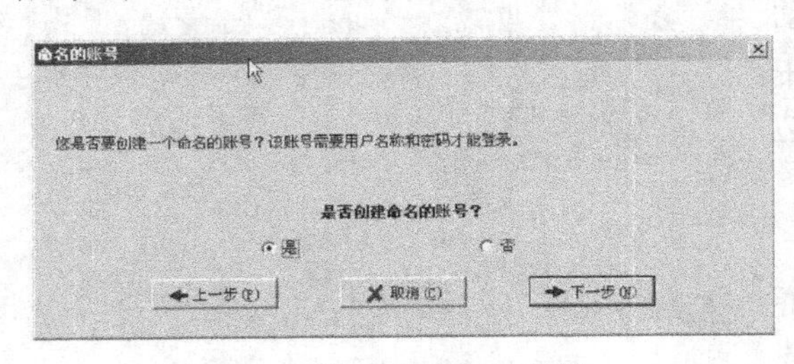

图 6-19　询问是否创建账号

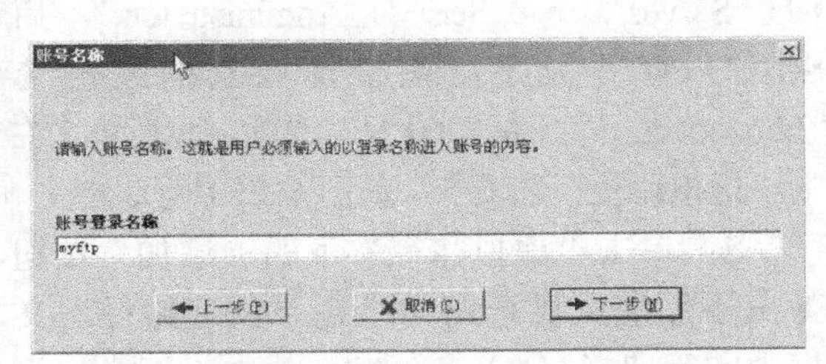

图 6-20　输入新创建的账号名

2）在“密码”文本框中输入密码，此时密码为明文显示，且只需要输入一次，单击“下一步”按钮继续；然后要求设置该账户的主目录，在“主目录”文本框中输入该账户的主目录“C:\myftp”，单击“下一步”按钮，如图 6-21 和图 6-22 所示。

图 6-21　输入该账号的密码

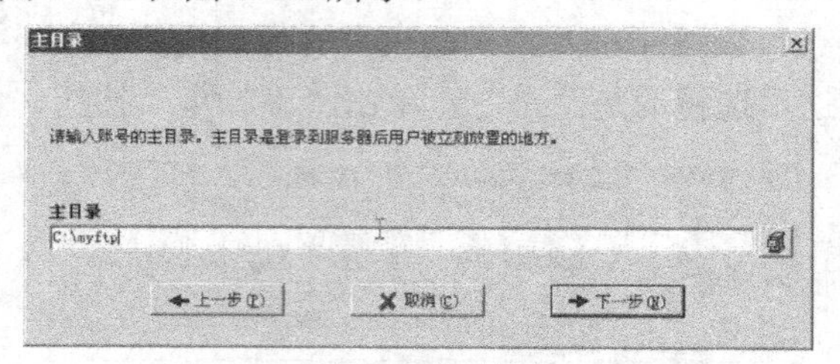

图 6-22　输入该账号的主目录

3）Serv-U 询问是否将该账户锁定在主目录当中，一般回答“是”，单击“是”按钮，然后再单击“下一步”按钮继续；接着要求设置该账户的管理权限，建议选择“无权限”，从安全角度考虑只给账户赋予最普通的权限，能够访问即可，单击“下一步”按钮确认操作，如图 6-23 和图 6-24 所示。

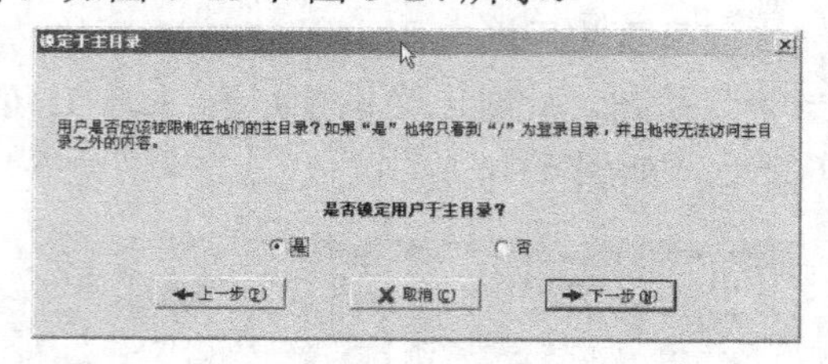

图 6-23　是否锁定该账号在主目录中

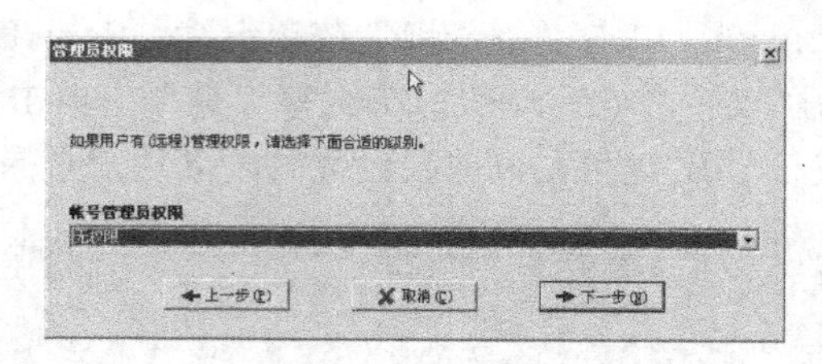

图 6-24　给账号设定身份

以上设置结束后，用 Serv-U 建立的 FTP 服务器即可正常投入使用，建议在使用前对 FTP 服务器进行测试，测试一般分本地测试或远程测试，本地测试即在自己的计算机上测试，远程测试在网络上其他计算机上测试，打开 IE，在地址栏中输入 ftp://用户名:密码@IP 地址，确认后看是否能访问到 C:\myftp 目录下的文件，另外亦可使用专业的 FTP 客户端软件，推荐使用 CuteFTP Pro。

6.3.4　设置虚拟目录

这里的虚拟目录概念与 IIS 中 FTP 功能所讲的虚拟目录是一样的，即为了简化操作，同时获得更大的磁盘空间。下面以“C:\mysoft”映射为虚拟目录“mysoft”为例进行说明。具体操作步骤如下。

1）单击“开始”菜单→“程序”→“Serv-U FTP Server”→“Serv-U Administrator”，启动 Serv-U 管理程序，在管理工具的左侧选中“bbb.xxx.com”下的“设置”选项，然后单击右边的“虚拟路径”选项卡，如图 6-25 所示。

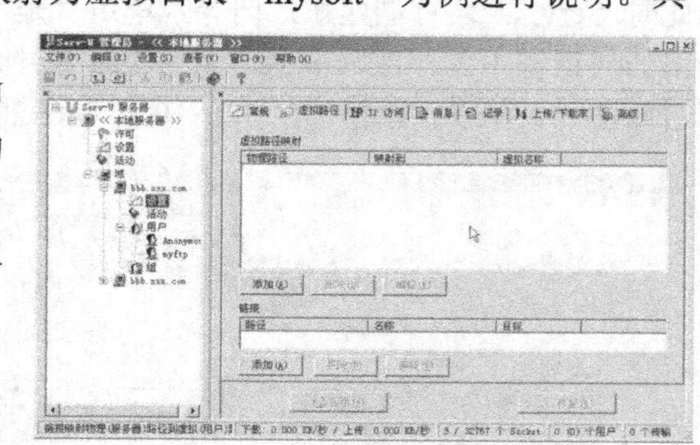

图 6-25　“虚拟路径”选项卡

2）单击“虚拟路径”下的“添加”按钮，弹出添加虚拟目录向导，在“物理路径”文本框中实际路径“C:\mysoft”，单击“下一步”按钮，如图 6-26 所示。

3）在“映射物理路径名称”文本框中输入“%home%”，即映射到主目录中，单击“下一步”按钮，如图 6-27 所示。

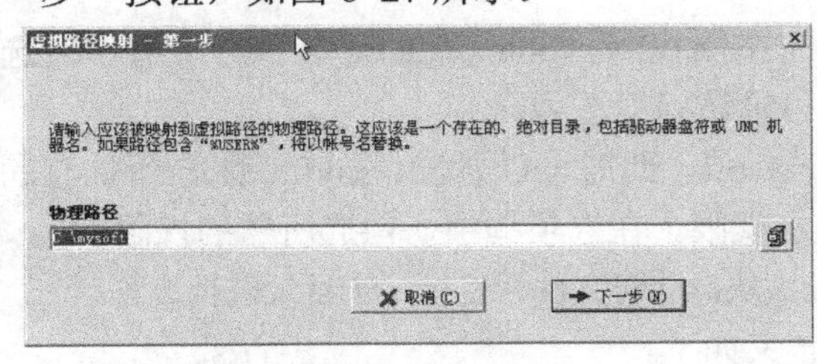

图 6-26　要求输入物理路径

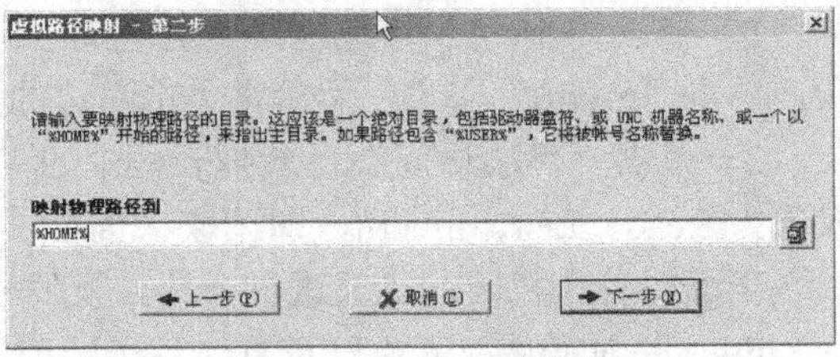

图 6-27　是否映射到主目录

4）输入虚拟目录别名，在“映射的路径名称”文本框中输入“mysoft”，即“C:\mysoft”所对应的虚拟目录的别名，单击“完成”按钮结束，如图 6-28 所示。

设置完毕后，可以在右侧的“虚拟路径”的列表框中看到实际路径、映射到哪里、虚拟别名等内容，如图 6-29 所示。

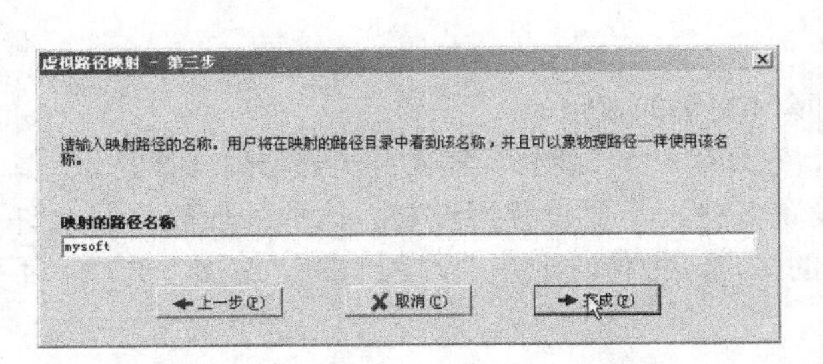

图 6-28　虚拟目录的别名

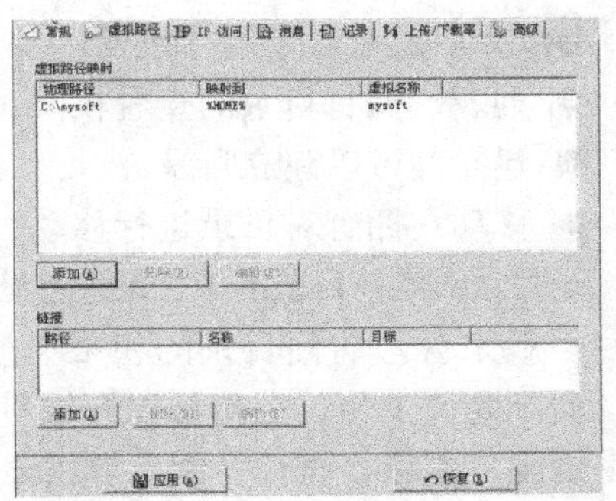

图 6-29　显示创建的虚拟目录

6.3.5　对访问目录进行权限设定

虚拟目录建立完毕后，并不像 IIS 所提供的那样，每个用户都能访问，还需对用户的路径进行设置，还是以 fengyun 账户为例，让这个账户能访问到 C:\mysoft。操作步骤如下。

1）启动 Serv-U 管理程序，在管理工具的左侧找到“bbs.xxx.com”下的“用户”，单击“myftp”账户，然后再单击右边的“目录访问”选项。

2）单击该选项卡的“添加”按钮，弹出对话框，要求输入添加路径，在“文件或路径”文本框中输入“C:\mysoft”，单击“完成”按钮，如图 6-30 所示。

此时，可以看出，该账户目录访问除了有 C:\myftp 主目录以外，还有 C:\mysoft。

3）设置访问目录权限。设置访问目录权限即是对用户或用户组所访问的目录的权限设置，新建账户一般默认为读取、查看、继承权限，并没有上传、删

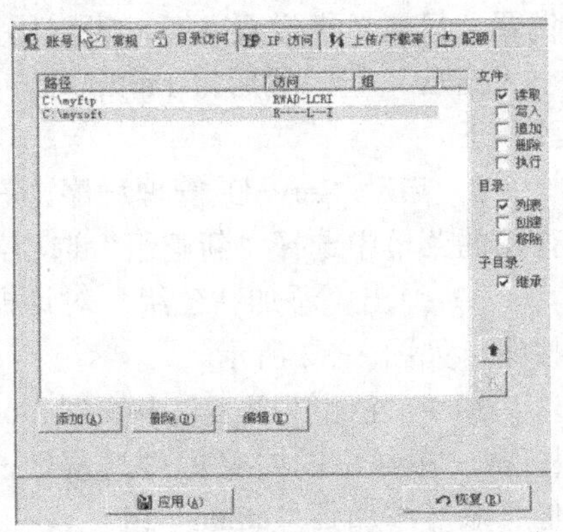

图 6-30　把虚拟目录添加进来

除等权限，我们知道，即使是同一个账户，也会有对不同目录不同权限的要求。

设置访问目录权限较简单，下面以 myftp 账户为例，对 C:\mysoft 目录进行权限设置，具体操作步骤如下。

1）启动 Serv-U 管理程序，在管理工具的左侧找到“bbb.xxx.com”下的“用户”选项，单击“myftp”账户，然后再单击右边的“目录访问”选项。

2）单击“目录访问”目录列表框中的 C:\mysoft，此时可以看出，myftp 账户所拥有的权限为 Read、List、Inherit，即读取、查看、继承权限。在选项框中，勾选所需的权限。

下面对各个权限的含义进行介绍。权限分三大块，即对文件、目录、子目录进行设置。

Files 是对文件权限进行设置，各子选项的含义如下。

- 读取：对文件拥有“读”操作的权限，可下载文件，不能列出目录。
- 写入：对文件拥有“写”操作的权限，可上传权限，但不能断点续传。
- 追加：对文件拥有“附加”操作的权限，即常说的断点续传。
- 删除：对文件进行“改名”“删除”“移动”操作的权限，但不能对目录进行操作。
- 执行：可直接运行可执行文件的权限，此权限比较危险，慎用之。

Directories 对目录进行设置，各子选项的含义如下。

- 列表：拥有目录的查看权限。
- 建立：可以建立目录。
- 移动：拥有对目录进行移动、删除和更名的权限。

子目录对当前目录的子目录进行设置，它只有一个“继承”选项，一般情况下是勾选该项。

一般来说，访问目录的权限尽量设置低些，不要设置得过高。比如一般账户只允许下载，而不允许上传，上传可以开设单独的账户，上传时选定“写入”和“追加”选项，不要轻易给用户删除、执行、创建等权限。

6.3.6 新建并管理用户组

Serv-U 可为每个账号设置不同的权限和访问目录，如果账号较多怎么办？而大部分账号的权限基本相同，如为多个账号设置相同的权限，确定费时费力且不讨好，如果需要改动权限，则又要对账号逐一进行修改。其实 Serv-U 的用户管理也提供了与 Windows 一样的用户组管理。用户组就是将多个账号组在一起，他们将拥有相同的权限，不必为每个账户进行设置，只需对组设置即可。设置用户组的方法比较简单，类似于用户的创建，下面将建立一个“cnlan”组，然后将 myftp 账户添加到该组，并对该组进行一些具体的设置。具体操作步骤如下。

1）启动 Serv-U 管理程序，右击左侧管理工具中“bbb.xxx.com”下的“组”选项，在弹出的菜单中选择“新建组”选项，如图 6-31 所示。

2）弹出“添加新建组”对话框，在“组名称”文本框中输入“cnlan”，单击“完成”按钮，如图 6-32 所示。

3）在左侧管理工具中找到“bbb.xxx.com”下的“用户”，单击“myftp”，然后单击图标，在弹出的对话框中选择“cnlan”组，单击“应用”按钮。用同样的方法可将“其他”账号添加到“cnlan”组。

4）把用户添加到组以后，需要为该组设置目录访问权限等操作，此项操作与单个用户设置权限类似，请参见前文。

如需要将某个账号从组中删除，只需按照步骤 3，将组中的“cnlan”删除即可。

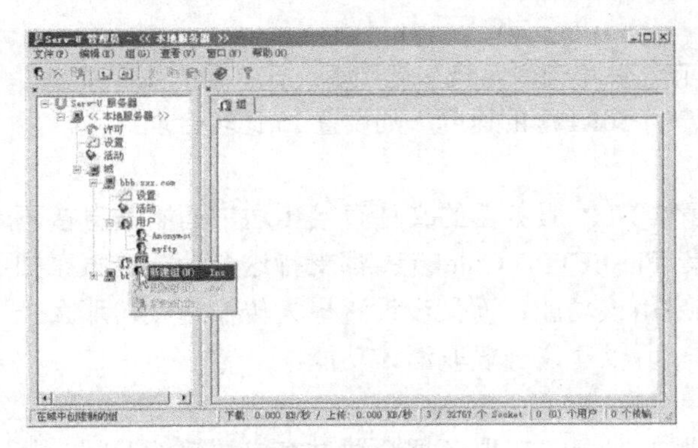

图 6-31　添加新用户组

图 6-32　“添加新建组”对话框

6.3.7　Serv-U FTP Server 的管理

Serv-U 有着较合理且严密的管理体系，它包括设置 FTP 服务器的最大连接数，分别为用户设置最大上传/下载速度，设置磁盘配额、各种提示信息、上传/下载比率等。

（1）设置最大上传/下载速度

合理配置 FTP 服务器的上传/下载速度能够将部分网络带宽留给自己使用。宽带基本上保持在 10Mbit/s，而考虑网络因素，实际上访问网络便只有 700kbit/s，自己留 100kbit/s，把其余 600kbit/s 的带宽分给 Serv-U FTP 服务器。

操作方法是：单击“本地服务器”下的“设置”选项，在右侧单击“常规”选项卡，然后在“最大上传速度”文本框中输入 600，如图 6-33 所示，这里的单位是 KB/s，即每秒 600KB，而不是波特率 bit/s。

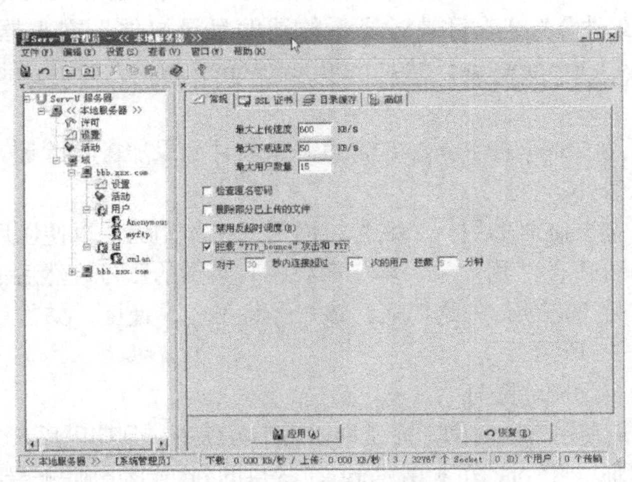

图 6-33　设置最大传输速度、最大连接数

这里的最大上传或下载速度，不是指单个账户的上传与下载速度，而是指整个 FTP 服务器所占用的带宽。

（2）设置 Serv-U FTP 服务器最大连接数

每台计算机接入 Internet 的带宽是有限的，为了保证让接入的用户提供比较合理的带宽，则需要对最大连接数进行设置。

单击“本地服务器”下的“设置”选项，在右侧单击“常规”选项卡，在“最大用户数量”文本框中输入最大连接数，如要提供给每个用户有 50KB/s 的速度，则设置 15 比较合理。

（3）取消 FTP 服务器的 FXP 传输功能

FXP 传输是指用户通过某个指令，使两个 FTP 服务器的文件直接传送，而不是直接下载到本地计算机，较著名的 FTP 客户端工具 FlashFTP、CuteFTP 都支持这个功能。大家知道，专用 FTP 服务器速度是比较快的，如果启用该功能，而又没设置最大传输速度，那么个人 FTP 服务器所有带宽将会被此连接所占用，所以建议一般取消该功能。

（4）设置 FTP 服务器提示信息

用户通过 FTP 客户端软件连接到 FTP 服务器，FTP 服务器会通过客户端软件返回一些信息，通过这些信息可以让用户更多地了解我们所建的 FTP 服务器，同时也可以通过这些信息告诉用户一些注意事项，以及怎么与管理员联系。这些信息是通过调用文本文件实现。

具体操作步骤如下。

1）利用记事本或其他文本编辑工具编辑 4 个文件，保存在 C:\myfile 目录下，分别如下。

- readme1.txt：记录用户登录时的欢迎信息，可以根据要求输入合适的内容，比如欢迎用户来访 FTP 服务器、怎样访问 HTTP 主站、管理员的联系方法、只允许用户用一个 IP 地址连接和其他 FTP 的注意事项。
- readme2.txt：记录用户断开连接的提示信息，如欢迎用户下次访问等。
- readme3.txt：记录用户切换访问目录的信息。
- readme4.txt：记录在 FTP 服务器中未找到文件的信息。

2）单击“本地服务器”→“域”→“bbb.xxx.com”下的“设置”选项，然后单击右边的“消息”选项卡，分别在“用户登录时的消息文件”“用户注销时的消息文件”“更改目录时显示的主目录文件”“更改目录时显示的辅助目录文件”文本框中输入“C:\myfile\readme1.txt”“C:\myfile\readme2.txt”“C:\myfile\readme3.txt”“C:\myfile\readme4.txt”，如图 6-34 所示。

设置完毕后，可用 Cute FTP Pro 等 FTP 客户端软件登录服务器验证。

（5）禁用某个账号

由于某种原因，需要临时禁用一个账号，而不想将其删除，以便以后使用，方法比较简单，找到“bbb.xxx.com”的“用户”，单击需要临时禁用的账号，然后单击右边“账号”选项卡，勾选“禁用账号”选项，勾选以后，该账号将不能再使用，如需启用它，把该选项取消勾选即可，如图 6-35 所示。

（6）到规定时间自动删除账号

如果一个账号只需使用一段时间，而过期以后不再使用，到期以后人为删除比较烦琐，同时很有可能遗忘，遇到此种情况，可利用 Serv-U 提供的到期自动删除账号功能，使用方法是：选中需要删除的账号，单击右边的“账号”选项卡，勾选“自动移除”选项，然后在右侧的下拉菜单中修改指定日期，这样当计算机时间一到指定日期那天，该账号将被自动删除。

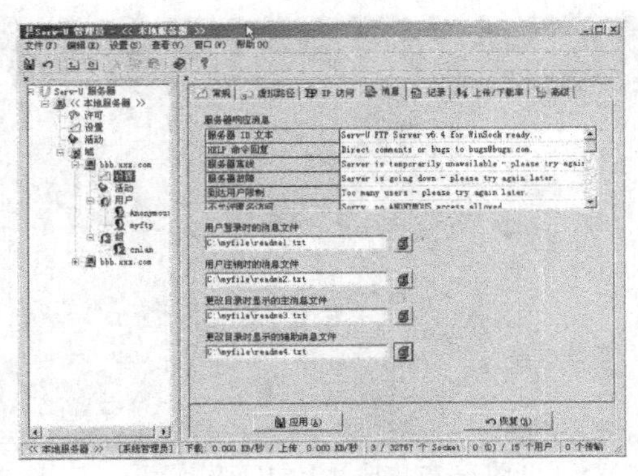

图 6-34　FTP 提示信息的设置

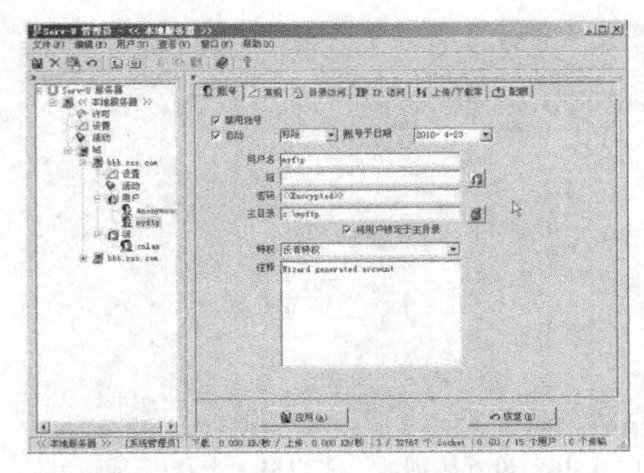

图 6-35　临时禁用、到期删除账号及修改密码

（7）修改账号密码

如需修改账号的密码，单击需要修改的账号，在“密码”右边文本框中直接输入密码，此时刚进入时不管该账号是否有密码，都将以<>表示，删除<>，输入所需的密码，此时输入密码将以明文显示，当切换界面后，密码又回复到<>状态。

（8）设置账号使用线程数

像迅雷、网际快车等专业的下载软件，都提供多线程下载，对于个人 FTP 服务器来说，将严重影响 FTP 服务器性能，一般只开通一个线程就够了，但对于使用 CuteFTP 等 FTP 客户端软件来说，又需要两个线程，一个用来浏览，另一个用于下载。

设置线程的方法是：选中需要设置的账号，单击右边的“常规”选项卡，勾选“同一 IP 地址只允许”选项，在此选项的文本框中输入 2，如图 6-36 所示。

（9）设置账号的最大上传下载速度

同样使用宽带上网，如果不对最大速度进行设置，也许将耗尽 FTP 服务器所有的带宽。Serv-U 可以分别对上传与下载速度进行设置，一般下载速度可以设置慢些，而上传速度则尽可能的大，在“最大上传速度”文本框中输入 100，以 KB 为单位，即上传速度最高可到 100KB/s，在“最大下载速度”文本框中输入 50，即下载速度最高只能到 50KB/s。

（10）合理设置上传/下载比率

好的 FTP 站点需要更多的人来参与，光靠管理员收集软件或其他东西远远不够，Serv-U 提供了上传/下载比率的设置。合理地设置上传/下载比率能让 FTP 得到更好的发展。

设置上传/下载比率的方法是：选中需要设置的账户，然后单击右边的“上传/下载比率”选项卡，勾选“启用上传/下载比率”选项，单击“计数每个会话的字节”单选按钮，在“比率”中的“上传”文本框中输入 1，在“下载”文本框中输入 3，意思是不管上传文件的个数，只计算文件容量，只要上传 1MB 便可下载 3MB 的文件，如图 6-37 所示。

（11）配置账号的磁盘配额

做 FTP 服务器的初衷是让自己的有限空间能为用户提供无限的服务，但前提是不能影响自己计算机的正常运转。

比如一块硬盘有 5GB，我们需要留 1GB 给自己存放文件，其他用于 FTP 服务器，但 Serv-U 在默认状态下，并不会只使用 4GB 的空间，用户不断的上传，会将 5GB 所有的空间耗尽，如何让 FTP 服务器只使用 4GB 空间呢？此时便利用到了 Serv-U 的磁盘配额功能。

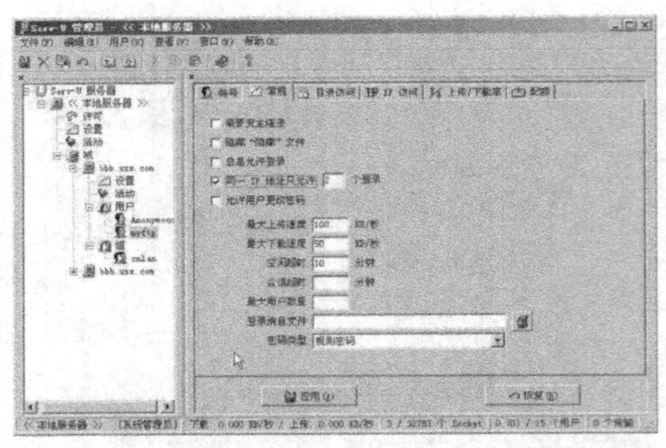

图 6-36　设置线程数、账户最大上传/下载速度

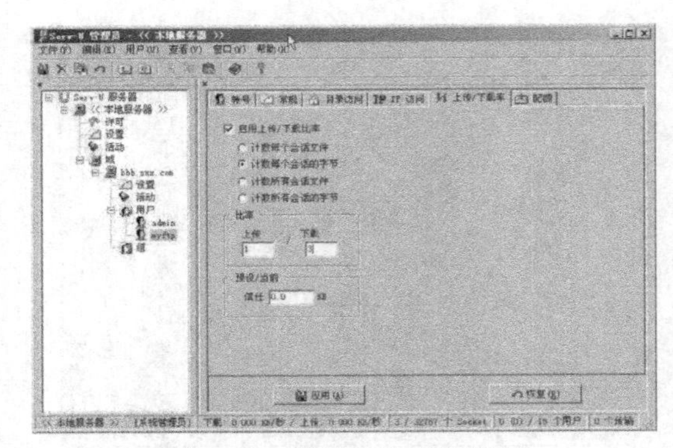

图 6-37　设置上传/下载比率

操作方法是：选中需要设置磁盘配额的账号，单击右边的“配额”选项卡，勾选“启用磁盘配额”选项，表示启用磁盘配额，单击“计算当前”按钮获取已经使用的磁盘空间，然后在“最大”右边的文本框中输入 4000，这里是以 KB 为单位，在“当前”文本框中显示的是已经使用的磁盘空间，如图 6-38 所示。

（12）禁止或只允许某 IP 使用这个账号

Serv-U FTP 服务器提供账号后，并不关心是谁使用该账号，只要用户能提供正确的账号与密码，Serv-U 就会认为它是合法用户，所以不管是谁只要能拿出正确的账号与密码，在任何联网的机器上均可访问 FTP 服务器。

如果某些用户有不良企图，我们可以跟踪这些用户的 IP 地址，虽然这些 IP 地址是动态的，但它们有一定的规律，让这些 IP 地址不能访问 FTP 服务器的具体操作方法是：选择需要禁止 IP 地址访问的账号，选择“IP 访问”选项卡，单击“拒绝访问”单选按钮，然后在“规则”文本框中输入需要禁止的 IP 地址，再单击“添加”按钮，此时发现在“IP 访问规则”中出现刚才输入的 IP 地址，如果以后不再禁止该 IP 地址访问，则只需在“IP 访问规则”列表中选择 IP 地址，然后单击“删除”按钮，将该地址删除，如图 6-39 所示。

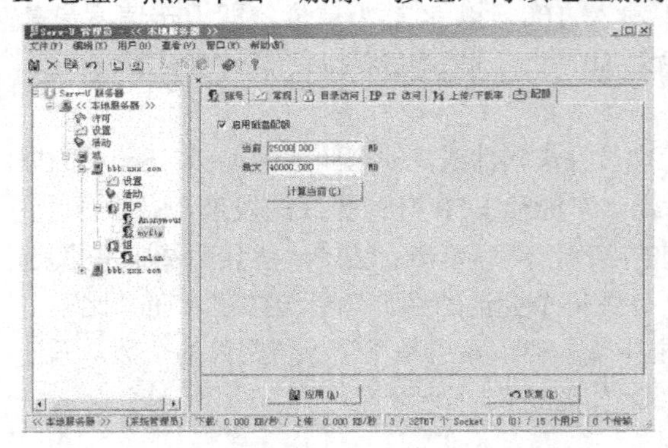

图 6-38　设置账号的磁盘配额

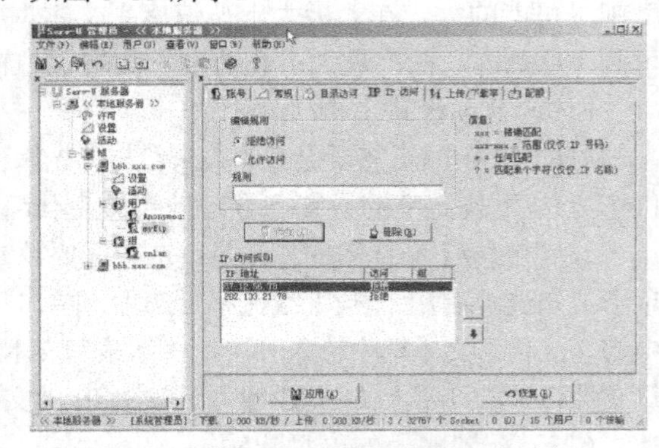

图 6-39　禁止或只允许某些 IP 地址访问

有时则恰恰相反，只允许某个 IP 地址访问 FTP 服务器，比如对拥有管理身份的账户，当他对 FTP 服务器进行远程管理时，可以完全控制 FTP，此时也可只允许某些 IP 地址用该账户登录，这样大大增加了 FTP 服务器的安全，方法是：选择需要允许 IP 地址访问的账号，选择“IP 访问”选项卡，单击“允许访问”单选按钮，然后“规则”文本框中输入需要允许访问的 IP 地址，再单击“添加”按钮，其他操作与禁止 IP 地址访问一样。此项功能对

FTP 的安全管理比较有用。

（13）查看用户访问的记录

用户访问 FTP 服务器，Serv-U 基本上都有比较详细的记录，这些记录包括用户的 IP 地址、连接时间、断开时间、上传/下载文件等。管理员可通过访问记录了解到用户在 FTP 服务器做了哪些事情，并从中检查谁是恶意用户，加以防范。

查看方法比较简单，在 Serv-U 管理窗口的左侧选中“域”→“bbb.xxx.com”下的“活动”选项，然后选择“域日志”选项卡，从中可以看到比较详细的访问记录，如图 6-40 所示。

（14）断开用户的连接

在对 FTP 进行管理时，发现某个用户在对服务器做不利的事，需要断开用户连接。方法是：在 Serv-U 管理窗口的左侧选中“本地服务器”→“活动”选项，然后选择“用户”选项卡，用鼠标右键单击需要断开的用户，在弹出的菜单中选择“踢除用户”命令，接着弹出“踢除用户”对话框，根据需要选择其中的一个选项，单击“确定”按钮，比如需要断开此连接并禁止该 IP 访问 FTP 服务器，则单击“踢除用户并取缔 IP”选项钮即可，如图 6-41 和图 6-42 所示。

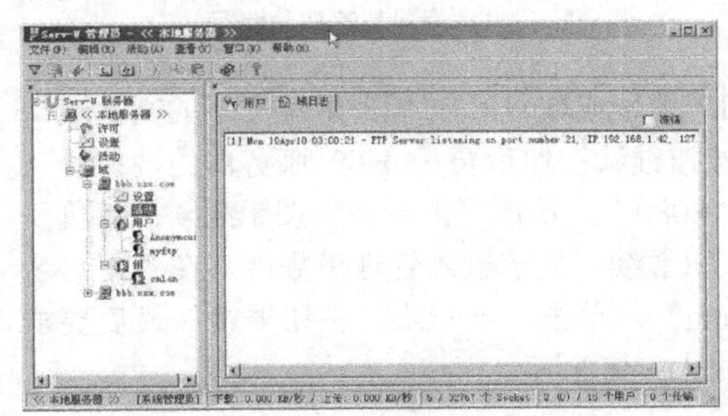

图 6-40　记录用户访问的情况

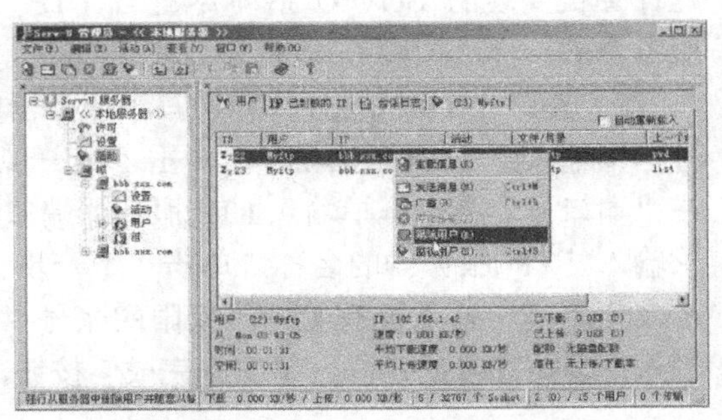

图 6-41　断开某个用户的连接

（15）更改 FTP 服务器的端口

FTP 服务器默认端口是 21，有时由于某种原因不能使用 21 端口，修改默认端口的方法是：在 Serv-U 管理窗口的左侧选中“域”→“bbb.xxx.com”选项，然后在右侧窗口的“FTP 端口号”文本框中输入所需的端口，这个端口尽量不要选择其他软件默认的端口，在此输入 8080，如图 6-43 所示。

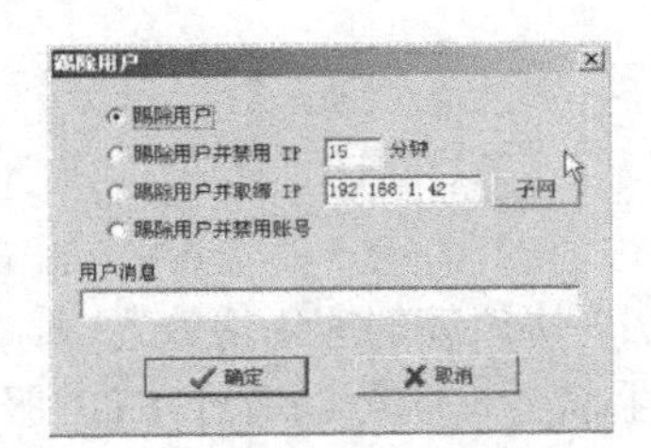

图 6-42　多种断开用户的连接

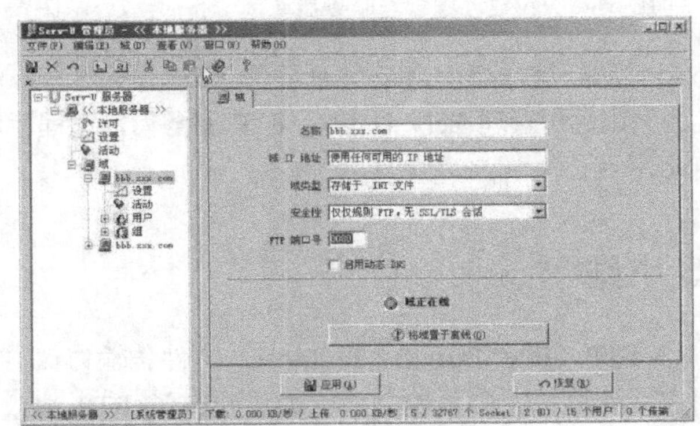

图 6-43　修改端口号

6.3.8 远程管理 Serv-U

作为管理员，不可能时时刻刻都守着 FTP 服务器，有时出差或者回家需要对办公室的 FTP 服务器进行管理。Serv-U 提供的远程管理非常简单，操作起来就像在本地 FTP 服务器上一样。具体操作步骤如下。

1）在本地 FTP 服务器的 Serv-U 管理窗口中，选择某个账号，然后选择“账号”选项卡，在“特权”下拉列表中选择“系统管理员”选项，对该账号赋予管理员身份，如图 6-44 所示。

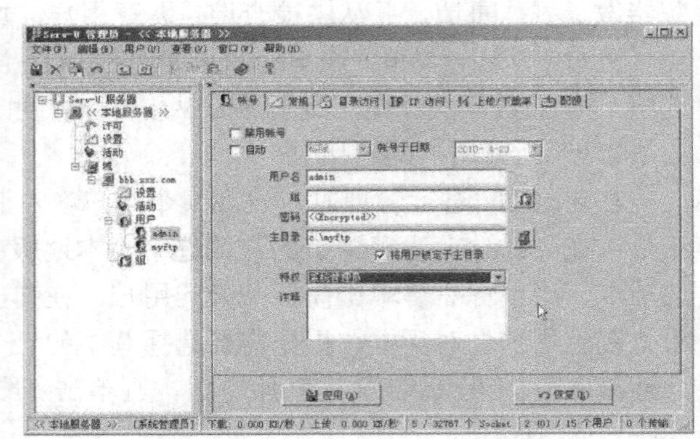

图 6-44　设置其管理员账号

2）在远程计算机安装 Serv-U 软件，安装完后运行它，并在管理窗口左侧用鼠标右键单击“Serv-U 服务器”选项，在弹出的菜单中选择“新服务器”命令。远程计算机安装的 Serv-U 版本尽量与 FTP 服务器的一样，如图 6-45 所示。

3）在弹出的对话窗口输入 FTP 服务器的 IP 地址或域名，在“IP 地址”下的文本端口号框中输入“192.168.1.42”，单击“下一步”按钮继续；然后要求 FTP 服务器的端口号，在“端口号”文本框中输入 FTP 服务器端口号“8080”，单击“下一步”按钮继续；接着要求输入 FTP 服务器的名称，单击“下一步”按钮继续；要求输入管理员账号，在“用户名称”文本框中输入拥有管理员权限的账号“admin”，单击“下一步”按钮继续；最后要求输入管理员账号的密码，单击“完成”按钮，如图 6-46 所示。

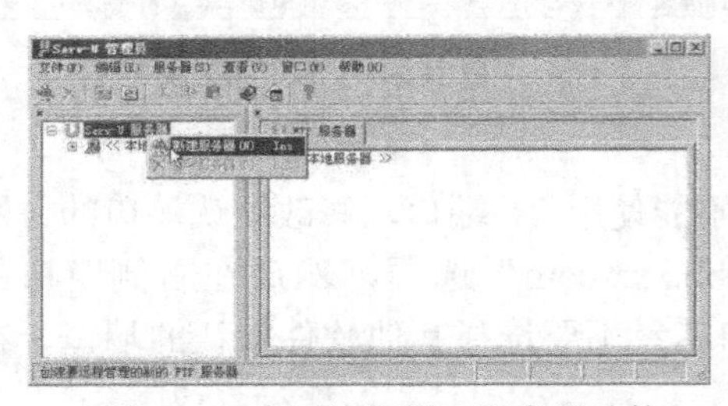

图 6-45　新建远程管理服务器连接

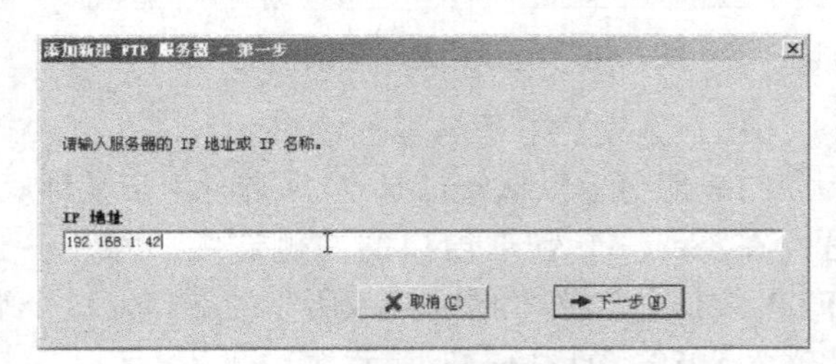

图 6-46　输入远程 FTP 的 IP 地址或域名

4）当完成设置后，单击“新建的 FTP 服务器”，可以发现与本地管理 Serv-U 没有什么区别。当利用远程管理 Serv-U 停止 FTP 服务后，远程管理将无法启动 Serv-U 服务，只能通过本地启动。

本章小结

1）FTP（File Transfer Protocol，文件传输协议）是 TCP/IP 协议簇的应用协议之一，主要用来在计算机之间传输文件。如果安装了 FTP 协议和服务器软件，就可以通过 FTP 服务相互传送文件。

2）FTP 服务器有两类：一类是普通的 FTP 服务器，连接到这种 FTP 服务器上时，用户必须具有合法的用户名和口令；另一类是匿名 FTP 服务器，在访问远程计算机时，不需要账户或口令就能访问许多文件、信息资源。FTP 提供的命令十分丰富，涉及文件传输、文件管理、目录管理、连接管理等。

3）Windows Server 2012 R2 提供的 IIS 服务器中内嵌了 FTP 服务器软件，安装完成后，可以通过 IIS 管理器来管理 FTP 站点，并可使用虚拟目录技术在服务器上创建多个物理目录或者引用其他计算机上的主目录，从而为不同需求的用户提供不同的目录，并且每个目录可以设置不同的权限，如读取、写入等。

4）Serv-U FTP Server 是专业的 FTP 服务器软件，与其他同类软件相比，Serv-U 功能强大，性能稳定，安全可靠，使用简单，它可在同一台机器上建立多个 FTP 服务器，可以为每个 FTP 服务器建立对应的账号，并能为不同的用户设置不同的权限，能详细记录用户访问的情况。

第7章 邮 件 服 务

本章首先对电子邮件的原理、电子邮件使用的协议、电子邮件的收发过程进行了介绍，然后介绍电子邮件客户端软件 Foxmail 的使用方法，主要包括账户的建立、远程邮箱管理和账户设置修改，接着介绍如何利用 POP3/SMTP 邮件服务器组件构建 C/S 模式的邮件服务器，最后介绍如何利用国产优秀的电子邮件服务器软件 Foxmail Server 构建基于浏览器的电子邮件服务器。学习完本章，读者可以建立自己内部的电子邮件服务器，开展 C/S 模式和浏览器模式的电子邮件服务。

7.1 邮件服务简介

E-mail（电子邮件）是模拟传统邮件的收发方式，在 Internet/Intranet 上收发的邮件。邮件服务器的配置同样是企业网络管理中经常要进行的任务之一。与 Web 网站、FTP 站点服务器一样，邮件服务器的配置方案也非常多，但对于中小型企业说，利用网络操作系统自带的方式进行配置是最经济的。

7.1.1 邮件服务的原理

传统的邮件需要在邮件上写上收信人的邮政编码、地址和姓名，中间邮局的工作人员正是通过查看这些地址信息层层转发，最后将邮件送达收信人。电子邮件的发送和接收的原理也是如此。

首先，需要在 Internet/Intranet 上建立若干个电子邮局，称为电子邮件服务器。大家所熟知的 sina、163、sohu 等都是提供免费电子邮件服务的 ISP（服务提供商），这些电子邮局将自动负责完成邮件的转发任务。

其次，要为需要在 Internet/Intranet 上使用电子邮件的用户编制唯一的地址信息，即电子邮件地址，电子邮件地址又称为电子信箱，即用户能够在 Internet 上进行电子邮件收发的地址信息。比如笔者的电子邮件地址为 dancewithwave@sina.com，地址中的特殊的标记符@（读音“at”）将位址分为两部分，一部分是 sina.com，这是 Internet 上唯一的电子邮局的标识符，另外一部分是 dancewithwave，这是在该电子邮局上唯一的用户名，这样就构成了一个 Internet 上唯一的电子信箱。

传统邮局的地址信息是根据用户的居住地来决定的，是与居住地对应的。而电子邮件地址是无需与任何居住信息绑定的。用户可以在全球范围内提供电子邮件服务的服务商那里申请自己唯一的电子邮箱。

7.1.2 邮件服务的协议

全球范围内的电子邮件服务器可能采用不同的操作系统平台、不同的程序，为什么能够互联互通呢？道理很简单，使用的是标准的电子邮件通信协议。正如 Web 服务使用 HTTP、FTP 服务使用 FTP 一样，电子邮件也要使用由国际标准化组织制订的电子邮件协议。

1．SMTP

SMTP（Single Mail Transfer Protocol，简单邮件传输协议），它是一组用于由源地址到目的地址传送邮件的规则，由它来控制信件的中转方式。SMTP 属于 TCP/IP 协议栈，它帮助每台计算机在发送或中转信件时找到下一个目的地。通过 SMTP 所指定的服务器，用户可以把 E-mail 寄到收信人的服务器上，整个过程只要几分钟。SMTP 服务器则是遵循 SMTP 的发送邮件服务器，用来发送或中转你发出的电子邮件。

读者可以这样理解 SMTP 服务器，它是电子邮局中的工作人员，只负责接收客户的邮件，或者向别的电子邮局发送邮件，但从不从别的电子邮局接收电子邮件。

2．POP3

POP3（Post Office Protocol Version 3，邮局协议版本 3），它是规定怎样将个人计算机连接到 Internet 的邮件服务器和下载电子邮件的电子协议。它是 Internet 电子邮件的第一个离线协议标准，POP3 允许用户从服务器上把邮件存储到本地主机（即自己的计算机）上，同时删除保存在邮件服务器上的邮件，而 POP3 服务器则是遵循 POP3 的接收邮件服务器，用来接收电子邮件。

读者可以这样理解 POP3 服务器，它是电子邮局中的另外一个工作人员，只负责发送客户的邮件，或者向别的电子邮局接收邮件，但从不向别的电子邮局发送电子邮件。

3．IMAP 协议

IMAP（Internet Message Access Protocol，Internet 消息访问协议），主要提供的是通过 Internet 获取信息的一种协议。IMAP 像 POP3 那样提供了方便的邮件下载服务，让用户能进行离线阅读，但 IMAP 能完成的却远远不只这些。IMAP 提供的摘要浏览功能可以让用户在阅读完所有的邮件到达时间、主题、发件人、大小等信息后才做出是否下载的决定。

7.1.3 电子邮件收发的过程

学习了电子邮件的原理和协议之后，下面以 Internet 上电子邮件的收发过程为例，帮助读者更好地理解电子邮件的收发机制。在如图 7-1 所示的电子邮件收发过程中，有两种角色，一种是电子邮件客户端，另一种是电子邮件服务器。

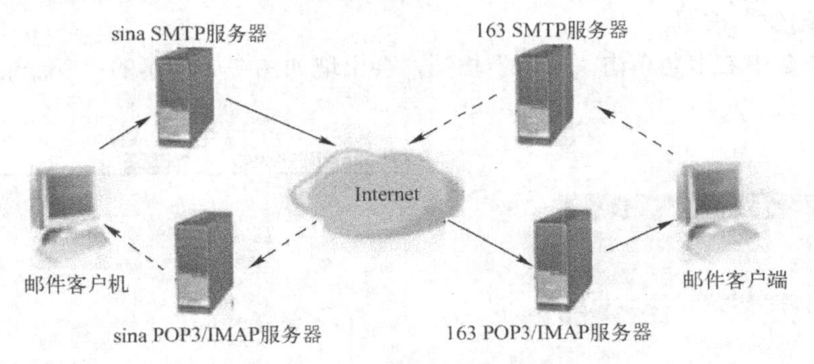

图 7-1 电子邮件收发过程

1. 电子邮件客户端

电子邮件客户端是安装了电子邮件客户端软件的计算机。用户就是在这些电子邮件客户端软件上撰写电子邮件，然后上网通过这些电子邮件客户端软件来发送和接收电子邮件的。

2. 电子邮件服务器

电子邮件服务器实际上是软件的概念，由于 SMTP、POP3 和 IMAP4 邮件服务器工作在不同的 TCP 端口，既可以安装在物理上的同一台计算机上，也可以安装在不同的计算机上。

3. 电子邮件收发过程

下面介绍完整的电子邮件发送过程。

1）客户端使用电子邮件客户端软件撰写邮件，根据需要填写收件人地址、主题、正文、添加附件，客户端软件将自动将这些信息转换成标准的电子邮件头（相当在传统邮件上填写信封），然后上网将这些信息提交给发送方的 SMTP 服务器。

2）发送方的 SMTP 服务器根据路由设置的情况转发电子邮件到中继 SMTP 服务器，每经过一个中继 SMTP 服务器，就会在信件头上添加上中继服务器的标志符。

3）电子邮件被送达到接收方的 POP3 或者 IMAP4 服务器上，保存在硬盘上的某个特定的区域内。

4）接收方上网查询是否有自己的电子邮件，使用客户端软件接收电子邮件。

7.2 Foxmail 客户端的配置及使用

要能够正确收发电子邮件，首先必须在客户端上安装客户端软件。在 Windows 操作系统中的 Outlook 系列就是一个可以收发电子邮件的客户端软件，但操作比较烦琐。在很多软件下载站点上也提供了许多优秀的电子邮件客户端软件，其中比较著名和使用简便的是国产的 Foxmail，推荐给读者使用。下面介绍这款电子邮件客户端软件的配置及使用方法。

7.2.1 建立新账户

本节使用的 Foxmail 的版本为 7.2.8.379，文件名为 fm728chb379_build_setup.exe，大小为 32.1MB，下载网址：http://www.qq.com/，该软件的安装很简单，下面介绍如何建立新的账户。

1）启动 Foxmail，出现如图 7-2 所示的“新建账号”对话框，输入 E-mail 邮箱地址和密码，单击“创建”按钮。

2）在图 7-2 中右上角单击“帮助”按钮，会出现如图 7-3 所示的“Foxmail 帮助中心”界面。

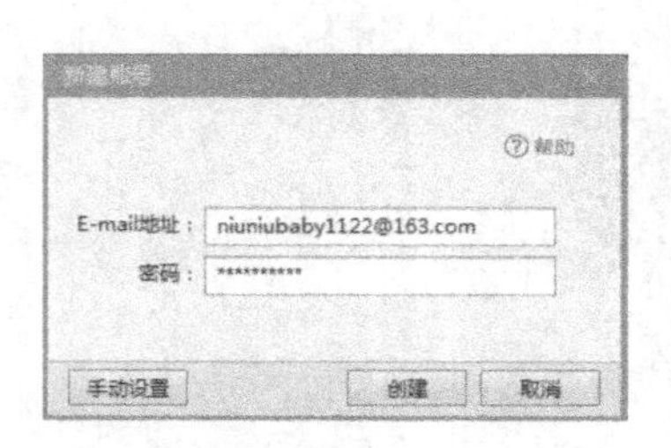

图 7-2 “新建账号”对话框

图 7-3 Foxmail 帮助中心

3）在图 7-2 所示对话框的左下角单击“手动设置”按钮，得到如图 7-4 所示的对话框，对于某些邮箱来说，需要更改接受服务器类型及端口，即在此页面更改配置后单击“创建”按钮。

4）在图 7-4 中单击“代理设置”按钮，出现如图 7-5 所示的“高级设置”对话框，对于使用代理联网的主机可以在此页面输入代理服务器的服务器地址、用户 ID 和密码。

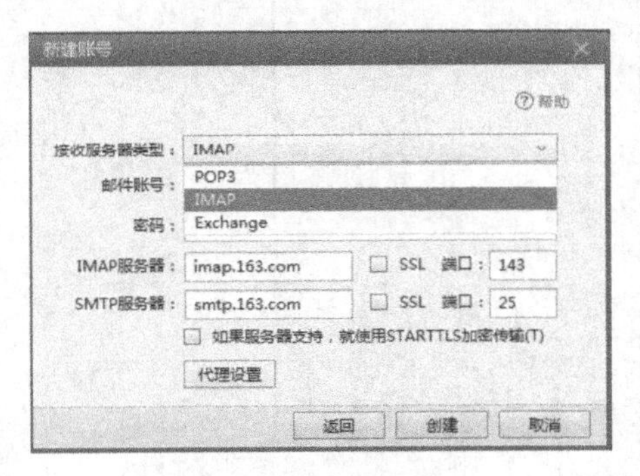

图 7-4　手动设置账号

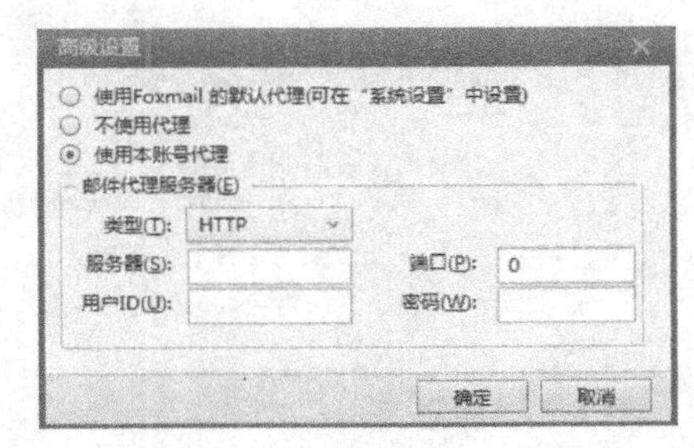

图 7-5　代理设置

5）创建好邮箱账户后，出现如图 7-6 所示的 Foxmail 主界面，在此界面中左端实现收发电子邮件的操作，右端主菜单按钮中实现设置等操作。

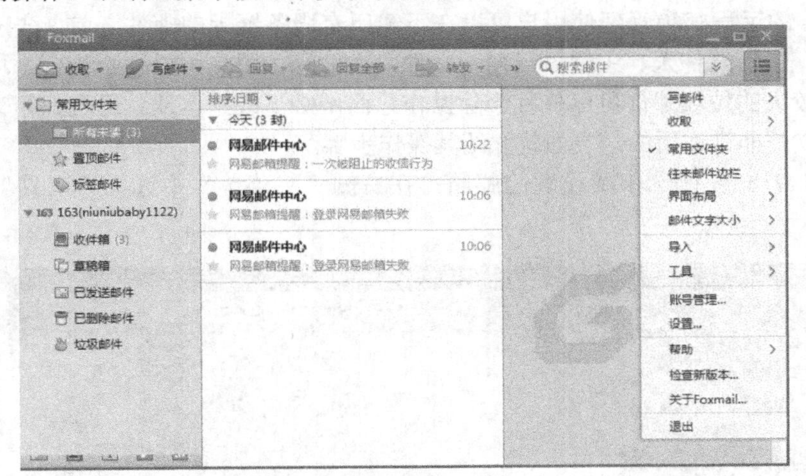

图 7-6　Foxmail 主界面

6）在图 7-6 右侧选择“设置”选项，弹出如图 7-7 所示的“系统设置”对话框，此对话框有“常用”“帐号”“写邮件”“网络”“反垃圾”“插件”“高级”选项卡，可对 Foxmail 进行参数设置。

☞ **注意：**

通常所说的邮件账户及密码是对收邮件而言的，每次接收邮件的时候 POP3 服务器将验证用户密码。为了更好地提高安全性，一些邮件服务器在发送邮件时也要求提供密码验证功能，这是 SMTP 服务器要求的，这样做的目的是为了防止未经认证的用户发送大量的垃圾邮件。

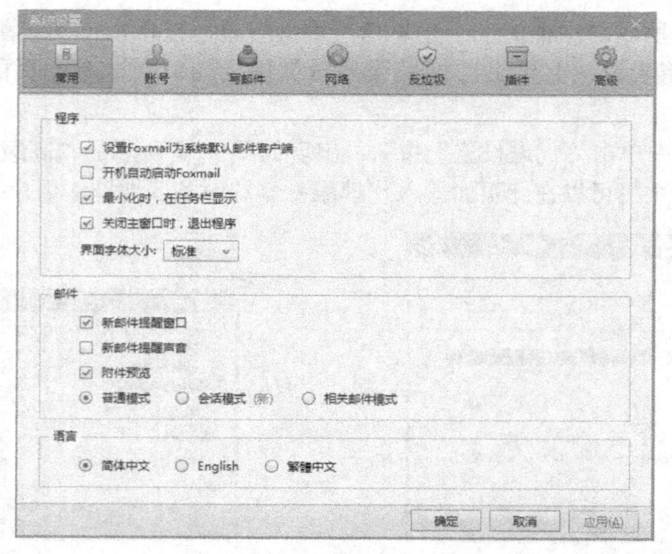

图 7-7 “系统设置”对话框

7.2.2 远程邮箱管理

Foxmail 的远程邮箱管理使用户可以在下载所有服务器上的邮件之前，先从服务器返回邮件头信息，包括发件人、主题、日期、文件大小信息，用户可以判断是否是垃圾邮件，对于占用空间较大的垃圾邮件可以执行删除操作，而不必下载到本地。远程邮箱管理功能对经常上网的朋友是非常适用的，下面就介绍其操作步骤。

1）在图 7-8 左侧选中要设置的邮箱，在右侧“主菜单”中选择“工具”→“远程管理”选项。

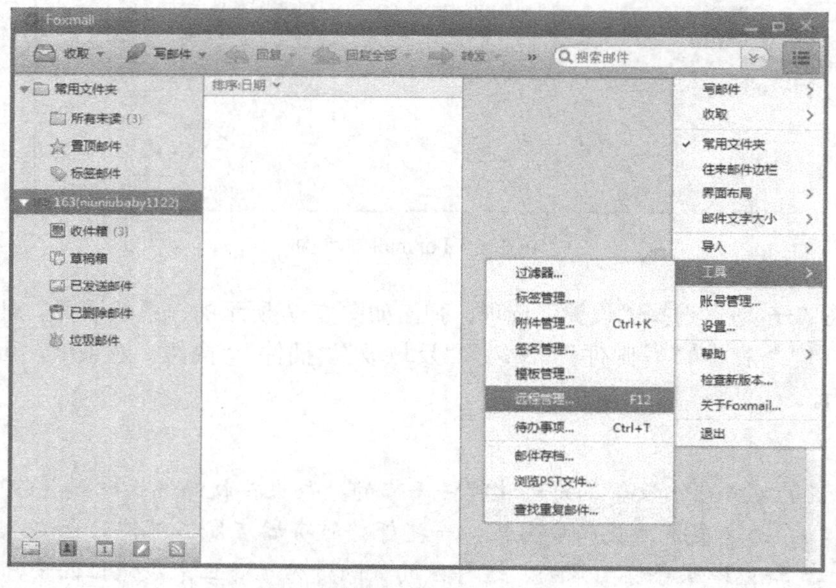

图 7-8 选择“远程管理”选项

2）出现如图 7-9 所示的“远程邮箱管理”窗口，单击“账号”快捷按钮，在出现的下拉列表框中选择要进行远程管理的邮箱账号，连接后，将获取最新的邮件头信息。

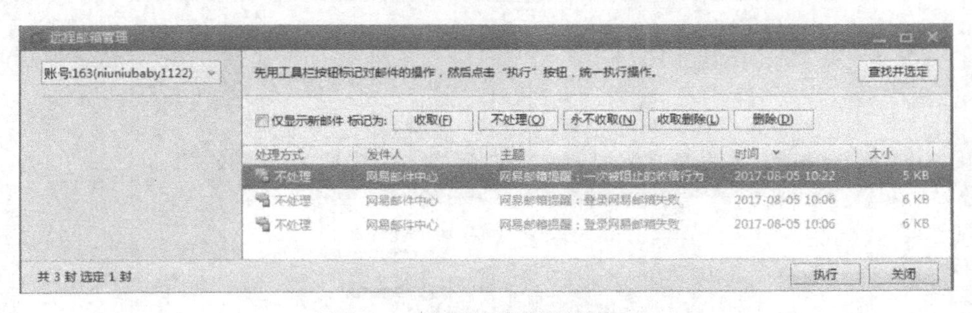

图 7-9 “远程邮箱管理”窗口

3）在图 7-9 中选中某个邮件头信息后，可以单击“收取”“不处理”“永不收取”“收取删除”“删除”快捷按钮进行邮件头标注，然后单击下方“执行”快捷按钮，将按照标注的操作执行。

以上介绍了 Foxmail 的主要配置和使用方法，其他操作都比较简单，这里不再赘述。下面介绍如何构建邮件服务器。

7.3 Windows Server 2012 的邮件服务器

在之前的版本 Windows Server 2003 中提供了邮件服务器软件，可以将该计算机配置为提供 POP3 服务和 SMTP 服务的邮件服务器，通过简单的配置就可以建立自己的邮件服务器。但从 Windows Server 2008 开始，微软取消了内置的 POP3 服务器组件（SMTP 服务器组件仍包含），主推独立的微软邮件服务器软件 Microsoft Exchange Server，因此本节使用第三方 POP3 服务器软件 VisendoSMTPExtender_x64 和 Windows Server 2012 内置的 SMTP 组件来完成邮件服务器的安装和配置。

其中，第三方 POP3 服务器软件 VisendoSMTPExtender_x64 大小为 14.1MB，下载网址为http://www.geardownload.com/internet/visendo-smtp-extender-plus-download.html。

7.3.1 SMTP 服务器的安装与配置

SMTP 服务器的安装与配置具体步骤如下：

1）在“服务器管理器”窗口中单击“添加角色和功能”，在弹出的“开始之前”和“安装类型”页面上单击“下一步”按钮；在弹出的“服务器选择”页面上选择要配置的服务器，单击“下一步”按钮。

2）在弹出的“服务器角色”页面上单击“下一步”按钮，出现如图 7-10 所示的“功能”页面，选中“SMTP 服务器”，在弹出的确认对话框中单击“添加功能”按钮，然后单击“下一步”按钮。

3）在弹出的“Web 服务器角色”和“角色服务”页面相继单击“下一步”按钮。

4）在最后弹出的“确认”页面单击“安装”按钮，即可完成安装。

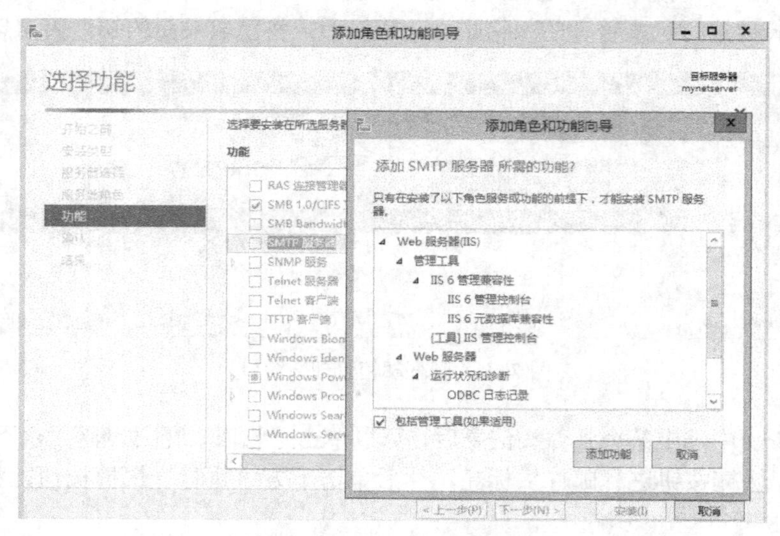

图 7-10 “功能”页面

5）在“开始”菜单→“管理工具”中双击“Internet Information Services (IIS) 6.0 管理器”，依次展开“本地计算机”→“SMTP Virtual Server #1”(SMTP 虚拟服务器)，可对 SMTP 服务器进行配置和管理，如图 7-11 所示。

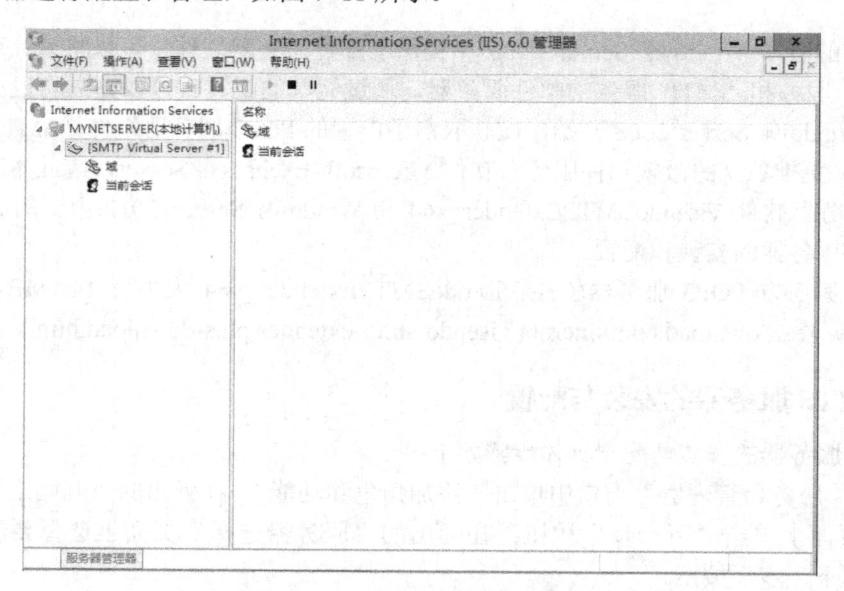

图 7-11 SMTP 服务器管理窗口

6）用鼠标右键单击 SMTP 虚拟服务器下的“域”选项，在弹出的“新建 SMTP 域向导”对话框上指定域类型为“别名”，然后单击“下一步”按钮，如图 7-12 所示。

7）在弹出的对话框中的“名称”文本框中输入接收邮件的地址空间名称，如图 7-13 所示。

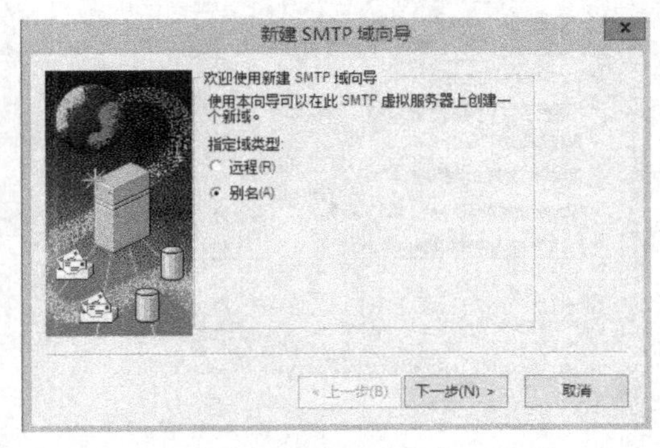

图 7-12　指定域类型

图 7-13　输入名称

☞ **注意：**

为使 SMTP 域能正常进行解析和工作， DNS 服务器中需要有以下记录：mail.mynet 的 A 记录和父域记录，pop3.mail.mynet 和 smtp.mail.mynet 的邮件交换器（MX）记录。

8）用鼠标右键单击 SMTP 虚拟服务器，打开属性对话框，在“常规”选项卡的“IP 地址”下拉列表中选择分配给 SMTP 服务器的 IP 地址，如图 7-14 所示。

单击“高级”按钮，还可以在弹出的如图 7-15 所示的对话框中为 SMTP 服务器添加多个标识，如果服务器有多个 IP 地址，则可以在此单击“添加”按钮来给 SMTP 服务器添加多个 IP 地址。

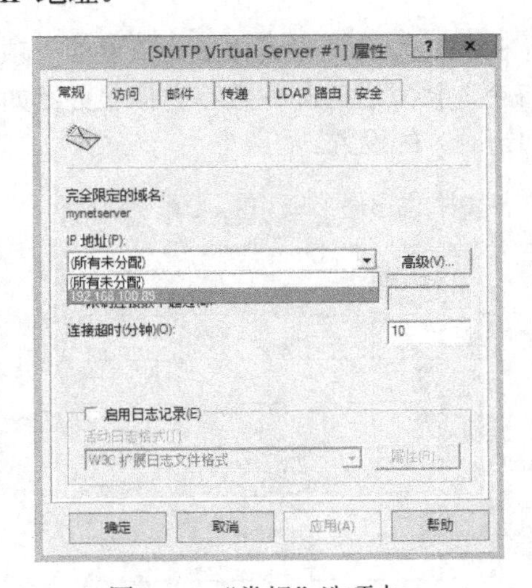

图 7-14　“常规”选项卡

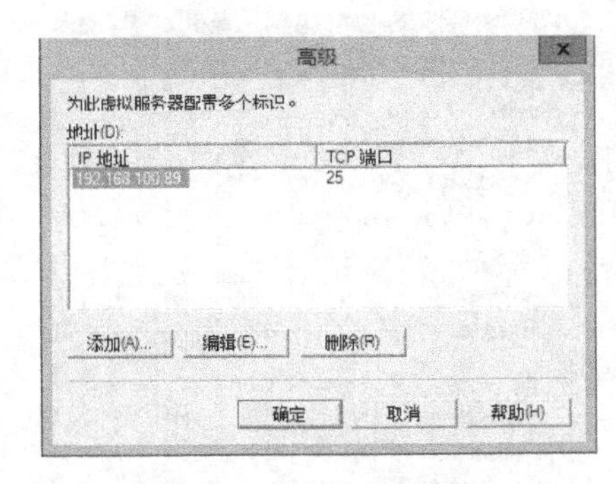

图 7-15　“高级”对话框

9）在如图 7-16 所示的“访问”选项卡中，可以通过“访问控制”对资源启用匿名访问，并编辑身份验证，还可以创建发布服务器和客户端之间用于安全通信的服务器证书，同时能够设置哪些 IP 地址的计算机、计算机组或者是域能够访问这个资源，以及允许或者拒绝通过这个 SMTP 服务器中继电子邮件的权限。一般来说，建议用户对这里的选项不要进行修改，以防止设置错误导致 SMTP 服务器无法正常工作。

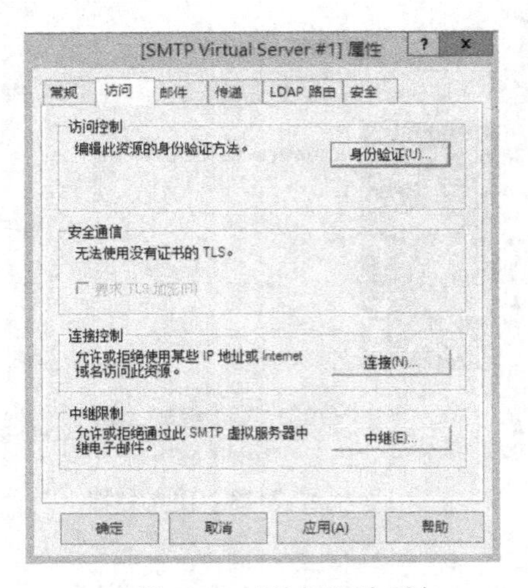

图 7-16 “访问”选项卡

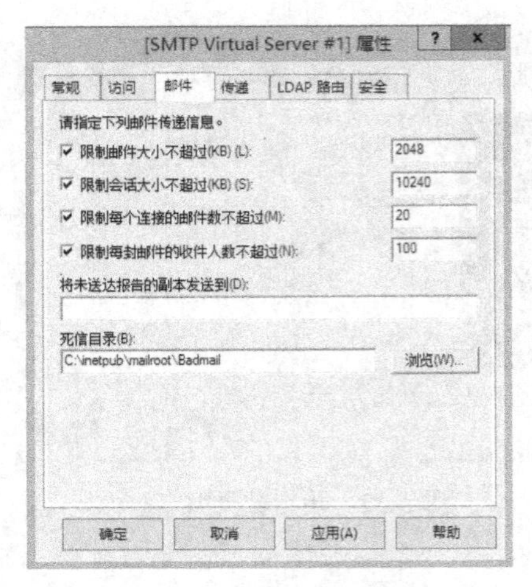

图 7-17 “邮件”选项卡

10）在如图 7-17 所示的“邮件”选项卡中主要针对邮件的各种属性进行设置。

- “限制邮件大小”：指定每封进出系统的邮件的最大容量值，默认为 2MB。
- “限制会话大小”：表示系统中所允许的最大可以进行会话的用户最大容量。
- “限制每个连接的邮件数”：表示一个连接一次可以发送的邮件最大数目。
- “限制每个邮件的收件人数”：限制了每一封邮件同时发送的人数。
- “死信目录”：表示如果产生死信，也就是遇到无法送出的邮件，就会将所有的信息存储在用户设置的位置。

11）如图 7-18 所示的“传递”选项卡设置是 SMTP 服务器设置中最为重要的一项，该选项卡提供决定虚拟服务器如何传递邮件（包括每个连接发送的邮件数、虚拟服务器如何路由邮件，以及尝试重新发送邮件的重试间隔和过期超时）的设置。

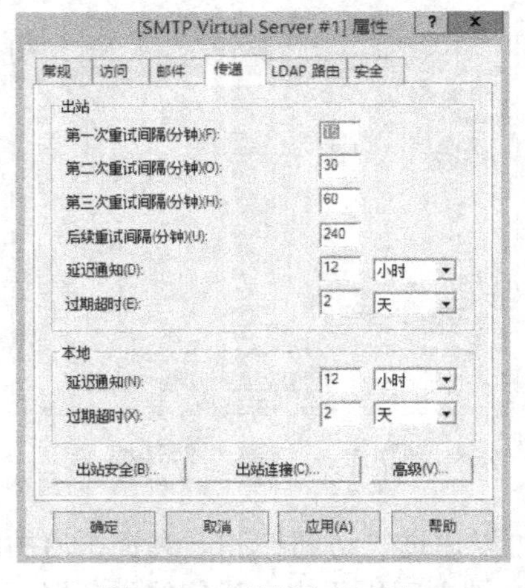

图 7-18 “传递”选项卡

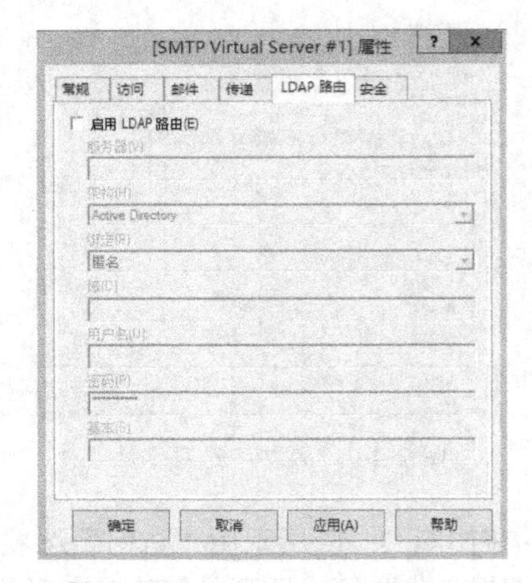

图 7-19 “LDAP 路由”选项卡

12）如图 7-19 所示的“LDAP 路由”选项卡提供用于轻型目录访问协议 (LDAP) 的设置，以便允许访问符合 X.500 目录结构的目录。

13）如图 7-20 所示的“安全”选项卡指定具有可配置 SMTP 服务的操作员权限的用户账户。默认情况下有 3 个用户具有操作员权限。

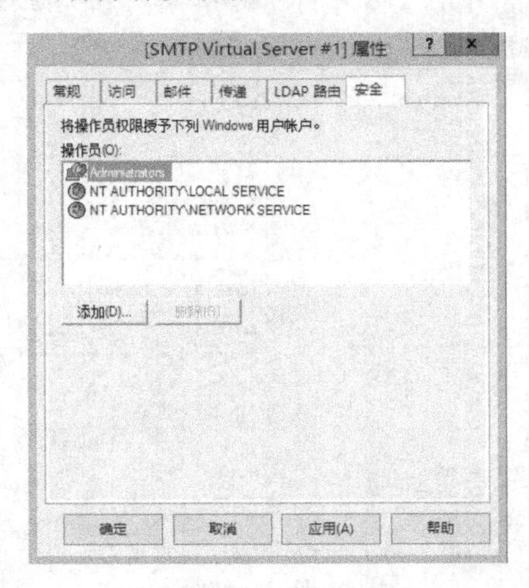

图 7-20 “安全”选项卡

7.3.2 POP3 服务器组件的安装和配置

POP3 服务器组件的安装与配置具体步骤如下：

1）将第三方 POP3 服务器软件 VisendoSMTPExtender_x64 按照默认的安装选项安装在服务器上，该程序的整个配置过程十分简单。

2）双击程序打开配置页面，如图 7-21 所示，选择“Settings”（设置）→“Accounts”（账户）→“New Accounts”（新账户），在弹出的对话框中输入要新建的邮箱账号和密码，单击“完成”按钮。

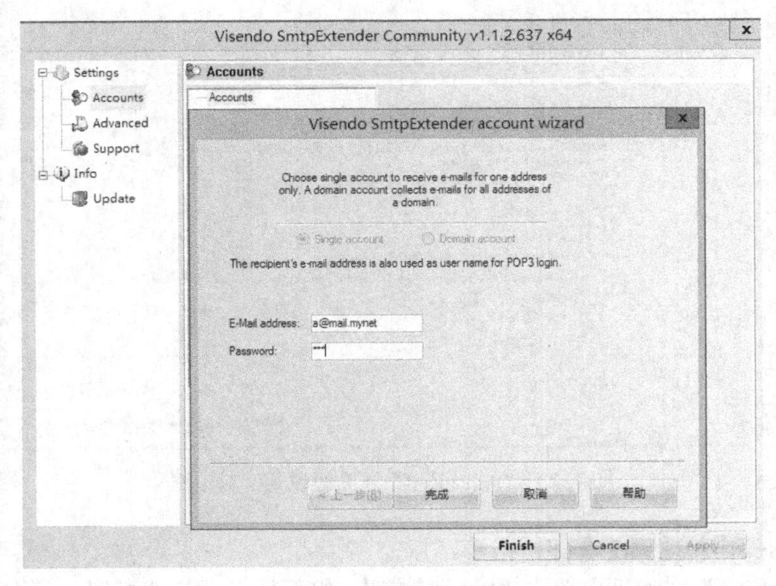

图 7-21 新建账户

3）在如图 7-22 所示的对话框中确认新建的账户名、密码及账户文件存放位置。

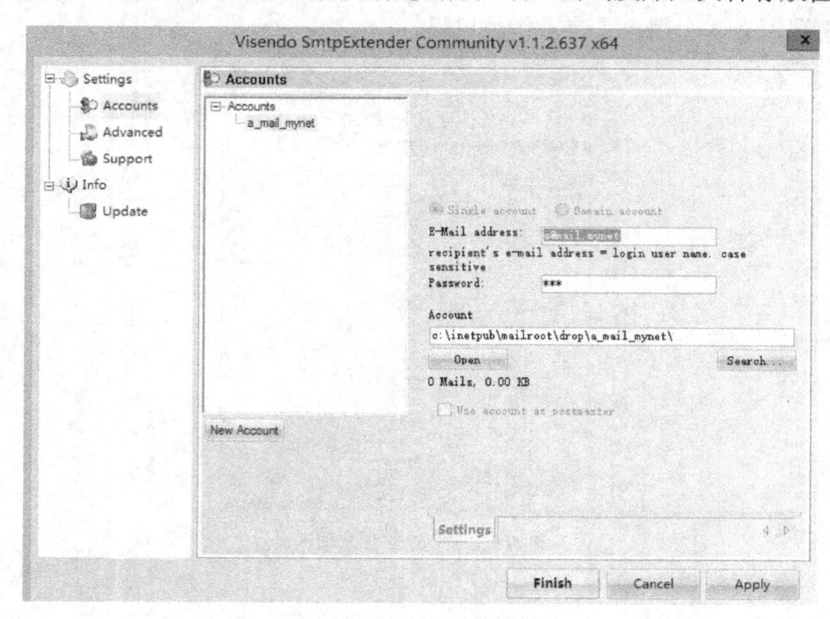

图 7-22　确认新建账户信息

4）选择“Setting”→“Advanced”（高级设置），在如图 7-23 所示的对话框中配置服务器的 IP、端口和邮件投递目录。

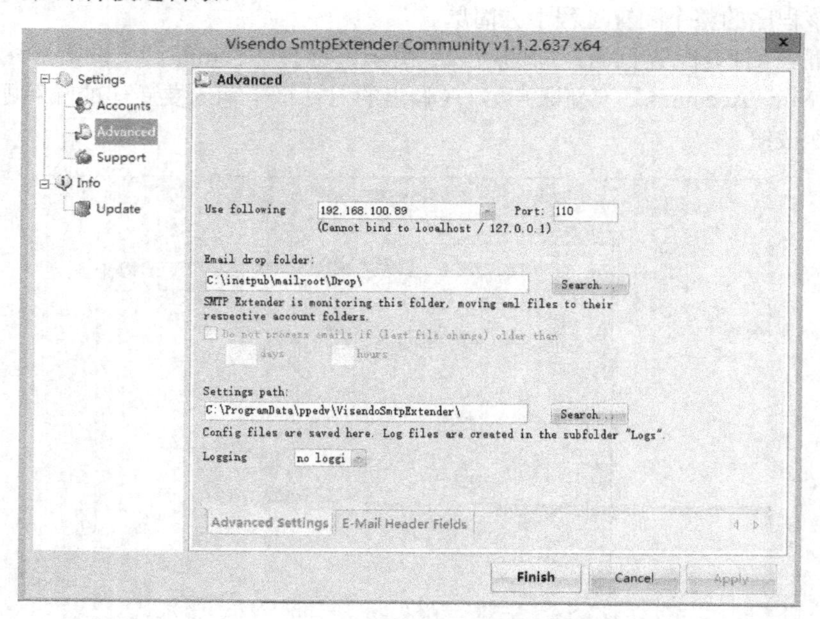

图 7-23　“Advanced”（高级设置）对话框

5）同样的操作新建第 2 个邮箱账号。

6）在“Setting”对话框中单击“Start”按钮，打开服务即完成配置，如图 7-24 所示。

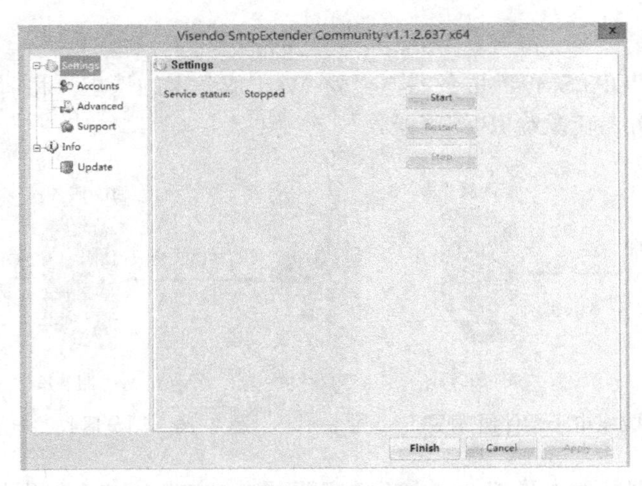

图 7-24 “Setting”对话框

至此，SMTP 服务器和 POP3 服务器的配置已经完成，使用第 7.2 节中介绍的客户端软件 Foxmail 添加配置邮箱账号，可完成电子邮件的收发。

7.4 Foxmail Server 邮件服务器

Windows Server 2012 的邮件服务器仅仅提供了 C/S（客户端/服务器）模式的两层邮件收发结构。两层结构的电子邮件收发的优点在于，由于使用的是专门的客户端电子邮件，因此连接速率快，但缺点也很明显。当客户端软件不断升级时，用户需要不断下载新的客户端软件来进行升级，如果组建的网络范围内客户端数量太多，而用户群对计算机知识知之甚少，就会给管理员带来维护升级的不便。为此，目前很多 Internet 上的电子邮件服务在提供 C/S（客户端/服务器）模式的电子邮件服务基础上，同时支持基于 Web 浏览器收发电子邮件的方法。

利用免费的 Foxmail Server 就可以构建一个同时支持客户端软件和浏览器收发电子邮件的邮件服务器。下面首先介绍基于浏览器收发电子邮件的原理，然后介绍如何利用 Foxmail Server 构建邮件服务器。

7.4.1 浏览器收发电子邮件的原理

利用专门的邮件客户端软件收发电子邮件的原理如图 7-25 所示，利用浏览器收发电子邮件的原理如图 7-26 所示，有 3 种角色。

1. 客户端

用户在客户端使用 IE 浏览器通过 HTTP 协议与处于中间层的 Web 服务器通信，通过 Web 页面提交电子邮件的收发请求。

2. Web 服务器

Web 服务器处于中间层，一方面它通过 HTTP 协议监听客户端发出的访问请求，另外一方面它将客户端对电子邮件的收发请求通过 POP3/SMTP 转发到邮件服务器上，通常使用 IIS 来构建 Web 服务器。

3．邮件服务器

邮件服务器是 POP3/SMTP 服务器，接受 Web 服务器的请求，将请求结果回馈给 Web 服务器，由 Web 服务器转发给 IE 浏览器。

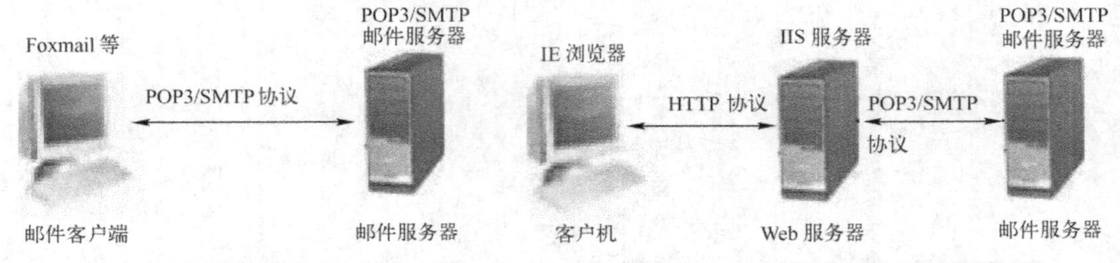

图 7-25　客户端软件收发电子邮件原理图　　图 7-26　浏览器收发电子邮件原理图

通过 Web 浏览器收发电子邮件，由于中间要经过 HTTP 协议和专用的 POP3/SMTP 协议的转换，同时 Web 服务器要处理大量的连接请求，导致其连接速率相对较慢。但由于对客户端用户来讲，属于“傻瓜式”的电子邮件收发，因此操作十分简单，IE 浏览器上不需要执行任何升级操作，对邮件系统的升级是在 Web 服务器和邮件服务器上进行的，真正实现了“只要会上网，就会使用浏览器，就能收发电子邮件”，因此，对于一些初学上网的用户操作十分方便。

7.4.2　构建 Foxmail Server 电子邮件服务器

Foxmail Server 是一款十分优秀的同时支持两种电子邮件收发方式的邮件服务器软件，如果要构建基于 Web 的邮件服务，由于它采用 ASP 脚本语言编写程序，因此还需要 IIS 的支持。本节实验所用的版本为 FoxmailServer 2.0 的免费中文公测版，大小为 7.9MB，该软件可方便地从互联网上进行下载。

1．实例的环境

本书介绍的 Foxmail Server 构建邮件服务器的环境如下。

计算机名称：MYNETSERVER

IP 地址：192.168.100.89

操作系统：Windows Server 2012

浏览器：IE11

Web 服务器：IIS 8.5

邮件服务器：Foxmail Server1.3 路径 C:\FoxServer

邮件客户端软件：Foxmail 7.2.8

建立的邮件域：mail.mynet

建立的邮件账号：dancewithwave@mail.mynet、zhaosongtao@mail.mynet

2．Foxmail Server 的配置

1）Foxmail Server 的安装非常简单，这里不再介绍。安装完毕后，将自动出现如图 7-27 所示的欢迎界面，单击“下一步”按钮。

2）出现如图 7-28 所示的“应用程序设置”对话框，在“请您输入系统默认的域名”文本框中输入“mail.mynet”，首次使用必须设置一个主域，后面可以进行修改或删除。在“请

输入系统管理员口令”和“效验密码”文本框中输入对 Foxmail 服务器进行管理的密码，在“请输入域管理员口令”和“效验密码”文本框中输入对邮件域“mail.mynet”的管理密码。设置完成后单击“下一步”按钮。

图 7-27　欢迎界面

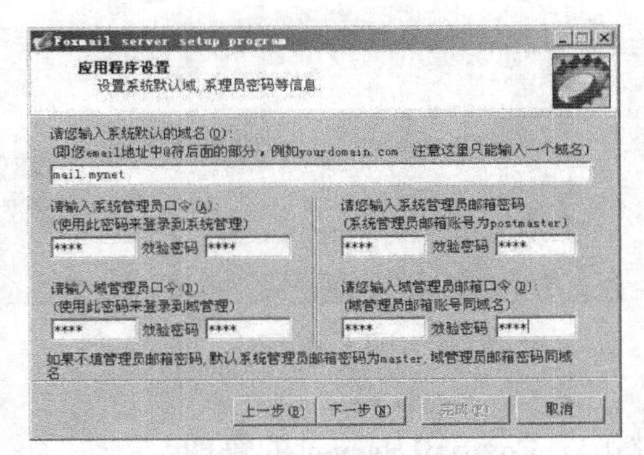

图 7-28　应用程序设置

3）出现如图 7-29 所示的“邮件服务器网络设置”对话框，在“请您输入一个 DNS 服务器地址”文本框中可以按照网络的实际情况进行设置，在“POP3&SMTP 服务器设置”选项卡的“修改默认 SMTP 端口”文本框中可以修改 SMTP 服务器使用的 TCP 端口，在“修改默认 POP3 端口”文本框中可以修改 POP3 服务器使用的 TCP 端口，“打开 Esmtp 功能”复选框默认被选中表示使用 SMTP 验证功能，完成设置后单击“下一步”按钮。

4）出现如图 7-30 所示的“IIS 设置”对话框，在“配置需要 IIS 支持的 Foxmail Server WebMail”列表框中出现 IIS 中已经建立的网站名称，单击选中“默认网站”，在“请您选择 Foxmail Server WebMail 页面依附的站点”文本框中出现“默认网站”，表示将在该网站下建立名为 WebMail 的虚拟目录，在“请您输入 Foxmail Server WebMail 所在的虚拟目录名”文本框中默认为“WebMail”，完成设置后单击“完成”按钮。

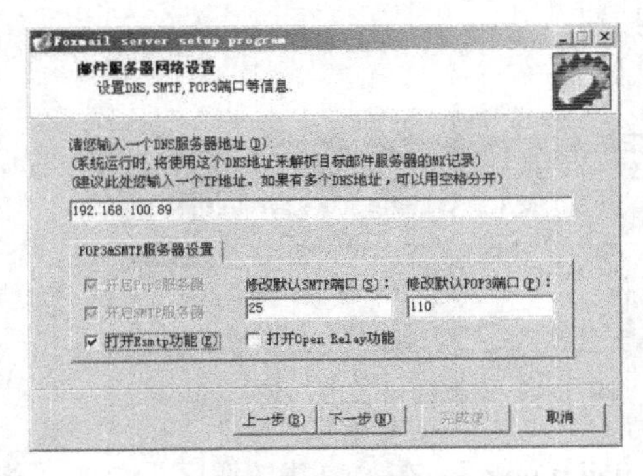

图 7-29　邮件服务器网络设置

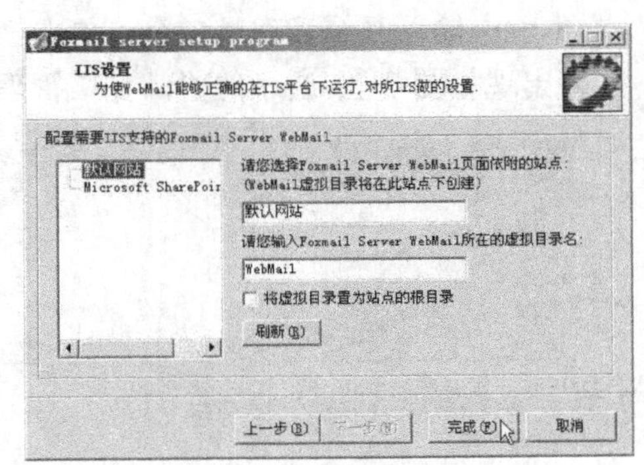

图 7-30　IIS 设置

5）成功完成 IIS 设置后出现如图 7-31 所示对话框，安装程序将自动完成写系统注册表、建立虚拟目录、安装系统服务、开启系统服务和建立系统默认域共 5 步操作，如果这个过程中有没有成功完成的步骤，需要重新安装。

6）出现如图 7-32 所示的提示信息接口，提示安装程序已经成功完成了 Foxmail Server

的配置，单击“确定”按钮完成。

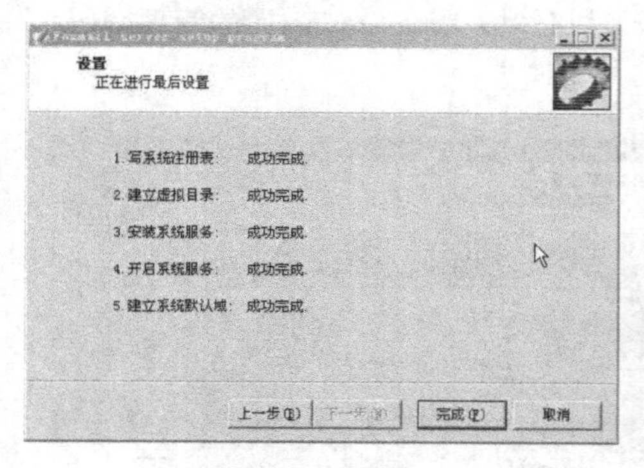

图 7-31　IIS 设置完成　　图 7-32　安装设置完成提示信息

7.4.3　Foxmail Server 的管理

Foxmail Server 安装完毕后，下面介绍如何对其进行管理。

在计算机的桌面上选择“开始”→“程序”→“Foxmail Server for Windows”选项，出现如图 7-33 所示的“Foxmail Server 管理程序”窗口，在“管理目标导航树”下有 4 类管理目标：“系统管理员”“域管理员”“系统性能监视”和“日志记录”，下面就介绍如何对这 4 类目标进行管理。

图 7-33　“Foxmail Sever 管理程序”窗口

1．系统管理

系统管理主要是对邮件域进行管理。

1）在如图 7-33 所示窗口的控制台树中选择“管理员”→“系统管理员”，出现如图 7-34 所示的“系统管理员登录”对话框，在“管理员口令”文本框中输入系统管理员口令，单击“确定”按钮。

2）出现如图 7-35 所示的“邮件域管理”窗口。

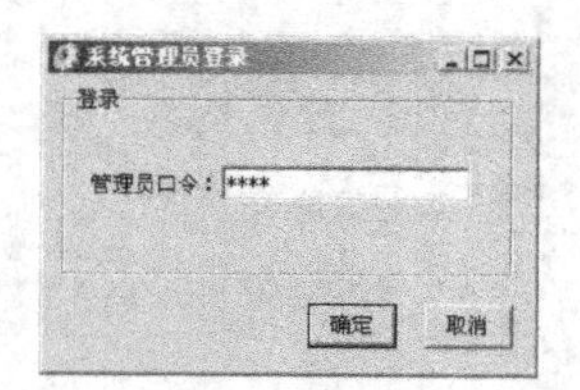

图 7-34　“系统管理员登录”对话框

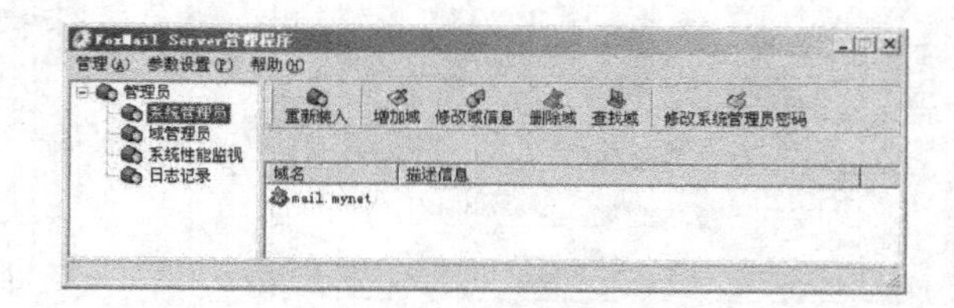

图 7-35　“邮件域管理”窗口

3）在图 7-35 的“邮件域列表”中单击选中“mail.mynet”，在“快捷按钮区”单击“修改域信息”快捷按钮，出现如图 7-36 所示的对话框，在“域名”文本框中可以修改域的名称，在“管理员口令”文本框中可以修改该邮件域的管理员口令，在“邮箱大小”文本框中修改邮件域中新建邮箱的默认大小（以 MB 为单位），在“域描述”文本框中可以输入对该域的简单描述信息，完成修改后单击“确定”按钮。

4）出现如图 7-37 所示的系统提示信息，表明域设置成功，单击“确定”按钮。

5）在图 7-35 的“邮件域列表”中单击选中“mail.mynet”，在“快捷按钮区”单击“删除域”快捷按钮，出现如图 7-38 所示的删除域确认对话框，单击“确定”按钮将删除邮件域，在删除邮件域的同时将删除其所有的邮件信箱。

6）在图 7-35 的“快捷按钮区”单击“增加域”快捷按钮，出现如图 7-39 所示的新建域对话框，在“域名”“管理员口令”“邮箱大小”和“域描述”文本框中输入后单击“确定”按钮，将建立新的邮件域“mail.mycompany”。

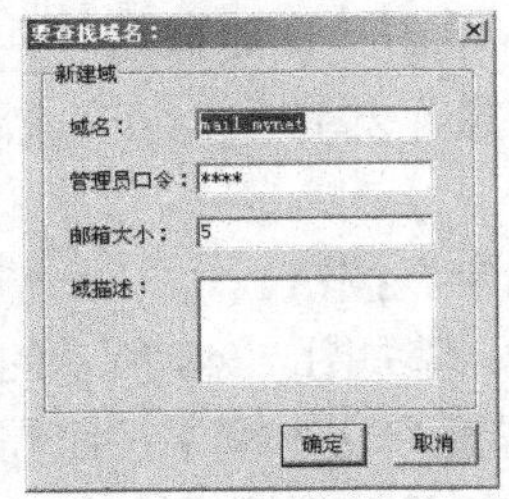

图 7-36　修改邮件域

图 7-37　成功完成邮件域修改

图 7-38　删除邮件域

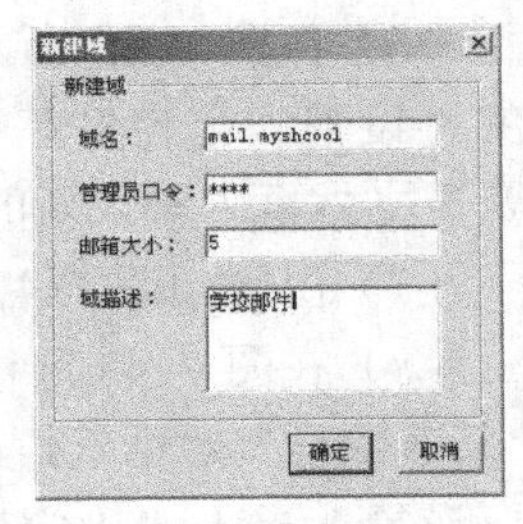

图 7-39　新建邮件域接口

7）在图 7-35 的“快捷按钮区”单击“修改系统管理员密码”快捷按钮，出现如图 7-40 所示的“修改系统管理员口令”对话框，在“新口令”文本框中输入新的口令，单击“确定”按钮。

8）出现如图 7-41 所示的系统提示信息，表明已经成功完成修改，单击“确定”按钮。

2．域管理

域管理主要是对邮件域的邮件账号进行管理。

1）在如图 7-33 所示窗口的控制台树中选择“管理员”→“域管理员”，出现如图 7-42 所示的“登录域”对话框，在“域名”文本框中输入要登录的域，在“管理员口令”文本框中输入邮件域的管理员口令，单击“确定”按钮。

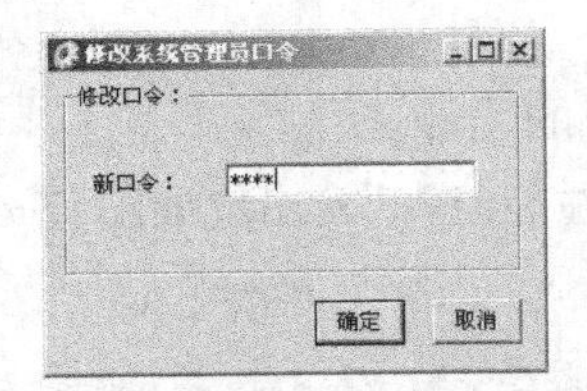

图 7-40　修改系统管理员口令

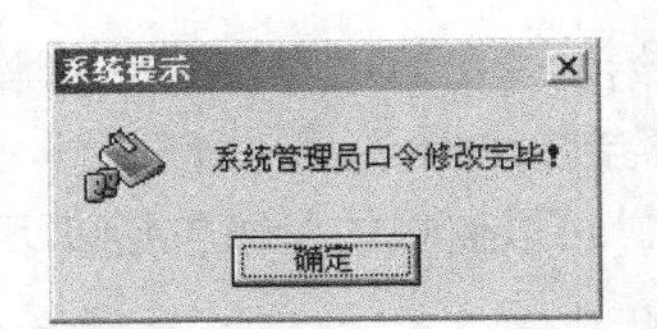

图 7-41　系统管理员口令修改成功

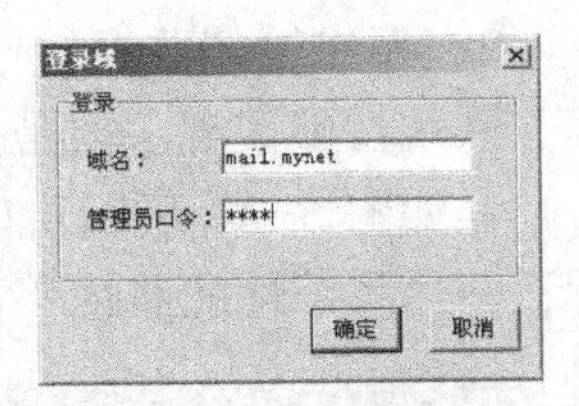

图 7-42　登录域界面

2）出现如图 7-43 所示的“邮件账号管理”窗口，可以对邮件账号进行增加、删除、查找、修改以及设置邮箱容量等主要操作。

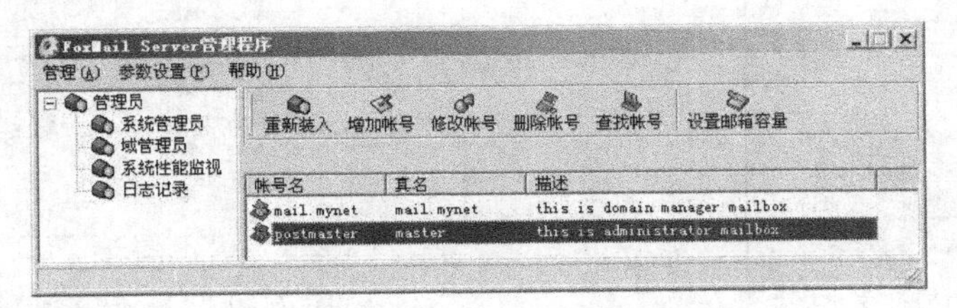

图 7-43　“邮件账号管理”窗口

3）在图 7-43 所示窗口的“邮件账号列表”中单击选中邮件账号，单击“快捷按钮区”的“修改账号”按钮，出现如图 7-44 所示的“修改账号”对话框，在“账号名”“账号口令”“账号真名”和“账号描述”文本框中按照需要进行修改，单击“确定”按钮。

4）出现如图 7-45 所示系统提示信息，表明成功完成账号的修改，单击“确定”按钮。

5）在图 7-43 所示窗口的“邮件账号列表”中单击选中邮件账号，单击“快捷按钮区”的“删除账号”按钮将删除所选的账号。

6）在图 7-43 所示窗口的“邮件账号列表”中单击选中邮件账号，单击“快捷按钮区”的“设置邮箱容量”按钮，出现如图 7-46 所示的“设置账户邮件容量”对话框，在“容量”文本框中输入新的容量（以 MB 为单位），单击“确定”按钮。

7）出现如图 7-47 所示的提示信息，表明容量修改成功，单击“确定”按钮。

8）在图 7-43 所示窗口的“快捷按钮区”单击“增加账号”按钮，出现如图 7-48 所示的“新建账号”对话框，在“账号名”“账号口令”“账号真名”和“账号描述”文本框中按照需要设置，单击“确定”按钮将创建新的账号，这样完整的邮件信箱名就是“账号名@邮件域名”。

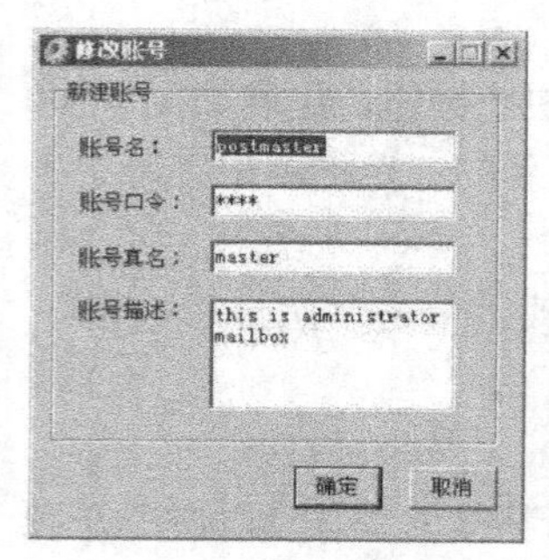

图 7-44　修改账号

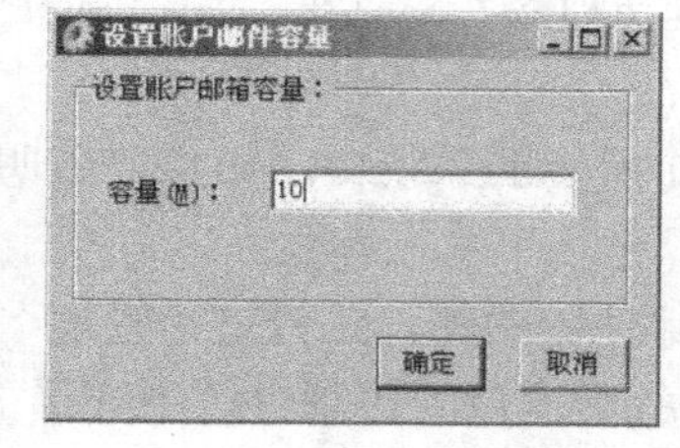

图 7-45　成功完成账号修改

图 7-46　修改账号邮件容量

图 7-47　成功完成账号容量修改

3．系统性能监视

系统性能监视主要是提供给管理员对用户使用邮件服务的情况的统计。

在如图 7-33 所示窗口的控制台树中选择“管理员”→“系统性能监视”，出现如图 7-49 所示的“系统性能监视”窗口。可以监视的参数包括以下几项。

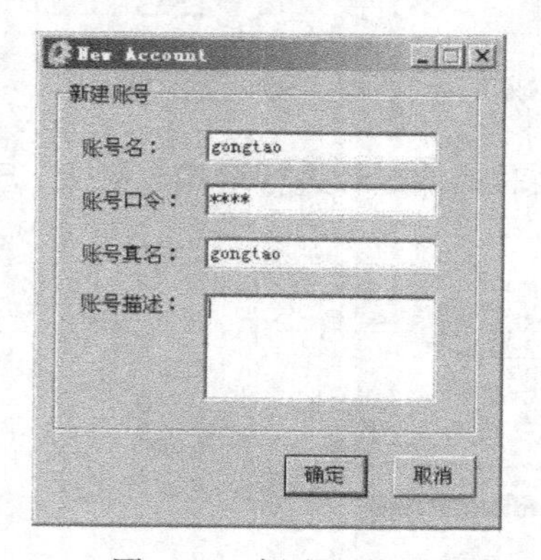

图 7-48　新建账号

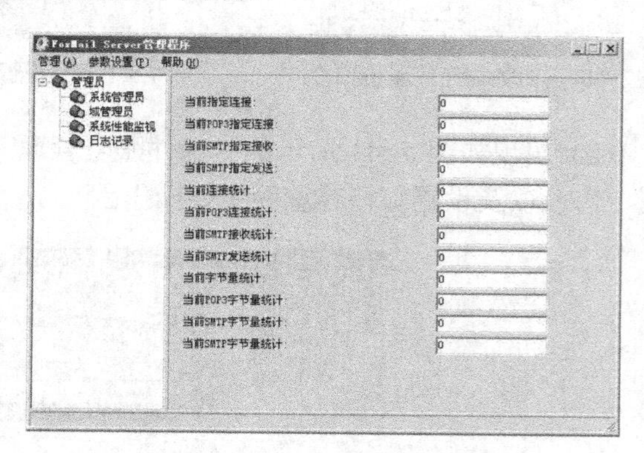

图 7-49　“系统性能监视”窗口

● 当前指定连接数。
● 当前 POP3 指定连接数。
● 当前 SMTP 指定接收数。
● 当前 SMTP 指定发送数。
● 当前连接统计。
● 当前 POP3 连接统计。
● 当前 SMTP 接收统计。
● 当前 SMTP 发送统计。
● 当前字节量统计。
● 当前 POP3 字节量统计。
● 当前 SMTP 接收字节量统计。
● 当前 SMTP 发送字节量统计。

4. 日志记录

日志记录主要是对用户使用邮件服务以及服务器自身运行情况的日志记录。

在如图 7-33 所示窗口的控制台树中选择“管理员”→“日志记录”，出现如图 7-50 所示的“日志记录”对话框，可以对 5 类日志进行查看。

● 收件日志：SMTP 服务器接收的邮件日志信息。
● 发件日志：邮件服务器管理员发出的邮件日志信息。
● POP3 日志：用户从邮件服务器接收邮件的日志信息。
● 调试日志：管理员对邮件服务器进行调试的日志信息。
● 错误日志：邮件服务器运行过程中的错误信息。

在“请您选择要浏览的日志信息”下拉列表框中选择日志的种类，在“日志内容”列表框中将出现该类日志信息。

除了上述 4 类目标的管理之外，在 Foxmail Server 管理程序的“菜单栏”选择“参数设置”的“系统参数”选项，出现如图 7-51 所示的“系统参数设置”对话框，可以对 DNS 设置和默认的邮件域进行设置。在 Foxmail 中按照第 7.2 节的内容进行设置就可以进行基于客户端服务器的电子邮件收发了。下面介绍基于 Web 如何收发 Foxmail Server 的电子邮件。

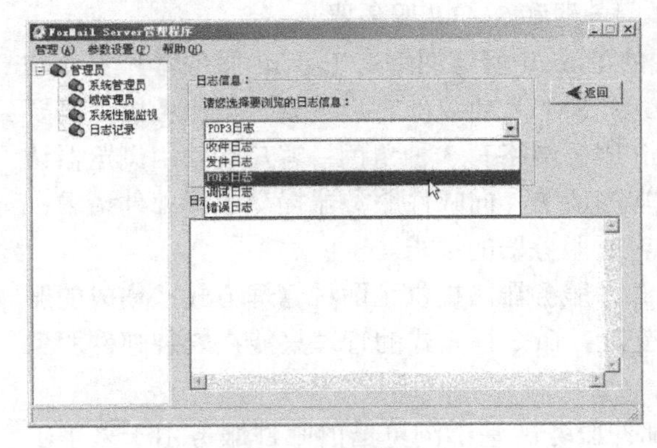

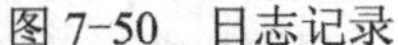
图 7-50　日志记录

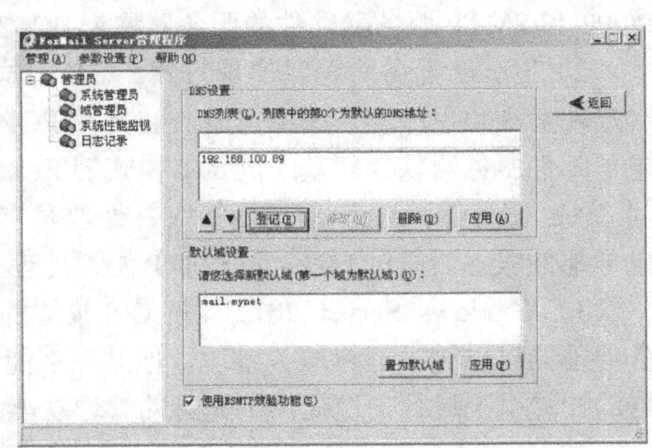

图 7-51　系统参数设置

7.4.4 对安装目录赋予写入权限

在 Windows Server 2012 下安装 Foxmail Server 后，其安装目录 C:\FoxServer 没有赋予用户写入权限，但由于要收发邮件，必须赋予用户对该目录的写入权限，这是进行 Web 邮件收发的必要条件。写入权限的配置步骤如下。

1）在资源管理器中选择“FoxServer”，单击鼠标右键，在弹出的快捷菜单中选择“属性”命令，打开“FoxServer 属性”对话框，如图 7-52 所示。

2）在其“安全”选项卡的“组或用户名称”列表框中选择“Users”选项，单击“编辑”按钮，弹出如图 7-53 所示的对话框。在“Users 的权限”列表框中授予“写入”权限，单击“应用”按钮。

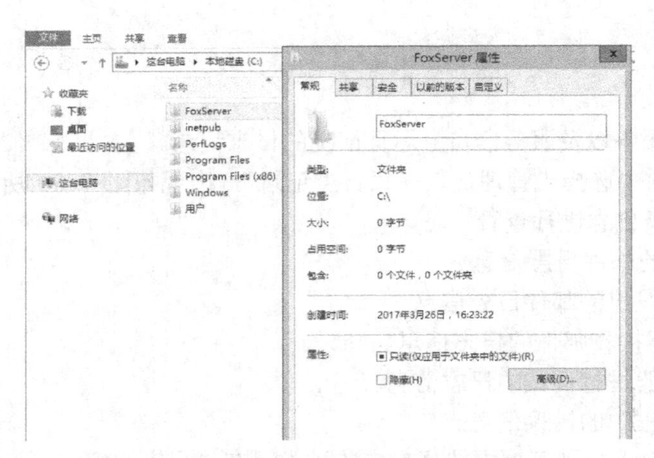

图 7-52 “FoxServer 属性”对话框

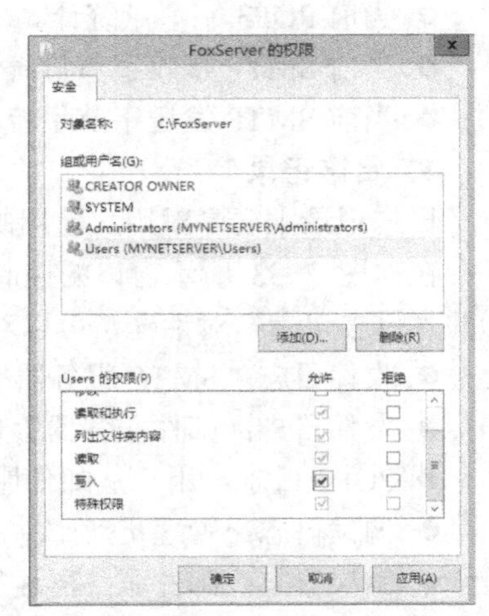

图 7-53 授予 Users 用户写入权限

本章小结

1）E-mail 服务是利用 POP3 协议接收电子邮件，SMTP 协议发送电子邮件。安装了 POP3 和 SMTP 服务器软件的服务器称为 POP3 服务器和 SMTP 服务器。

2）E-mail 服务有两种实现方式。C/S 方式的 E-mail 服务网络有 E-mail 服务器和 E-mail 客户端两种角色：客户端上需要安装支持 POP3 和 SMTP 协议的客户端软件，服务器上需要电子邮件服务器软件。基于浏览器模式的 E-mail 服务网络有 3 种角色：客户端使用浏览器访问 Web 服务器；Web 服务器接收并处理客户端的请求，向邮件服务器提交电子邮件请求；电子邮件服务器通过 POP3 和 SMTP 协议处理 Web 服务器的请求。

3）Windows Server 2012 支持 C/S 模式的邮件服务器，提供了两种管理方式：集成的服务管理器可以进行远程服务管理，但某些功能受限；命令行方式的管理只能在安装邮件服务器的计算机上进行，但提供了完善的管理功能。

4）Foxmail Server 同时支持两种方式的邮件服务。基于浏览器的邮件服务由于采用了 ASP 脚本编程技术，需要配置 IIS 支持，同时要赋予用户对安装目录的写入权限。

第 8 章 打印服务器

Windows Server 2012 R2 支持多种高级打印机功能，不论打印服务器位于网络中哪个位置，用户都可以通过网络对其进行管理；对客户端来说，甚至可以不用安装打印机驱动就可以使用网络打印机。本章主要介绍如何通过 Windows Server 2012 R2 来实现打印服务。

8.1 打印服务器概述

打印服务器提供简单而高效的网络打印解决方案。一端连接打印机，一端连接网络，打印服务器在网络中的任何位置，都能够很容易地为局域网内所有用户提供打印，如图 8-1 所示。连接局域网内的计算机无数量限制，极大地提高了打印机利用率，可以这样认为，打印服务器为每一个连接局域网内的计算机提供了一台打印机，实现了打印机共享功能。

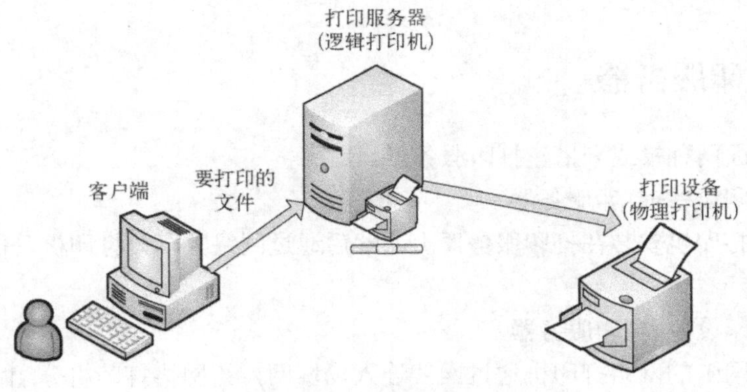

图 8-1 打印服务器

8.1.1 打印相关术语

下面介绍几个打印相关的术语。

1. 打印设备

打印设备即实际执行打印的物理设备，也就是物理打印机，可以分为本地打印设备和带有网络接口的打印设备。根据使用的打印技术，可以分为针式打印设备、喷墨打印设备和激光打印设备。

2. 逻辑打印机

逻辑打印机是指打印服务器上的软件接口。当发出打印作业时，作业在发送到实际的打印设备之前先在逻辑打印机上后台打印。

3．打印服务器

打印服务器是连接本地打印机，并将打印机共享出来的计算机系统。

4．打印队列

打印队列显示正在等待打印的文档。为列表中的每一项提供诸如打印状态、打印页数的打印信息。

5．打印机驱动程序（Printer Driver）

打印机驱动程序是将客户端应用程序数据转换成打印机能够识别、打印的数据的程序。一般由打印机生产厂商提供，网上也可以下载到。如果仅仅安装打印机而不安装打印机驱动程序，打印机也是没有办法打印文档或图片的。

8.1.2 打印服务器的优势

1）打印服务器可以管理打印驱动程序设置。

2）在连接打印机的每台计算机上都会显示一个完整的打印队列，每个用户都能看见自己的打印作业相对于其他等待打印的打印作业的位置。

3）某些处理任务可以从客户端转移到打印服务器上进行。

4）提供管理员可以查阅打印机事件的日志。

8.2 搭建打印服务器

可以选择下面两种模式来搭建打印服务器。

（1）本地打印设备+打印服务器

将一台普通打印机安装在打印服务器上，然后通过网络共享该打印机，供局域网中的授权用户来使用。

（2）网络打印设备+打印服务器

将一台带有网卡的网络打印机通过网线连入局域网，给网络打印机分配 IP 地址，使得网络打印机成为网络上的一个不依赖于其他计算机的独立节点，然后在打印服务器上对该网络打印机进行管理，用户就可以使用网络打印机进行打印了。

8.2.1 在本地计算机建立打印服务器

将本地打印设备直接连接到本地打印机，并将其设置为共享打印机后，即可使得网络用户来使用该打印设备，即成为打印服务器。

要在计算机上安装打印服务器需要按照以下步骤完成：打开“服务器管理器”窗口，单击“添加角色和功能”，持续单击“下一步”按钮，直到出现如图 8-2 所示页面，勾选“打印机文件服务”。

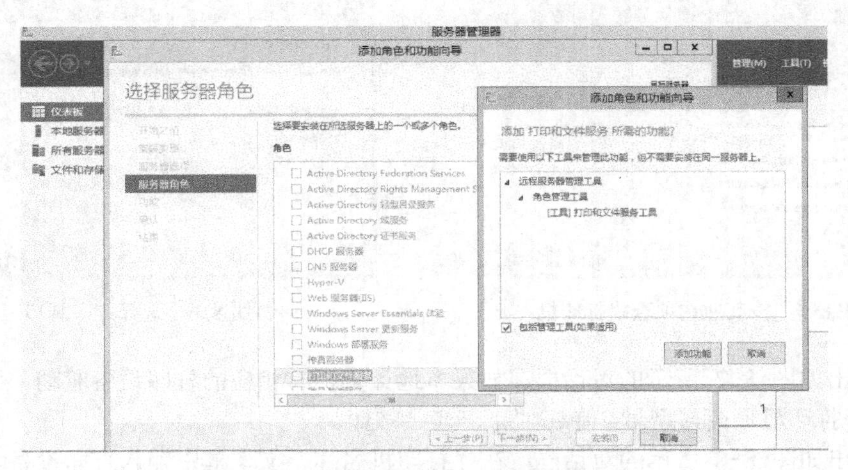

图 8-2　安装打印机文件服务

如果希望能够通过浏览器来连接或管理打印服务器，则需要增加安装“Internet 打印”角色服务，在如图 8-3 所示的“角色服务”页面中选中“Internet 打印”即可安装。

（1）安装即插即用打印机

现在的打印机一般都是即插即用的 USB 接口或 IEEE 1394 端口，安装时首先将打印机连接到本地计算机上的 USB 或 IEEE 1394 端口，然后打开打印机电源。如果系统支持此打印机的驱动程序，则会自动检测并安装此打印机。

（2）安装传统并口打印机

将打印机连接到本地计算机后的并行端口，然后按照下列步骤开始安装：

1）选择“开始”菜单→“控制面板”→“硬件”→“查看设备和打印机”，单击“添加打印机”按钮，在弹出的对话框中单击“我需要的打印机不在列表中”，如图 8-4 所示。

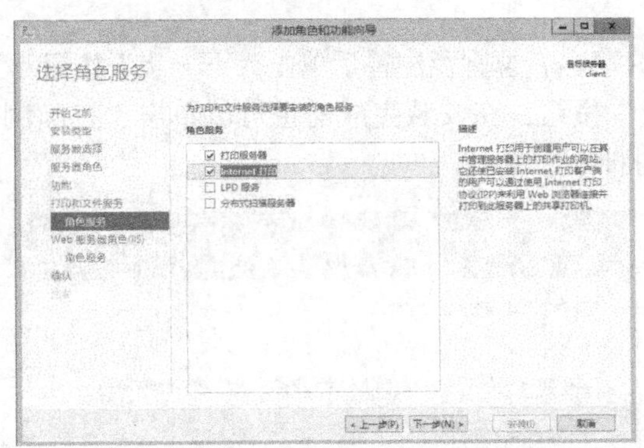

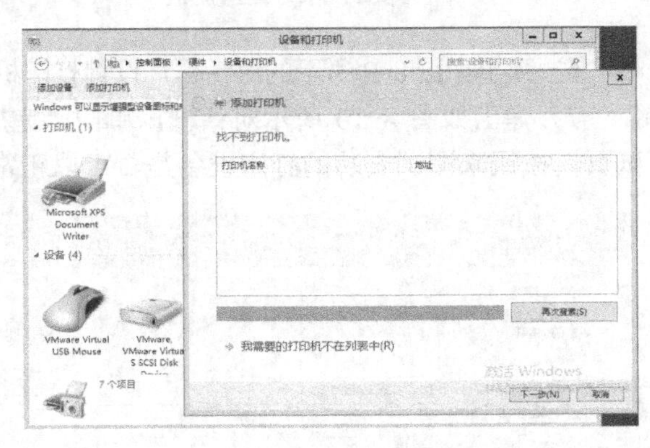

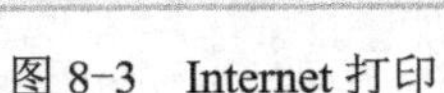
图 8-3　Internet 打印

图 8-4　添加打印机

2）弹出如图 8-5 所示的对话框，选择“通过手动设置添加本地打印机或网络打印机”单选按钮，单击“下一步”按钮。

3）弹出如图 8-6 所示的对话框，选择打印机端口后单击“下一步”按钮。

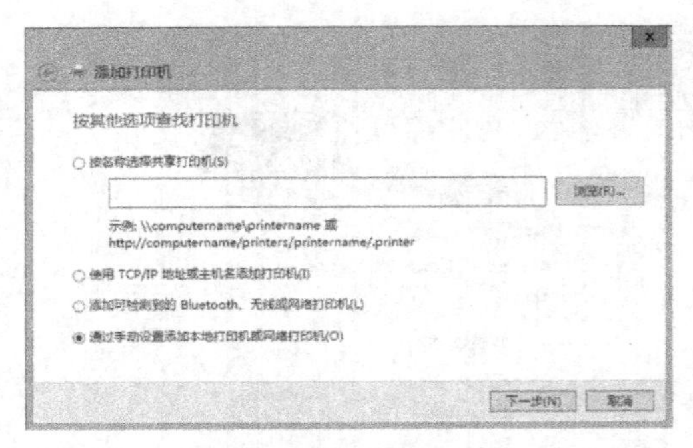

图 8-5　按其他选项查找打印机

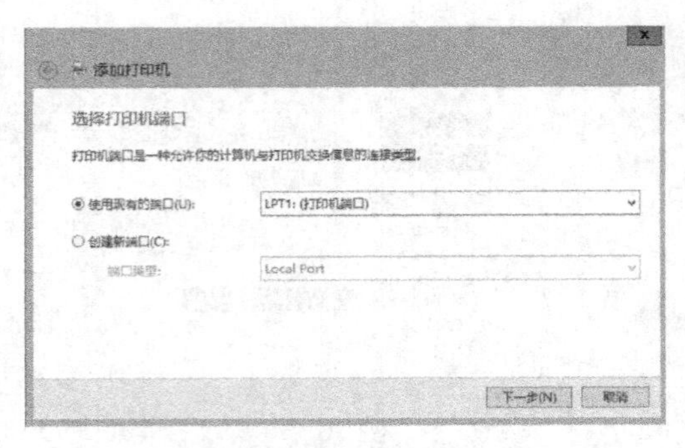

图 8-6　选择打印端口

4）弹出如图 8-7 所示的对话框，如果本地计算机有相应的打印设备驱动，则直接在对话框中选择打印机厂商与型号，单击“下一步”按钮。

5）弹出如图 8-8 所示的对话框，在“打印机名称”文本框中输入打印设备名称或保持默认，单击“下一步”按钮。

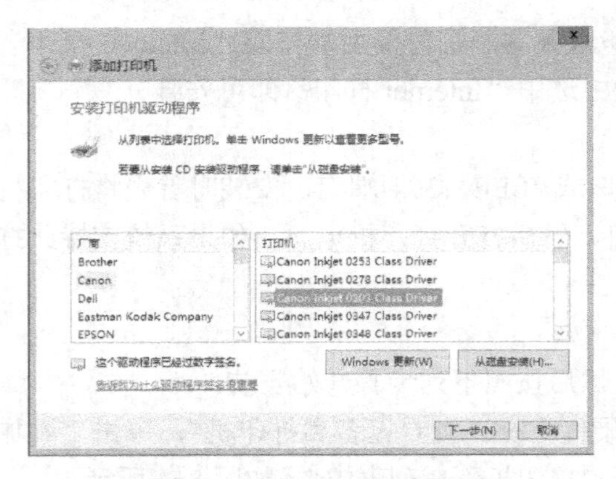

图 8-7　安装打印机驱动程序

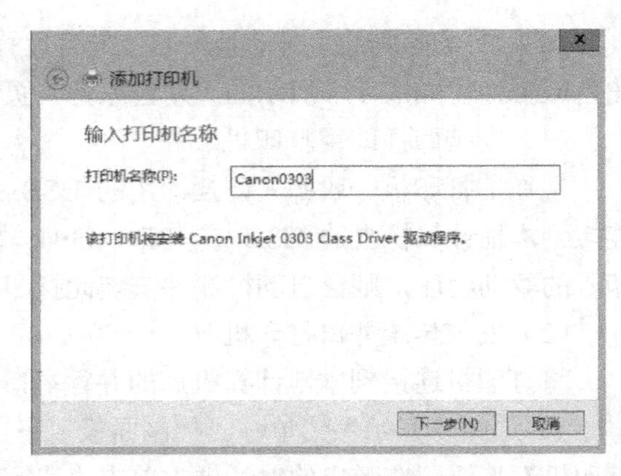

图 8-8　输入打印机名称

6）弹出如图 8-9 所示的对话框，设置打印机共享名、位置及注释后单击“下一步”按钮。

7）弹出如图 8-10 所示对话框，单击“完成”按钮。在安装完成前也可以单击“打印测试页”按钮来测试安装的打印设备是否可以正常打印。

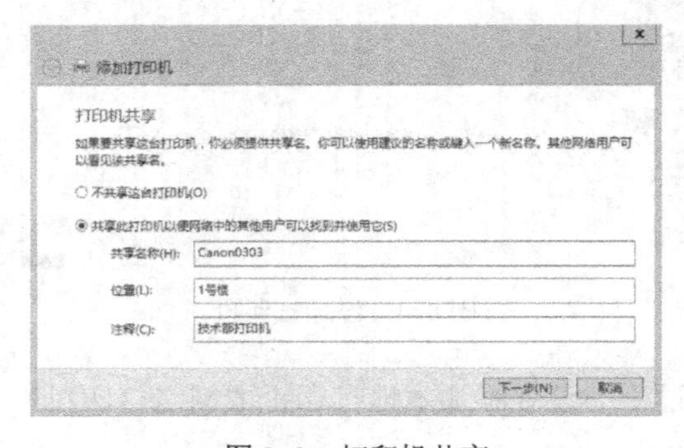

图 8-9　打印机共享

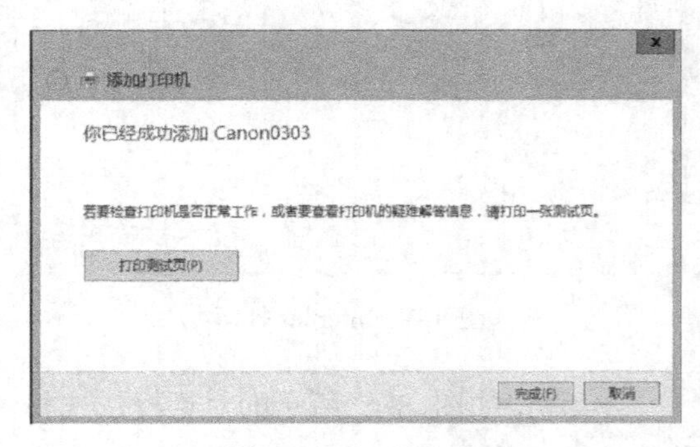

图 8-10　打印测试页

8.2.2 安装网络打印机

将带有网卡的网络打印机连接到网络后，在打印服务器上可按照以下步骤进行安装：

选择“开始”菜单→“控制面板”→“硬件”→“查看设备和打印机”，单击“添加打印机”按钮，在弹出的对话框中单击“我需要的打印机不在列表中”。选择“通过手动设置添加本地打印机或网络打印机”后，单击“下一步”按钮。在如图 8-11 所示对话框中选择“创建新端口”单选按钮，在“端口类型”下拉列表中选择“Standard TCP/IP Port”，单击“下一步”按钮，在如图 8-12 所示对话框中输入打印机主机名或 IP 地址，设置端口名称。接下来的步骤与并行端口打印机安装过程一样。

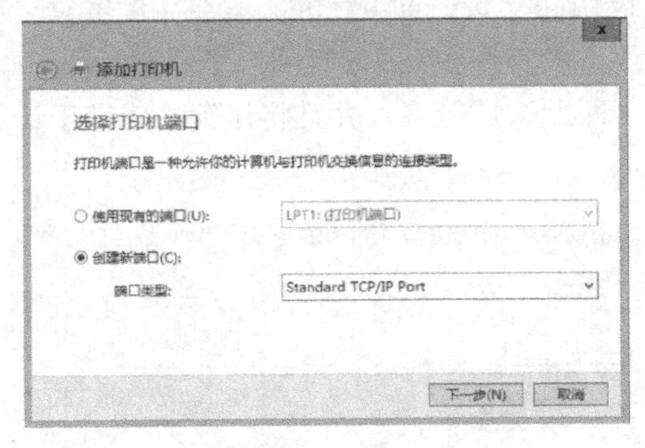

图 8-11　创建新端口

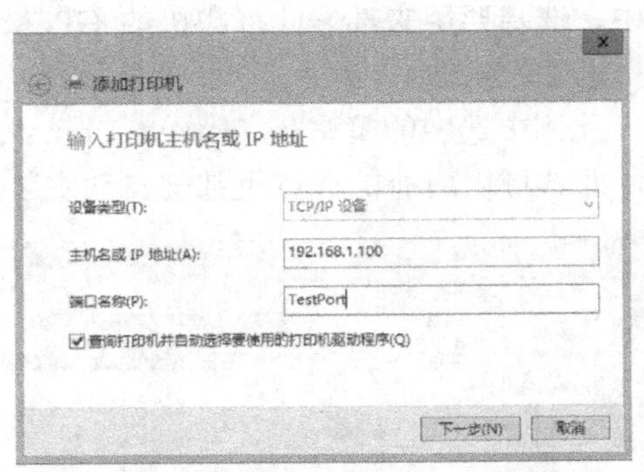

图 8-12　输入打印机主机名或 IP 地址

8.3 连接共享打印机

打印服务器上的打印机必须先共享，然后客户端才能访问。

8.3.1 利用网络发现来连接共享打印机

需先将计算机的网络发现功能启用，可通过“控制面板”→“网络和 Internet”→“网络和共享中心”→“高级共享设置”启用，如图 8-13 所示。

在客户端上打开文件资源管理器后，选择“网络”项，如图 8-14 所示，双击共享打印机，系统就会自动在客户端内安装此打印机。完成安装后，用户可通过“控制面板”→“硬件”→“查看设备和打印机”来查看这台共享打印机。

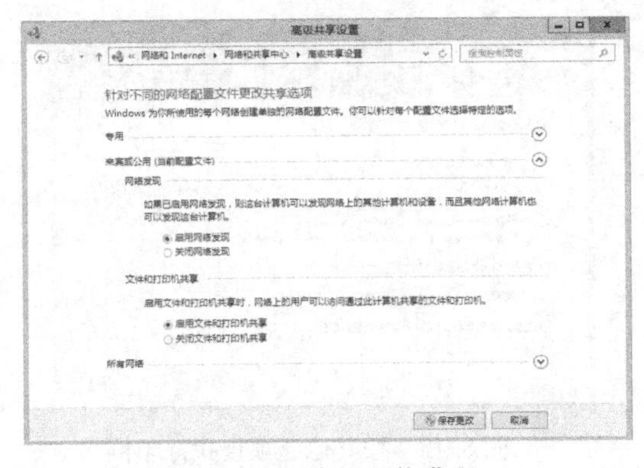

图 8-13　启用网络发现

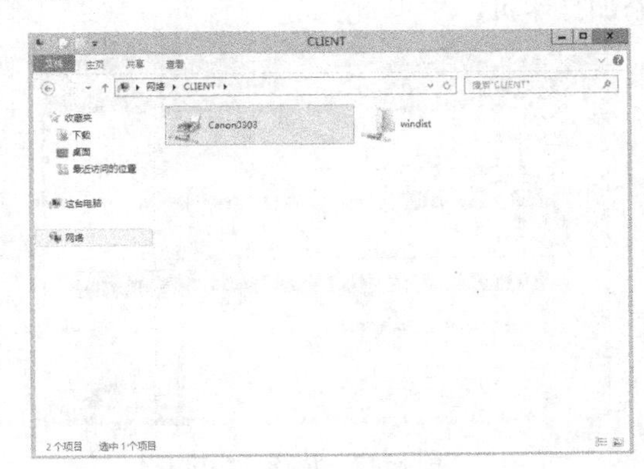

图 8-14　查看共享打印机

☞ 注意：

如果无法启用网络发现，需检查 Function Discovery Resource Publication 服务是否为启动状态。

8.3.2 利用组策略将共享打印机部署给客户端

在活动目录域环境中，可以通过组策略的方式将共享打印机部署给计算机或域中的用户。如图 8-15 所示，打开“打印管理”，展开“打印服务器”节点，用鼠标右键单击要被部署的打印机，选择“使用组策略部署”命令。在如图 8-16 所示的“使用组策略部署”对话框中，选择要用来部署此打印机的 GPO，勾选“应用此 GPO 的计算机（每台计算机）”，单击“添加”按钮。

此例中选中的策略是 Default Domain Policy，即默认域策略，并且将该策略应用于计算机，即该域内所有的计算机都会自动安装此打印机。

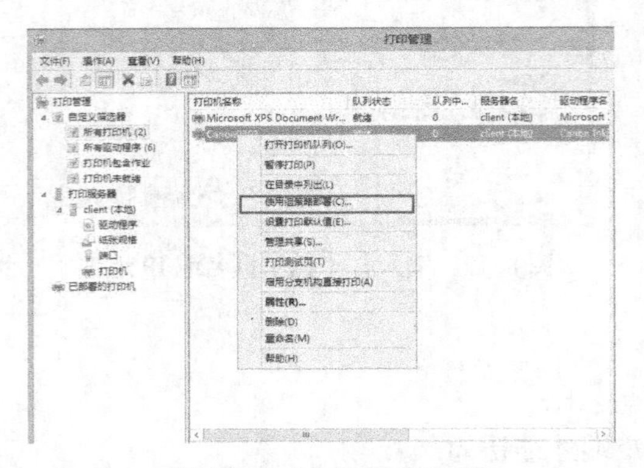

图 8-15 “打印管理”窗口

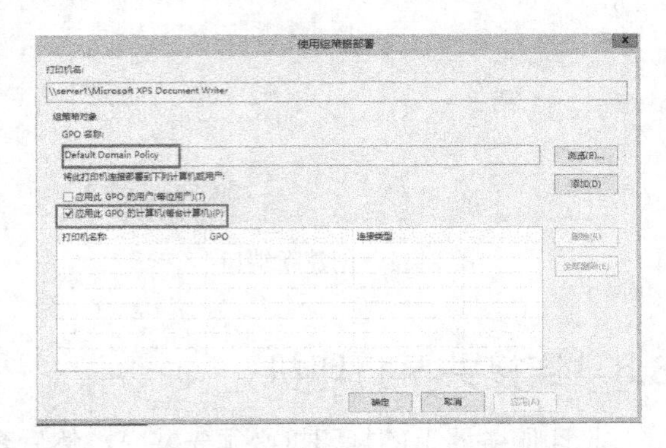

图 8-16 “使用组策略部署”对话框

8.3.3 通过“添加打印机向导”连接共享打印机

选择“开始”菜单控制面板→“硬件”→“查看设备和打印机”，单击“添加打印机”按钮，在如图 8-17 所示的对话框中显示网络中的共享打印机，如果无法显示，则单击“我需要的打印机不在列表中”，弹出如图 8-18 所示的对话框，可选择页面中的 4 种方式之一来添加打印机。

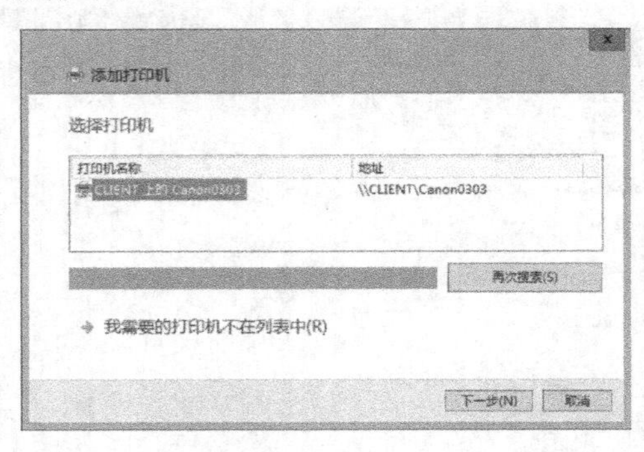

图 8-17 选择打印机

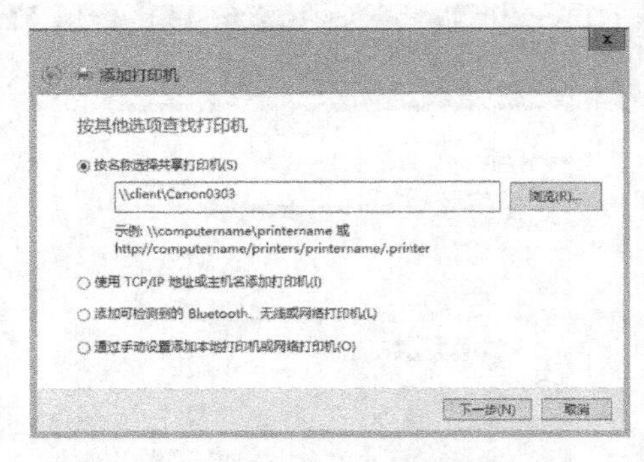

图 8-18 按其他选项查找打印机

8.3.4 通过 Web 浏览器来连接共享打印机

若希望通过 Web 浏览器的方式来连接共享打印机，则需要在安装打印服务器时安装“Internet 打印”服务角色，见第 8.2.1 节；或者通过“服务器管理器”窗口安装 Web 服务器（IIS）角色。

用户可以直接在浏览器地址栏内输入 URL 地址来连接打印服务器。如http://client/printers，如图 8-19所示。

通过浏览器方式访问共享打印机，可以通过浏览器页面对共享打印机进行查看打印作业及管理打印机，如图 8-20 所示。

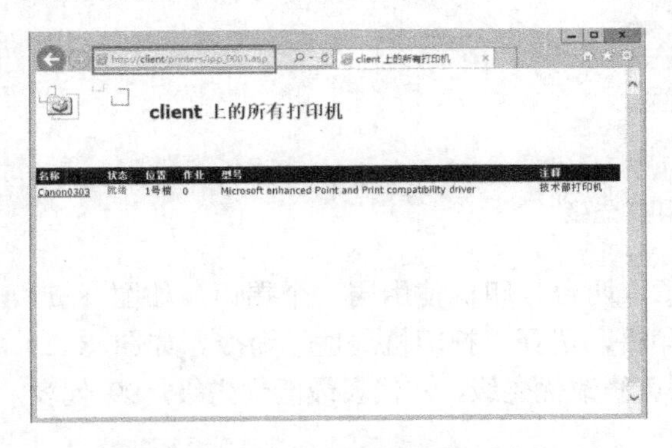

图 8-19　通过浏览器访问打印机

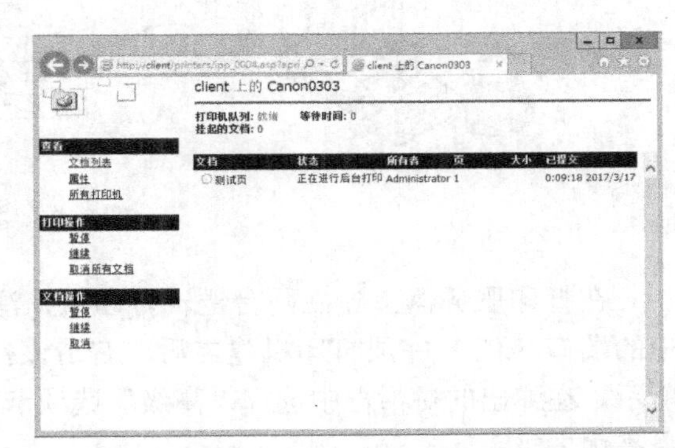

图 8-20　通过浏览器管理打印机

8.4 管理打印服务器

8.4.1 共享打印机的高级设置

在打印服务器上安装完共享打印机后，可以通过设置打印机的属性来进一步管理打印机。

1. 设置打印优先级

有时在打印机打印队列中有上百份文件需要打印，用户可能需要等很长时间才能得到打印内容。而有些工作比较重要需要优先打印，所以在打印机的打印队列中，每个打印作业是有子的优先级（从整数 1 到 99，优先级最高的是 99）。打印机每次从打印队列中取出一个打印作业后，如果在剩下的打印队列中没有比它优先级高的，则打印该作业，否则不会打印该作业，而是将该打印作业重新添加到打印队列尾部。高优先级用户发送的文档可以越过等候打印的低优先级的文档队列。

要利用打印优先级系统，需在打印服务器内建立两个分别拥有不同打印优先级的逻辑打印机，而这两个打印机对应到同一台打印设备，这样可以使得同一台打印设备处理多个逻辑打印机发送过来的文件，如图 8-21 所示。

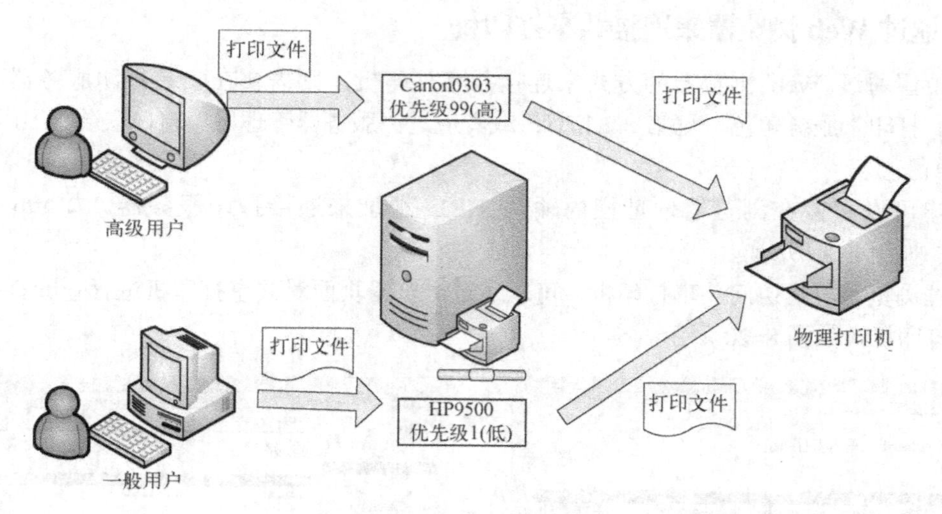

图 8-21　打印优先级

在打印服务器上建立两台逻辑打印机，注意，两台打印机使用同一个端口，如图 8-11 中的端口 LPT1 完成打印机建立后，右击该打印机，选择“打印机属性”命令，如图 8-23 所示。在弹出的对话框中选择“高级”选项卡，可修改优先级，1 代表最低优先级，99 代表最高优先级。

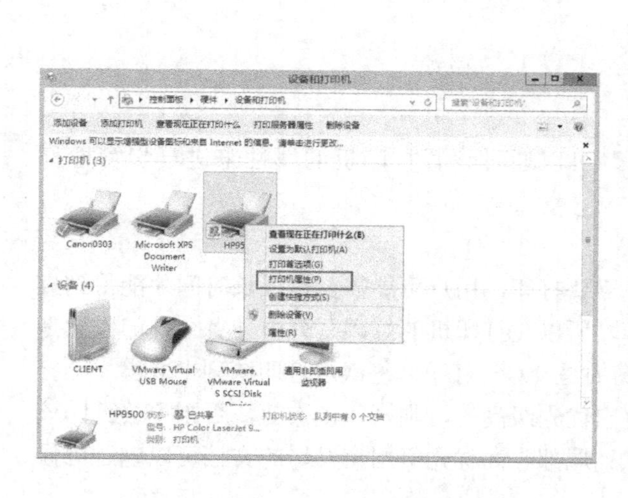

图 8-22　选择“打印机属性”命令

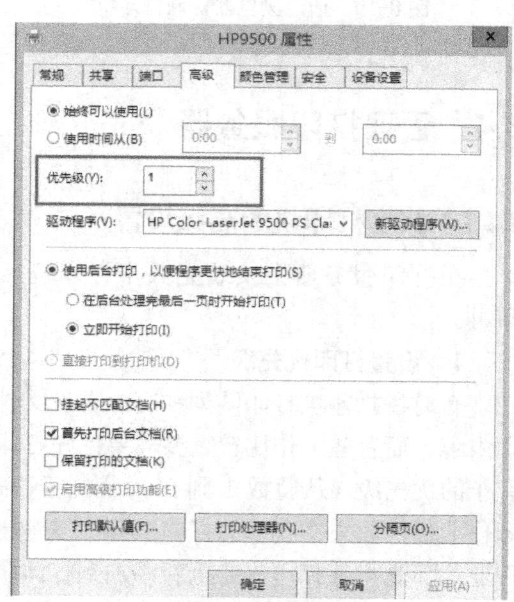

图 8-23　设置打印优先级

还可以使用“打印管理”来完成以上操作：选择“开始”菜单→“管理工具”→“打印管理”，右击要设置优先级的打印机，选择“属性“命令，如图 8-24 所示。

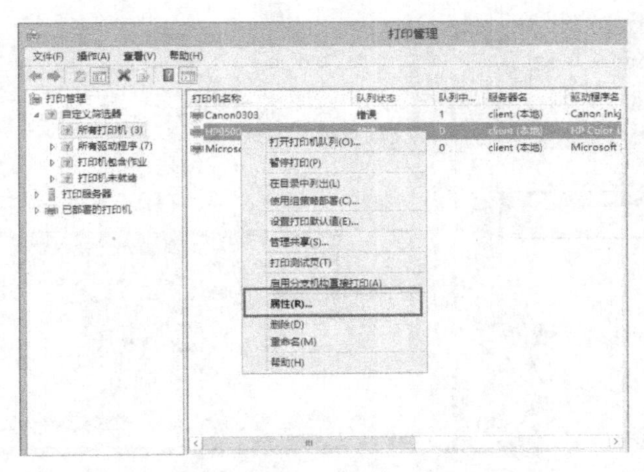

图 8-24 “打印管理“窗口

2. 设置打印机池

打印机池就是将多台相同或者特性相同的打印机设备集合起来，然后建立一个逻辑打印机映射到这些打印设备，使得一个逻辑打印机可以同时使用多台打印设备来打印文件。

当用户需要打印时，首先要打印的文档被传送到打印服务器，打印服务器会根据设备是否正在使用，决定将该文档送到打印机池中的哪台打印设备打印。如图 8-25 所示，打印机 A 和打印机 B 均处于忙碌状态，则逻辑打印机会直接转到打印机 C，进行打印。

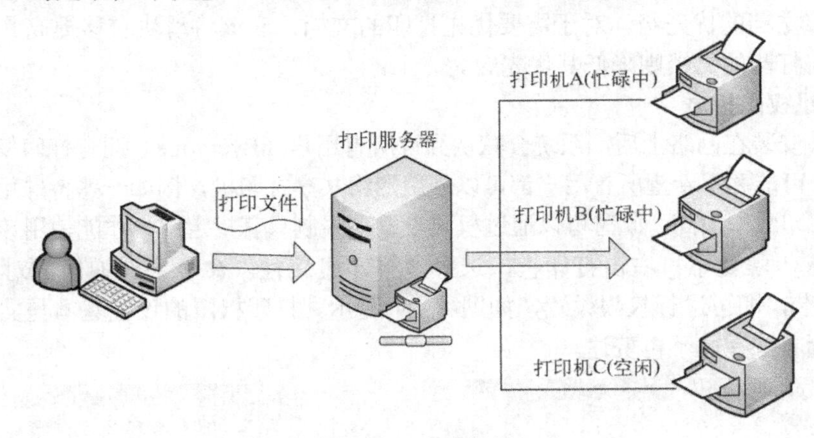

图 8-25　打印机池

打印机池建立的步骤如下：新建一台打印机，右击该打印机，选择“打印机属性”命令，在弹出的对话框中选择“端口”选项卡进行设置，如图 8-26 所示。

3. 管理打印队列

当打印服务器收到打印文档后，这些文档会在打印机内排队等待打印，称为打印队列。

（1）查看打印机打印队列中的文档

查看打印机打印队列中的文档有利于用户和管理员确认打印文档的输出和打印状态。选择“开始”菜单→“控制面板”→“硬件”→“查看设备和打印机”，双击要查看的打印机，在页面中单击“查看现在正在打印什么”按钮，打开“打印机管理”窗口，如图 8-27 所示。其中列出了当前需要打印的文件。

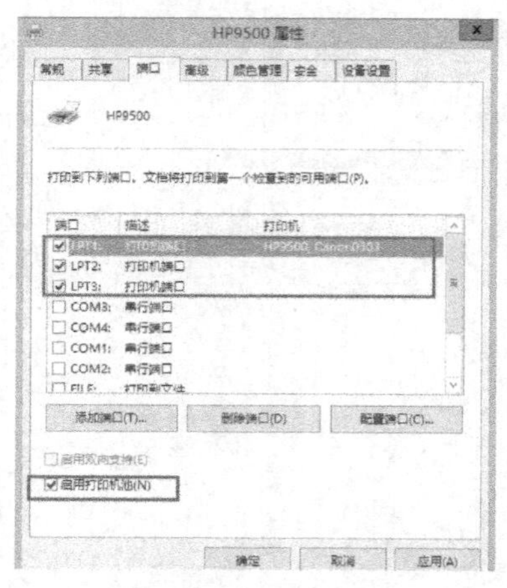

图 8-26 “端口”选项卡

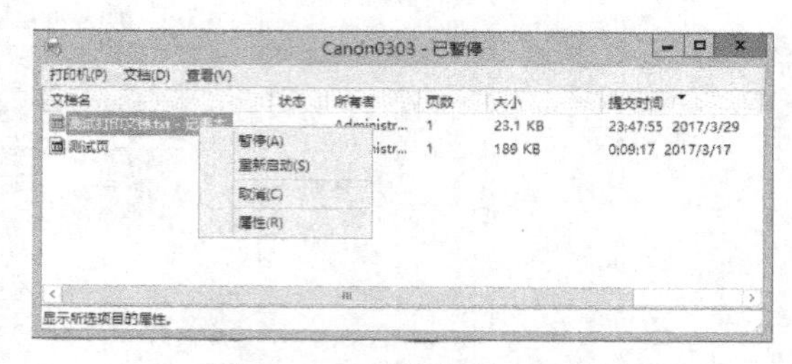

图 8-27 “打印机管理”窗口

如果文档在打印过程中出现问题，可以暂停打印，等待问题解决后再继续重新打印或者取消打印。

（2）更改打印顺序

用户可以通过更改打印优先级来调整打印文档的打印顺序，使得急需打印的文档优先打印出来，步骤如下：在“打印机管理”窗口中，右击需要调整优先级的文档，选择“属性”命令，弹出如图 8-28 所示的对话框，在“常规”选项卡的“优先级”选项区域中，拖动滑块即可改变该文档的优先级。对于需要优先打印的文档，应该将滑块右移提高其优先级；对于不需要提前打印的文档则降低其优先级。

4. 打印机权限指派

打印机被安装在网络上后，系统会默认允许所有用户（Everyone）拥有打印权限。但是在某些情况下，可能并不希望所有用户都可以使用网络共享打印机，例如一些特殊用途的高价位打印机，其打印成本很高。此时可以通过权限设置来限制只有指定用户才能使用该打印机。

权限设置步骤如下：右击打印机，选择“打印机属性”命令，在弹出的对话框中选择“安全”选项卡，即可进行权限设置，如图 8-29 所示。打印权限的设置基本与文件权限设置相同，故设置方法在此不再赘述。

图 8-28 “常规”选项卡

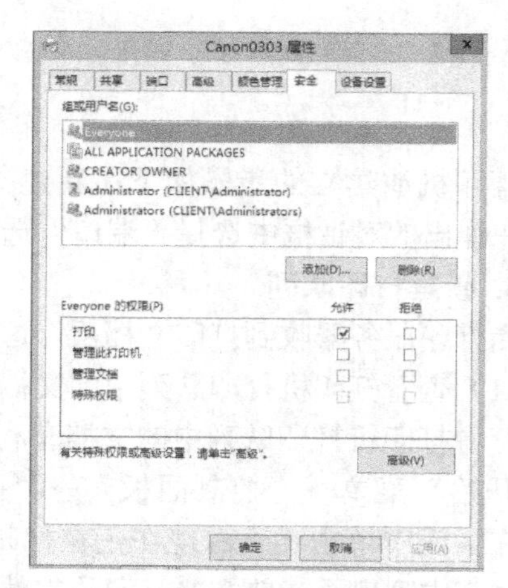

图 8-29 “安全”选项卡

打印机权限说明如表 8-1 所示。

表 8-1　打印机权限

打印机权限	打印	管理文档	管理此打印机
连接打印机与打印文件	✓		✓
暂停、继续、重新开始和取消打印用户自己的文件	✓		✓
暂停、继续、重新开始和取消打印所有的文件		✓	✓
更改所有文件的打印顺序、时间等设置		✓	✓
将打印机设置为共享打印机			✓
修改打印机属性			✓
删除打印机			✓
修改打印机权限			✓

（1）打印权限

允许用户连接打印机与打印文件，允许用户暂停、继续、重新开始和取消打印用户自己的文件。默认情况下，Everyone 组成员具有打印权限。

（2）管理文档权限

用户可以暂停、继续、重新开始和取消由其他用户提交的打印文档，还可以重新安排这些文档的打印顺序。但用户无法将文档发送到打印机或控制打印机状态。默认情况下，管理文档权限指派给 Creator Owner 组的成员。

（3）管理打印机权限

用户对打印机具有完全控制的权限。用户可以暂停和重新启动打印机、更改打印机后来处理程序设置、共享打印机、更改打印机权限及更改打印机属性，默认情况下，管理打印机权限指派给服务器的 Administrator 组、Print Operators 组和 Server Operators 组的成员。

5. 打印机所有权

每台打印机都有所有者，如同文件及文件夹所有者一样，所有者具备修改此打印机权限的能力。打印机的默认所有者是 SYSTEM。

以下用户或组成员能够成为打印机的所有者：

- 由系统管理员定义的具有管理打印机权限的用户或组成员
- 系统提供的 Administrator 组、Print Operators 组、Server Operators 组和 Power Users 组的成员。

如果要成为打印机的所有者，首先要使用户具有管理打印机的权限，或者加入上述的组。设置打印机所有者的步骤如下。

1）在图 8-26 所示的“安全”选项卡中，单击“高级”按钮，打开“高级安全设置”对话框。

2）单击“更改”按钮，弹出如图 8-30 所示的“选择用户或组”对话框，在“输入要选择的对象名称”列表框中输入要成为打印机所有者的用户或组；也可以单击“高级”按钮，在弹出的对话框中单击“立即查找”按钮，查找要成为打印机所有者的用户或组。

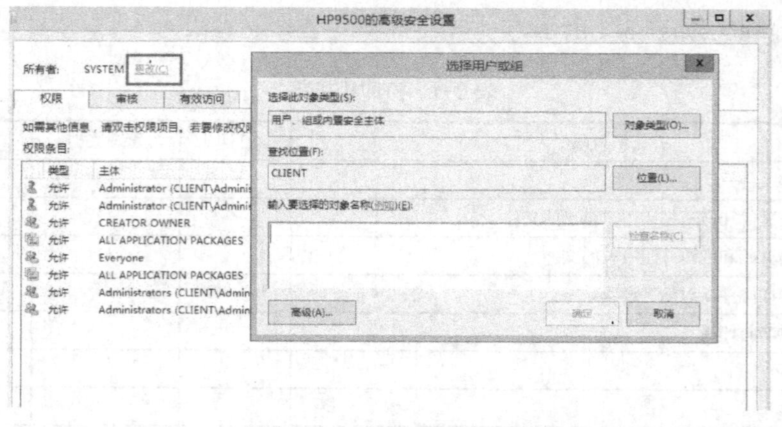

图 8-30　设置打印机所有权

8.4.2　分隔页的使用

因为共享打印机可以供网络中多人使用，因此在打印设备上可能有多份已经打印完成的文件，如何分辨这些文档的所有者，可以通过设置分隔页来分隔每一份文档。即在打印每份文档之前先打印分隔页，分隔页中可包含拥有该文件的用户名称、打印日期时间等内容。

1. 建立分隔页文件

系统内置了几个标准分隔页文件，位于系统文件夹\Windows\System32 内，如图 8-31 所示。

- Sysprint.sep：适用于与 PostScript 兼容的打印设备。
- Sysprtj.sep：日文版的 Sysprint.sep。
- Pcl.sep：适用于与 PCL 兼容的打印设备。
- Pscript.sep：适用于与 PostScript 兼容的打印设备，用来将打印设备切换到 PostScrip 模式，但不会打印分隔页。

如果上述标准分隔页文件不符合需求，可自行在\Windows\System32 文件夹内利用记事本来设计分隔页文件。格式可参照如图 8-32 所示的 Pcl.sep 文件。其中第一行为\，表示此文件是以“\”代表命令符号。不同的命令符号的功能如表 8-2 所示。

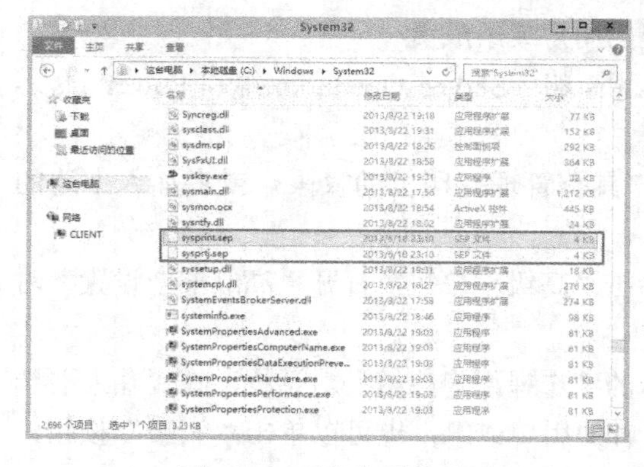

图 8-31　系统内置分隔页

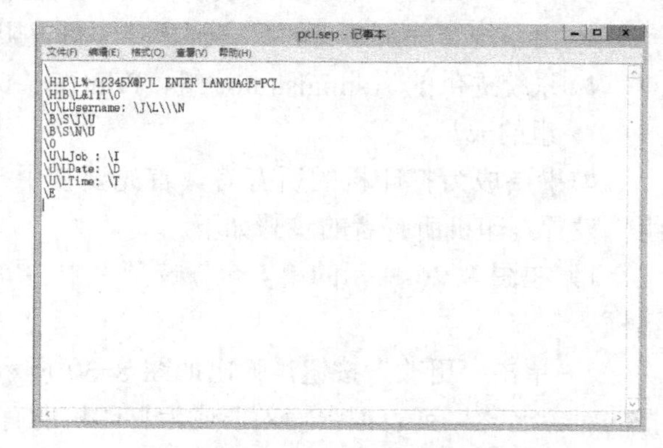

图 8-32　Pcl.sep 文件

表 8-2　常见命令符功能

命令	功能
\J	打印送出此文件的用户的域名，仅 Windows Server 2012（R2）、Windows 8.1（8）内的打印队列支持
\N	打印送出此文件的用户名称
\I	打印作业号码
\D	打印文件被打印出来的日期
\T	打印文件被打印出来的时间
\L	打印所有跟在\L 后的文字，直到遇到另一个命令符为止
\Fpathname	由一个空白行开头将 Fpathname 所指文件内容打印出来，不会做任何处理
\Hnn	送出打印机句柄 nn
\Wnn	设置分隔页的打印宽度，默认为 80，最大为 256，超过设置值的字符会被截掉
\U	关闭块字符打印，兼具跳行功能
\B\S	以单宽度块字符打印文字，直到遇到\U 为止
\B\M	以双宽度块字符打印文字，直到遇到\U 为止
\E	跳页
\n	跳 n 行，n 可为 0～9，n 为 0 表示跳到下一行

2. 选择分隔页文件

选择分隔页文件的方法如下：在“打印机属性”对话框的“高级”选项卡中单击“分隔页”按钮，在弹出的对话框中输入或选择分隔页文件，单击“确定”按钮，如图 8-33 所示。

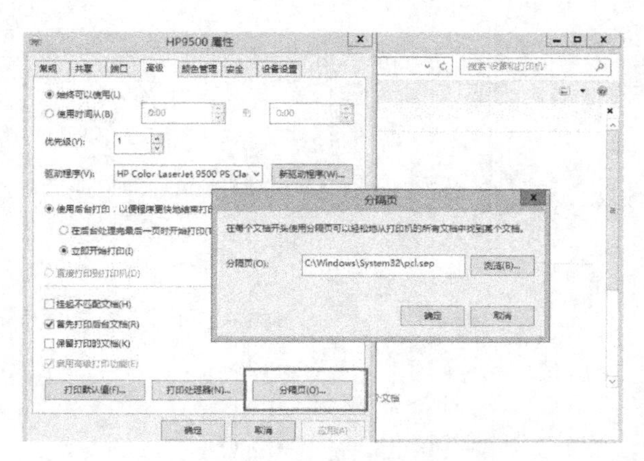

图 8-33　选择分隔页文件

本章小结

1）Windows Server 2012 R2 支持多种高级打印机功能，不论打印服务器位于网络中哪个位置，用户都可以通过网络对其进行管理；对客户端来说，甚至不用安装打印机驱动就可以使用网络打印机。

2）打印服务器提供简单而高效的网络打印解决方案。一端连接打印机，一端连接网络，打印服务器在网络中的任何位置，都能够很容易地为局域网内所有用户提供打印。

3）本地打印设备+打印服务器，将本地打印设备直接连接到本地打印机，并将其设置为共享打印机后，即可使网络用户来使用该打印设备，即成为打印服务器。

4）网络打印设备+打印服务器，将一台带有网卡的网络打印机通过网线连入局域网，给网络打印机分配 IP 地址，使得网络打印机成为网络上的一个不依赖于其他计算机的独立节点，然后在打印服务器上对该网络打印机进行管理，用户就可以使用网络打印机进行打印了。

第 9 章　数字安全和证书服务

本章首先介绍网络信息安全，包括网络信息安全的概念、常规加解密技术以及公钥加密解密技术；然后介绍基于 PKI 的数字证书的概念、格式、原理、种类和基于 PKI 的数字证书解决方案；最后介绍如何利用 Windows Server 2012 的证书服务构建和管理 CA 以及使用 SSL 构建的 Web 站点。

学习完本章，读者可以建立自己的数字证书认证中心 CA，向网络用户颁发数字证书，开展保密和鉴别的网络服务。

9.1　网络信息安全简介

随着计算机技术的广泛应用，网络技术特别是互联网技术的运用已经渗透到各行各业。例如在商业及金融领域，人们现在可以通过互联网实现网上购物、网上炒股和网上银行等工作，而且这些网站的发展也越来越快。所有这些网站的发展都离不开一个关键技术，那就是网络安全技术。这主要是因为原来在设计 TCP/IP 时，考虑安全方面的问题较少，互联网安全性能很差，所以需要通过网络安全技术来实现信息在不安全的网络中的安全传递。那么，什么样的信息才能称为是安全的网络信息呢?

9.1.1　网络信息安全的概念

按照规范的定义，安全的网络信息必须满足以下几个最基本的特征。

1．机密性

机密性是指信息仅能够被授权的用户得到，没有被授权的用户不能得到这些信息，即保证信息为授权者享用而未泄漏给未经授权者。

2．完整性

完整性包括数据完整性和系统完整性两方面。

1）数据完整性：信息未被未授权篡改或者损坏。

2）系统完整性：系统未被非授权操纵，按既定的功能运行。

3．可用性

可用性是指授权的用户能够得到其授权访问的信息，即保证信息和信息系统随时为授权者提供服务，而不要出现非授权者滥用却对授权者拒绝服务的情况。

4．不可否认性

信息的发送方必须对自己的操作承担责任，不可否认。比如在网上炒股过程中，用户通过网络下单后，下单的信息必须不可否认。这有两个方面的含义。一方面证券交易所不可否认自己收到了用户的下单信息，另一方面用户不可否认自己的下单信息。这需要某种机制来实现这种双方的不可否认性。

那么，应该采用什么样的技术来确保网络上信息的安全呢?自然而然地，我们会想到对网络上传输的信息进行加密的解决方案。信息的发送方对要传输的信息进行加密，在Internet上传输的是加密后的信息，只要通过一定的技术确保加密的信息不容易破解，就能够确保信息传送过程中的安全。信息的接收方接收到加密后的信息后进行解密，还原成未加密的信息，这就是网络信息加密技术的原理。根据其实现机制的不同，又可以分为常规加解密技术和公钥加解密技术。下面分别介绍这两种加解密技术。

9.1.2 常规加解密技术

常规加解密技术又称为对称加解密技术或单密钥加解密技术，其原理如图 9-1 所示，先介绍图中的一些基本概念。

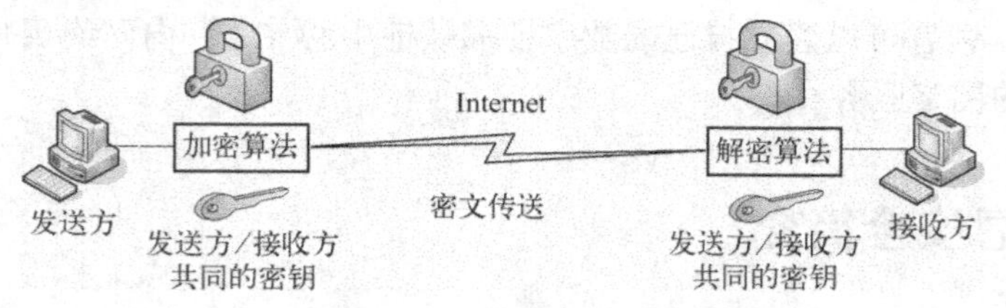

图 9-1 常规加解密技术

1. 加解密体系的概念

1）明文：未被加密的信息。

2）密文：被加密后的信息。

3）加密：使用某种方法伪装消息以隐藏其内容的过程，把明文转变为密文。

4）解密：把密文转变为明文的过程。

5）加密算法：对明文进行加密操作时采取的一组规则。

6）解密算法：对密文进行解密操作时采取的一组规则。

7）加密密钥：加密过程中使用的密钥。

8）解密密钥：解密过程中使用的密钥。

2. 常规加解密技术的特点

常规加解密技术中，接收方和发送方使用同样的密钥，也就是加密密钥和解密密钥是完全一致的，必须保证该密钥的安全。

3. 常规加解密的过程

1）信息的加密过程：信息的发送方使用密钥，控制加密算法对明文进行加密，将其变成密文在网络上传输。

2）信息的解密过程：信息的接收方使用相同的密钥，控制解密算法对密文进行解密，将其变成明文。

4. 常规加解密技术的分类

最常见的对常规加解密技术的分类有两种。

1）分组加解密技术：明文为固定长度的数据块，经过加密后变成固定长度的密文块，这是目前绝大多数网络使用的加解密技术，通常分组大小为 64bit。

2）流加解密技术：每次加解密数字流的一个 bit（位）或者一个 Byte（字节）。

常规加解密技术的分类也适用于公钥加解密体系。

5．常规加解密技术使用的算法

对使用常规加解密技术进行保密通信的双方来讲，最重要的是使用足够强度的密钥和保证密钥的安全，而使用的算法是无需保密的。下面介绍一些目前国际上公认的算法。

DES：数据加密标准算法，这是目前使用最广泛的加解密算法，是 1977 年由美国标准局（National Bureau of Standards）采用的联邦信息处理标准。在 DES 中数据按照 64bit 进行分组，使用 56bit 的密钥。加密算法经过一系列的步骤将 64bit 的明文变换成 64bit 的密文，解密过程中使用同样的步骤和同样的密钥。对 56bit 长度的密钥，有 256 种可能的密钥组合，即 7.2×10^{16} 种可能的密钥，因此，一般用户是很难破译出密钥的。但对于高度机密的信息，56bit 的密钥是不够的。

IDEA：国际数据加密算法，是由瑞士联邦理工学院的 James Massey 和 Xueiia Lai 两人最先研制的分组加解密算法。算法使用 64 bit 的明文分组，128 bit 的密钥，产生 64 bit 的密文。

Blowfish：该算法是由 Bruce Schneier 研制的分组算法。算法使用 64bit 的明文分组，密钥长度可变，最长为 448bit，产生 64bit 的密文。

RC5：该算法是由 Ron Rivest 研制的分组算法。算法使用 32bit、64bit 或者 128bit 的明文分组，产生对应长度的密文分组。密钥长度 0～2040bit。由于参数可以变化，因此 RC5 被标记为 RC5-W/R/B，W 代表分组大小，R 代表循环数，B 代表密钥长度（以 Byte 为单位），例如 RC5-32/12/16 表示 32bit 分组、加解密经过 12 轮循环，密钥长度为 16Byte（128bit）的 RC5 算法。

CAST—128：该算法是由 Carlisle Adams 和 Stafford Tavares 研制的分组算法。算法使用 64bit 的明文分组，64bit 的密文分组，密钥可以长度从 40bit 按照 8bit 递增到 128bit。

Cl RC2：该算法是由 Ron Rivest 研制的分组算法。算法使用 64bit 的明文分组，64bit 的密文分组，密钥长度 8～1024bit。

目前一些先进的分组加解密算法都提供了可变长度的密钥，密钥越长，用穷举搜索方法破译密钥的难度就越大。常规加解密技术曾经在相当长的时间内是进行保密通信的主要手段，但 Internet 的发展为网络信息安全提出了新的需求。面对这些新的需求，常规的加解密技术就显得力不从心了，这就是公钥加解密体系的起源。下面先介绍网络信息安全的新需求，然后介绍公钥加解密体系。

9.1.3 公钥加解密技术

公钥加密技术又称为非对称加密技术，是整个密码学历史上一次伟大的革命，对保密通信、密钥分配和鉴别领域产生了深远的影响。

1．公钥加密技术的结构

在公钥加密体系结构中，每个网络上的用户都拥有两个密钥，称为公钥和私钥。在信息的发送和接受过程中，使用一个密钥加密，使用另外一个密钥解密，用一个用户的两个密钥可以互相加解密，但这两个密钥互相之间很难相互推导得出。

1）公钥：也称为公开密钥，这个密钥是可以向其他用户公开的。

2）私钥：也称为私有密钥，这个密钥是用户自己拥有的，不能公开。

那么，为什么采用公钥加解密技术就能够实现这些网络信息安全的新需求呢?

2．公钥结构的保密通信的原理

要进行保密通信，发送方使用接收方的公钥对明文进行加密，接收方使用自己的私钥对密文进行解密。由于只有接收方才能对由自己的公钥加密的信息进行解密，因此可以实现保密通信，如图 9-2 所示。

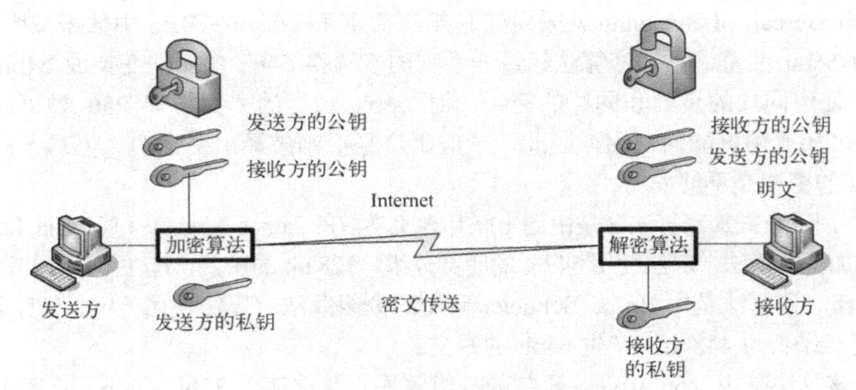

图 9-2　公钥结构的保密通信的原理

3．公钥结构的鉴别通信的原理

要进行鉴别通信，发送方使用自己的私钥对明文进行加密，接收方使用发送方的公钥对密文进行解密。接收方使用发送方的公钥进行解密，可以确信信息是由发送方加密的，也就鉴别了发送方的身份，如图 9-3 所示。

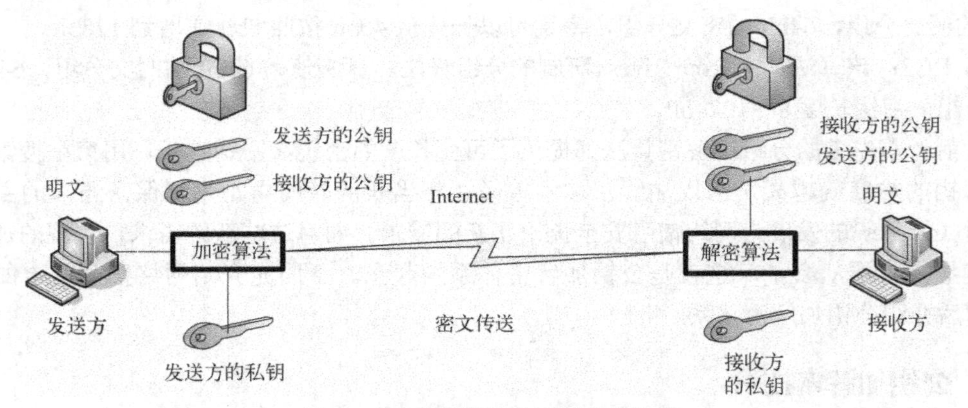

图 9-3　公钥结构的鉴别通信的原理

4．公钥结构的鉴别+保密通信的原理

要进行鉴别+保密通信，发送方先使用自己的私钥对明文进行加密，然后使用接收方的公钥进行加密。接收方先使用接收方的公钥进行解密，然后使用自己的私钥进行解密，这样就实现了鉴别和保密通信，如图 9-4 所示。

通过保密和鉴别通信，就能够实现不可否认、数字签名和鉴别需求，这是目前公钥加解密技术广泛使用的原因。

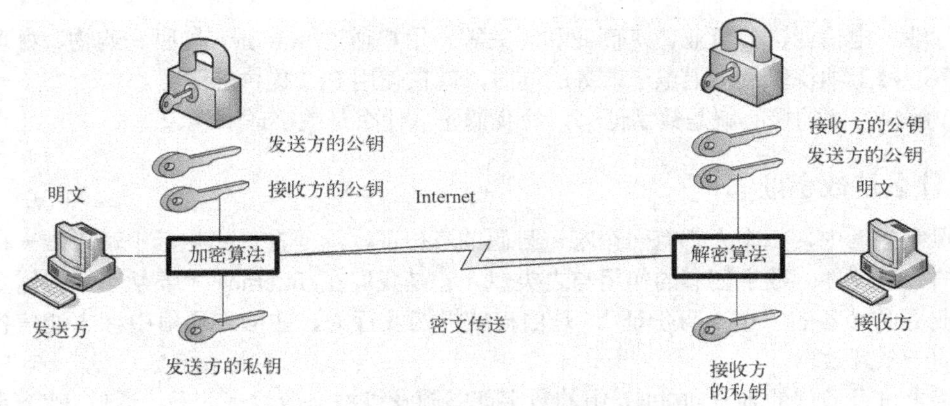

图 9-4　公钥结构的鉴别+保密通信的原理

5．公钥加解密技术使用的算法

下面介绍在公钥加解密技术中经常使用的算法。

- RSA 算法：由 MIT（麻省理工学院）的 Ron Rivest、Adi Shamir 和 Len Adleman 共同研制，在 1978 年首次发表的公钥算法，是广泛接受的通用公钥加解密算法。明文以分组为单位进行加密，使用的密钥长度可变，已经出现了 1024bit 甚至更高的密钥。
- MD5：由 Ron Rivest 提出的一种报文摘要算法。将任意长度的输入报文分成 512bit 的分组进行处理，最后产生一个 128bit 的报文摘要。报文摘要用于实现对报文的鉴别。MD4 是 MD5 的前身。
- SHA：安全散列算法（有的书上称为安全 Hash 算法）是由美国国家标准和技术协会（NIST）在 1993 年公布的联邦信息处理标准。输入报文长度不超过 2bit，按照 512bit 的分组进行处理，最后产生一个 160bit 的报文摘要。
- RIPEMD—160：由欧洲的一些技术人员在进行一个名为 RIPE 项目的过程中间发明的报文摘要算法。任意长度的输入报文，按照 512bit 的分组进行处理后，产生一个 160bit 的报文摘要。

用来对报文进行鉴别的代码称为报文鉴别码 MAC，接收方同时收到报文和发送方传送的鉴别码。接收方运用密钥对报文执行鉴别算法就能够得出报文的鉴别码，将接收到的鉴别码和运算后的鉴别码进行比较，可以确认报文的真伪。

在了解了对信息的两种加解密技术后，下面转入对公钥加解密技术进行进一步的学习。在公钥加解密技术中需要解决两个最主要的问题。

- 密钥的产生问题：如何产生密钥对。
- 公钥的分发问题：如何在用户之间进行安全的公钥分发。

下面介绍目前最成熟和使用最广泛的基于 PKI 的数字证书解决方案。

9.2　基于 PKI 的数字证书解决方案

PKI（Public Key Infrastructure，公钥结构）即完整的公钥解决方案，是利用公钥加解密技术来实现网络信息安全的技术，代表了当今世界安全技术领域的最高水平。PKI 技术是包括软、硬件技术和网络技术的综合，对于 Internet 上的网络信息安全具有重大的意义。目前世界各国都在研究、制订本国的 PKI 相关法规和基础建设。我国的 PKI 建设和应用目前还主要在银行业、电信业、外贸业、工商业和海关等。用户通过 Internet 炒股、购物、办理网上银行业务、网上纳税以及网上电子政务的同时，就在使用 PKI 提供的服务。

PKI 解决方案的核心就是数字证书，让我们先从什么是数字证书谈起。

9.2.1 什么是数字证书

在日常生活中，每个人都有一个唯一号码的身份证，这是在现实生活中可以唯一标识人的身份的合法证件。数字证书的作用与之类似。它是我们在 Internet 上要从事一些需要安全保密的业务时必备的“个人身份证”，是由权威机构发行的、在网络通信中标志通信各方身份信息的一系列数据。

网络上进行通信的各方向 PKI 中的数字证书颁发机构申请数字证书，通过 PKI 系统建立的一套严密的身份认证系统来保证：

1）信息除发送方和接收方外不被其他人窃取。

2）信息在传输过程中不被篡改。

3）发送方能够通过数字证书来确认接收方的身份。

4）发送方对于自己的信息不能抵赖。

9.2.2 数字证书的格式

目前，Internet 上使用的数字证书几乎都采用称为 X.509 的国际标准格式。该格式对数字证书的内容和各内容选项的长度都有明确的规范，主要包括以下要素。

1）版本：采用的 X.509 格式的版本号，包括 Version 1、Version 2 和 Version 3（好比是身份证的格式标记）。

2）序列号：由证书颁发机构颁发的该证书的唯一整数值（好比是身份证号码）。

3）签名算法：用来对数字证书进行签名的算法和相关参数（好比是身份证的制作方法）。

4）颁发者：创建和对该证书进行签名的 CA（证书颁发机构）的名字（好比是身份证的颁发公安机关）。

5）使用者：证书的用户名，证书证实了持有相应私钥和公钥的用户名（好比是身份证的人名）。

6）使用者唯一标识符：证书的用户名对应的唯一标识符。

7）有效起始日期：证书开始生效的日期（好比是身份证的生效日期）。

8）有效终止日期：证书失效的日期（好比是身份证的失效日期）。

9）公钥：用户的公钥算法标识符及位数。

10）密钥用法：数字证书的用法。

11）使用者密钥标识符：用户的公钥。

数字证书中包含用户信息、证书颁发机构信息和用户的公钥信息，不包括用户的私钥信息，用户需要自己保证私钥的安全。

9.2.3 数字证书的原理

数字证书采用公钥机制。用户在向权威的证书颁发机构申请数字证书的过程中，证书颁发机构提供的程序将为用户产生一对密钥，一把是公开的公钥，它将在用户的数字证书中公布并将寄存于数字证书认证中心。而另一把则是私人的私钥，它将存放在用户的计算机上。它是在本地计算机上产生的，且不传送给任何人。用户填写相应的申请数字证书的表格后，将把公钥和用户的个人信息提交给数字证书认证中心，认证中心经过审核后，决定是否给用户颁发证书。通信的各方都获得由相同的权威的数字证书认证中心颁发的数字证书后，通过 Internet/Intranet 就可以采取保密、鉴别或者保密加鉴别的通信了，如图 9-5 所示。

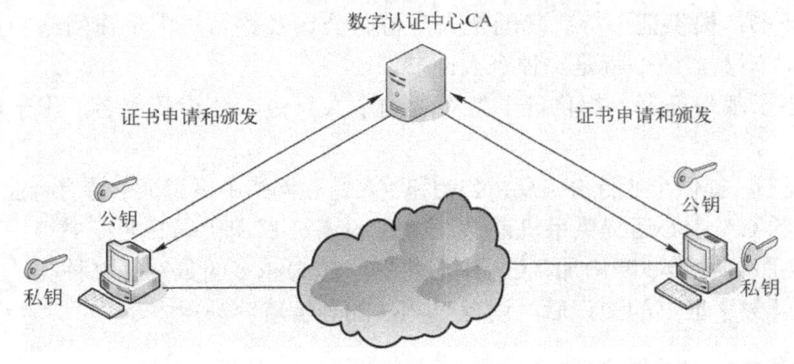

图 9-5　数字证书的原理

采用数字证书后，用户的数字身份的完整性完全取决于私钥的安全保管。保护私钥是用户个人的责任。任何人一旦获得了私钥就能伪造数字签名，并冒充他人为所欲为。

9.2.4　数字证书的种类

目前 Internet 上有许多数字证书认证中心，国外比较知名的有 VeriSign（http://www.verisign.com）等。我国的数字证书认证中心建设起步较晚，而且由于数字证书机构的投入和管理需要大量的资金、技术和人才，尽管目前各省和专门行业都出现了一些 CA 中心，但这些中心都是面向特定的用户群颁发数字证书的，真正免费的数字证书颁发机构还不多见。图 9-6 是中国金融认证中心的网站主页（http://www.cfca.com.cn），该认证中心颁发的数字证书广泛应用于金融行业的网上业务，是中国银行业通用的数字证书。涵盖了工商银行、中国银行、交通银行、建设银行和农业银行等国有商业银行领域。当用户在网上使用这些商业银行的业务时，就需要下载并安装由 CFCA 提供的数字证书。

CFCA 是行业 CA，北京数字证书认证中心（http://www.bjca.org.cn）是省级的、主要面向电子政务应用的 CA，由该机构颁发的数字证书已经应用在网上税务、政府网上办公等领域，其网站主页如图 9-7 所示。

图 9-6 “中国金融认证中心”主页

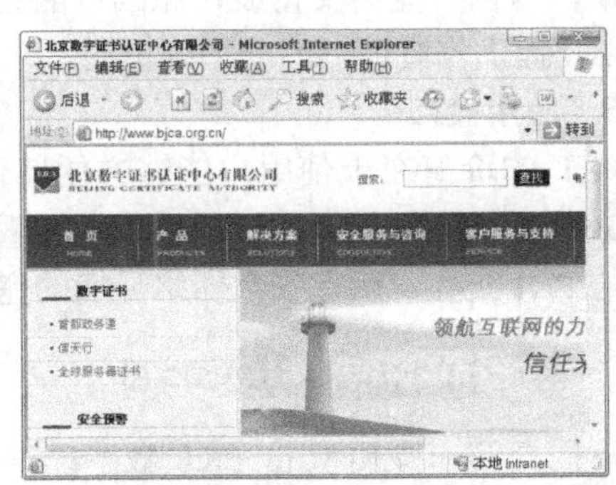

图 9-7 “北京数字证书认证中心”主页

纵观这些 CA，基本上都提供以下一些种类的数字证书。

1）Web 服务器证书：用于在 Web 服务器和浏览器之间建立安全的连接通道，直接存储在 Web 服务器的硬盘上。

2）服务器身份证书：用于对网络中的一些服务器进行身份标识，提供服务器的信息、公钥和签名，确保与其他服务器或用户通信的安全。

3）个人证书：提供证书持有者的个人身份、公钥及签名，用于在网络中标识证书持有者的个人身份，浏览器证书就是一种个人证书。

4）安全电子邮件证书：提供证书持有者的个人身份、公钥及签名，用于电子邮件的安全传递和认证。

5）企业证书：提供企业身份信息、公钥和签名，在网络中标识证书持有企业的身份。

目前，有的 CA 中心还提供手机证书、VPN 设备证书和代码签名证书等。可以预见，随着 Internet 上的服务种类不断增加，CA 中心将提供越来越多的数字证书种类。

在学习了解数字证书的知识后，读者对 PKI 的理解就容易得多了。

9.2.5 数字证书体系的结构

一个完整的 PKI 系统是由数字证书的颁发、备份、管理、吊销和应用接口等部分构成的总体，比如 CFCA 就是一个完整的 PKI 系统，各省的 CA 中心也是一个完整的 PKI 系统。当然，数字证书的颁发和认证机构 CA 是 PKI 系统的核心。下面介绍 PKI 的结构。

1. CA

CA 即数字证书的申请及签发机关，CA 必须具备权威性的特征。

2. 数字证书库

数字证书库用于存储已签发的数字证书及公钥，用户可由此获得所需的其他用户的证书及公钥。

3. 密钥备份及恢复系统

如果用户丢失了用于解密数据的密钥，则数据将无法被解密，这将造成合法数据的丢失。为避免这种情况，PKI 必须提供备份与恢复密钥的机制。但密钥的备份与恢复必须由可信的机构来完成，并且密钥备份与恢复只能针对解密密钥，不能够针对用于签名的私钥。

4. 证书作废系统

证书作废处理系统是 PKI 的一个必备的组件。与日常生活中的各种身份证件一样，证书有效期以内也可能需要作废，原因可能是密钥介质丢失或用户身份变更等。为实现这一点，PKI 必须提供作废证书的一系列机制。

5. 应用接口

PKI 的价值在于使用户能够方便地使用加密、数字签名等安全服务，因此一个完整的 PKI 必须提供良好的应用接口系统（API），使得各种各样的应用能够以安全、一致、可信的方式与 PKI 交互，确保安全网络环境的完整性和可用性。

9.2.6 数字证书解决方案实例

下面介绍一些典型的 PKI 数字证书的应用解决方案，以加深读者对这些抽象概念的理解。例如银行的网站查询账户信息或者进行电子支付，一般需要下载银行的数字证书。再如两个需要确保安全通信的公司在通信时可以采用数字证书来验证双方的身份，双方都可以向一个权威的 CA 中心申请数字证书，能够确保信息的安全。

9.3 构建数字证书服务

对于想在 Internet/Intranet 上开展安全的网络通信的用户来讲，除了可以向一些免费的数字证书认证中心申请数字证书外，也可以自己利用 Windows Server 2012 支持的证书服务建立自己的 CA，然后给网络用户颁发数字证书。当然，这样建立的 CA 距离真正商业运行的 CA 还差得很远，但原理是一致的。

9.3.1 如何设计 CA 的结构

Windows Server 2012 中的证书服务，支持两种类型的 CA。

1．企业 CA

在构建一个大型企业的 Windows 网络时，网络中可能存在多个 Windows 服务器，每个服务器提供不同的服务，这样的大型网络可能被划分为一些便于管理的单位——域。一个域可能包含多个服务器和客户端，为了对域中的成员服务器和客户端的安全性进行集中管理，可以将其中一台服务器设置为域控制器，这样在域控制器上需要安装 Windows Server 2012 的 Active Directory（活动目录），通过目录服务来提供集中管理的机制。

如果是这样的 Windows 网络，在规划建立 CA 的时候，就可以利用域控制器来构建企业根 CA，企业根 CA 并不直接面向客户端用户颁发证书，而是给域成员服务器上构建的企业从属 CA 颁发授权证书，企业从属 CA 必须从根 CA 中获得授权的证书后才能向客户端颁发数字证书。其原理如图 9-8 所示。

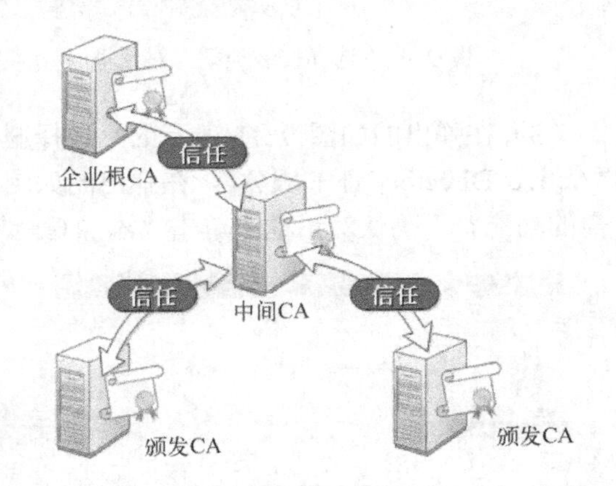

图 9-8　企业根 CA、从属 CA 之间的信任及颁发证书

2．独立 CA

如果构建的 Windows 网络中的服务器中实现的是分布式控制，没有域控制器，各服务器称为独立服务器，在规划 CA 时，可以考虑建立独立 CA。在这样的 CA 结构中，设置一个独立根 CA，其他服务器上可以建立独立从属 CA，由独立根 CA 向从属 CA 颁发授权证书，独立从属 CA 向客户端颁发数字证书，其原理与图 9-8 相似。当然，如果网络环境单一，也可以建立独立的根 CA，直接给客户端颁发数字证书。

一般而言，如果企业仅面向内部建立 Intranet 网络，向内部用户颁发数字证书，可以选择建立企业 CA，这需要安装 Active Directory 和 DNS 服务器。如果要面向 Internet 开展数字证书业务，应该建立独立 CA，这不需要安装 Active Directory。

9.3.2 证书服务的安装

本书介绍的实例将在名为 dc 的 Windows Server 2012 操作系统的计算机上建立一个独立

的根 CA，证书服务和 IIS 服务集成，用户可以通过 Web 方式申请数字证书。下面介绍如何安装证书服务。

1）为使得用户可以通过 Web 的方式申请数字证书，必须确保计算机上安装了应用程序服务 IIS 组件和 ASP 组件。然后进行下列的操作，在“服务器管理器”窗口中单击“添加角色和功能”，在“开始之前”对话框中单击“下一步”按钮，在弹出的“选择安装类型”对话框中单击“基于角色或基于功能的安装”单选按钮，如图 9-9 所示，单击“下一步”按钮。

2）在弹出的如图 9-10 所示的“选择目标服务器”对话框中，单击“从服务器池中选择服务器”单选按钮，并从服务器池列表中选择“dc”服务器，单击“下一步”按钮。

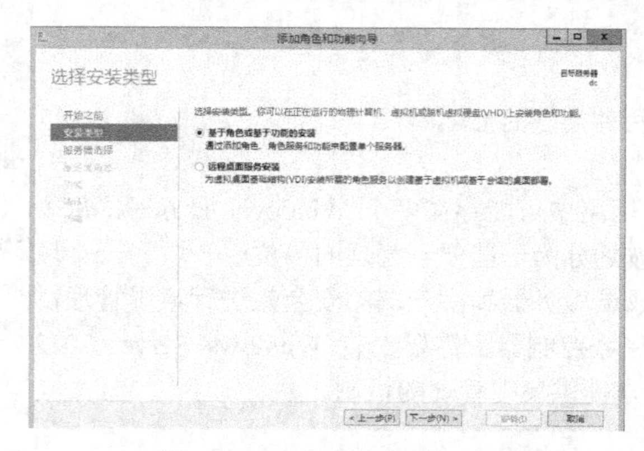

图 9-9 “选择安装类型”对话框

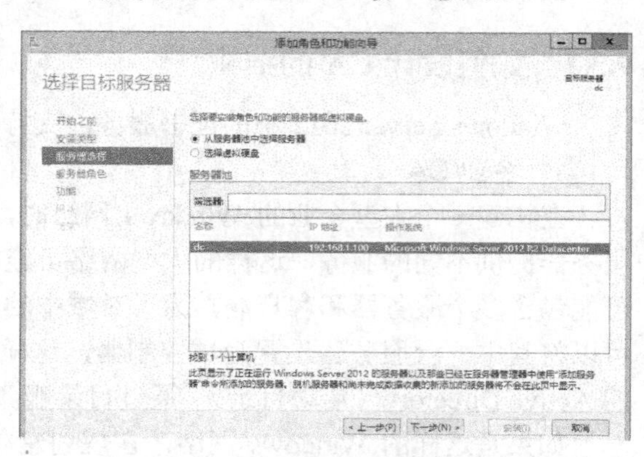

图 9-10 “选择目标服务器”对话框

3）在弹出的如图 9-11 所示的“选择服务器角色”对话框中，在“角色”列表框中选择“Active Directory 证书服务”，在弹出的如图 9-12 所示的“添加 Active Directory 证书服务所需的功能？”确认对话框中单击“添加功能”按钮。

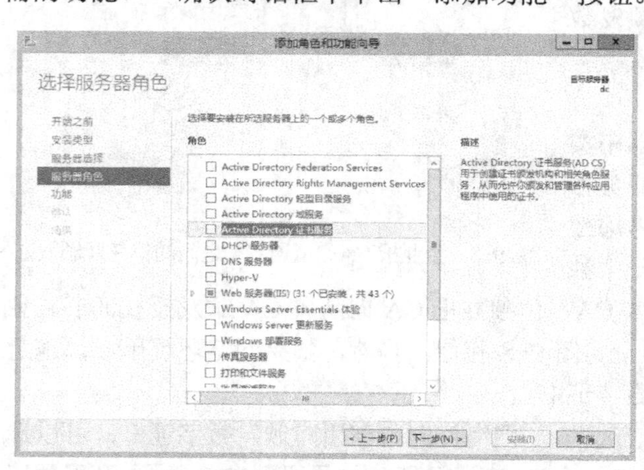

图 9-10 “选择服务器角色”对话框

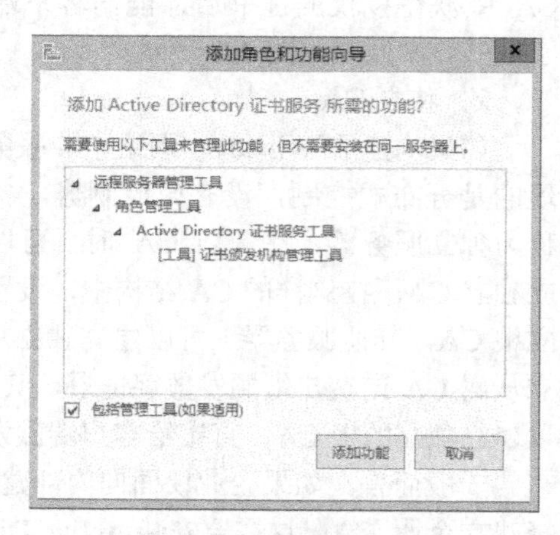

图 9-12 确认添加功能

4）在弹出的对话框中一直单击“下一步”按钮，直至“选择角色服务”页面，在“角色服务”列表框中选中“证书颁发机构”和“证书颁发机构 Web 注册”，如图 9-13 所示，单击“下一步”按钮。

5）在弹出的如图 9-14 所示的“确认安装所选内容”对话框中，单击“安装”按钮后即可完成安装。

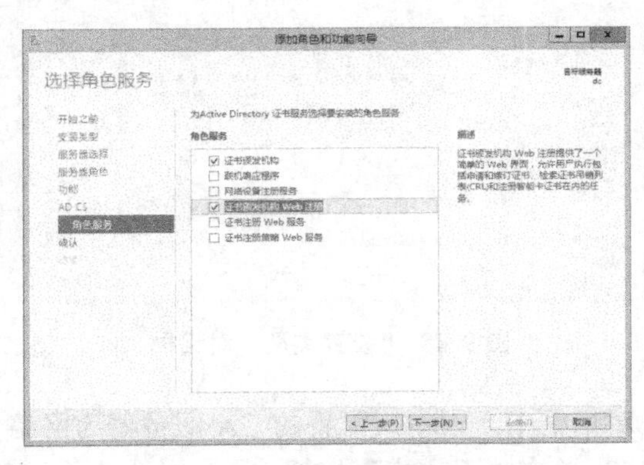

图 9-13 “选择角色服务”对话框

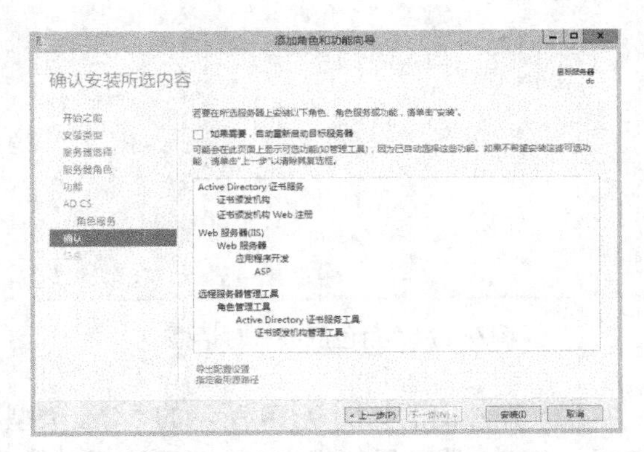

图 9-14 “确认安装所选内容”对话框

6）打开“服务器管理器”→“仪表板”，单击右上角红旗按钮，在“部署后配置”对话框中单击“配置目标服务器上的 Active Directory 证书服务”，如图 9-15 所示。

7）在弹出的如图 9-16 所示的“凭据”对话框中，指定进行配置的用户身份，这里选择默认的系统管理员，单击“下一步”按钮。

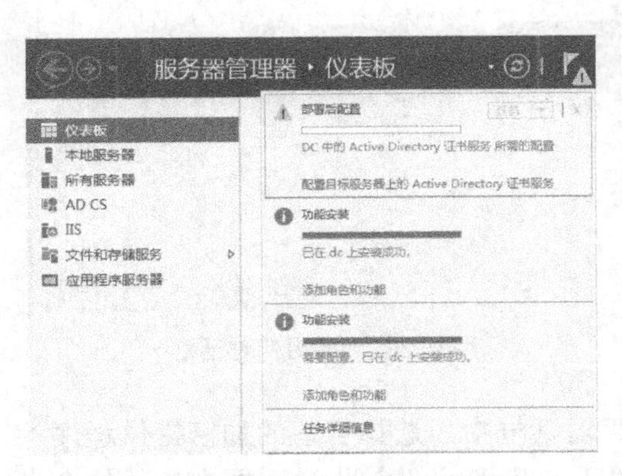

图 9-15 “部署后配置”对话框

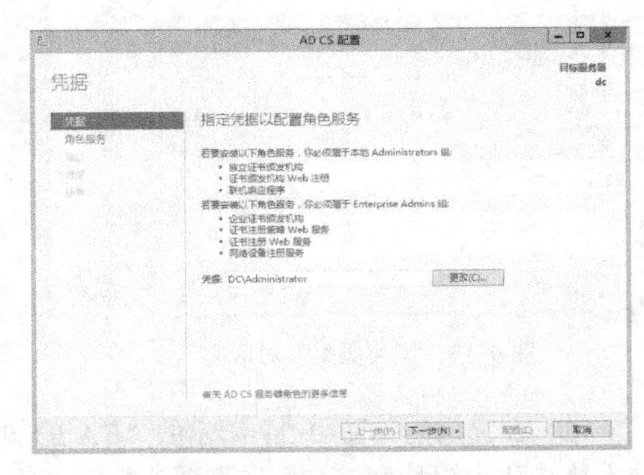

图 9-16 “凭据”对话框

8）在弹出的如图 9-17 所示的“角色服务”对话框中，确认选择“证书颁发机构”和“证书颁发机构 Web 注册”，单击“下一步”按钮。

9）在弹出的如图 9-18 所示的“设置类型”对话框中，选择“独立 CA”，单击“下一步”按钮。CA 的设置类型有以下 4 种。

- 企业 CA：安装企业根 CA，如果服务器是域控制器，且安装了 Active Directory，该选项将被激活。企业 CA 必须是域成员。
- 独立根 CA：安装独立 CA。独立 CA 可以是成员、工作组或域，独立 CA 不需要 ADDS。

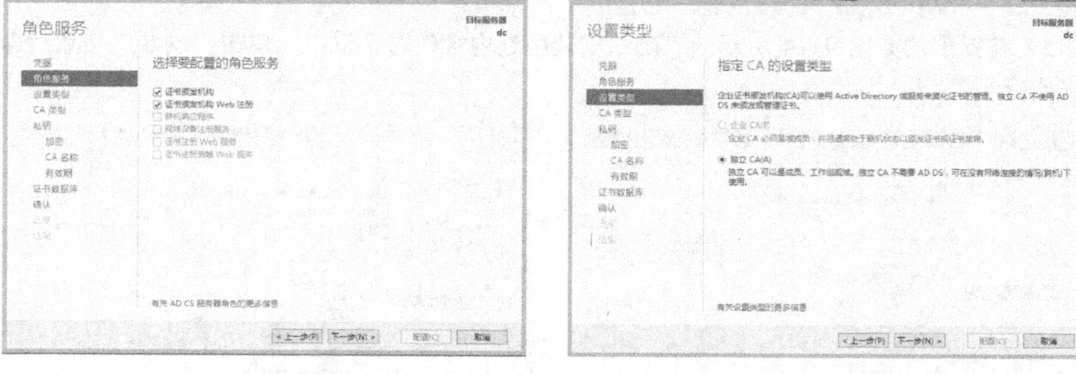

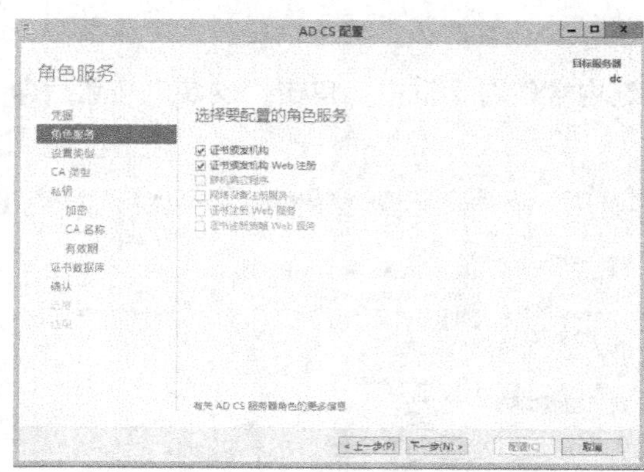

图 9-17 “角色服务”对话框

图 9-18 “设置类型”对话框

10）在弹出的如图 9-19 所示的“CA 类型”对话框中，因本次配置的 CA 服务器为网络中第一台 CA 服务器，指定 CA 类型选择“根 CA”，单击“下一步”按钮。

11）在弹出的如图 9-20 所示的“私钥”对话框中，选择“创建新的私钥”，单击“下一步”按钮。

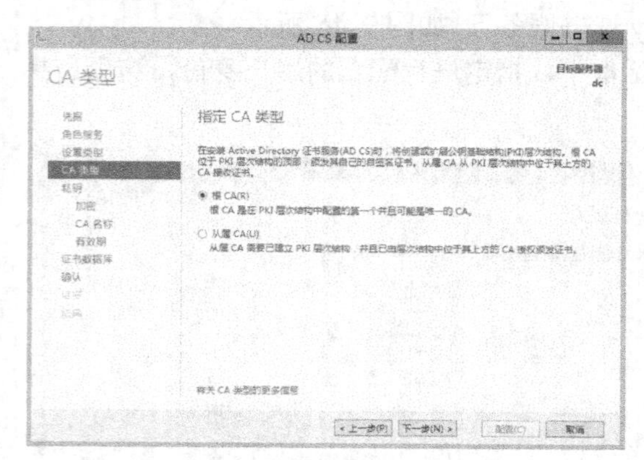

图 9-19 “CA 类型”对话框

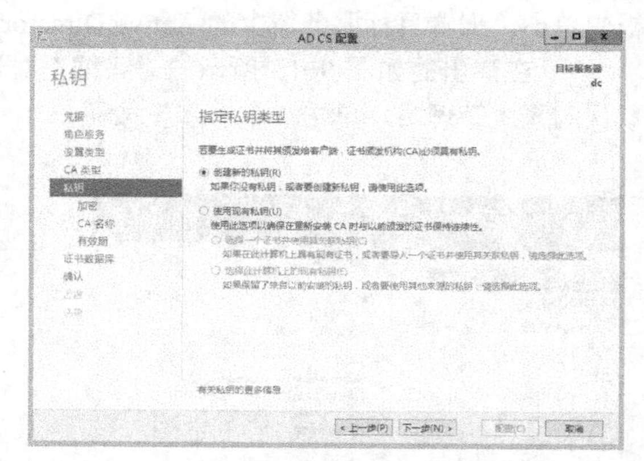

图 9-20 “私钥”对话框

12）在弹出的如图 9-21 所示的“CA 的加密”对话框中，选择合适的加密提供程序、哈希算法和密钥长度，这里选择默认配置，单击“下一步”按钮。此对话框中参数的含义如下。

- 在“选择加密提供程序”列表框中可选择加密服务提供程序（CSP），默认值为“Microsoft Strong Cryptographic Provider”。
- 在“选择对此 CA 颁发的证书进行签名的哈希算法”列表框中可选择要使用的哈希算法，默认值为“SHA-1”。
- 可选中“当 CA 访问私钥时，允许管理员交互操作”复选框，如果没有选中，系统服务将无法与当前登录的用户的桌面进行交互。
- 在“密钥长度”下拉列表框中选择一个密钥长度，使用“Microsoft Strong Cryptographic Provider”时的默认密钥长度为 2048bit。其他 CSP 的默认密钥长度会有所不同。通常密钥越长越安全，但密钥越长，诸如签名、加密和验证等操作就需要更多的系统资源。对于根 CA，应使用至少 2048bit 的密钥长度。

13）在弹出的如图 9-22 所示的“CA 名称”对话框中，输入此 CA 的公用名称，这些信息以标准的 X.500（一种网络资源名称的国际标准）格式出现在给用户颁发的数字证书中。在“此 CA 的公用名称”“可分辨名称后缀”文本框中输入相关信息，在“预览可分辨名称”文本框中出现标准的 X.500 格式的名称。这里选择默认配置，单击“下一步”按钮。

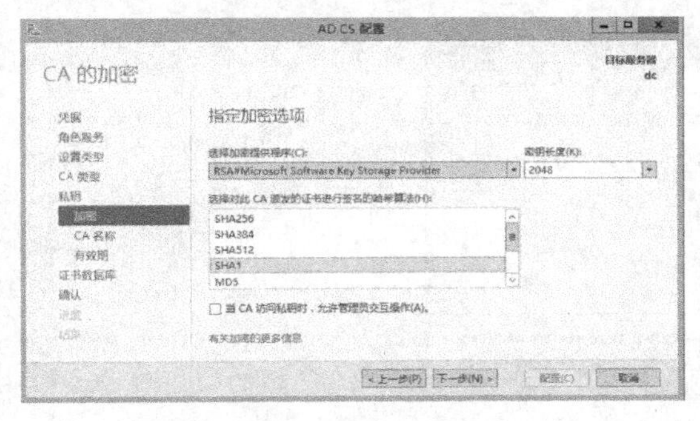

图 9-21 “CA 的加密”对话框

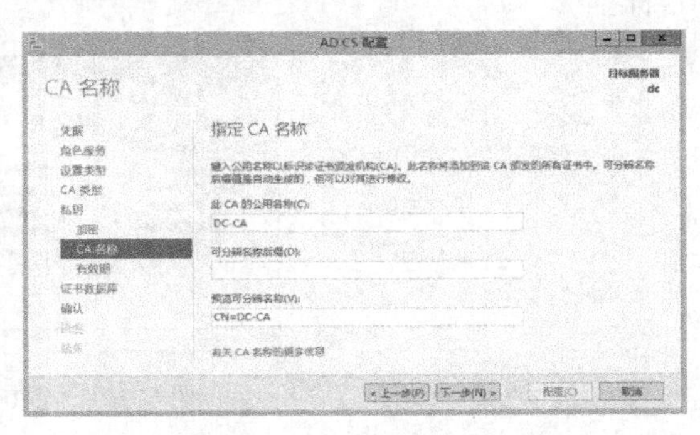

图 9-22 “CA 名称”对话框

14）在弹出的如图 9-23 所示的“有效期”对话框中，选择为此 CA 生成的证书的有效期，可以以年、月、周或天为单位进行设置，默认情况下为 5 年，单击“下一步”按钮。

15）在弹出的如图 9-24 所示的“确认”对话框中，确认配置信息后单击“配置”按钮。

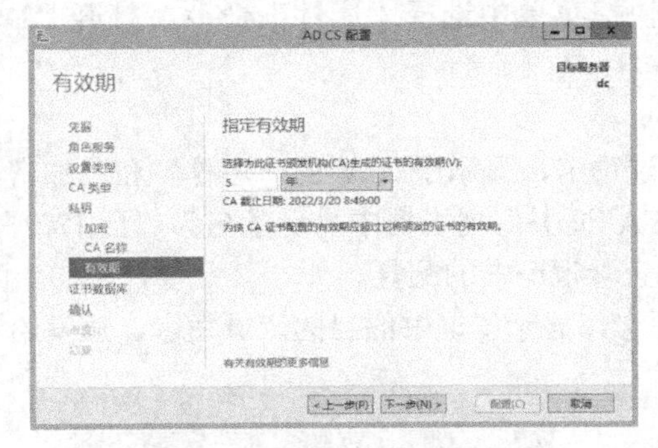

图 9-23 “有效期”对话框

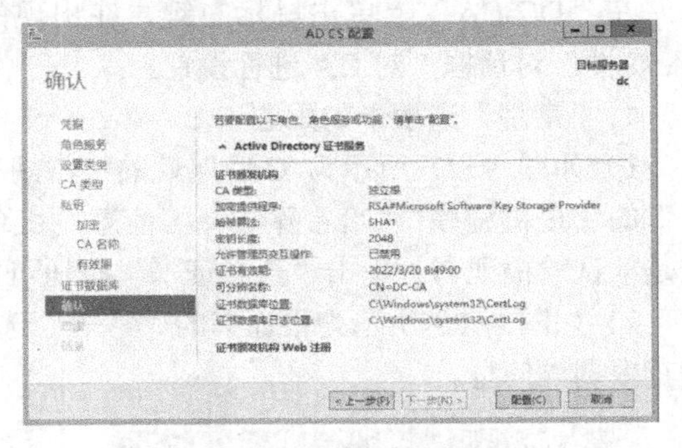

图 9-24 “确认”对话框

16）在弹出的如图 9-25 所示的“结果”对话框中，单击“关闭”按钮，完成配置。

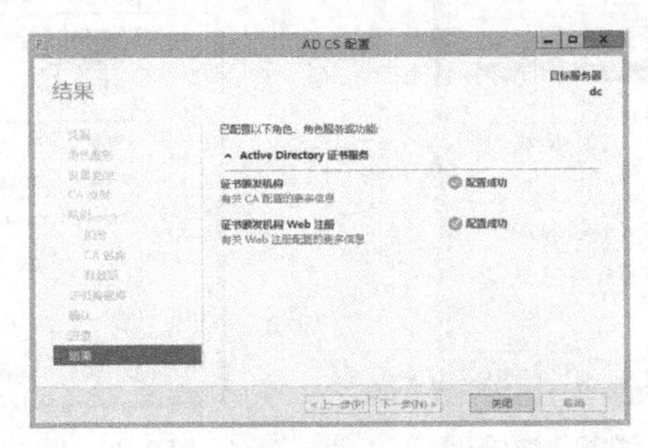

图 9-25 “结果”对话框

9.3.3 CA 的配置

下面介绍如何对建立的 CA 进行配置。

1）选择“开始”菜单→“管理工具”→“证书颁发机构”选项，出现如图 9-26 所示的“证书颁发机构”页面，在左侧导航树下出现名为“DC-CA”的 CA，在该 CA 下有 4 类管理目标。

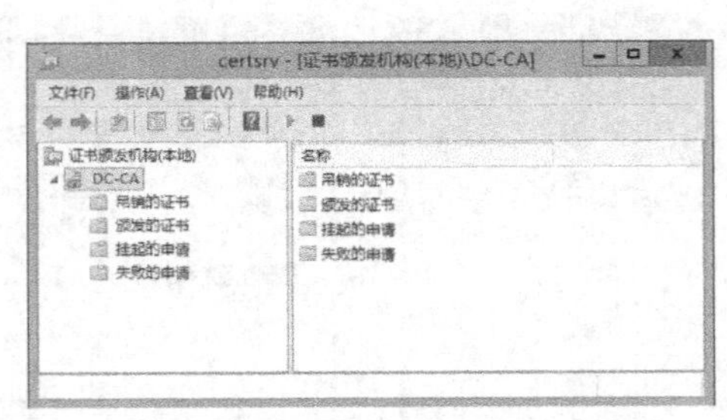

图 9-26 “证书颁发机构”界面

- 吊销的证书：被管理员吊销的数字证书。
- 颁发的证书：管理员颁发的数字证书。
- 挂起的申请：客户端通过浏览器提出的成功的申请。
- 失败的申请：客户端失败的数字证书申请。

在“DC-CA”上单击鼠标右键，在出现的快捷菜单中选择“属性”命令，打开“DC-CA 属性”对话框，对 CA 进行设置。

1．“常规”选项卡的配置

1）如图 9-27 所示为 CA 属性的“常规”选项卡，显示了 CA 的“名称”和“加密设置”的“提供程序”“哈希算法”等信息。在“CA 证书”列表框中显示了名为“证书#0”，这是默认的根证书。单击“查看证书”按钮可以查看根证书的配置。

2）如图 9-28 所示为根证书的“常规”选项卡，显示了证书的目的、颁发者、颁发给谁和有效期等信息。

图 9-27 CA 属性的“常规”选项卡

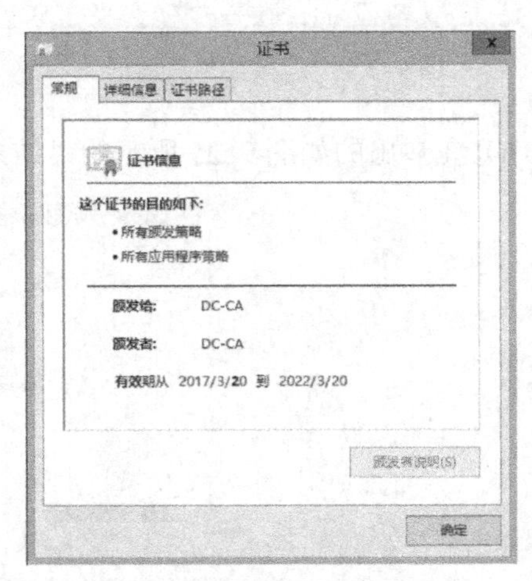

图 9-28 根证书的“常规”选项卡

3）如图 9-29 所示为根证书的“详细信息”选项卡，显示了证书的格式以及内容信息。

4）如图 9-30 所示为根证书的“证书路径”选项卡，显示了证书颁发机构颁发的数字证书的路径层次，因为根 CA 下可以有从属 CA，这里将显示 CA 之间的关联关系。

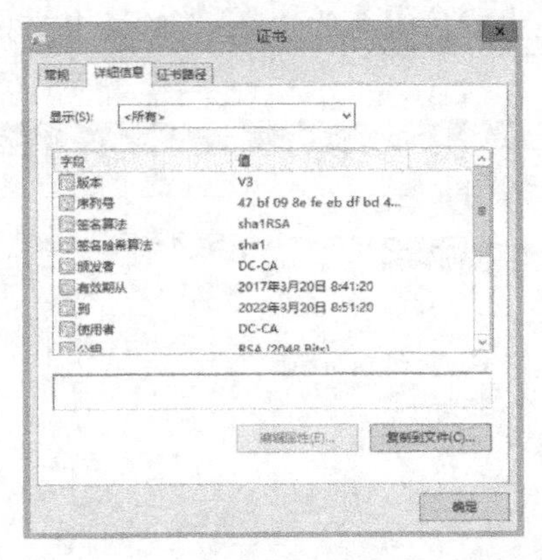

图 9-29　根证书的“详细信息”选项卡

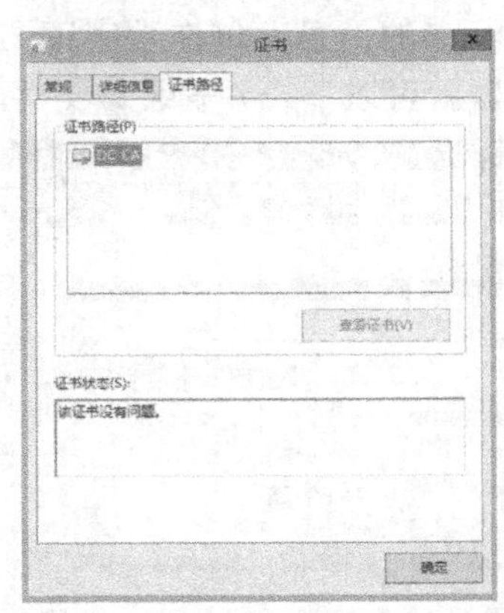

图 9-30　根证书的“证书路径”选项卡

2.“策略模块”选项卡的配置

1）如图 9-31 所示为 CA 属性的“策略模块”选项卡，用于设置 CA 如何处理用户的数字证书请求。CA 在创建时默认建立了名为“Windows 默认”的活动策略模块。单击“选择”按钮可以在多个策略模块中进行选择，单击“属性”按钮可以查看当前活动的策略模块的属性。

2）如图 9-32 所示为策略模块属性的“请求处理”选项卡，用于设置在默认情况下 CA 如何处理用户的数字证书请求，有以下 2 个选项。

- “将证书请求状态设置为挂起。管理员必须明确地颁发证书”：由管理员审核后，手工颁发数字证书。
- “如果可以的话，按照证书模板中的设置。否则，将自动颁发证书”：按照证书模板中的设置进行证书颁发或自动颁发数字证书。

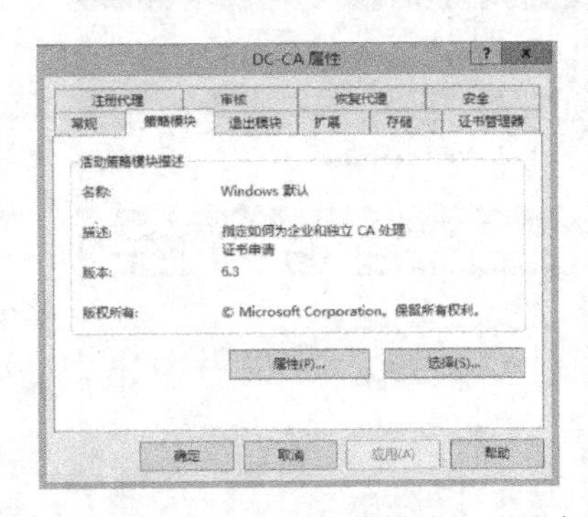

图 9-31　CA 属性的“策略模块”选项卡

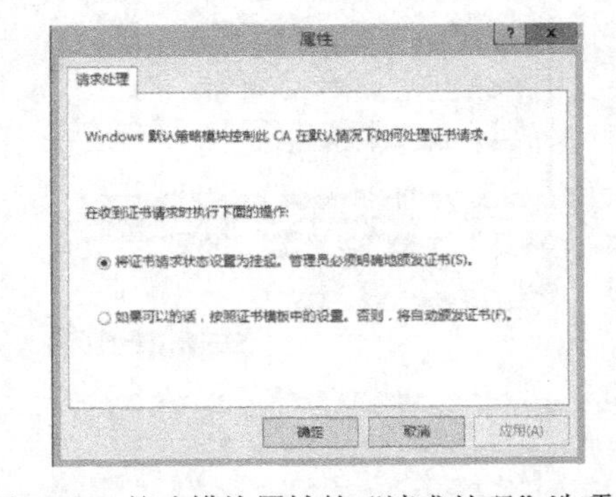

图 9-32　策略模块属性的“请求处理”选项卡

3.“退出模块”选项卡的配置

1）如图 9-33 所示为 CA 属性的“退出模块”选项卡，用于设置 CA 在颁发数字证书后如何进行处理，在“退出模块”列表框中出现默认的名为“Windows 默认”的退出模块。单击“添加”按钮可以添加新的退出模块，单击“删除”按钮可以删除列表框中的退出模块。

2）在图 9-33 中单击“属性”按钮，出现如图 9-34 所示的退出模块属性的“发布设置”选项卡。默认选中“允许将证书发布到文件系统”复选框，表明在颁发数字证书后不仅仅将数字证书的信息存储在数字证书数据库中，还生成后缀名为“.cer”的证书文件。用户通过浏览器就可以下载并安装该文件。

图 9-33　CA 属性的“退出模块”选项卡

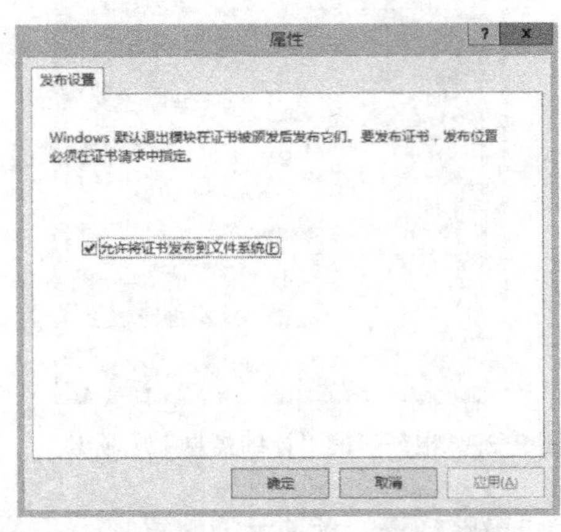

图 9-34　退出模块属性的“发布设置”选项卡

4．“扩展”选项卡的配置

1）图 9-35 所示为 CA 属性的“扩展”选项卡，默认在“选择扩展”下拉列表框中选中“CRL 分发点（CDP）”选项，在“指定用户可以获取证书吊销列表（CRL）的位置”列表框中列举了如何通过文件、LDAP 目录访问、HTTP 浏览器访问和文件访问获得 CRL 的具体方法，用户可以通过这些方法获得 CRL。

2）在图 9-35 中的“选择扩展”下拉列表框中，选中“授权信息访问（AIA）”选项的界面如图 9-36 所示，在“指定用户可以获取该 CA 的证书的位置”列表框中列举了如何通过文件、LDAP 目录访问、HTTP 浏览器访问和文件访问获得数字证书的方法。

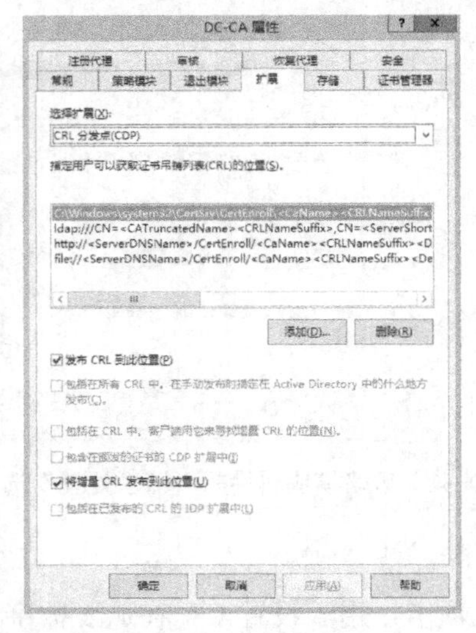

图 9-35　CA 属性的“扩展”选项卡

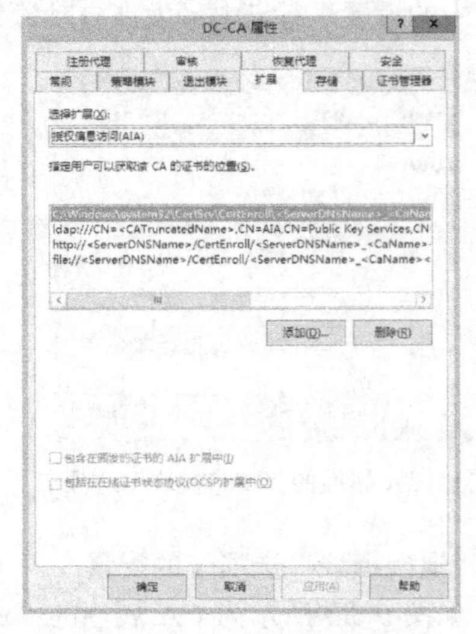

图 9-36　授权信息访问

5.“存储”选项卡的配置

如图 9-37 所示为 CA 属性的“存储”选项卡，显示了证书数据库的存储位置、日志位置等信息。如果服务器上安装了 Active Directory，还可以在活动目录中进行配置。

6.“证书管理器”选项卡的配置

如图 9-38 所示为 CA 属性的“证书管理器”选项卡，可以配置哪些登录服务器的用户可以对证书服务进行管理。有以下 2 个选项。

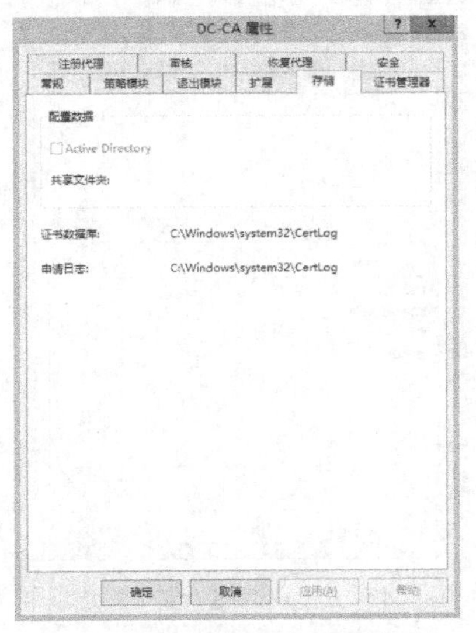

图 9-37　CA 属性的“存储”选项卡

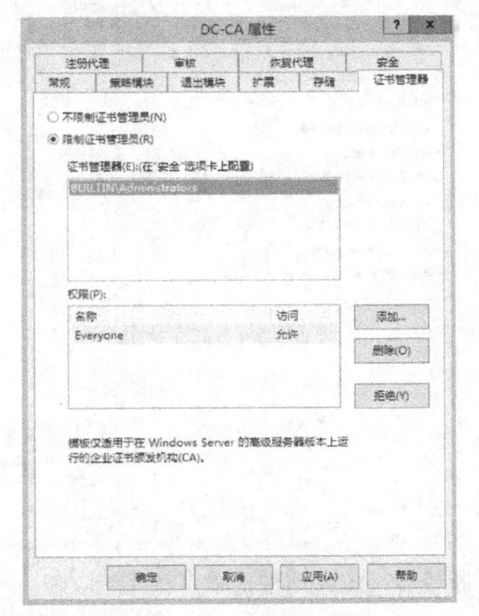

图 9-38　CA 属性的“证书管理器限制”选项卡

- 不限制证书管理员：登录服务器上的用户都可以执行对 CA 的管理操作，为默认选项。
- 限制证书管理员：指定由特定的用户可以执行对 CA 的管理操作，拒绝某些用户对 CA 的管理等操作。单击“添加”或“拒绝”按钮可以添加或拒绝能够执行证书管理器的用户。

7.“审核”选项卡的配置

如图 9-39 所示为 CA 属性的“审核”选项卡，可以设置在安全日志中记录哪些对 CA 的管理操作。包括以下几项。

- 备份和还原 CA 数据库。
- 更改 CA 配置。
- 更改 CA 安全性设置。
- 颁发和管理证书请求。
- 吊销证书和发布 CRL。
- 存储和检索存档的密钥。
- 启动和停止 Active Directory 证书服务。

选中后单击“确定”按钮可以设置审核事件。

8.“安全”选项卡的配置

如图 9-40 所示为 CA 属性的“安全”选项卡，可以设置用户对 CA 的使用权限。在“组或用户名称”列表框中选中某个用户组或用户，在“权限”列表框中可以授予或拒绝以下 4 种权限。

- 读取。
- 颁发和管理证书。
- 管理 CA。
- 请求证书。

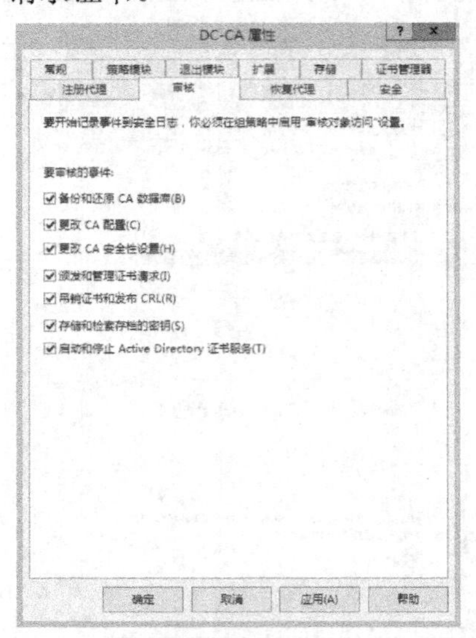

图 9-39　CA 属性的“审核”选项卡

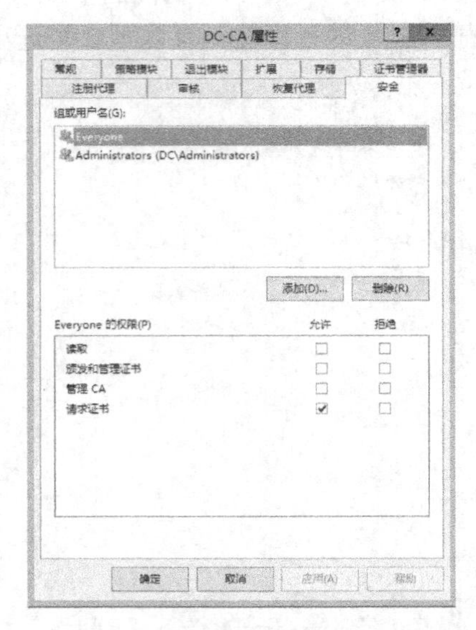

图 9-40　CA 属性的“安全”选项卡

默认情况下，Administrator 用户被授予了“颁发和管理证书”和“管理 CA”的权限，Everyone 用户“代表任何用户”被授予了“请求证书”的权限。

9.3.4　CA 的启动与关闭

除了在计算机的后台服务进行 CA 对应的后台服务的启动与关闭外，证书颁发机构本身也提供了 CA 的启动与关闭操作。用鼠标右键单击“DC-CA”，在图 9-41 所示的快捷菜单中选择“所有任务”选项，单击“启动服务”和“停止服务”命令可以启动 CA 或停止 CA。

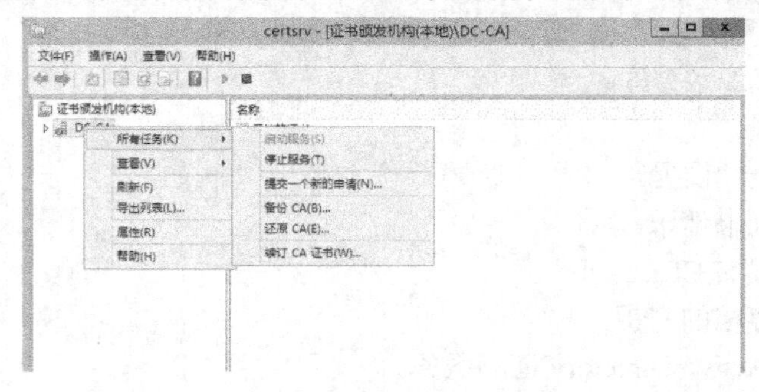

图 9-41　停止证书服务

9.3.5　CA 的备份

对于建立后的 CA，管理员可以不定期进行备份，这样当发生故障时，能够确保颁发的数字证书和 CA 的信息不至于丢失。下面就介绍如何对 CA 进行备份操作。

1）在图 9-41 所示界面中单击“备份 CA”命令，出现备份向导的欢迎界面，单击“下一步”按钮。

2）出现如图 9-42 所示的“要备份的项目”对话框，用于选择对 CA 进行备份的信息。在“选择要备份的项目”下包括以下 2 项。

- 私钥和 CA 证书：备份 CA 的私钥和自身的数字证书。
- 证书数据库和证书数据库日志：备份证书数据库和数据库日志，可以用来回复颁发的数字证书。如果在上次备份后，CA 又颁发或者吊销了数字证书，CA 的内容发生了变化，“执行增量备份”复选框将被激活，选择该复选框可以只对增量部分执行备份，而不是按照默认的全备份的方式。在“备份到这个位置”文本框中选择一个空的目录用于存放备份后的信息。设置完毕后单击“下一步”按钮。

3）出现如图 9-43 所示的“选择密码”对话框，为确保备份的 CA 信息的安全，备份向导将对备份信息加密，必须提供还原时能够使用备份信息的密码。在“密码”和“确认密码”文本框中输入密码，单击“下一步”按钮。

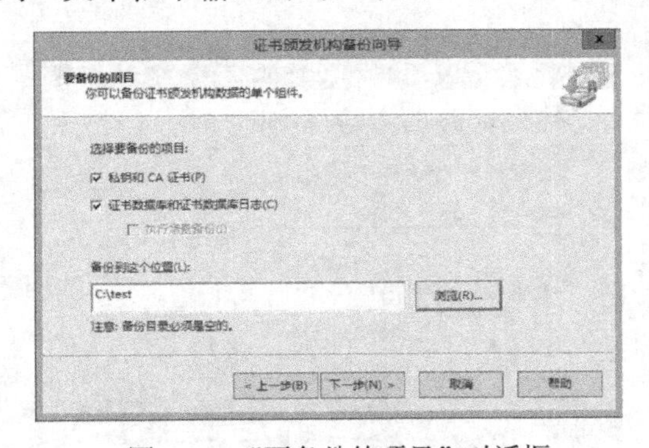

图 9-42 “要备份的项目”对话框

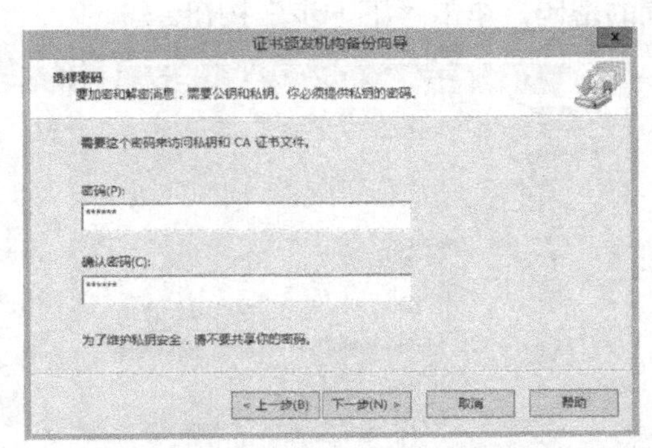

图 9-43 “选择密码”对话框

4）出现如图 9-44 所示的“完成证书颁发机构备份向导”对话框，在“你已经选择下列设置”文本框中显示了本次备份设置情况，检查无误后单击“完成”按钮将完成 CA 的备份。

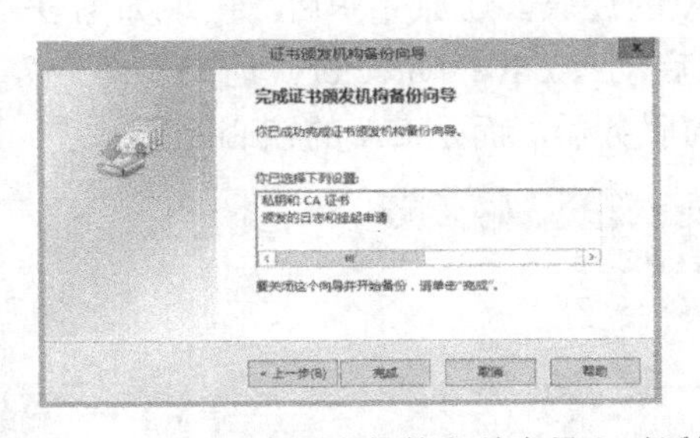

图 9-44 “完成证书颁发机构备份向导”对话框

9.3.6 CA 的还原

有备份，就有还原。对于备份后的 CA，在需要的时候，管理员可以将其还原。下面介绍还原操作。

1）在图 9-41 所示界面中单击“还原 CA”命令，出现如图 9-45 所示界面，提示在还原过程中必须关闭证书服务，单击“确定”按钮。

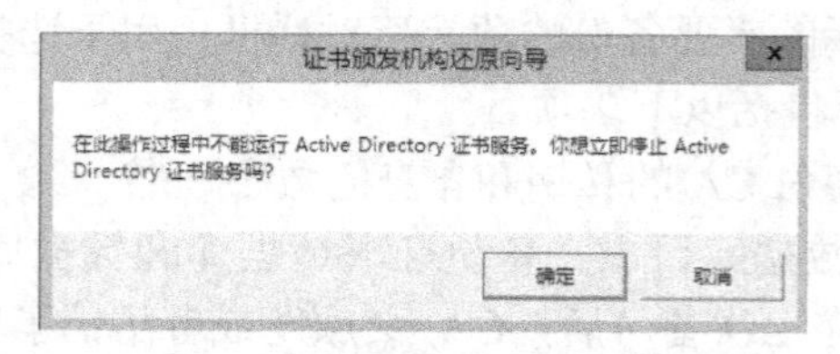

图 9-45　证书颁发机构还原向导

2）出现还原向导的欢迎界面，单击“下一步”按钮。

3）出现如图 9-46 所示的“要还原的项目”对话框，用于选择还原 CA 的选项。在“从这个位置还原”文本框中指定 CA 备份的位置，单击“下一步”按钮。

4）出现如图 9-47 所示的“提供密码”对话框，在“密码”文本框中输入备份过程中设置的密码，单击“下一步”按钮。

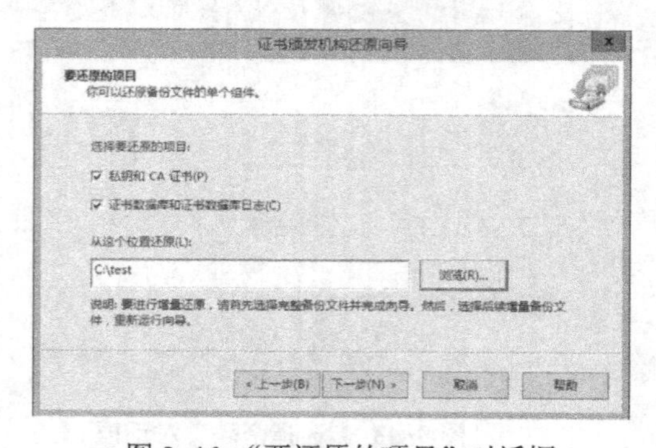

图 9-46 “要还原的项目”对话框

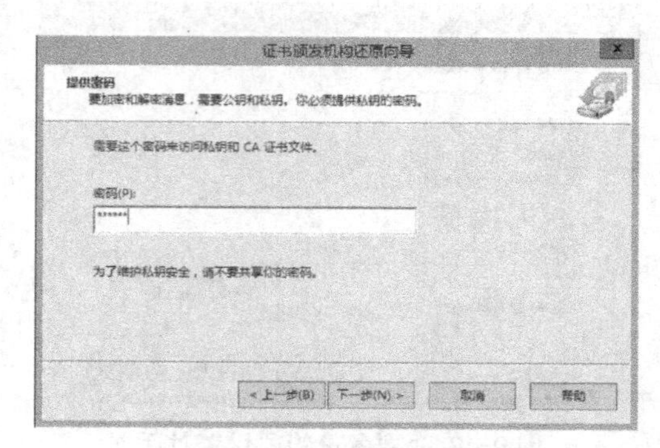

图 9-47 “提供密码”对话框

5）出现如图 9-48 所示的“完成证书颁发机构还原向导”对话框，在“你已经选择下列设置”文本框中显示了还原设置，确认无误后单击“完成”按钮。

6）系统将自动完成 CA 的还原，还原完毕后，出现如图 9-49 所示的提示对话框，提示“还原操作已经完成，你想启动 Active Directory 证书服务吗？”，单击“是”按钮。还原 CA，并不是还原整个 CA 的服务器，而是 CA 的核心配置。

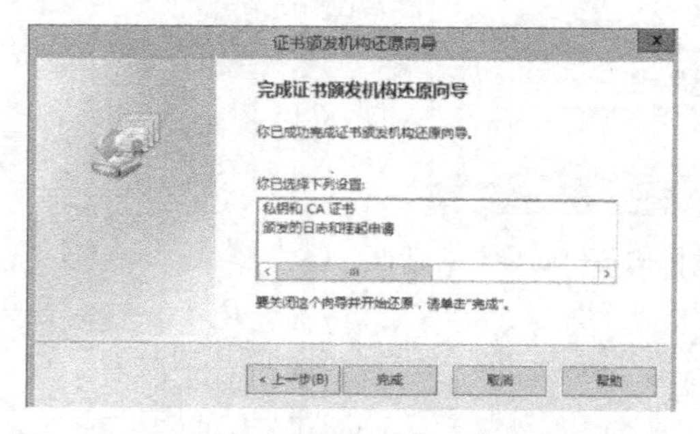

图 9-48 “完成证书颁发机构还原向导”对话框

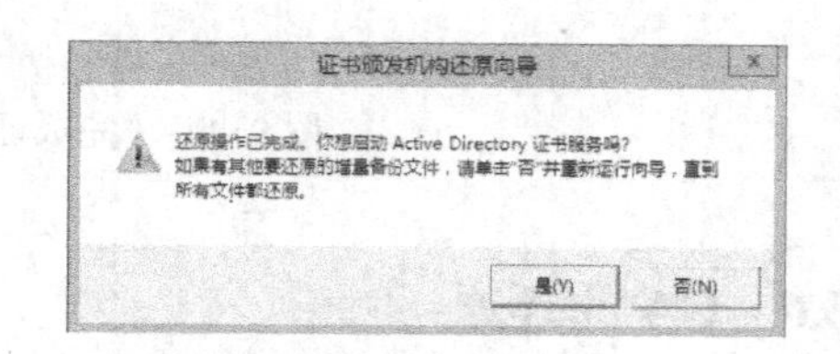

图 9-49　提示对话框

9.3.7　向 CA 申请数字证书

创建好 CA 后，就可以利用 IIS 支持的网站提供基于 Web 的数字证书申请服务了。

1）确保 IIS 正常启动。

2）在如图 9-50 所示的“Internet 信息服务（IIS）管理器”窗口中的左侧导航树下查看“Default Web Site”，出现名为“CertSrv”的虚拟目录，这就是证书服务的虚拟网站目录。

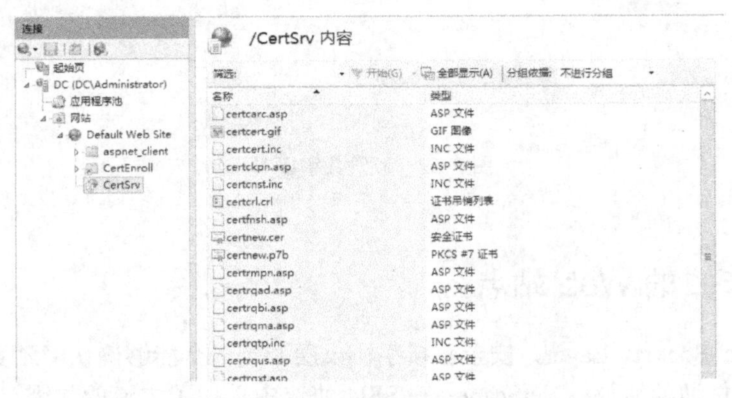

图 9-50　“IIS 管理器”窗口

3）在浏览器中按照网站的配置情况进行访问，以笔者的配置环境为例（服务器 IP 为 192.168.1.100，服务器名 DC），在浏览器中访问“http://192.168.1.100/CertSrv”或者“http://DC/CertSrv”都可以，出现如图 9-51 的“Active Directory 证书服务”页面，在该页面中就可以执行对数字证书的申请、查看挂起的证书申请的状态、下载 CA 证书等操作。有关具体的证书申请操作将在后续章节中结合具体的应用进行介绍。

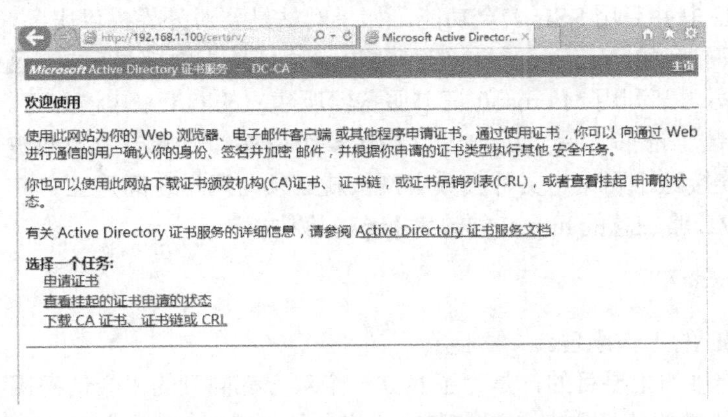

图 9-51　“Active Directory 证书服务”页面

9.3.8　颁发数字证书

进入 CA 管理程序“证书颁发机构”，在左侧导航树下选择“证书颁发机构（本地）”→“DC-CA”→“挂起的申请”选项，在右侧的“数字证书申请列表”中选中要颁发的申请，单击鼠标右键，在快捷菜单中选择“所有任务”→“颁发”命令，将为该申请颁发数字证书，如图 9-52 所示。

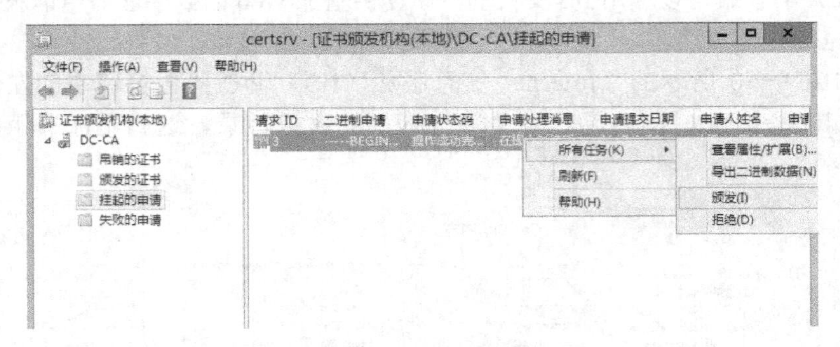

图 9-52　颁发数字证书

9.4　构建 SSL 的 Web 站点

SSL（Secure Sockets Layer，安全套接字协议层）是一个能够确认网站身份，将所传送信息加密的安全性通信协议。NetScape 在 SSL 协议中采用了主流的加密算法（如 DES、AES 等）和采用了通用的 PKI 加密技术。目前，SSL 已经发展到 V3.0 版本，已经成为一个国际标准，并得到了所有浏览器和服务器软件的支持。

SSL 是一个以公钥为基础的安全通信协议，因此用户必须为网站向 CA 申请证书。在网站安装了证书并启用了 SSL 的功能之后，它为网站与用户之间在传送信息时，提供了身份验证、进行信息加密和保证了信息的完整性。

若要网站具备 SSL 安全连接的功能，就必须为网站向 CA 申请一个提供 SSL 安全连接的证书，安装此证书并启用 SSL 安全功能。如果网站是要对外界提供服务，则需向具备权威的 CA 来申请证书，如 Verisign 等；但是如果网站只是为内部员工、企业合作伙伴提供服务，则可以向公司内部利用 Microsoft 证书服务器所建立的 CA 来申请即可。

在为网站安装了证书之后，用户可以针对整个网站、某单一文件或是某个网页来启用 SSL，用户若要连接这个网站、文件夹或者网页就必须与网站之间建立 SSL 连接，而建立次连接的方法是 URL 路径总的 http 必须改为 https，例如：

https://网站名/

下面介绍 SSL 的工作原理。

建立 SSL 连接的主要目的，是为了建立一个双方都同意的“会话密钥”，这个密钥就是要用来将双方所传送的信息加密、解密和确认信息是否篡改。工作过程如下。

1）用户在浏览器输入 URL 路径“https://网站名/”，其中 https 表示要与网站之间建立 SSL 安全连接。

2）网站收到用户的请求后，会将网站本身的证书信息（内含公钥）传送一份给用户的浏览器。

3）浏览器与网站双方开始协商 SSL 连接的安全登记，也就是信息加密的等级，例如选择 40 位加密或者是 128 位加密。加密位数越多，信息越安全。

4）浏览器根据双方同意的安全等级，建立会话密钥，然后利用网站的公钥将会话密钥加密，最后将加密的会话密钥传送给网站。

5）网站利用它自己的私钥来将会话密钥解密。

6）然后网站与浏览器双方都会利用这个会话密钥，将相互之间传送的所有信息加密与解密。

下面开始介绍如何构建一个使用 SSL 的 Web 站点。实例完成的环境如下。

- Web 服务器：IIS 8.5，IP 地址 192.168.1.100，计算机名 DC。
- 证书服务器：DC-CA，与 Web 服务器在同一台物理计算机上。
- 浏览器：IE 11，与 Web 服务器在同一台物理计算机上。

9.4.1 生成 Web 服务器数字证书申请文件

首先要生成使用 SSL 的 Web 服务器数字证书申请文件。

1）在“Internet Information Services (IIS)管理器”窗口中，选中如图 9-53 所示“DC 主页”窗口中的“服务器证书”，得到如图 9-54 所示的“服务器证书”窗口，该窗口用于为使用 SSL 的网站申请和管理证书。

2）在图 9-54 右端操作区域各窗格元素功能如下。

- “导入”：打开“导入证书”对话框，可以还原已丢失或损坏、但之前已备份的证书，或者安装由其他用户或证书颁发机构（CA）发送的证书。
- “创建证书申请”：打开“申请证书”对话框，以向外部证书颁发机构提供有关用户的组织的信息。
- “完成证书申请”：打开“完成证书申请”对话框，以安装从证书颁发机构接收到的证书。
- “创建域证书”：打开“创建证书”对话框，以向内部证书颁发机构提供有关组织的信息。
- “创建自签名证书”：打开“创建自签名证书”对话框，以创建在服务器测试环境中使用，并且可用于排除第三方证书故障的证书。
- “允许自动重新绑定续订的证书”：可以自动绑定从域中的内部证书颁发机构（CA）续订的现有证书。
- “查看”：打开“证书”对话框，以便可以查看有关证书的详细信息。选择一个证书以查看此选项。
- “导出”：如果要将源服务器中的证书应用于目标服务器，或者要备份证书及其关联私钥，则打开“导出证书”对话框从源服务器中导出证书。选择一个证书以查看此选项。
- “删除”：删除从功能页上的列表中选择的项目。选择一个证书以查看此选项。

3）在图 9-54 右侧操作区域中单击“创建证书申请”，得到如图 9-55 所示申请证书的“可分辨名称属性”对话框，按实际需求和格式要求在各文本框中输入信息，单击“下一步”按钮。

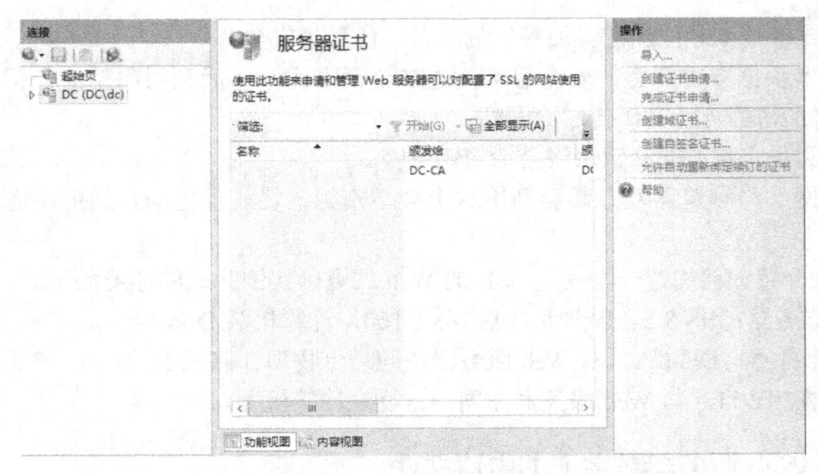

图 9-53 “服务器证书”窗口

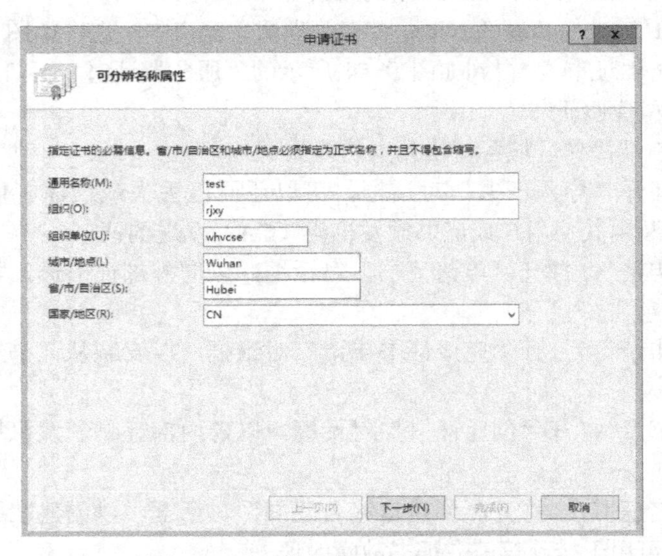

图 9-54 “可分辨名称属性”对话框

4）出现如图 9-55 所示的“加密服务提供程序属性”对话框，默认有两个加密服务提供程序：

- Microsoft DH SChannel Crypfographic Provider。
- Microsoft RSA SChannel Cryptographic Provider。

选择默认选项 RSA，每个程序选项下有下拉菜单选择位长，可选的位长为 512、1024、2048、4096、8192、16384（以 bit 为单位），位长越长，密钥越安全，但过长的位长将导致性能的下降。RSA 默认为 1024bit。单击“下一步”按钮。

5）出现如图 9-56 所示的“文件名”对话框。在“为证书申请指定一个文件名”文本框中输入保存证书请求的文件路径及名称，完成设置后单击“完成”按钮，即完成创建证书申请的操作。

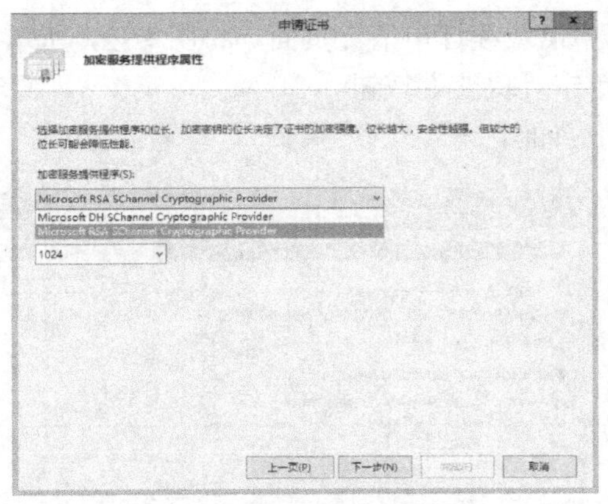

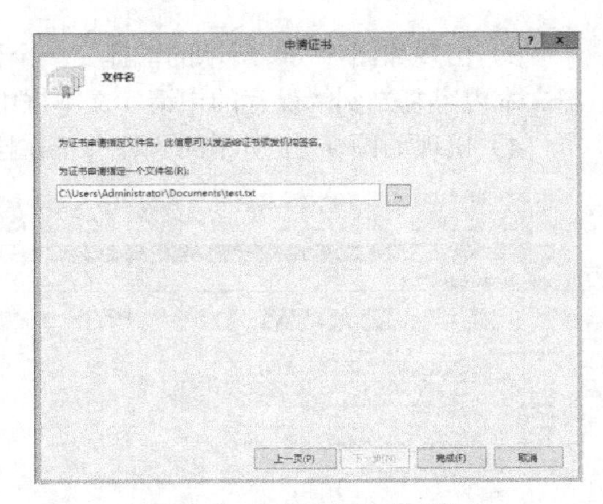

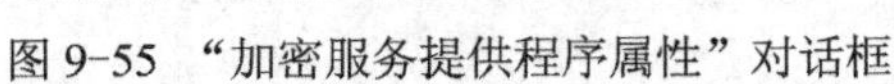

图 9-55 “加密服务提供程序属性”对话框　　　　图 9-56 “文件名”对话框

6）打开证书请求文件，如图 9-57 所示，图中所示为加密后的信息。

图 9-57　加密后的信息

9.4.2　申请 Web 服务器数字证书

下面就可以使用生成的 Web 服务器申请文件，通过浏览器的方式，向 CA 进行申请。

1）在浏览器中访问“http://192.168.1.100/certsrv/”，出现证书服务对话框，单击“申请证书”选项，出现如图 9-58 所示的页面，单击“高级证书申请”选项。

2）出现如图 9-59 所示的“高级证书申请”页面，有两种高级证书申请方法。

- “创建并向此 CA 提交一个申请”：通过浏览器生成各种证书请求文件，并向 CA 提交申请。
- “使用 base64 编码的 CMC 或 PKCS#10 文件提交一个证书申请，或使用 base64 编码的 PKCS #7 文件续订证书申请”：向 CA 提交已经生成的申请文件。单击第 2 个选项。

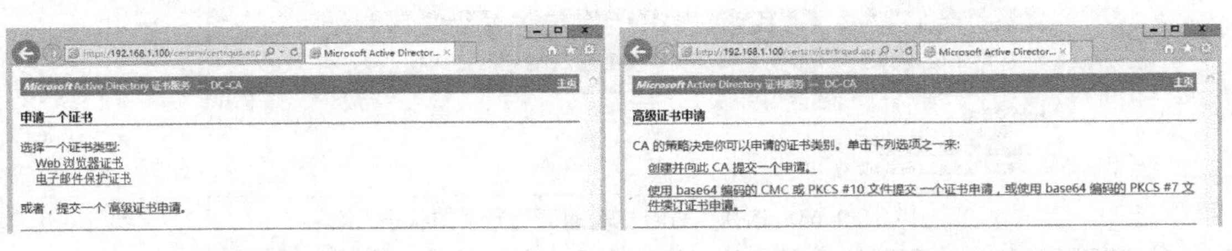

图 9-58 “申请一个证书申请”页面　　　　图 9-59 “高级证书申请”页面

3）出现如图 9-60 所示的“提交一个证书申请或续订申请”页面，将图 9-57 所示的全部文本内容复制到“保存的申请”文本框中，单击“提交”按钮。

4）出现如图 9-61 所示的“证书正在挂起”页面。

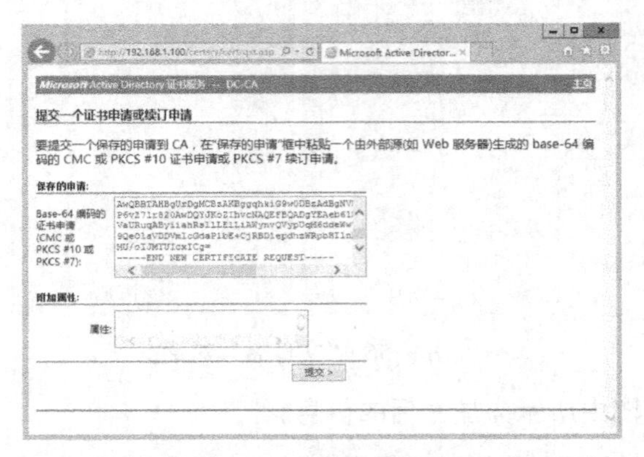

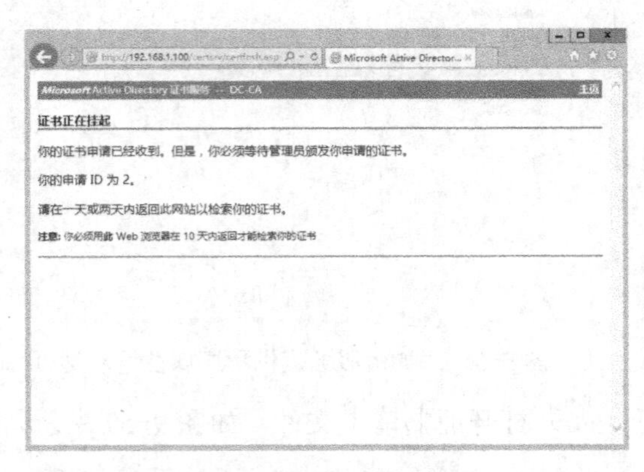

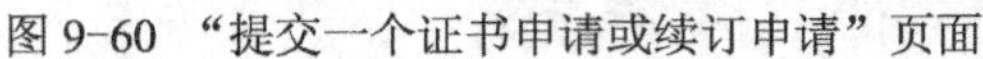
图 9-60 “提交一个证书申请或续订申请”页面　　　图 9-61 “证书正在挂起”页面

9.4.3 颁发 Web 服务器数字证书

数字证书服务器的管理员可以按照第 9.3.8 节介绍的方法颁发数字证书。实例中颁发证书如图 9-62 所示。

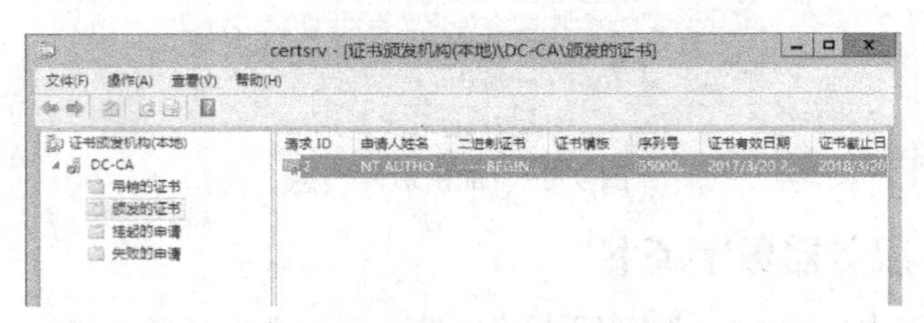

图 9-62 “颁发的证书”页面

9.4.4 下载服务器数字证书

1）在浏览器中访问“http://192.168.1.100/certsrv”，在出现的如图 9-63 的页面中，选择“查看挂起的证书申请的状态”选项。

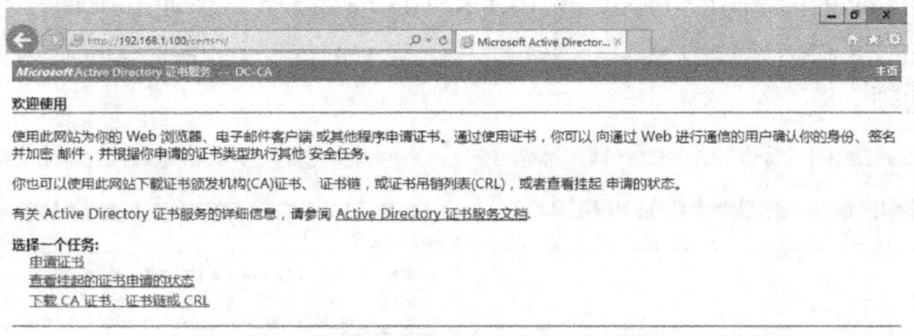

图 9-63 选择“查看挂起的证书申请的状态”选项

2）出现如图 9-64 所示的“保存的申请证书”链接，单击该链接。

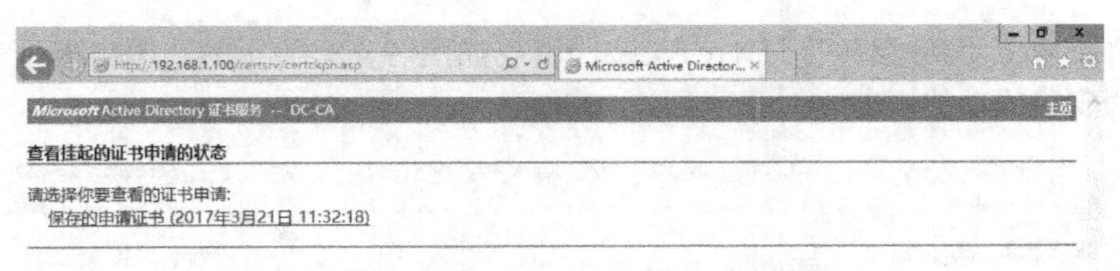

图 9-64　单击“保存的申请证书”链接

3）出现如图 9-65 所示的“证书已颁发”页面，单击“下载证书”链接并将证书保存在本地。

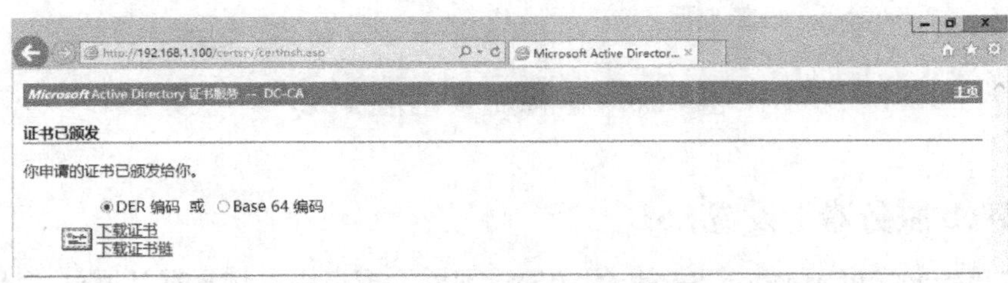

图 9-65　“证书已颁发”页面

9.4.5　安装 Web 服务器数字证书

1）在“Internet Information Services (IIS)管理器”窗口中，选中 DC 右侧功能视图中的“服务器证书”。

2）出现如图 9-66 所示的“服务器证书”页面，单击右端操作区域的“导入”。

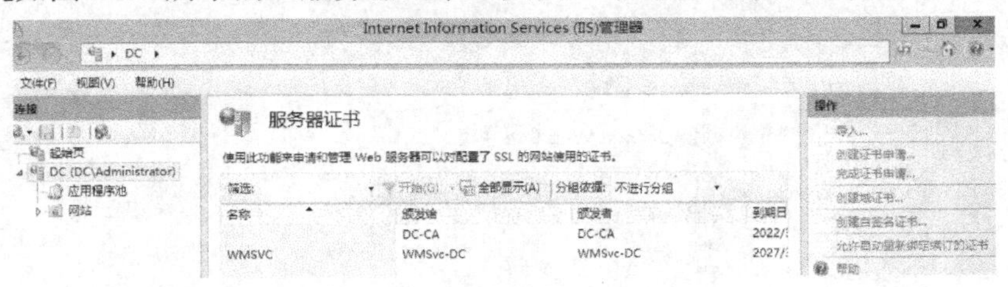

图 9-66　“服务器证书”页面（1）

3）出现如图 9-67 所示的“指定证书颁发机构响应”对话框，导入在 9-65 中所下载的证书的路径，填入一个“好记名称”，证书存储选择默认，单击“确定”按钮。

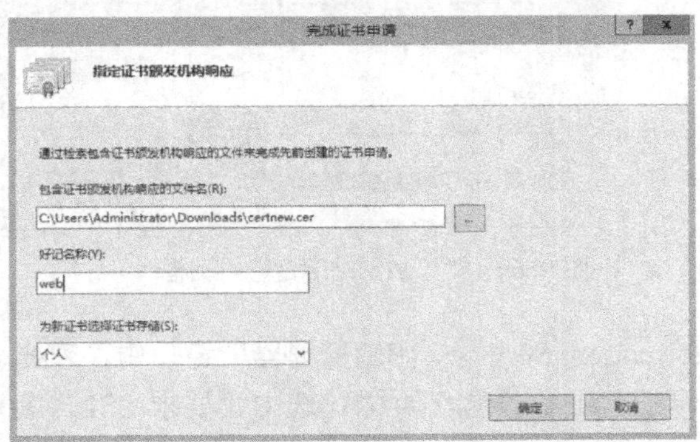

图 9-67　“指定证书颁发机构响应”对话框

4）完成 Web 服务器数字证书的安装，出现如图 9-68 所示的“服务器证书”页面，“web”即为安装成功的证书。

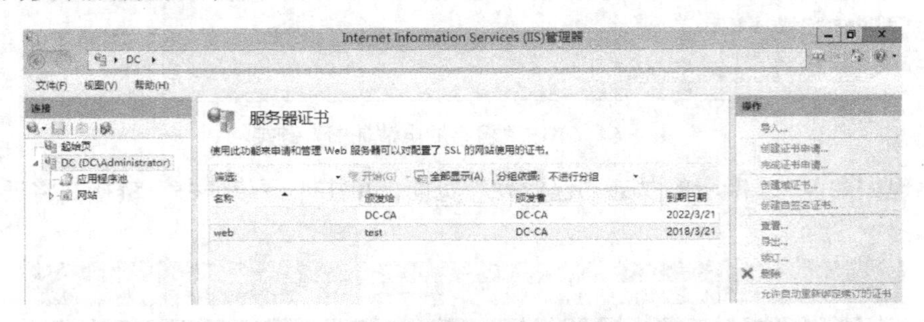

图 9-68 “服务器证书”页面（2）

9.4.6 在 Web 服务器上设置 SSL

1）在“Internet Information Services (IIS)管理器”窗口中，选择默认网站“Default Web Site”右侧操作区域的“绑定”，弹出“网站绑定”对话框，单击“添加”按钮，弹出“添加网站绑定”对话框，如图 9-69 所示。在“类型”下拉列表中选择“https”，“IP 地址”选择服务器 IP 地址，“端口”默认为“443”，输入主机名，在“SSL”证书下拉列表中选择刚安装的证书“web”，然后单击“确定”按钮。

这样，Web 站点就具备了 SSL 通信的功能。一种方法是以“http://”开头的通信连接，这是普通的 Web 访问；一种是以“https://”开头的通信连接，这是启用 SSL 安全通信的连接。

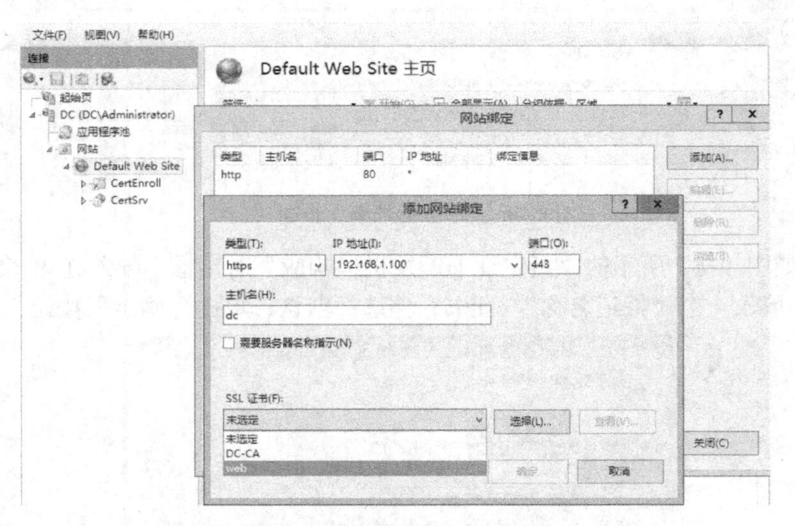

图 9-69 “添加网站绑定”对话框

2）在“Internet Information Services (IIS)管理器”窗口中，双击功能视图中的“SSL 设置”，出现如图 9-70 所示的“SSL 设置”页面，选中“要求 SSL”复选框，单击右侧操作区域的“应用”按钮。

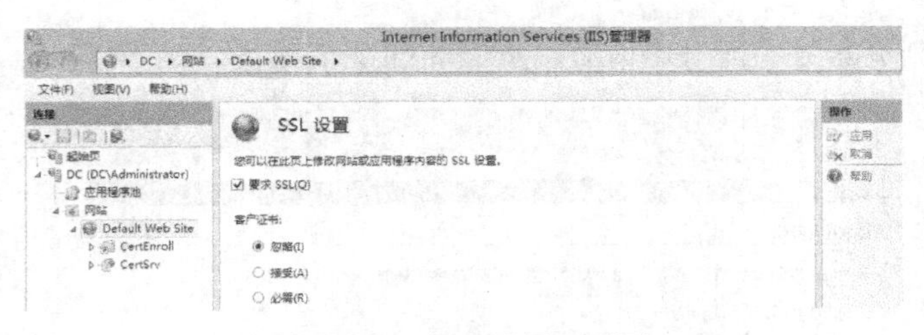

图 9-70 “SSL 设置”页面

“SSL 设置”页面中的参数含义如下：

- “要求 SSL”复选框：若选中表明强制浏览器和 Web 站点只能进行 SSL 安全通信。
- 在“客户证书”区域有 3 种选项：选择“忽略”，可允许用户不必提供客户端证书就可访问该站点；选择“接受”，可允许具有客户端证书的用户进行访问，证书不是必需的，具有客户端证书的用户可以被映射，没有客户端证书的用户可以使用其他身份验证方法；选择“必须”，则仅允许具有有效客户端证书的用户进行连接，没有有效客户端证书的用户被拒绝访问该站点。

9.4.7 浏览器的 SSL 配置

Web 服务器证书让客户端可以鉴别服务器的身份，如果服务器也需要鉴别客户端的身份，那么需要在浏览器端也申请并安装数字证书。

1．申请浏览器数字证书

1）在浏览器中访问“http://192.168.1.100/certsrv/”，出现证书服务对话框，单击“申请一个证书”选项，出现如图 9-71 所示的页面，单击“Web 浏览器证书”选项。

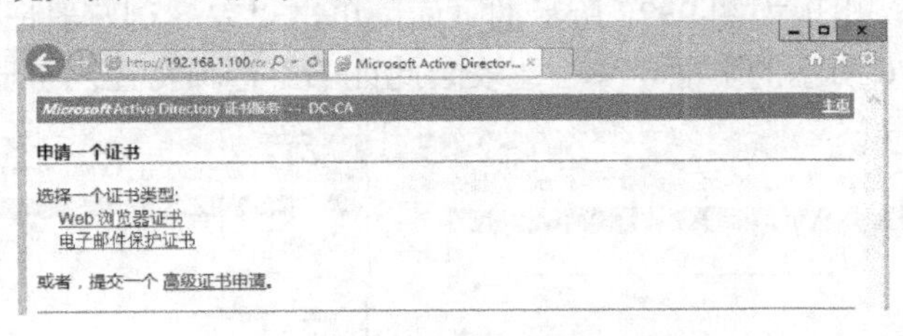

图 9-71“申请一个证书”页面

2）出现如图 9-72 所示的“识别信息”页面，在“姓名”“电子邮件”“公司”“部门”“市/县”“省”和“国家/地区”文本框中按照自己的实际情况设置，单击“提交”按钮。

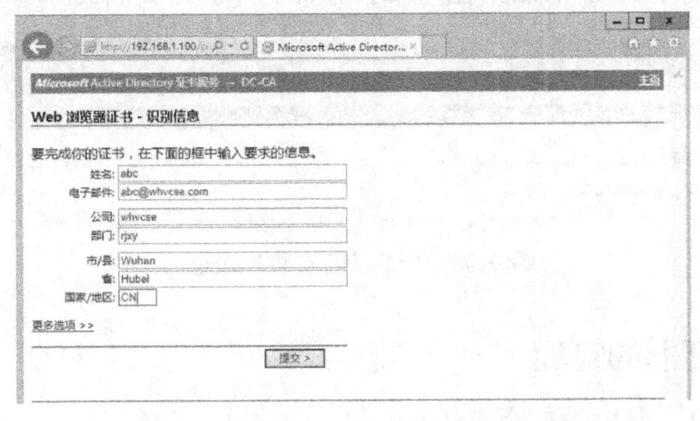

图 9-72 “识别信息”页面

3）成功提交浏览器数字证书申请后，页面如图 9-73 所示。

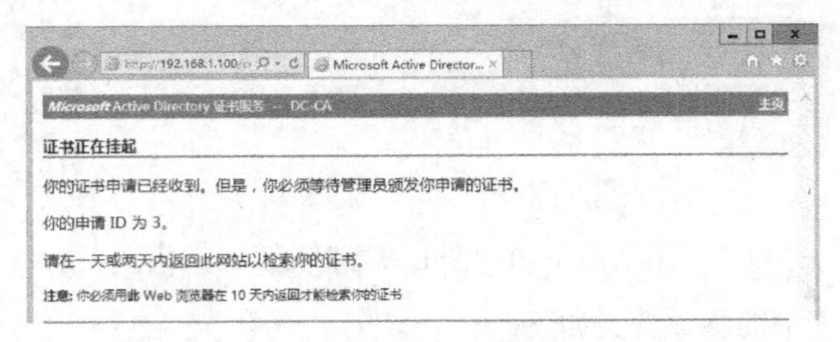

图 9-73 “证书正在挂起”页面

2．颁发浏览器数字证书

实例中管理员颁发的浏览器数字证书如图 9-74 所示。

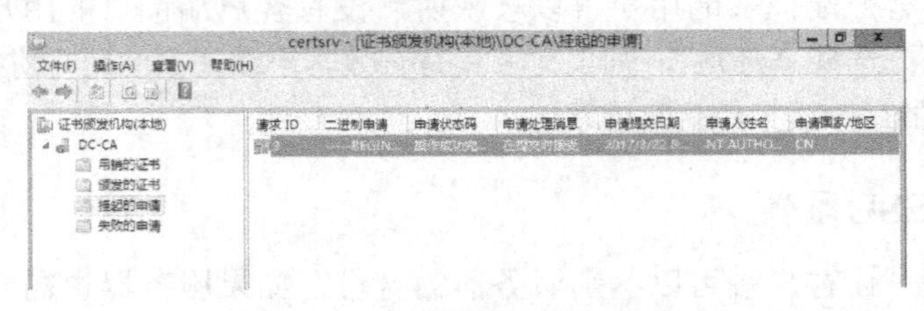

图 9-74 管理员颁发的浏览器数字证书

3．获取及安装浏览器数字证书

1）在浏览器中访问“http://192.168.1.100/certsrv”，在出现的页面中单击“查看挂起的证书申请的状态”选项，出现如图 9-75 所示的页面，单击“Web 浏览器证书”选项。

2）出现如图 9-76 所示的页面，单击“安装此证书”选项将在浏览器上安装数字证书。

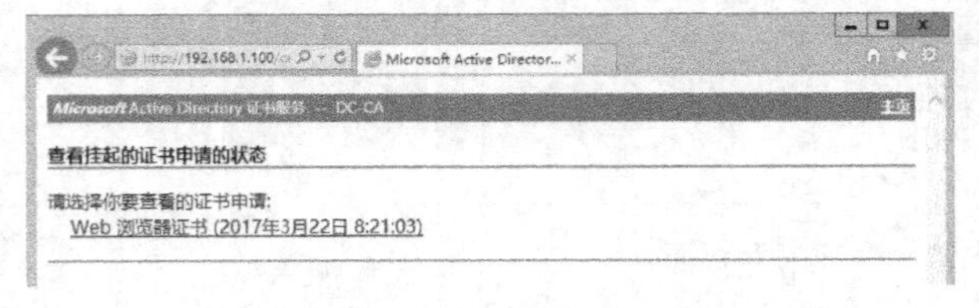

图 9-75 “查看挂起的证书申请的状态”页面

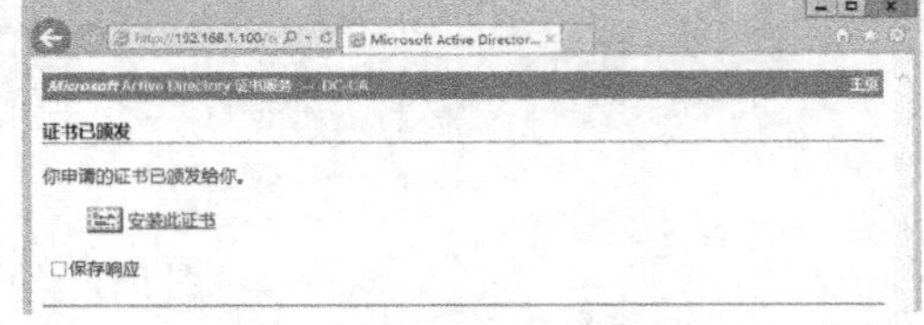

图 9-76 “证书已颁发”页面

3）成功安装浏览器数字证书后，出现如图 9-77 所示的页面。

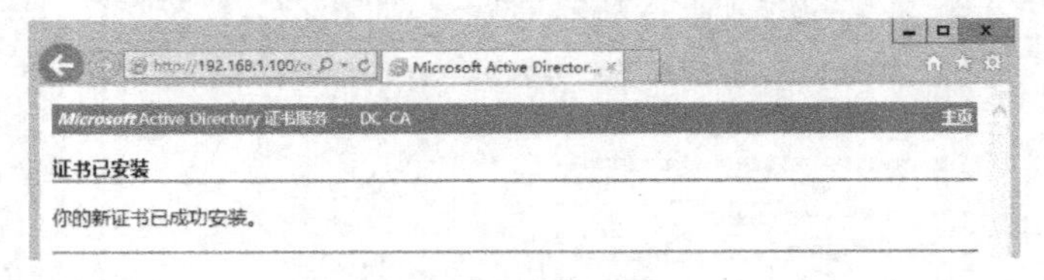

图 9-77 “证书已安装”页面

9.4.8 浏览器数字证书的管理

浏览器数字证书的管理步骤如下。

1）打开 IE 浏览器的“Internet 选项”对话框，选择“内容”选项卡，单击“证书”区域的“证书”按钮，如图 9-78 所示。

2）出现如图 9-79 所示的证书的“个人”选项卡，列举了颁发的个人证书，表明该数字证书已经安装到浏览器上。

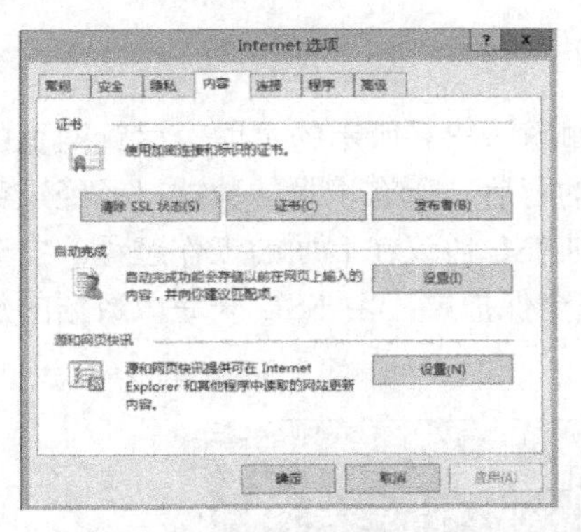

图 9-78 “Internet 选项”对话框的“内容”选项卡

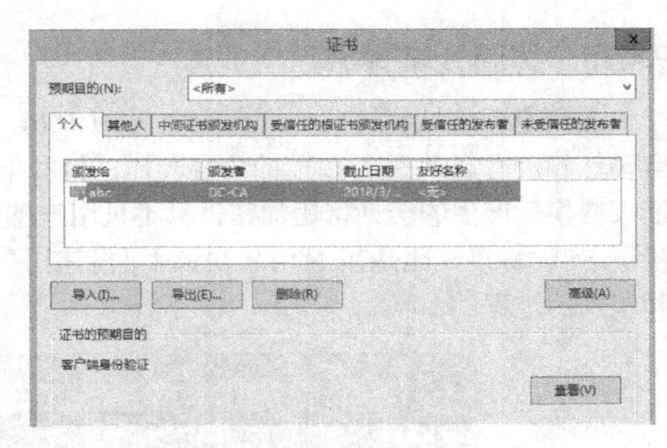

图 9-79 证书的“个人”选项卡

3）在图 9-79 中选中“个人证书”，单击“查看”按钮，可以查看浏览器的数字证书，出现如图 9-80 所示的证书的“常规”选项卡。

4）在图 9-79 中选中“个人证书”，单击“导出”按钮，可以将数字证书导出到扩展名为.cer 的数字证书文件中保存。

5）在图 9-79 中选中个人证书，单击“删除”按钮，可以将浏览器中安装的数字证书删除。

6）在图 9-79 中单击“导入”按钮，可以将数字证书文件安装到浏览器上。

9.4.9 在浏览器上设置 SSL

默认情况下，IE 浏览器是支持 SSL 的，不需要用户进行设置。浏览器是否启用 SSL 是在如图 9-81 所示的“Internet 选项”对话框的“高级”选项卡中进行设置的。

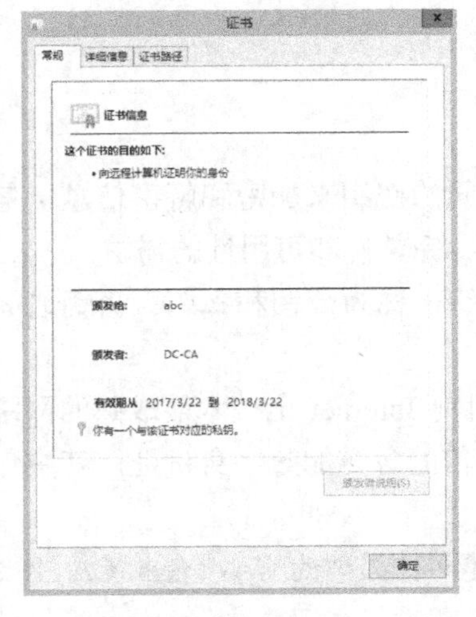

图 9-80 证书的“常规”选项卡

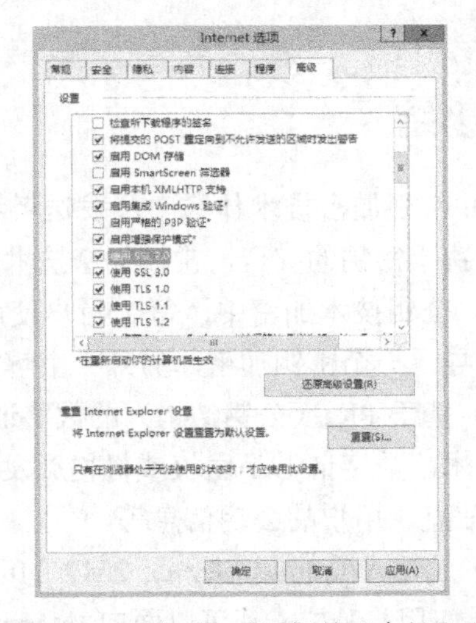

图 9-81 “Internet 选项”对话框的“高级”选项卡

在“设置”列表框的“安全”下，有关 SSL 的设置有以下 2 个选项。

- 使用 SSL 2.0：支持 SSL 2.0 版本。
- 使用 SSL 3.0：支持 SSL 3.0 版本。

需要将这两个选项都选上，浏览器才会启用 SSL。

9.4.10 访问 SSL 站点

在浏览器地址栏访问 https://192.168.1.100，出现如图 9-83 所示的页面。尽管网页的内容仍然和没有启动 SSL 以前的内容一样，但网页内容的背后，所有请求的数据已经经过数字证书交换后产生的会话密钥加密，只不过用户感觉不到 SSL 协议在后面的工作过程。安全套接层 SSL 协议好比是在 HTTP 协议上面套接了一层安全保护层，由 SSL 来完成数据的加密和鉴别的过程。

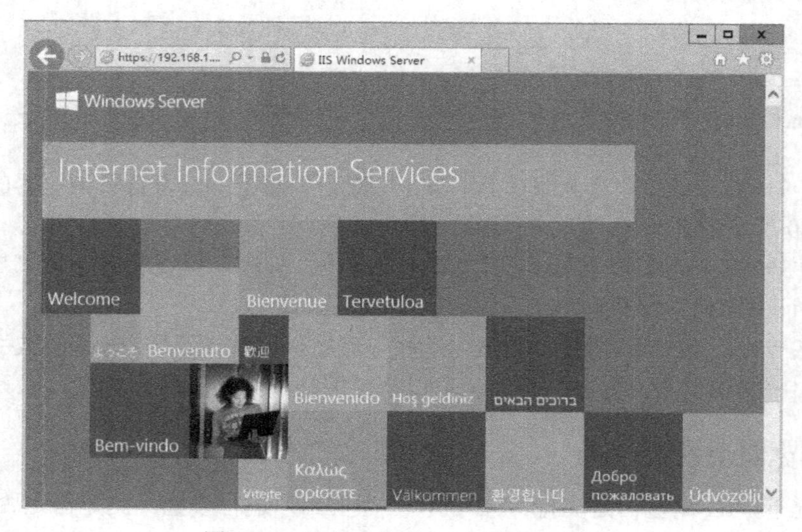

图 9-83 基于 SSL 的 Web 访问对话框

本章小结

1）常规加密技术体系中，发送者和接收者使用相同的密钥来加密和解密信息，信息的安全取决于密钥的安全。常规加密技术能够满足机密性、完整性和可用性的需求。

2）公钥技术加密中，每个用户使用两个不同的密钥，称为公钥和私钥。密钥之间很难相互推导，一个密钥加密，另外一个解密。

3）基于 PKI（公钥结构）的数字证书解决方案是目前 Internet 上技术最成熟的网络信息安全技术。数字证书是由权威机构颁发的网络上进行通信的各方的数字身份证，其中包含了 CA 的信息、用户的公钥信息等。

4）利用 Windows Server 2012 的证书服务可以构建两种类型的 CA，企业 CA 主要面向 Intranet 应用，独立 CA 可以面向 Internet 应用。

5）Windows Server 2012 的证书服务内置了 Web 访问的站点，采用 ASP 脚本语言技术，在 IIS 的支持下，向用户提供通过 Web 浏览器申请，下载数字证书的方法。

6）SSL 协议用于对数据进行加密和鉴别，服务器向 CA 机构申请证书以建立公钥和私钥，然后和客户端协商出一个为建立 SSL 连接需要的会话密钥。

7）为 Web 服务器申请并安装数字证书后就可以建立 SSL 站点，浏览器申请数字证书并启用 SSL 选项，双方就可以建立安全的 Web 通信。

第 10 章 活动目录应用

本章主要介绍活动目录的基本概念、安装与删除活动目录的方法、信任的创建、站点的建立和管理、资源的发布，以及活动目录中账号对象的管理、组织单元的创建和委派控制、组策略创建和设置方法。

10.1 活动目录的基本概念

活动目录存储有关网络上各对象（如用户、组、计算机、共享资源、打印机和联系人等）的信息，并使管理员和用户更方便地查找和使用这种信息，在域成员计算机上搜索活动目录的方法如图 10-1 所示。活动目录使用“结构化的数据存储”作为目录信息的逻辑化、分层结构的基础。

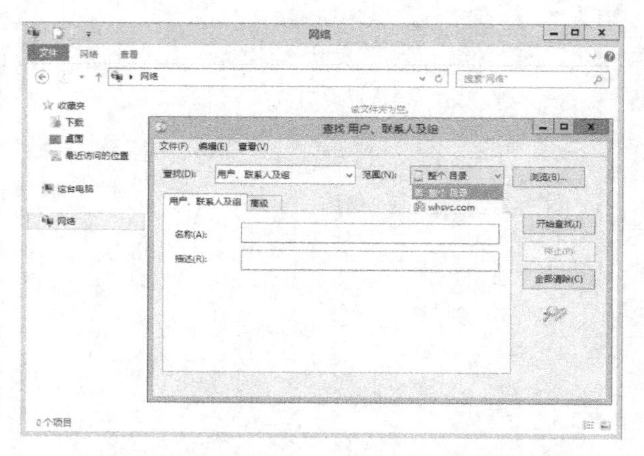

图 10-1 域成员计算机上搜索活动目录的方法

10.1.1 活动目录的功能和优点

目录是存储有关网络上对象信息的层次结构，在文件系统中，目录用来存储与文件有关的信息；在分布式计算环境中（如 Windows 域），目录用来存储打印机、传真服务器、应用程序、数据库和用户、组、计算机等对象的有关信息。活动目录是基于 Windows 的目录服务，提供了用于存储目录数据并使该数据可由网络用户和管理员使用的方法，活动目录的功能如图 10-2 所示。例如，活动目录存储了有关用户账户的信息，如名称、密码、电话号码等，并允许相同网络的其他已授权用

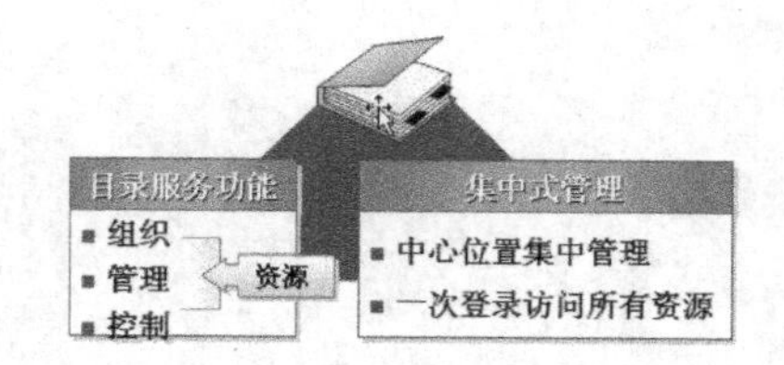

图 10-2 活动目录的功能

户访问该信息。

活动目录允许网络用户使用单个登录进程来访问网络中任意位置的许可资源。活动目录为网络管理员提供了直观的网络层次视图和对所有网络对象的单点管理。

与“工作组模式”相比，使用活动目录的域模式具有以下优点：

1）对网络资源的集中控制。

2）集中和分散资源管理。

3）一次登录，全局访问。

4）在逻辑结构中安全地存储对象。

5）优化网络流量。

10.1.2 活动目录的结构和常用概念

1. 活动目录的逻辑结构（如图 10-3 所示）

（1）域

域（Domain）是活动目录逻辑结构中的核心功能单位，域提供下列 3 种功能。

1）对象的管理边界，除非管理员得到其他域的明确授权，否则域管理员只具有在该域内的管理权限。

2）管理共享资源安全性的方法。

3）对象的复制单元，域内的域控制器包含活动目录的副本并参与活动目录的复制。

（2）组织单位

组织单位（OU）是可将用户、组、计算机和其他组织单位放入其中的活动目录容器。组织单位是包含在域中的特别有用的目录对象类型，它不能容纳来自其他域的对象。组织单位可以把对象组织到一个逻辑结构中，使其能更好地适应组织的需要。

组织单位是可以指派组策略设置或委派管理权限的最小作用域或单元。委派组织单位的管理控制权，必须把组织单位及其包含对象的具体的权限指定给一个或几个用户和组。活动目录管理有两种形式。

1）集中管理。由一位网络管理员集中管理所有网络资源，如整个 Domain 域的所有对象，包括其内创建的组织单位 OU1 和 OU2 都由一位网络管理员来管理，如图 10-4 所示。

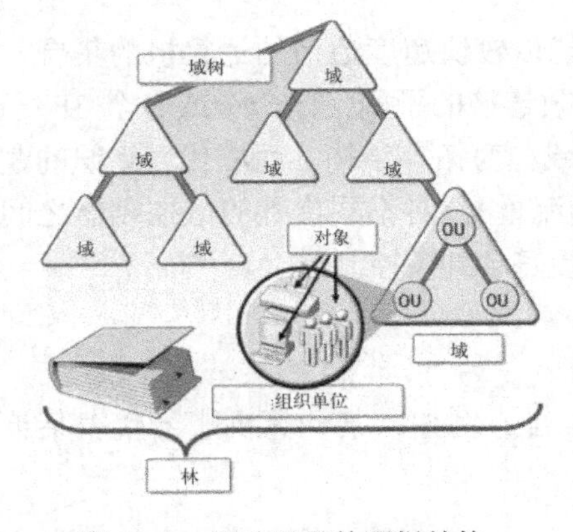

图 10-3 活动目录的逻辑结构

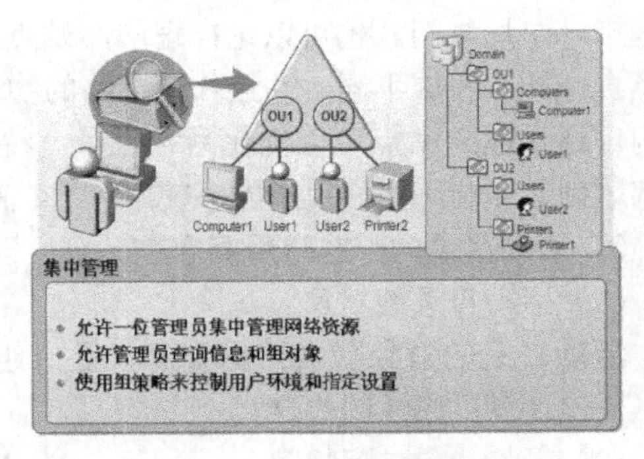

图 10-4 活动目录的集中管理

2）分散管理。由一位高级网络管理员承担整个网络的主要管理任务，而将某些组织单位的特定网络管理员功能委派给其他管理员，如由一位高级网络管理员承担整个 Domain 域的主要管理任务，而将组织单位 OUl、OU2 和 OU3 的特定网络管理员功能分别委派给其他管理员 Adminl、Admin2 和 Admin3，如图 10-5 所示。

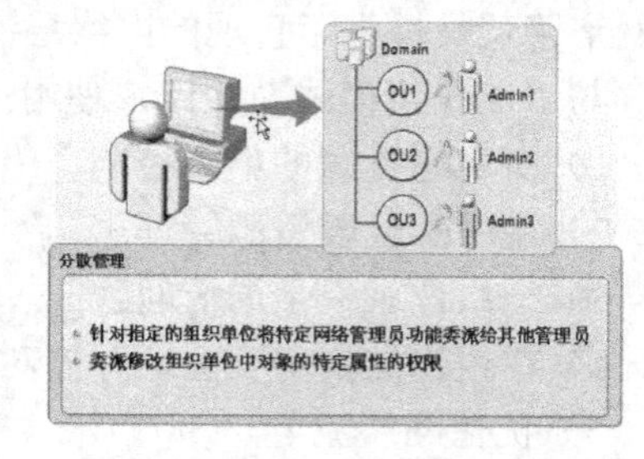

图 10-5 活动目录的分散管理

（3）域树

域树（DomainTree）是以层次结构的方式组合到一起的域，子域的名称与其父域名称组合在一起，形成它自身唯一的域名系统，如图 10-6 所示。

（4）域林

域林（DomainForest）是活动目录的完整实例，其中包含一个或多个域树，如图 10-7 所示。域林中的域共用相同的 Configuration（配置）、Schema（架构）和 GC（全局目录）。

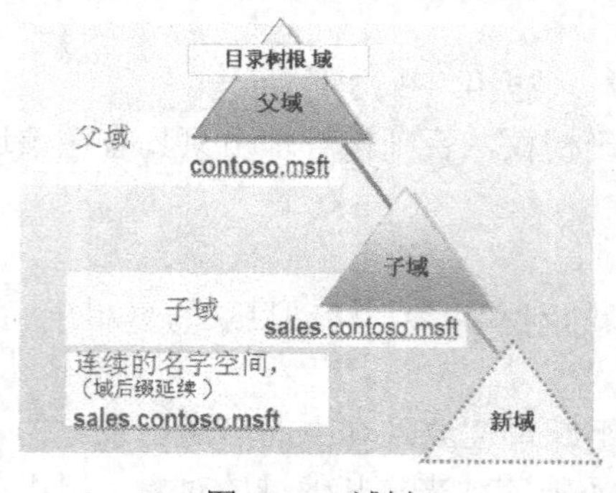

图 10-6 域树

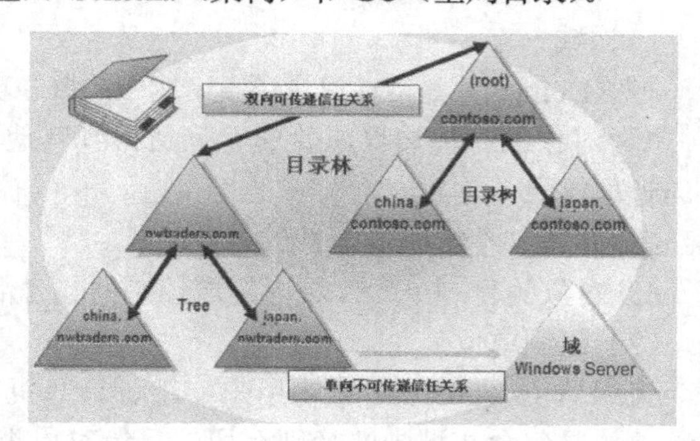

图 10-7 域林

2．活动目录的物理结构（如图 10-8 所示）

（1）域控制器

域控制器（DC）运行 Windows Server 2012 和 Active Directory 的计算机。每台域控制器执行存储和复制功能（参与活动目录复制）。一台域控制器只能支持一个域。域控制器在域中执行单主机操作。

（2）站点

站点（Site）是指在物理上有较好的线路连接并能以较快速度通信的计算机的集合，一般是指一个局域网。也可以这样理解，站点是一组有效连接的子网，是一个或多个 IP 子网的集合。站点和域不同，站点代表网络的物理结构，或称为拓扑结构，而域代表组织的逻辑结构。通过建立站点可以优化网络流量（特别是复制流量），对不同位置的域控制器之间的带宽达到最佳利用，使用户能够使用可靠、高速的连接登录到域控制器上。

3．活动目录的一些常用概念

（1）活动目录的对象

活动目录的对象代表网络资源，是一组属性的集合。例如，某计算机账号代表某计算机，是该计算机属性的集合。

（2）轻量目录访问协议

轻量目录访问协议（LDAP）通过为目录中的每一个对象指定唯一的命名路径，提供了一种与活动目录通信的方法。LDAP 命名路径包括：可辨别名称和相对可辨别名称，可辨别名称标识对象所在的域和到达对象的完整路径，如图 10-9 所示。

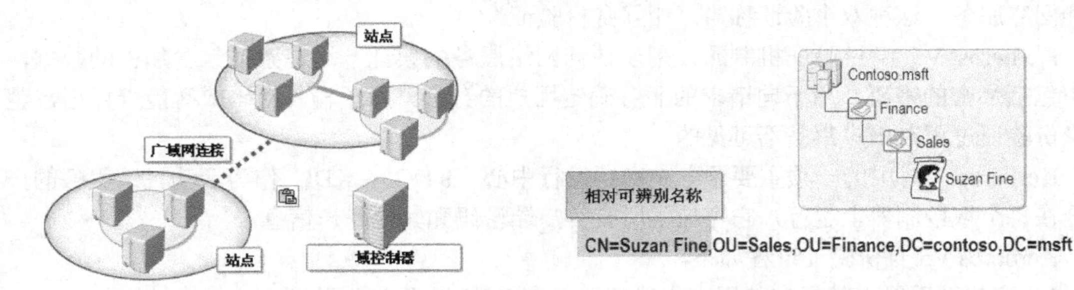

图 10-8　活动目录的物理结构　　　　图 10-9　可辨别名称和相对可辨别名称

CN 是对象在所在容器内的通用名称。OU 是包含对象的组织单位。如果对象位于嵌套的组织单位中，则可能具有多个 OU 值。DC 代表域部分，如“com”或“msft”。通常至少有两个域部分，可辨别名称的“域部分”以域名系统（DNS）为基础进行命名。

（3）全局编录

全局编录是一个信息储备库，其中包含活动目录的对象的属性的一个子集。例如，如果搜索林中所有打印机，全局编录服务器将在全局编录中处理查询，然后返回查询结果。如果没有全局编录服务器，则这个查询将需要搜索林中的每个域，这样必然造成网络流量增加和查询时间较长的弊病。

全局编录是存储林中所有活动目录对象的副本的域控制器。全局编录存储林中主持域的目录中所有对象的完全副本，以及林中所有其他域中所有对象的部分副本，如图 10-10 所示。在林中的初始域控制器上，会自动创建全局编录。可以在域控制器的“NTDS Settings 属性”对话框中设置该域控制器是否作为全局编录，如图 10-11 所示。全局编录包含以下几项。

- 查询中使用最频繁的属性，如用户的姓名和登录名。
- 确定目录中对象位置所需的信息。
- 每种对象类型的属性的默认子集。
- 存储在全局编录中对象和属性的访问权限。

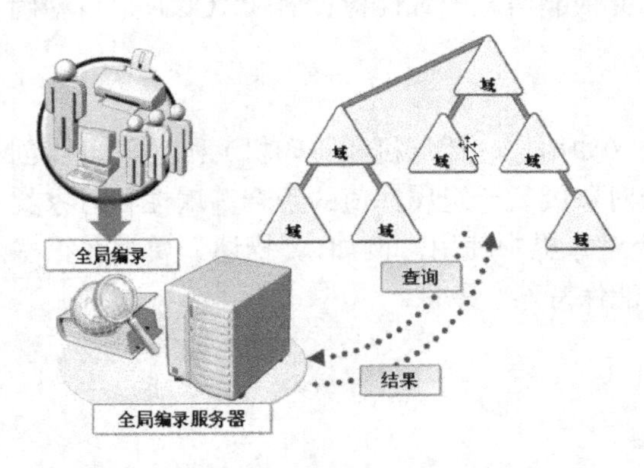

图 10-10　作为全局编录启用的域控制器

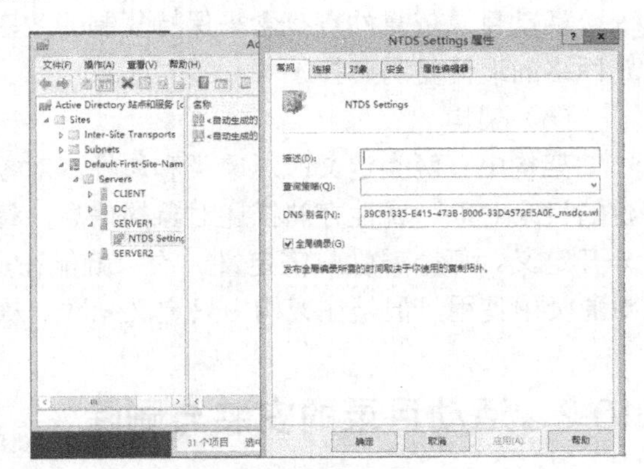

图 10-11　“NTDS Settings 属性”对话框

（4）KerberosV5

Kerberos V5 是在域中进行身份验证的主要安全协议。Kerberos V5 同时要验证用户的身份和网络服务，这种双重验证称为“相互身份验证”。

Kerberos V5 身份验证机制颁发用于访问网络服务的票证。这些票证包含加密的数据，其中包括加密的密码，用于向请求的服务确定用户的身份。除了输入密码或智能卡凭据，整个身份验证过程对用户都是不可见的。

Kerberos V5 中的一项重要服务是密钥发行中心（KDC）。KDC 作为活动目录服务的一部分在每个域控制器上运行，它存储了所有客户端密码和其他账户信息。

Kerberos V5 身份验证过程如下。

1）客户端系统上的用户使用密码或智能卡向 KDC 进行身份验证。

2）KDC 为此客户颁发一个特别的票证授予式票证。客户端系统使用 TGT 访问票证授予服务（TGS），这是域控制器上的 Kerberos V5 身份验证机制的一部分。

3）TGS 接着向客户颁发服务票证。

4）客户向请求的网络服务出示服务票证。服务票证向此服务证明用户的身份，同时也向该用户证明服务的身份。

Kerberos V5 服务安装在每个域控制器上，并且 Kerberos 客户端安装在每个工作站和服务器上，每个域控制器作为 KDC 使用。客户端使用域名服务（DNS）定位最近的可用域控制器。域控制器在用户登录会话中作为该用户的首选 KDC 运行，如果首选 KDC 不可用，系统将定位备用的 KDC 来提供身份验证。

（5）复制

目录存储在逻辑上分成特定的目录分区，每个分区存储一种不同类型的目录数据，如域数据、林架构数据、林配置数据或应用程序数据。林中的所有域控制器都拥有该林的架构和配置分区的副本，而特定域中的所有域控制器都拥有该域的域分区的副本。

除了非常小的网络之外，目录数据必须驻留在网络上的多个位置，以便于所有用户均等地使用。通过复制，活动目录在多个域控制器上保留目录数据的副本，从而确保所有用户的目录可用性和性能。活动目录使用一种多主机复制模型，允许在任何域控制器上（而不只是委派的主域控制器上）更改目录。

活动目录依靠站点概念来保持复制的效率，并依靠信息一致性检查器（KCC）来自动确定网络的最佳复制拓扑。

（6）架构

架构中有两类定义：对象类和属性。对象类（如用户、计算机和打印机）描述了可以创建的目录对象。属性存储描述对象的信息，每个对象类是一组属性值的集合。属性和对象类分开定义。每个属性只需定义一次，就能在多个对象类中使用。例如，“描述”属性在很多对象类中使用，但是在架构中只定义一次，从而能保持其一致性。

10.2 活动目录的安装与删除

建立活动目录域（AD DS）之前，可以先安装好一台服务器，再将其升级为域控制器。在建立 AD DS 域之前需先确认一下准备工作是否完成。

- 选择适当的 DNS 域名。
- 准备好一台用来支持 AD DS 的 DNS 服务器。
- 选择活动目录数据库的存储位置。

10.2.1　安装活动目录

在安装活动目录之前，需明确该新域控制器的角色。下面列出了新域控制器可能的角色。

- 新的林（同时也是新的域）。
- 现有林中的新的域树。
- 现有域树中的新的子域。
- 现有域中的其他域控制器。

在 Windows Server 2012 R2 服务器上，安装活动目录的操作步骤如下（假定该新域控制器的角色为“新的林”）。

1）打开服务器管理器，单击仪表板的“添加角色和功能”，如图 10-12 所示。

2）在弹出的如图 10-13 所示的“添加角色和功能向导”界面。持续单击“下一步”按钮，在如图 10-14 所示对话框中勾选“Active Directory 域服务”，然后在如图 10-15 所示的对话框中单击“添加功能”按钮。

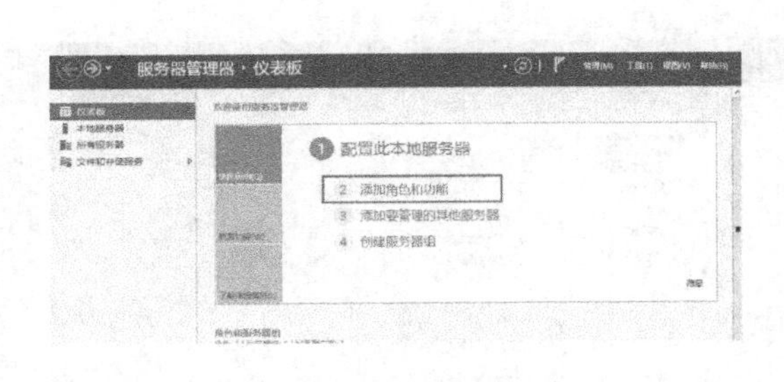

图 10-12　添加角色和功能

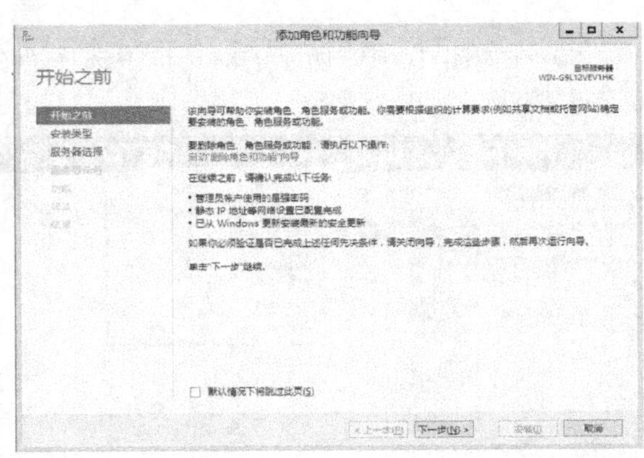

图 10-13　“添加角色和功能向导”界面

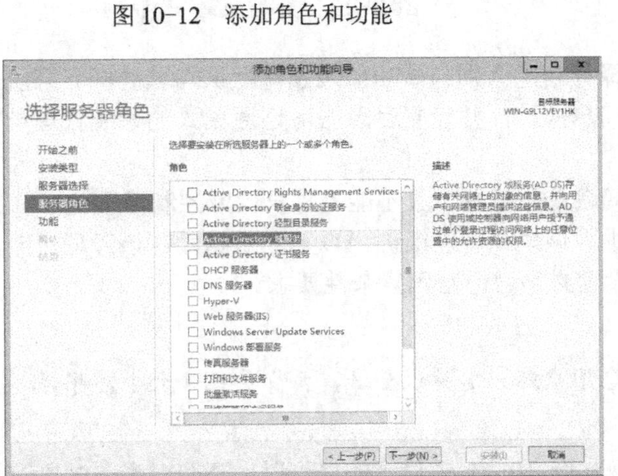

图 10-14　“选择服务器角色”对话框

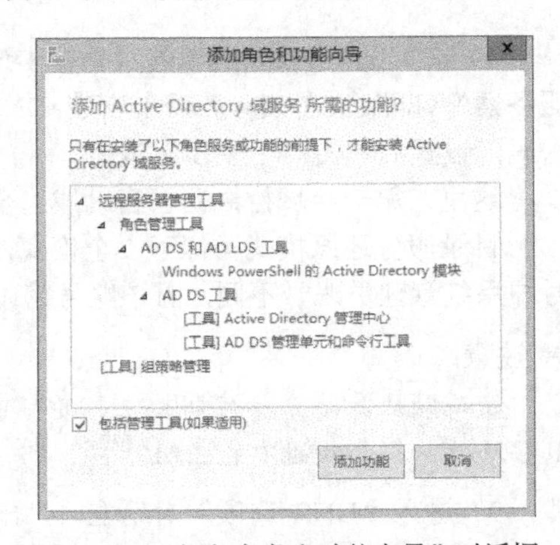

图 10-15　“添加角色和功能向导”对话框

3）持续单击“下一步”按钮，直到出现如图 10-16 所示的“确认安装所选内容”对话框，单击“安装”按钮。

4）安装完成出现如图 10-17 所示的对话框，单击“将此服务器提示为域控制器”，或将此页面关闭，直接单击“服务器管理器”上方的图标，在如图 10-18 所示界面中单击“将此服务器提升为域控制器”。

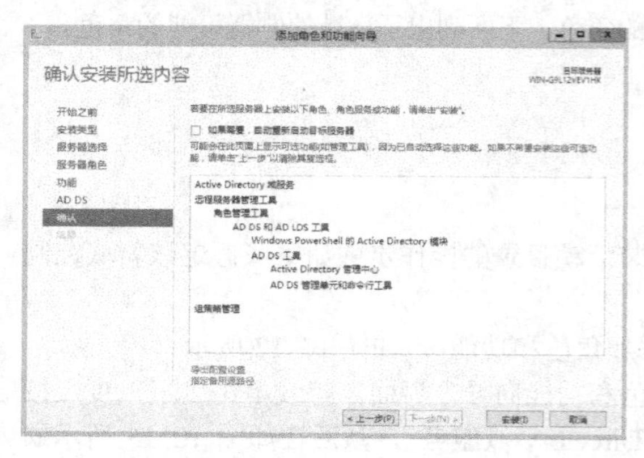

图 10-16 “确认安装所选内容”对话框

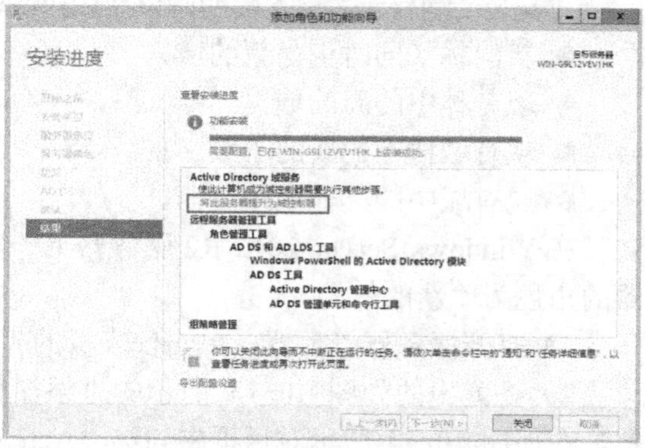

图 10-17 “安装进度”对话框

5）在如图 10-19 所示的对话框中选择“添加新林”，输入新林的 DNS 名称，单击“下一步”按钮。

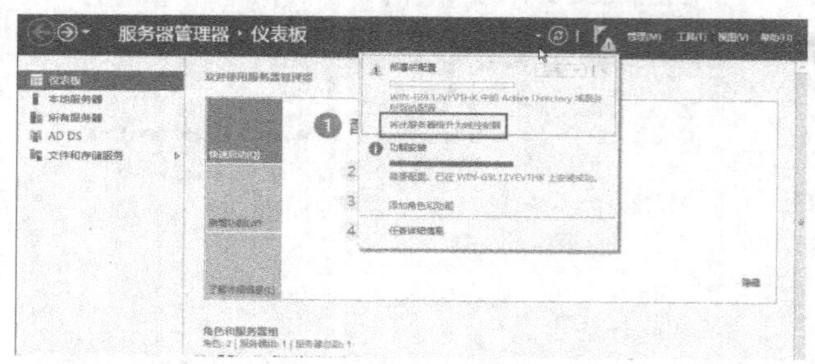

图 10-18 将服务器提升为域控制器

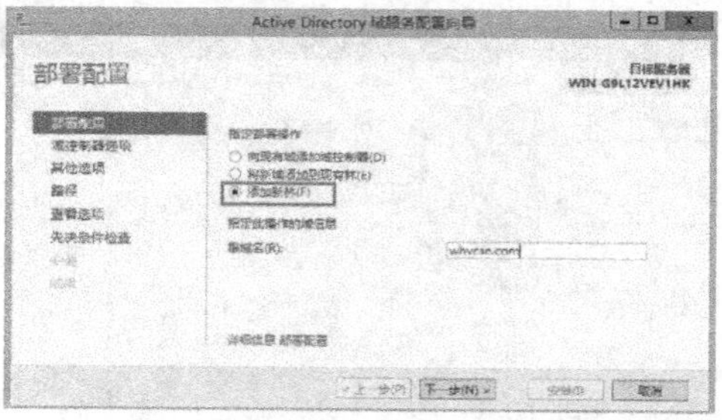

图 10-19 “部署配置”对话框

6）在如图 10-20 所示的对话框中选择林功能级别与域功能级别，默认勾选“域名系统服务器”（即默认在该服务器上安装 DNS 服务器），并设置目录服务还原模式的系统管理员密码。设置后单击“下一步”按钮。

这里，第一台域控制器会自动成为全局编录服务器，且不能是“只读域控制器”。

目录服务还原模式类似于安全模式，进入该模式可以维护 AD DS 数据库，该管理员账号与系统管理员账号不同，且该账号密码设置必须遵循密码复杂性要求。

☞ **注意：**

密码默认需要 7 个字符以上，不可包含用户账户名称或全名，至少要包含大小写字母、数字及特殊符号四组中的三组。

7）进入“DNS 选项”对话框时，出现如图 10-21 中显示的警告时，不会对当前配置有任何影响，可以不用理会，继续单击“下一步”按钮。

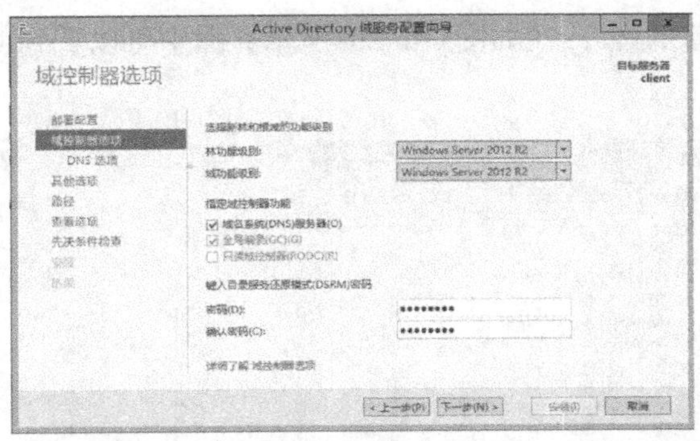

图 10-20 “域控制器选项”对话框

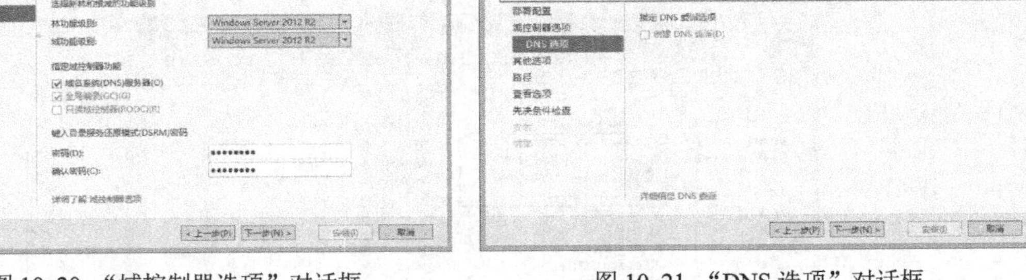

图 10-21 “DNS 选项”对话框

8）进入如图 10-22 所示的对话框，系统会自动将 DNS 域名第一个点号左侧的名称作为其 NetBIOS 名称，也可以修改此名称，设置完毕单击“下一步”按钮。

9）进入图 10-23 所示的对话框，设置数据库文件、日志文件及 SYSVOL 文件夹路径，一般保持默认路径即可，单击“下一步”按钮。

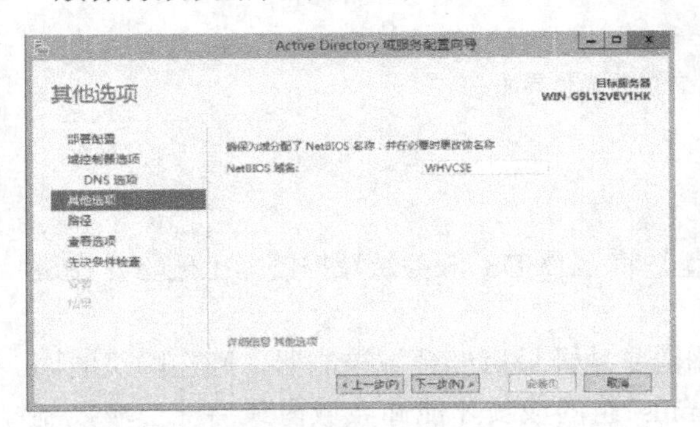

图 10-22 “其他选项”对话框

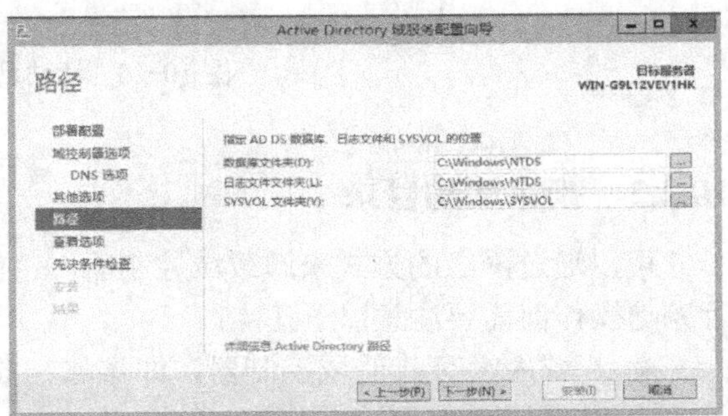

图 10-23 “路径”对话框

10）继续单击“下一步”按钮，直到出现如图 10-24 所示的“先决条件检查”对话框。如果通过，则继续单击“安装”按钮；如果没有通过则根据界面提示排除问题，再完成安装。

注意：出现的警告并不会影响域控制器的安装。

11）安装完成后系统自动重新启动，如图 10-25 所示。

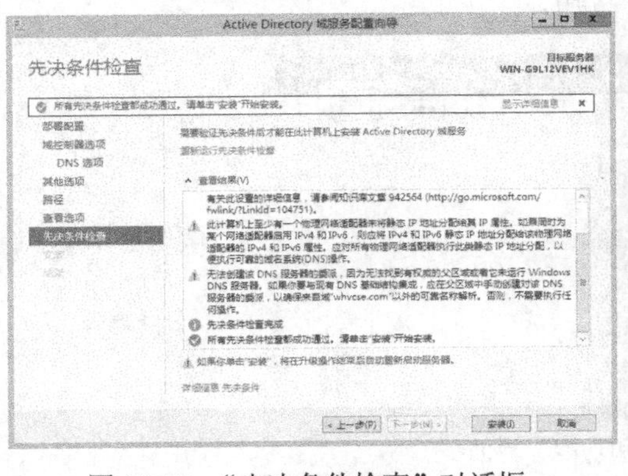

图 10-24 “先决条件检查”对话框

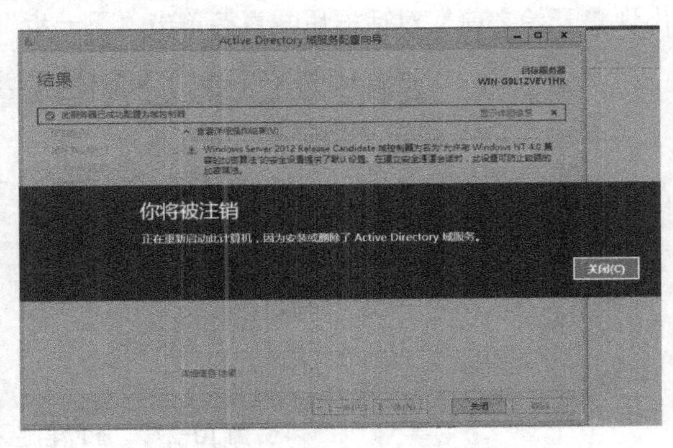

图 10-25 完成活动目录安装界面

启动之后即可在“开始”菜单中打开“管理工具”，在如图 10-26 所示界面中可以看到活动目录的几个常用管理工具。

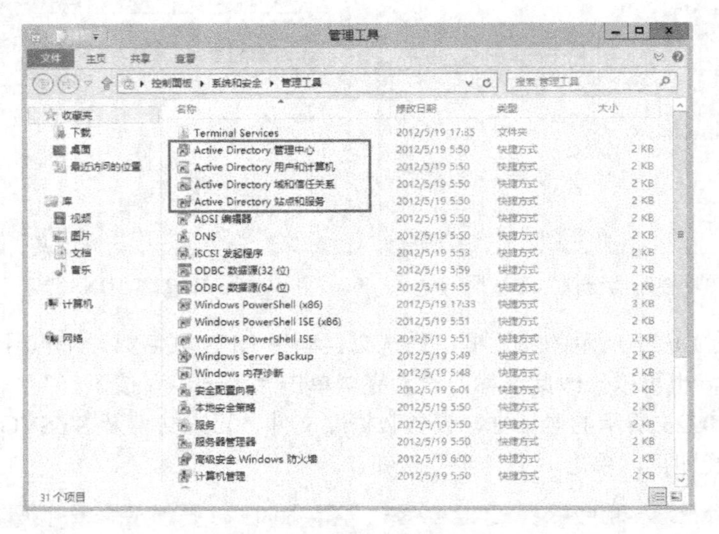

图 10-26　活动目录管理工具界面

10.2.2　删除活动目录

可以通过降级的方式来卸载域控制器，也就是将 AD DS 服务从域控制器上删除，在进行删除操作前需要注意以下几点：

- 若域内没有其他域控制器，即该域控制器是域内最后一台域控制器，则在降级的同时该域也被删除。只有 Enterprice Admins 组的成员才能卸载域内最后一台域控制器，并且如果该域存在子域，必须先删除子域。
- 若域内还有其他域控制器，则该域控制器被降级成为该域的成员服务器，注意必须是 Domain Admins 或 Enterprice Admins 组的成员才有权卸载域控制器。

操作步骤如下。

1）打开服务器管理器，单击“管理”菜单下的“删除角色和功能”，如图 10-27 所示，出现“开始之前”对话框后，直接单击“下一步”按钮。

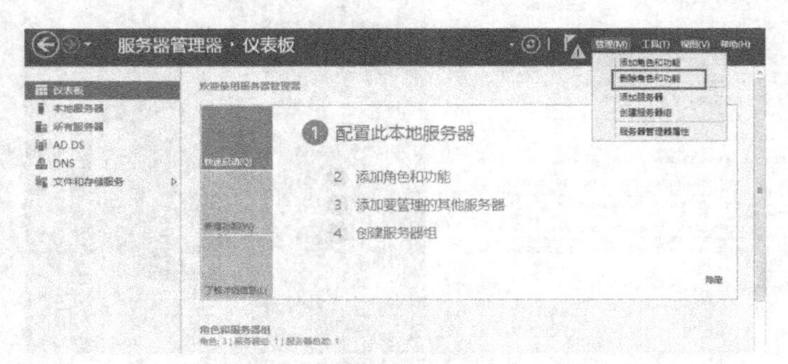

图 10-27　“删除角色和功能”界面

2）在如图 10-28 所示的对话框中，取消勾选“Active Directory 域服务”，在弹出的对话框中单击“删除功能”按钮。

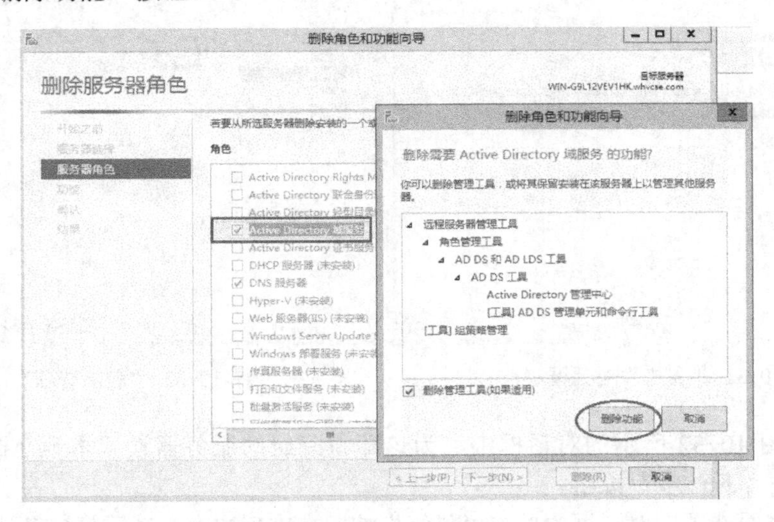

图 10-28 “删除角色和功能向导”对话框

3）出现如图 10-29 所示的对话框，单击“将此域控制器降级”按钮。

4）如果当前用户有权卸载此域控制器，则在如图 10-30 所示的对话框中单击“下一步”按钮；否则单击“更改”按钮，并输入有权限的用户账号与密码。若该域控制器是域中最后一台域控制器，则勾选“域中的最后一个域控制器”。

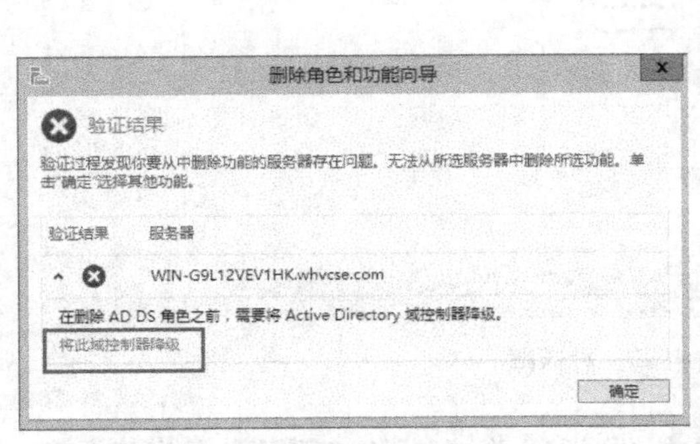

图 10-29 “删除角色和功能向导”界面

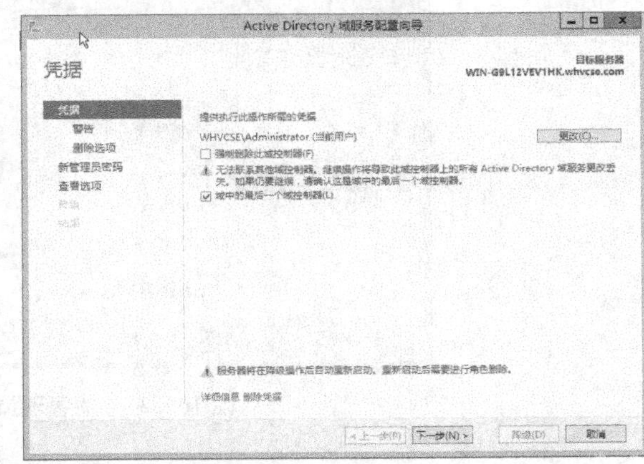

图 10-30 “凭据”对话框

☞ **注意：**

如果因故无法卸载此域控制器，则可以勾选图中的“强制删除此域控制器”。

5）在如图 10-31 所示的对话框中，勾选“继续删除”后单击“下一步”按钮。

6）在如图 10-32 所示的对话框中，选择是否要删除 DNS 区域，然后单击“下一步”按钮。

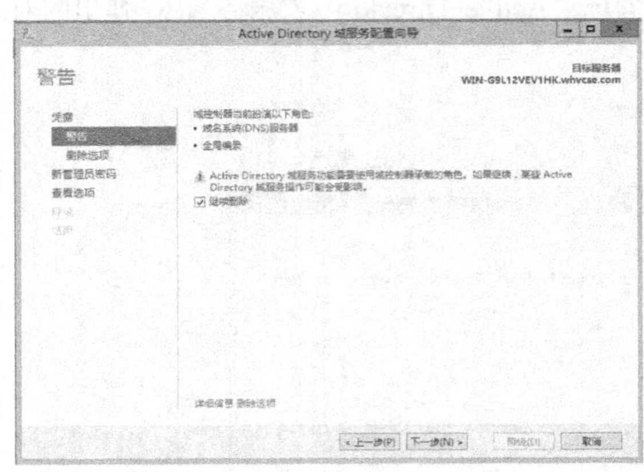

图 10-31 “警告”对话框

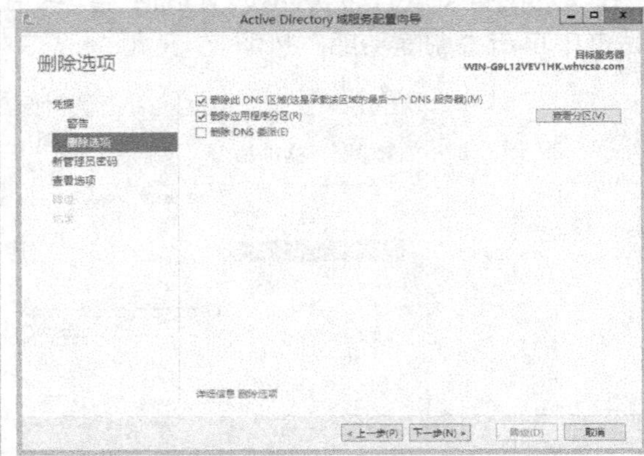

图 10-32 “删除选项” 对话框

7）在如图 10-32 所示的对话框中，为该即将降级的服务器设置本地 Administrator 的新密码，单击“下一步”按钮。

8）在“查看选项”对话框中单击“降级”按钮，完后成会自动重新启动计算机。

☞ 注意：

至此该服务器已经不再是域控制器了，但是该服务器上的 Active Directory 域服务组件仍然还在，因此如果需要再次将其升级成为域控制器，则可重新操作第 10.2.1 节内的安装活动目录的内容。

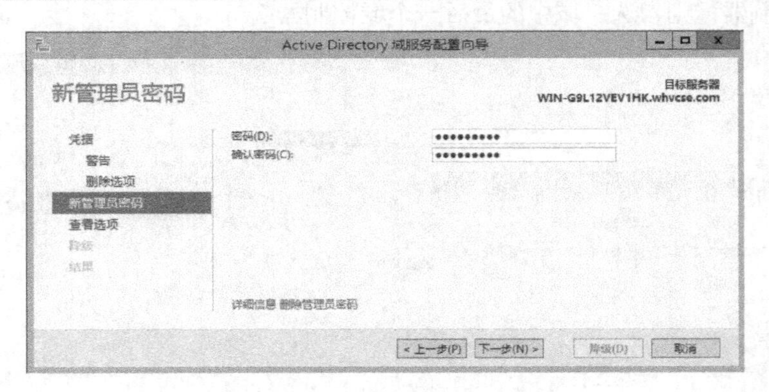

图 10-33 “新管理员密码”对话框

9）重新登录服务器，打开服务器管理器，单击“管理”菜单下的“删除角色和功能”，出现“开始之前”对话框后单击“下一步”按钮。

10）在如图 10-28 所示对话框中，再次取消勾选“Active Directory 域服务”，并在弹出的对话框中单击“删除功能”按钮，即可看到如图 10-34 所示的对话框，如有必要也可以将 DNS 服务一并取消勾选，然后单击“下一步”按钮。

11）持续单击“下一步”按钮，直至出现如图 10-35 所示的对话框，单击“删除”按钮。完成后，重新启动计算机。

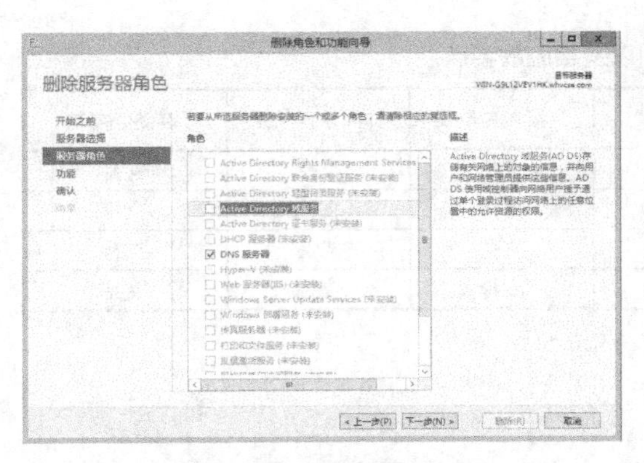

图 10-34 “删除服务器角色”对话框

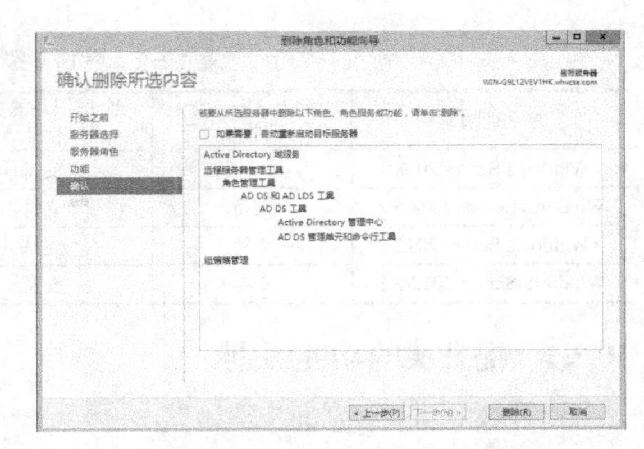

图 10-35 “确认删除所选内容”对话框

10.3 提升域和林的功能级别

Active Directory 域服务将域和林划分为不同的功能级别，每个级别都有各自不同的特点和限制。表 10-1 列出了域功能级别以及相应的特点。

域功能级别只会影响该域，而不会影响到其他域，域功能级别分为以下 4 种。

- Windows Server 2008：域控制器可以是 Windows Server 2008、Windows Server 2008 R2、Windows Server 2012 和 Windows Server 2012 R2。
- Windows Server 2008 R2：域控制器可以是 Windows Server 2008 R2、Windows Server 2012 和 Windows Server 2012 R2。
- Windows Server 2012：域控制器可以是 Windows Server 2012 和 Windows Server 2012 R2。
- Windows Server 2012 R2：域控制器只能是 Windows Server 2012 R2。

表 10-1 域功能级别以及相应的特点

域功能级别	验证机制保证	上次交互式登录信息	高级加密服务	通用组	SID 历史数据
Windows Server 2008	不支持	支持	支持	支持	支持
Windows Server 2008 R2	支持	支持	支持	支持	支持
Windows Server 2012	支持	支持	支持	支持	支持
Windows Server 2012 R2	支持	支持	支持	支持	支持

林功能可启用跨越林内所有域的功能。林功能级别有以下 4 种。

- Windows Server 2008：域控制器可以是 Windows Server 2008、Windows Server 2008 R2、Windows Server 2012 和 Windows Server 2012 R2。
- Windows Server 2008 R2：域控制器可以是 Windows Server 2008 R2、Windows Server 2012 和 Windows Server 2012 R2。
- Windows Server 2012：域控制器可以是 Windows Server 2012 和 Windows Server 2012 R2。
- Windows Server 2012 R2：域控制器只能是 Windows Server 2012 R2。

表 10-2 列出了不同的林功能级别以及相应的特点。

表 10-2　林功能级别以及相应的特点

林功能级别	Active Directory 回收站	全局编录的复制优化	只读域控制器	林间信任关系	链接值复制
Windows Server 2008	不支持	支持	支持	支持	支持
Windows Server 2008 R2	支持	支持	支持	支持	支持
Windows Server 2012	支持	支持	支持	支持	支持
Windows Server 2012 R2	支持	支持	支持	支持	支持

10.3.1　提升域的功能级别

提升域的功能级别的步骤如下。

1）打开“ActiveDirectory 域和信任关系”窗口。

2）在控制台树中，用鼠标右键单击要升级其功能的域，然后单击“提升域功能级别”命令，如图 10-36 所示。

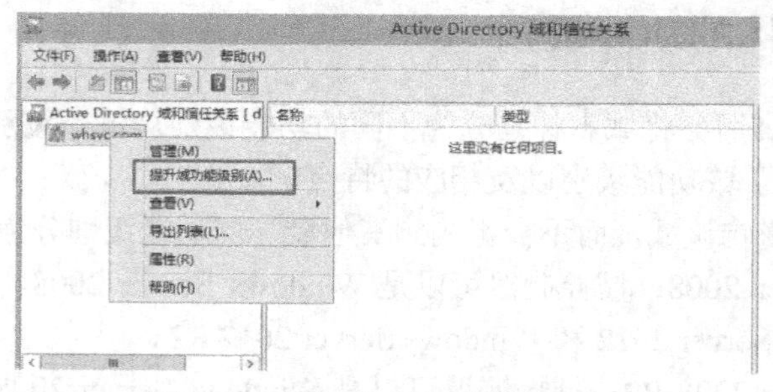

图 10-36　“提升域功能级别”窗口

3）在“提升域功能级别”对话框中，选择需要提升的功能级别类型。

一旦提升域功能级别之后，就不能再将运行旧版操作系统的域控制器引入该域中。例如，如果将域功能级别提升至 Windows Server 2012，则不能再将运行 Windows Server 2008 R2 的域控制器添加到该域中。

10.3.2　提升林的功能级别

提升林的功能级别的操作步骤如下。

1）打开“Active Directory 域和信任关系”窗口。

2）在控制台树中，用鼠标右键单击“Active Directory 域和信任关系”节点，然后单击“提升林的功能级别”命令，如图 10-37 所示。

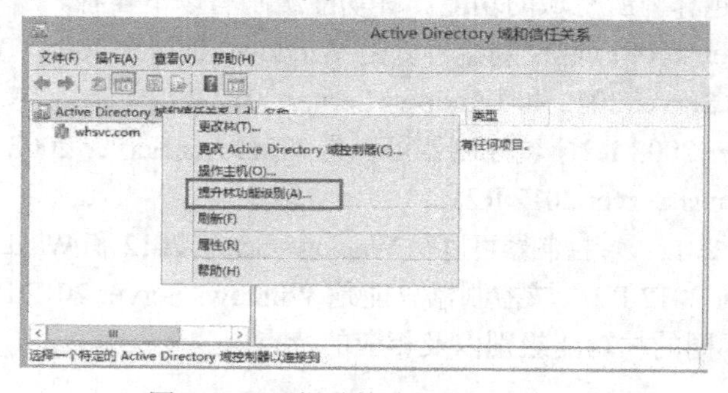

图 10-37　“提升林功能级别”窗口

3）在“选择可用的林功能级别”中选择“Windows Server 2012 R2”选项，然后单击“提升”按钮。一旦提升林的功能级别之后，就不能再将运行旧版操作系统的域控制器引入该林中。例如，如果将林功能级别提升至 Windows Server 2012，则不能再将运行 Windows Server 2008 的域控制器添加到该林中。

10.4 信任的创建

信任是域之间建立的关系，它可使“受信任域”中的用户由“信任域”中的域控制器来进行验证，从而使“受信任域”中的用户可以访问“信任域”中的许可资源，如图 10-38 所示。Windows Server 2012 林中的所有信任都是可传递的双向信任，因此信任关系中的两个域都是受信任的。如图 10-39 所示，如果域 A 信任域 B 且域 B 信任域 C，则域 C 中的用户（授予适当权限时）可以访问域 A 中的资源。只有 Domain Admins 组的成员可以管理信任关系。

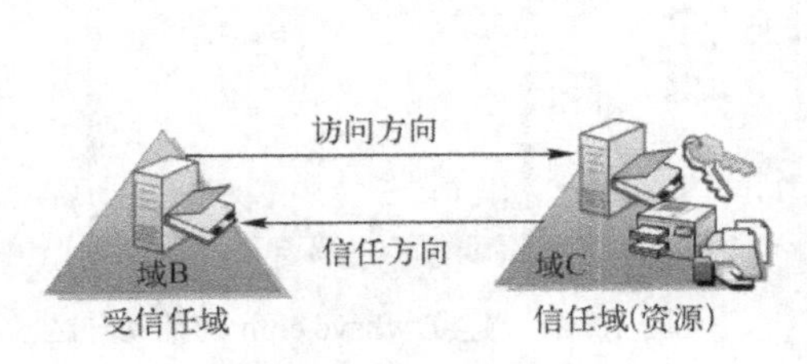

图 10-38 信任访问

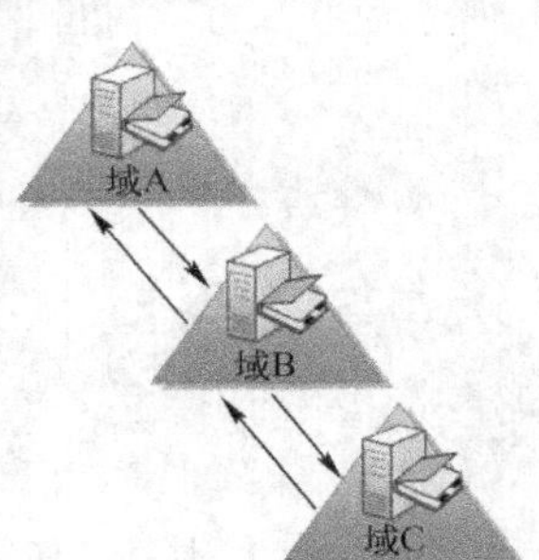

图 10-39 信任的传递

表 10-3 中列出了 Windows Server 2012 R2 支持的 4 种信任类型。在只有 Windows Server 2012 R2 域控制器的网络中可以创建两种信任关系：快捷信任（林内域间）和林信任（两林之间）。

表 10-3 信任类型

信任类型	传递性	方向	描述
外部	不可传递	单向或双向	当用户需要访问某个单独林内的域上的资源时，使用外部信任。这种机制有助于提供与早期版本环境的向后兼容性以及与未通过林信任连接的其他林中的域之间的通信
快捷	可传递	单向或双向	当用户在 Windows Server 2012 R2 林内的两个域之间访问资源时，使用快捷信任以缩短用户登录时间。当两个域被两个域树分隔开时，这是很有用的
领域	可传递或不可传递	单向或双向	使用领域信任以建立非 Windows 的 Kerberos 领域和 Windows Server 2012 R2 域之间的信任关系。这可提供 Windows Server 2012 R2 域和 Kerberos V5 实现中使用的任何领域之间的互操作性
林	可传递	单向或双向	使用林信任在两个林之间共享资源。如果林信任是双向的，则它将允许任意一个林中的身份验证请求有效地到达另一个林中

10.4.1 快捷信任

快捷信任是当管理员需要优化身份验证过程时，可以使用的单向或双向可传递信任。身份验证请求必须首先通过域树之间的信任路径（信任路径是为了传递任何两个域之间的身份验证请求而必须遍历的一系列的域信任关系），在复杂的林中，这是很花时间的，而快捷信任可以缩短该时间，如图 10-40 所示。

10.4.2 创建林信任

在实训环境中林信任的创建比较容易实现。要创建林信任，必须在一个 Windows Server 2012 林中的林根域和另一个 Windows Server 2012 林中的林根域之间创建林信任。

在两个 Windows Server 2012 R2 林（林根域分别为 whsvc.com 和 whrjgc.com）之间建立双向信任关系的操作步骤如下。

1）在林根域 whrjgc.com 的初始域控制器上，在 DNS 服务器上建立 whsvc.com 的辅助分区，如图 10-41 所示。

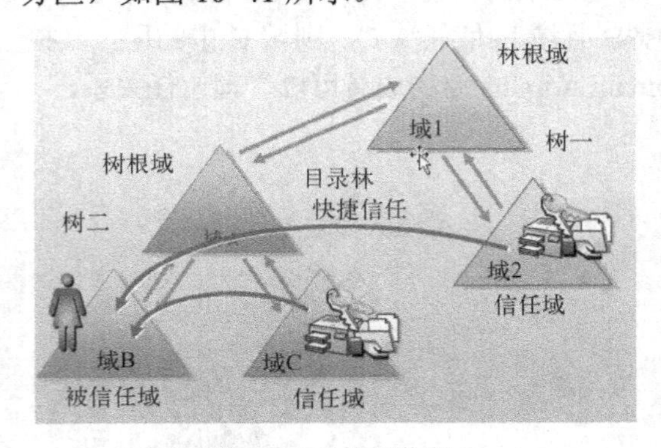

图 10-40　快捷信任

图 10-41　建立 whsvc.com 的辅助分区

2）打开“Active Directory 域和信任关系”窗口，在控制台树中，用鼠标右键单击林根域的域节点，选择“属性”命令，弹出属性对话框。

3）单击“信任”选项卡，如图 10-42 所示，单击“新建信任”按钮，然后单击“下一步”按钮，进入如图 10-43 所示的“新建信任向导”对话框。单击“下一步”按钮。

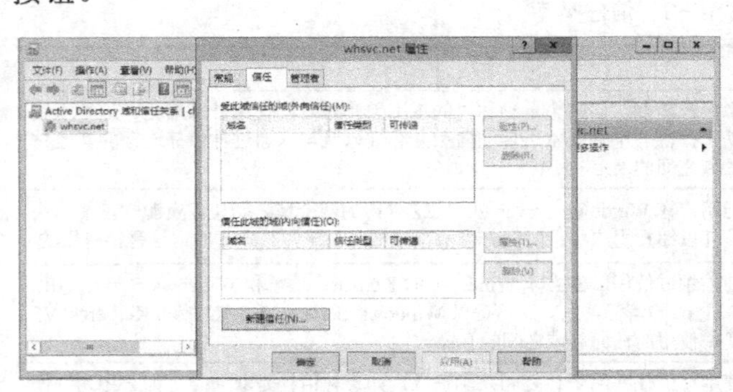

图 10-42 “信任”选项卡

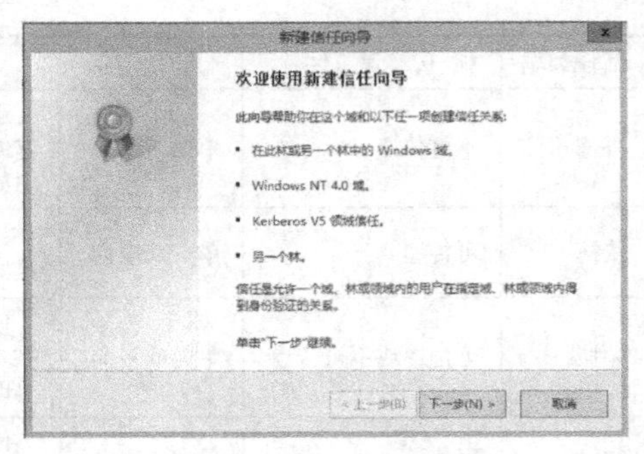

图 10-43 “新建信任向导”对话框

4）在如图 10-44 所示的“信任名称”对话框中，输入另一个林的 DNS 名称（或 NetBIOS 名称），然后单击“下一步”按钮。在如图 10-45 所示的“信任类型”对话框中，单击“林信任”单选按钮，然后单击“下一步”按钮。

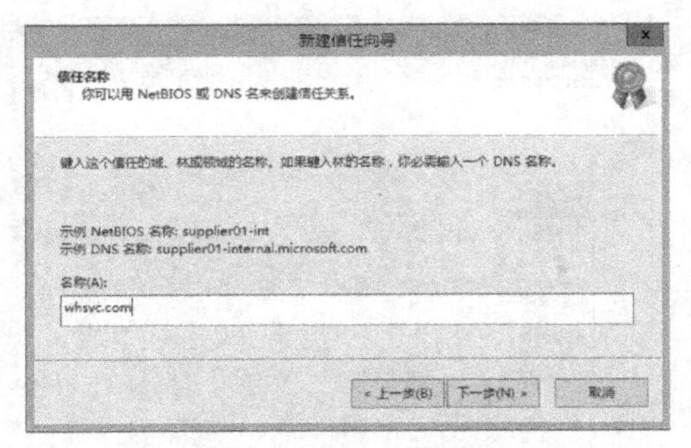

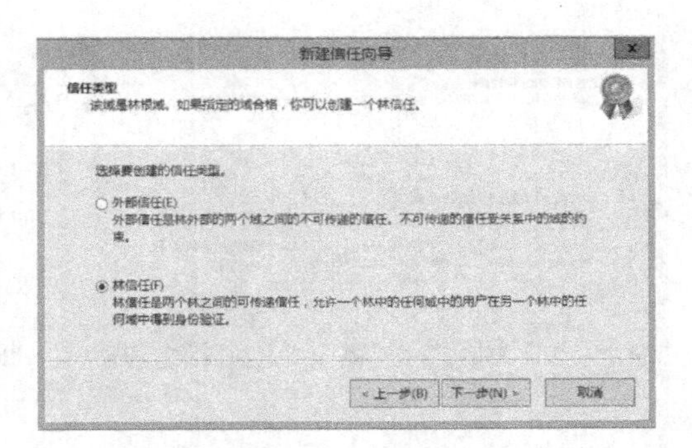

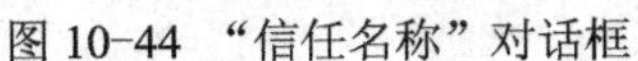

图 10-44 “信任名称”对话框　　　　图 10-45 “信任类型”对话框

5）在如图 10-46 所示“信任方向”对话框中，单击“双向”单选按钮。在如图 10-47 所示的“信任方”对话框中，单击“此域和指定的域”单选按钮。

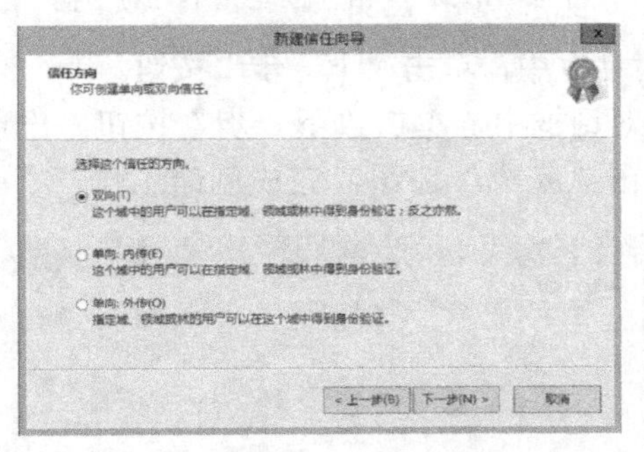

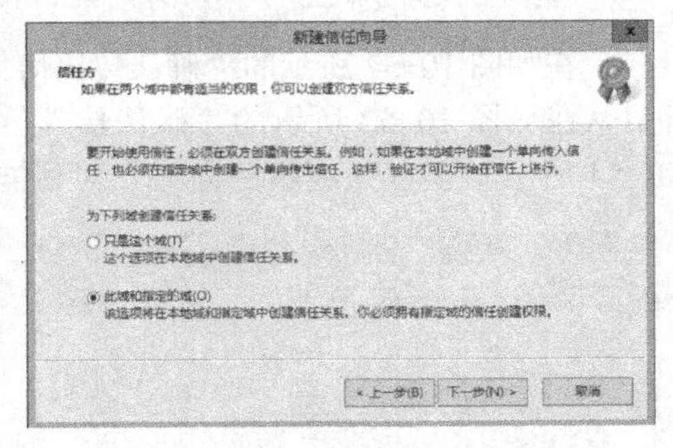

图 10-46 “信任方向”对话框　　　　图 10-47 “信任方”对话框

6）在如图 10-48 所示的“用户名和密码”对话框中，输入林根域中有管理权限的账户（必须是林根域 whsvc.com 的 Domain Admins 组的成员）的用户名和密码。单击“下一步”按钮。

7）在如图 10-49 所示的“传出信任身份验证级别--本地林”对话框中，单击“全林性身份验证”单选按钮。单击“下一步”按钮。

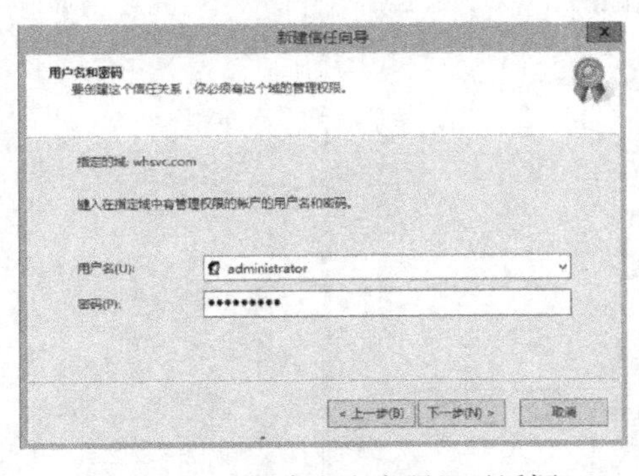

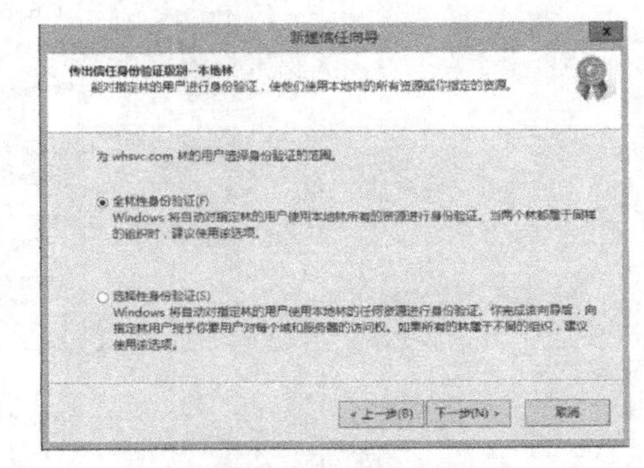

图 10-48 “用户名和密码”对话框　　　　图 10-49 “传出信任身份验证级别-本地林”对话框

8）在如图 10-50 所示的“传出信任身份验证级别--指定林”对话框中，单击“全林性身份验证”单选按钮。单击“下一步”按钮。

9）在如图 10-51 所示的“信任创建完毕”对话框中，单击“下一步”按钮。

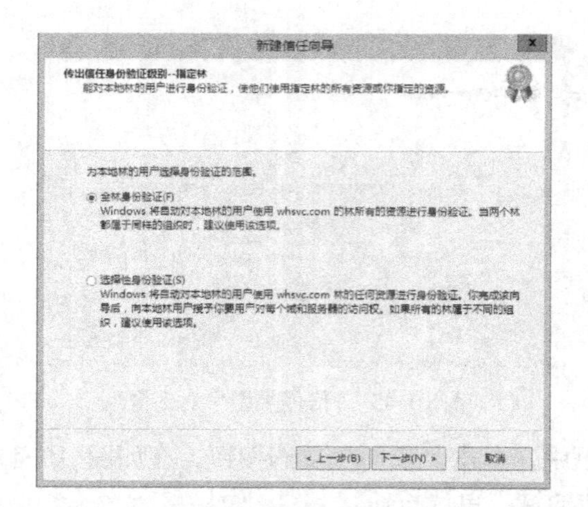

图 10-50 “传出信任身份验证级别-指定林”对话框

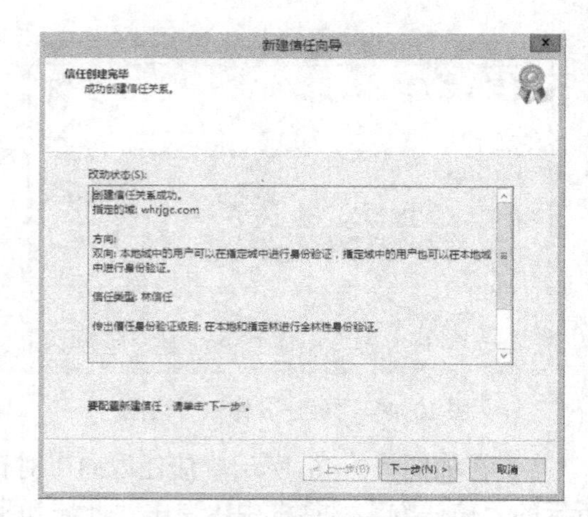

图 10-51 “信任创建完毕”对话框

10）在如图 10-52 所示的“确认传出信任”对话框中，单击“下一步”按钮。

11）在如图 10-53 所示的“确认传入信任”对话框中，单击“下一步”按钮。出现如图 10-54 所示“正在完成新建向导”对话框，单击“完成”按钮，完成创建工作。

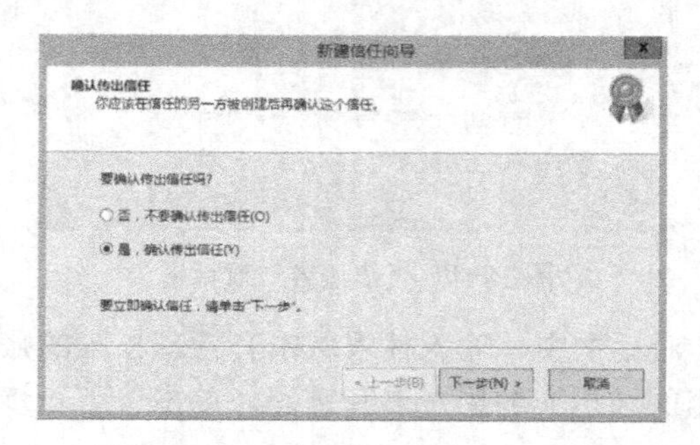

图 10-52 “确认传出信任”对话框

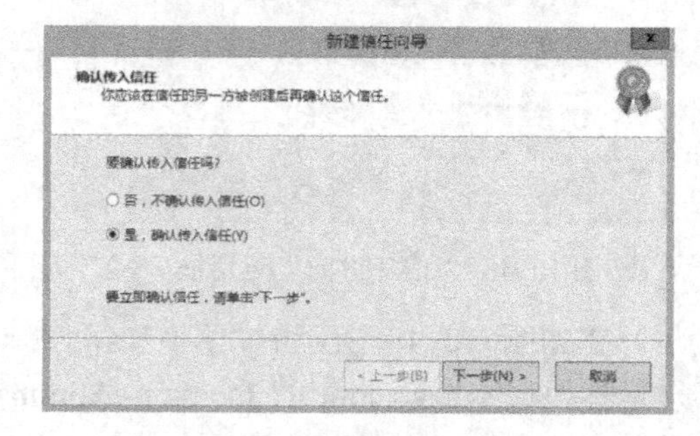

图 10-53 “确认传入信任”对话框

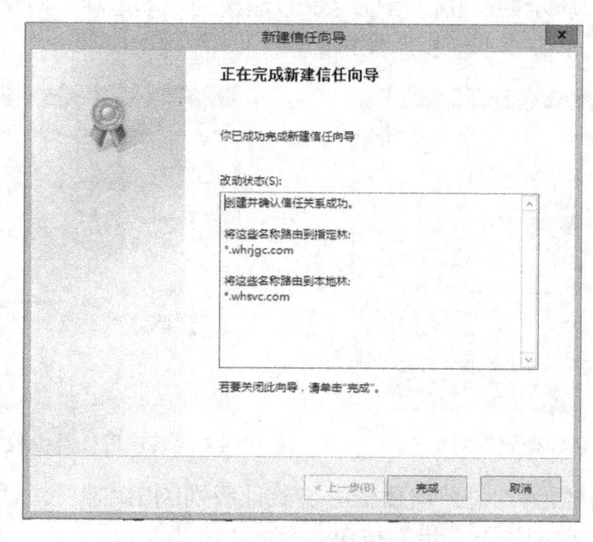

图 10-54 “正在完成新建向导”对话框

林信任的创建完成后，在林根域 whrjgc.com 域控制器上打开“whrjgc.com 属性”对话框，可以看到如图 10-55 所示的“whrjgc.com 属性”对话框。

林信任的创建完成后，就可以在两个林之间相互授权资源的访问，如图 10-56 所示。通过相互授权资源的访问，一个林内的用户从其所在域登录后，就可以通过在“运行”界面输入 UNC 名称访问另一个林中服务器上的许可共享资源。

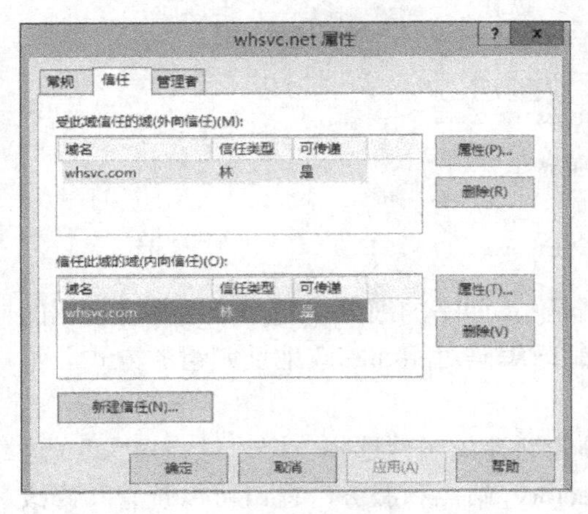

图 10-55 “whrjgc.com 属性”对话框

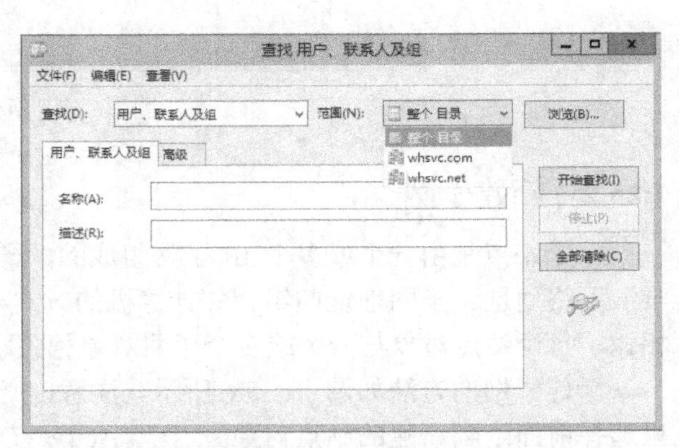

图 10-56 授权对另外一个林中资源的访问

10.5 站点的建立与管理

使用站点有助于简化活动目录内的多种活动，其中包括：

1）复制。通过在站点内（或站点之间）更为频繁地复制信息，活动目录平衡对最新目录信息的需求及优化带宽的需要。还可以配置站点间连接的相对开销，进一步优化复制。

2）身份验证。站点信息可以使身份验证更快、更有效。当客户端登录到域时，它首先在其本地站点中搜索可用于身份验证的域控制器。通过建立多个站点，可确保客户端利用与它们最近的域控制器进行身份验证，从而减少了身份验证滞后时间，并使通信保持在 WAN 连接以外。

3）启用活动目录的服务，可利用站点和子网信息，使客户端更方便地找到最近的服务器提供程序。

10.5.1 新建站点

在活动目录中，站点是通过高速网络（如局域网）有效连接的一组计算机。同一站点内的所有计算机通常放在同一建筑内，或在同一校园网络上。 新建站点的方法如图 10-57 所示。注意，一定要为新建的站点选择一个“站点链接对象”。

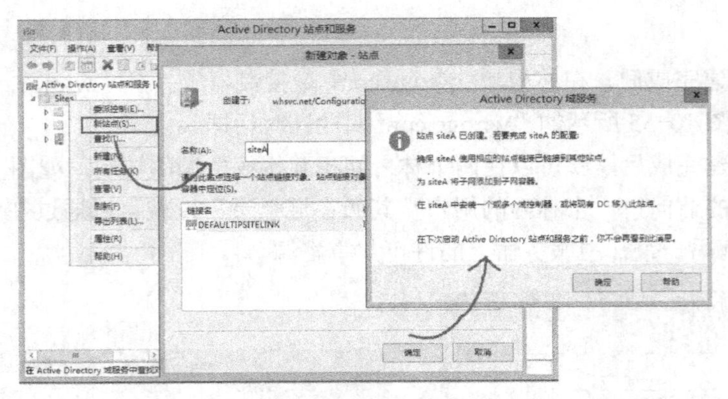

图 10-57　新建站点

10.5.2　新建子网

一个站点是由一个或多个 IP 子网组成的，子网是 IP 网络的细分，每个子网都有自己的唯一网络地址。子网地址归组相邻计算机的方式与邮政编码对相邻邮政地址归组的方式非常相似。每个站点对象与一个或多个子网对象相关联。

新建子网的方法如图 10-58 所示。注意，必须为新建的子网选择一个“站点对象”（这里选择前面刚刚新建的站点对象）。在“Active Directory 站点和服务”窗口可以查看和修改子网的属性，如图 10-59 所示。

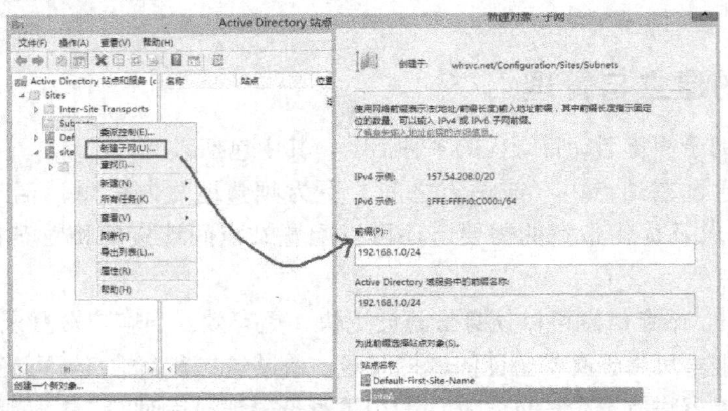

图 10-58　新建子网

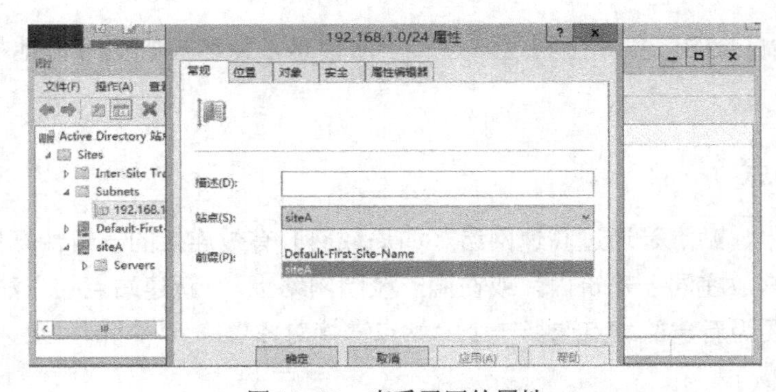

图 10-59　查看子网的属性

10.5.3 设置“站点间”复制计划

在如图 10-60 所示的站点链接属性对话框中，单击“更改计划”按钮，出现如图 10-61 所示“站点间”复制计划界面。注意，复制频率的有效范围是 15～10080min，用户根据站点之间的广域网连接速率进行设置，广域网连接速率越高，复制频率也就可以设置得越高。

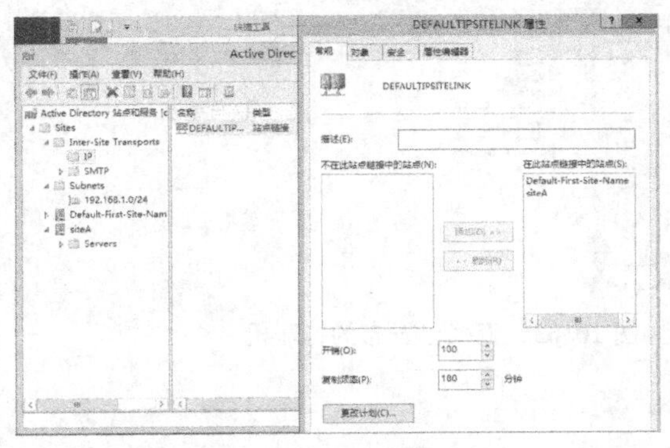

图 10-60　查看站点链接属性

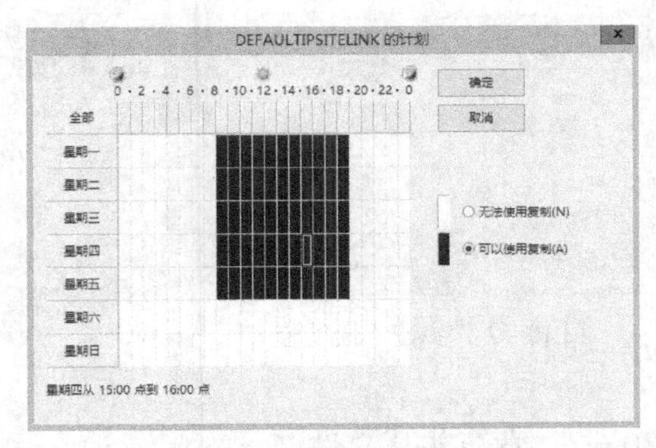

图 10-61　“站点间”复制计划界面

10.6　资源的发布

为了帮助用户找到他们需要的网络资源，可以在活动目录中发布有关这些资源的可搜索信息。可发布的资源包括用户、计算机、打印机、共享文件夹和网络服务。当创建对象时，在默认情况下会发布一些常用的目录信息，如用户或计算机名称。其他目录信息（如有关共享文件夹的信息）必须手动发布。

使用访问控制权限，可控制哪些用户和组能够搜索和查看发布的信息。访问控制权限使管理员能够在资源和属性级别具体控制目录信息。例如，可以利用权限阻止特定的组查看目录中发布的任何用户信息；或者可以利用权限允许该组查看用户名，但不能查看其他用户信息。

10.6.1　发布和查找已发布打印机

将共享打印机发布到 Active Directory 域服务后，可以让域用户很方便地通过 AD DS 找到并使用这台打印机。选择“控制面板”→“硬件”→“设备和打印机”，选中共享打印机并单击鼠标右键，选择“打印机属性”命令，在弹出的对话框中选择“共享”选项卡，如图 10-62 所示。

可以通过 Active Directory 用户和计算机查找已发布的打印机，不过首先需要将“查看”菜单中的“用户、联系人、组和计算机作为容器”选中，如图 10-63 所示。接着就可以看到发布的打印机设备了。

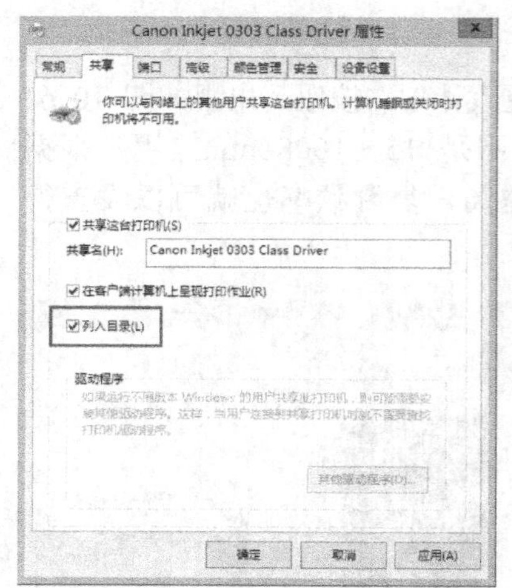

图 10-62 “共享”选项卡

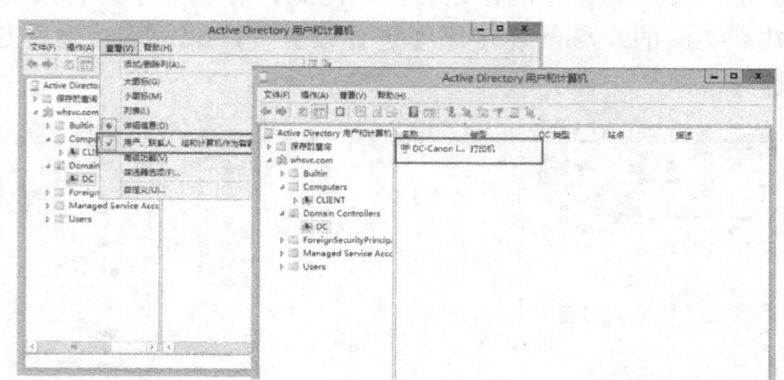

图 10-63 查找已发布的打印机

10.6.2 发布共享文件夹

为了帮助用户更方便地找到共享文件夹，可以在 Active Directory 中发布有关共享文件夹的信息。手动发布共享文件夹的方法有两种。

- 在系统工具“共享文件夹”中发布。
- 在管理工具“Active Directory 用户和计算机”中发布，如图 10-64 所示。

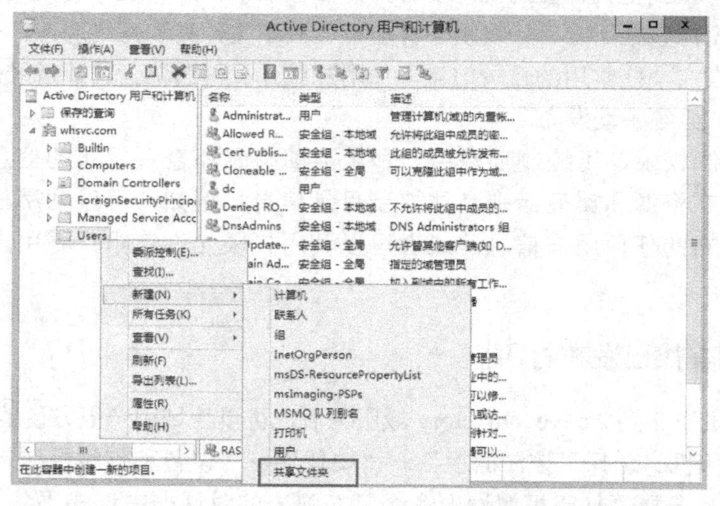

图 10-64 在“Active Directory 用户和计算机”中发布共享文件夹

10.7 域用户账户的管理

域用户账户是用户登录到域中和访问域中资源的安全凭据，域控制器通过对域用户账户的管理来审核、授权和记录用户登录域和访问域中的资源。对域用户账户的管理包括创建和删除用户账户、设置用户账户的属性，而这些操作都是管理员在域控制器中完成的。

10.7.1 域用户账户的创建

Windows Server 2012 R2 有 3 个内置用户账户：Administrator、Guest 和 Help Assistant。创建域时将自动创建这些内置的用户账户。Administrator 账户具有对域的完全控制权，可在必要时为域用户指派用户权利和访问控制权限。Guest 账户由在该域中没有实际账户的人使用。账户被禁用（但未被删除）的用户也可以使用 Guest 账户。Guest 账户不需要密码，可像设置任意用户账户一样设置 Guest 账户的权利和权限。默认情况下，Guest 账户是内置 Guests 组和 Domain Guests 全局组的成员，它允许用户登录到域。默认情况下将禁用 Guest 账户，并且建议将其保持禁用状态。Help Assistant 账户（同“远程协助”会话一起安装）可用于建立“远程协助”会话。当请求“远程协助”会话时，系统将自动创建该账户，同时该账户只具有对计算机的受限访问权限。Help Assistant 账户由“远程桌面帮助会话管理器”服务管理，如果没有远程协助请求等待响应，系统将自动删除该账户。

创建域用户账户需要设置用户名和用户登录密码，而这些操作必须遵循一定的规则。用户名的设置必须遵循以下规则。

- 在同一个域中用户名必须是唯一的。
- 用户名的长度不能超过 20 个字符，如果超过 20 个字符，Windows Server 2012 只取前 20 个字符作为用户名。
- 在用户名中不能使用无效字符，无效字符包括 / \[ ] ：=| ，* ？ <>等。
- 用户名不区分字符大小写。

用户登录密码的设置必须遵循以下规则。

- 管理员账户（Administrator）必须设置密码以防止该账户被非法使用。
- 可以在域用户账户常规属性中设置“用户下次登录必须更改密码”选项，以增强用户登录密码的保密性。
- 使用难以猜测的字符组合作为用户登录密码，字符组合中至少包括以下 4 类字符中的 3 类：大写字母、小写字母、基本的 10 个数字和键盘上的符号（如! 、@、#、$、%、&等）。
- 密码长度应该大于或等于 7 位。

创建域用户账户要在“Active Directory 用户和计算机”窗口中完成，操作步骤如下。

1）在“开始”菜单中打开“Active Directory 用户和计算机”窗口。

2）在其控制台树中，用鼠标右键单击要在其中添加用户账户的文件夹（如 Users），在弹出的快捷菜单中选择“新建”→“用户”命令，如图 10-65 所示，打开“新建对象-用户”对话框，如图 10-66 所示。

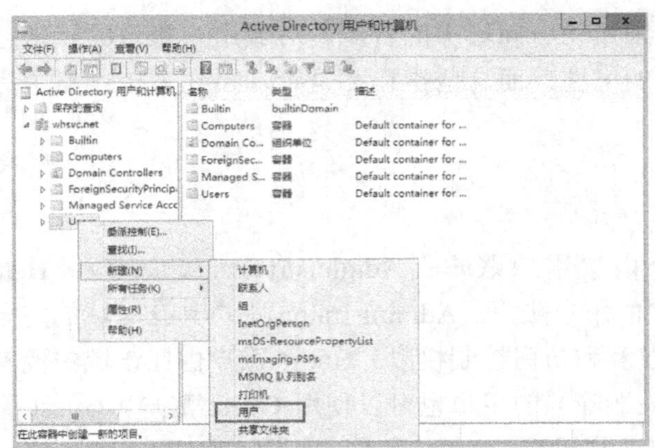

图 10-65　在 User 文件夹新建用户

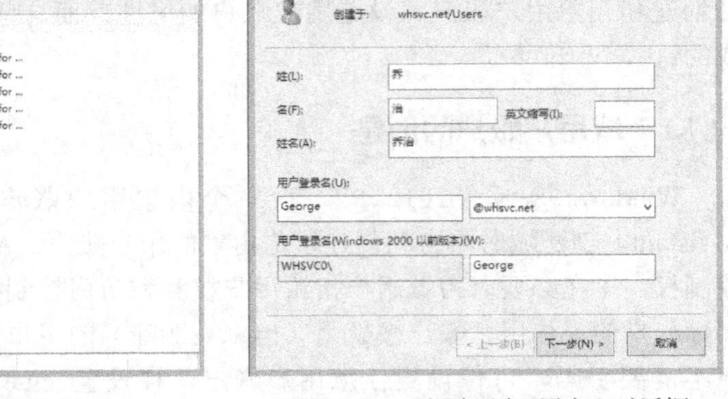

图 10-66 “新建对象-用户”对话框

3）在“新建对象-用户”对话框中输入新建域用户账户信息，如在“姓”中输入用户的姓“乔”，在“名”输入名“治”，在“用户登录名”中输入用户登录域时所用的用户名“Geroge”。

4）单击“下一步”按钮，在“用户账户密码设置”对话框中输入新建域用户账户的登录密码，然后选择适当的密码选项。如果希望用户下次登录时更改密码，可启用“用户下次登录时须更改密码”复选框，否则选中“用户不能更改密码”复选框；如果希望密码永远不过期，可启用“密码永不过期”复选框；如果暂停该用户账户，可启用“账户已禁用”复选框，如图 10-67 所示。然后单击“下一步”按钮，确定所输入的新用户账户信息无误后，单击“完成”按钮。

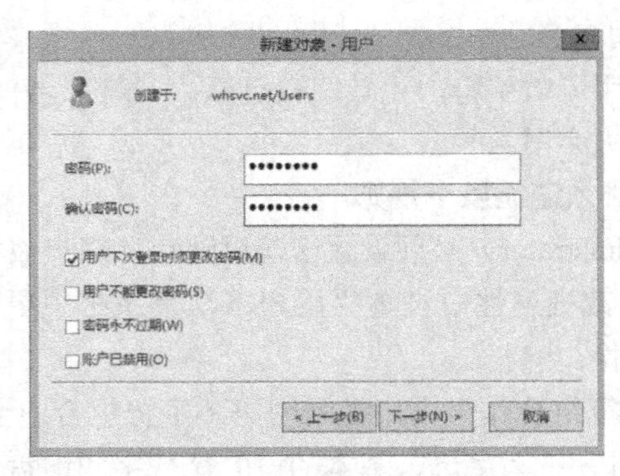

图 10-67　设置用户账户密码

5）按照步骤 3、4 可以依次添加其他用户。

10.7.2　域用户账户属性的设置

上面创建的域用户账户只是一个普通的域用户账户，账户的设置都采用系统默认设置。用户可以根据实际需求对域用户账户进行进一步的详细设置，这些操作要在“域用户账户属性”对话框中完成。用鼠标右键单击域用户账户，在弹出的菜单中选择“属性”命令，打开“域用户账户属性”对话框，如图 10-68 所示。

1．域用户账户基本信息的设置

用户可以通过“域用户账户属性”对话框中的“常规”“地址”“电话”和“单位”选项卡来设置域用户账户的基本信息，如姓名、联系方式、主页、家庭住址、单位信息等。这些信息将会被域控制器作为一种共享资源在域上发布，其他域用户可以登录域来了解域用户的基本信息。

2．域用户账户的登录设置

用户可以通过“账户”“配置文件”“隶属于”“环境”“会话”和“终端服务配置文件”选项卡来对域用户账户的登录进行设置。在“账户”选项卡中，可以设置域用户账户的登录名、登录时间、账号选项、账户过期等，如图 10-69 所示。

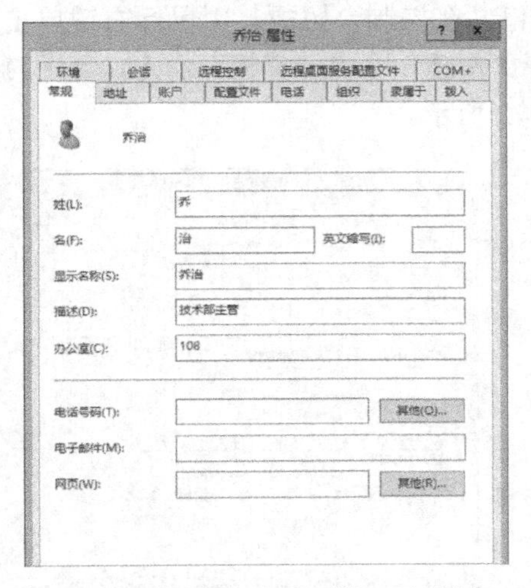

图 10-68 “域用户账户属性”对话框

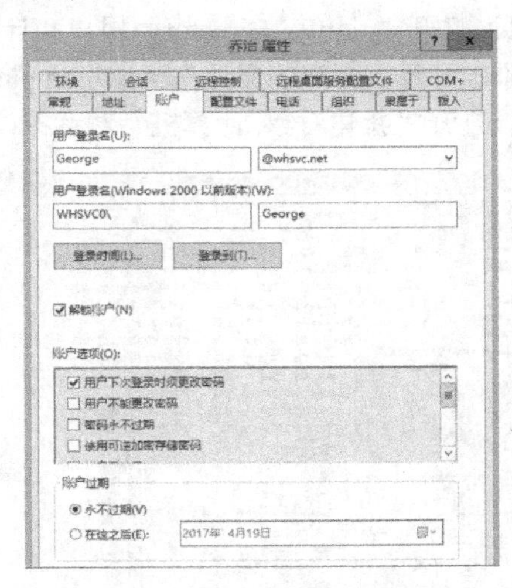

图 10-69 “账户”选项卡

单击图 10-69 中的“登录时间”按钮，可以设置域用户登录时间。系统默认用户在任何时间都可以登录，用户可以设置用户只能在周一到周五每天上班时间（如 8:00 到 18:00）登录到域上，如图 10-70 所示（蓝色，为允许登录时间；白色，为拒绝登录时间）。单击图 10-69 中的“登录到”按钮，可以设置域用户账户能登录到域中的哪些计算机上，系统默认域用户可以登录到所有的计算机上。

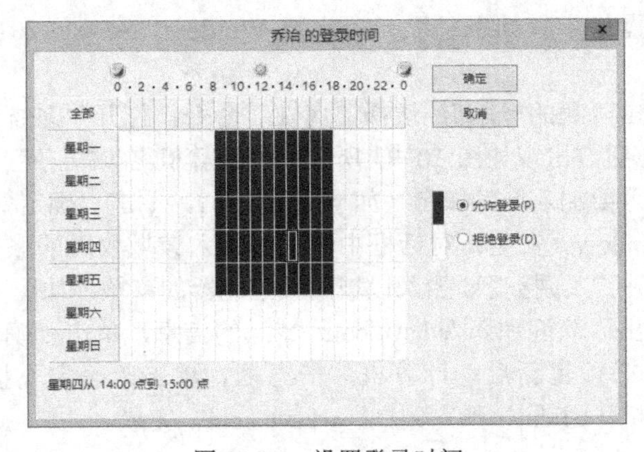

图 10-70 设置登录时间

10.8 计算机账户的管理

与用户账户类似，计算机账户提供了一种验证和审核计算机访问网络以及域资源的方法。每个计算机账户必须是唯一的。

10.8.1 在域中创建计算机账户

使用“Active Directory 用户和计算机”可以创建、禁用、重设以及删除用户和计算机账户，也可以在计算机加入域时创建计算机账户。创建计算机账户的操作步骤如下。

1）打开“Active Directory 用户和计算机”窗口，在控制台树中，用鼠标右键单击要在其中添加计算机账户的文件夹（如 computer），选择“新建”→“计算机”命令，如图 10-71 所示，打开“新建对象-计算机”对话框，如图 10-72 所示。

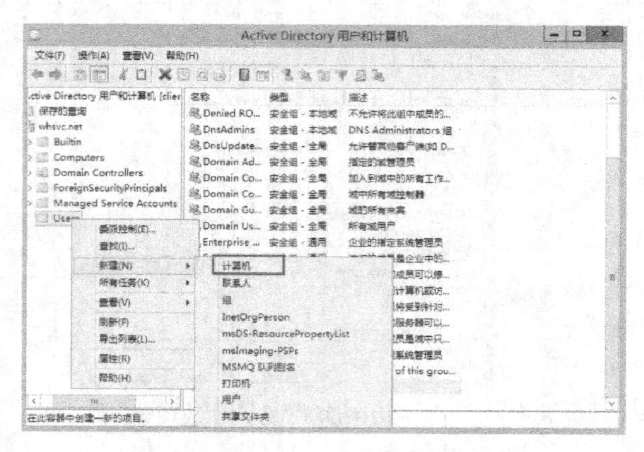

图 10-71 新建计算机

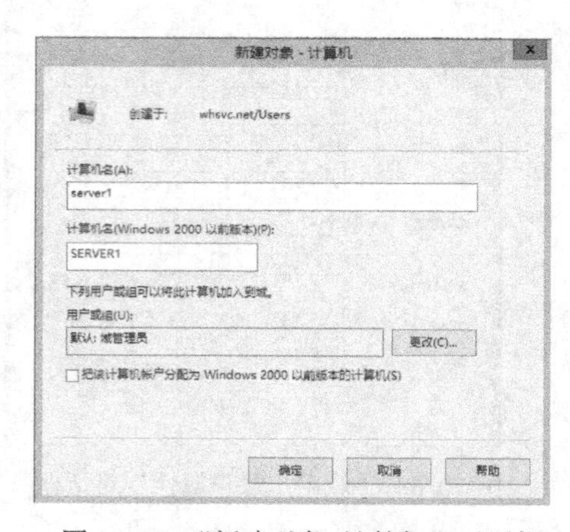

图 10-72 “新建对象-计算机”对话框

2）在“新建对象-计算机”对话框中输入计算机名，一直单击“下一步”按钮，确定输入信息无误后，单击“完成”按钮。当计算机加入到域时，如果域控制器事先为该计算机创建了计算机账户，该计算机就使用该账户。如果没有事先为该计算机创建计算机账户，当计算机加入到域中后，域控制器就自动为该计算机创建一个计算机账户。将计算机加入到域中的操作步骤如下（以一台安装 Windows Server 2012 R2 操作系统的计算机为例）。

- 用鼠标右键单击“我的电脑”，选择“属性”命令，打开“系统属性”对话框，单击“更改设置”按钮，出现如图 10-73 所示的“计算机名/域更改”对话框。选中“域”单选按钮，输入要加入域的域名（如 whsvc.com），单击“确定”按钮。
- 在弹出的“Windows 安全”对话框中输入有加入该域权限的账户的名称和密码（如 Administrator 账户），接受要加入该域的域控制器的审核，如图 10-74 所示。如果审核成功，会弹出“欢迎加入 whsvc.com 域”的信息，单击“确定”按钮，弹出“要使更改生效，必须重新启动计算机”信息框，单击“确定”按钮，重新启动计算机，至此计算机（Client）加入到域（whsvc.com）完成。

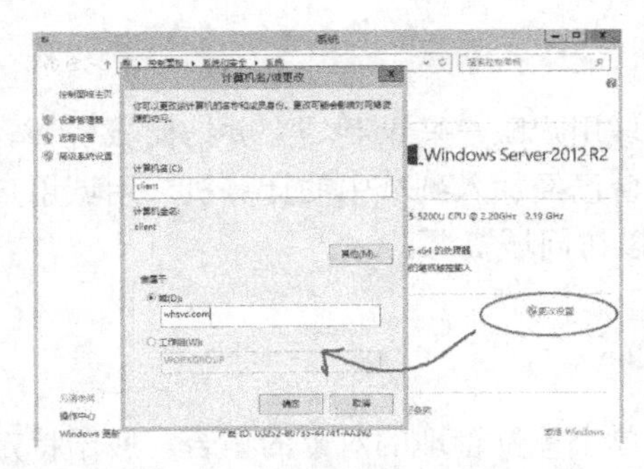

图 10-73 “计算机名/域更改”对话框

图 10-74 “Windows 安全”对话框

10.8.2 计算机账户属性的设置

计算机账户创建完成后还要对计算机账户的属性进行设置。操作步骤是：选择一个新创建的计算机账户，用鼠标右键单击并选择“属性”命令，打开“计算机账户属性”对话框，如图 10-75 所示。

1）在“常规”选项卡中，用户可以查看计算机常规信息（如计算机名、DNS 名、角色）和设置计算机账户的“描述”，如图 10-75 所示。

2）在“操作系统”选项卡中，用户可以查看计算机的操作系统信息，如名称、版本、Serverpack。

3）在“隶属于”选项卡中，用户可以查看和更改计算机账户所隶属于的工作组。

4）在“委派”选项卡中，用户可以允许服务代表另一个用户运行，信任此计算机来委派指定的任务。

5）在“位置”选项卡中，用户可以指定计算机账户所处的物理位置，如计算机系网络教研室。

6）在“管理者”选项卡中，用户可以查看和更改计算机的管理者或联系人。

7）在“拨入”选项卡中，用户可以对计算机账户的远程拨入进行设置，如网络访问权限（拨入或 VPN）、回拨选项等，如图 10-76 所示。

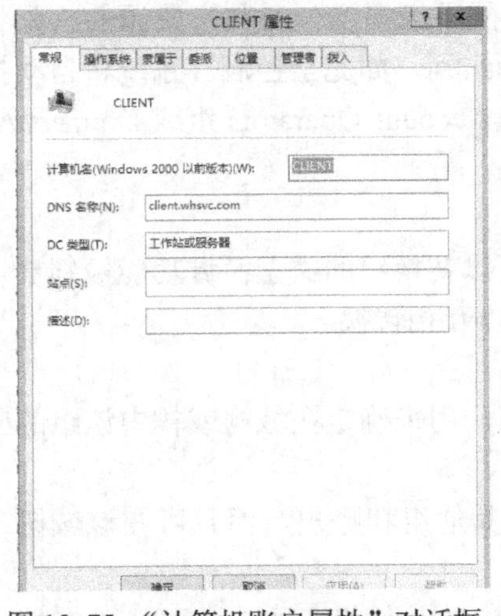

图 10-75 “计算机账户属性”对话框

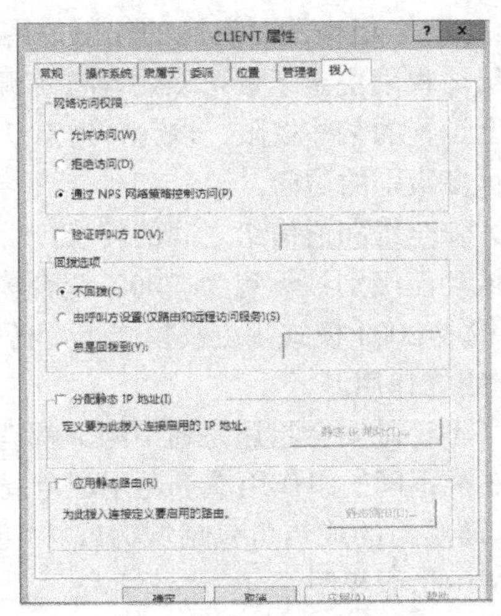

图 10-76“拨入”选项卡

10.8.3 验证计算机、用户账户访问域资源

创建了域用户账户和计算机账户后，就可以使用域用户账户登录到域上并访问域资源。访问域资源的前提条件是要拥有一个域用户账户和一台已经加入到域中的计算机。用域用户账户在域中的计算机上登录，然后在网上邻居中就可以访问域资源。

10.9 组对象的管理

组是用户和计算机账户、联系人以及其他可作为单个单位管理的对象的集合。属于特定组的用户和计算机称为组成员。使用组可同时为许多账户指派一组公共的权限和权利，而不用单独为每个账户指派权限和权利，这样可简化管理。

10.9.1 组的类型及作用域

组具有特定的类型和作用域：组的类型决定了可用于从共享资源指派权限，还是只能用作电子邮件通信组；组的作用域决定了组在域或林中的应用范围。

1．组的类型

在活动目录中有两种类型的组：通信组和安全组。可以使用通信组创建电子邮件通信组列表，使用安全组给共享资源指派权限。

（1）通信组

只有在电子邮件应用程序（如 Exchange）中，才能使用通信组将电子邮件发送给一组用户。通信组不启用安全，这意味着它们不能列在随机访问控制列表（DACL）中。如果需要组来控制对共享资源的访问，则创建安全组。

（2）安全组

安全组要小心使用，安全组提供了一种有效的方式来指派对网络上资源的访问权。

1）将用户权限分配到活动目录中的安全组，对安全组指派用户权利可以确定该组的哪些成员可在域（或林）作用域内工作。在安装活动目录时系统会自动将用户权限分配给某些安全组，以帮助管理员定义域中人员的管理角色。

2）给安全组指派对资源的权限，用户权利和权限不应混淆。对共享资源的权限将指派给安全组。权限决定了谁可以访问该资源以及访问的级别，如完全控制。系统将自动指派在域对象上设置的某些权限，以允许对默认安全组（如 Account Operators 组或 Domain Admins 组）进行多级别的访问。

（3）安全组和通信组之间的转换

当域功能级别被设置为 2000 混合模式时，不可以转换组的类型；域功能级别被设置为 2000 本机成 2003 模式等更高模式下，任务时候都可以互相转换。

2．组的作用域

组（不论是安全组还是通信组）都有一个作用域，用来确定在域树或林中该组的应用范围。有 3 类不同的组作用域：通用、全局和本地域。

1）通用组的成员可包括域树或林中任何域中的其他组和账户，而且可在该域树或林中的任何域中指派权限。

2）全局组的成员可包括只在其中定义该组的域中的其他组和账户，而且可在林中的任

何域中指派权限。

3）本地域组的成员可包括 Windows Server 2012 域中的其他组和账户，而且只能在域内指派权限。

10.9.2　用户组的创建与管理

了解了用户组的基本概念，接下来介绍如何创建和管理用户组。

1. 用户组的创建

1）打开“Active Directory 用户和计算机”窗口，在控制台树中，用鼠标右键单击要在其中添加用户组的文件夹（如管理人员），选择“新建”→“组”命令，如图 10-77 所示。

2）弹出“新建对象-组”对话框，在“组名”文本框中输入新建用户组组名（如 xingzheng），选择“组作用域”和“组类型”后，单击“下一步”按钮完成用户组的创建，如图 10-78 所示。

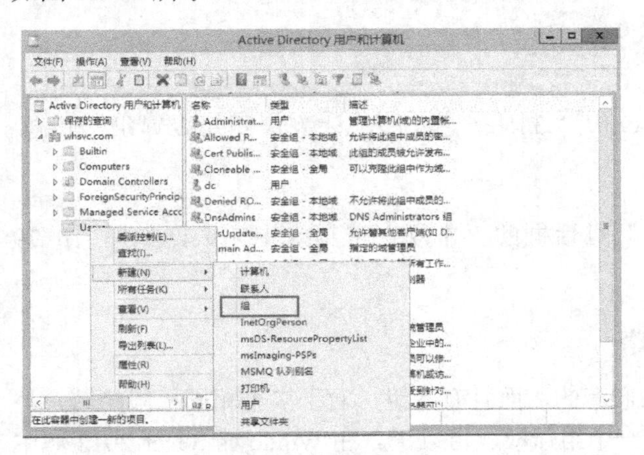

图 10-77　新建组

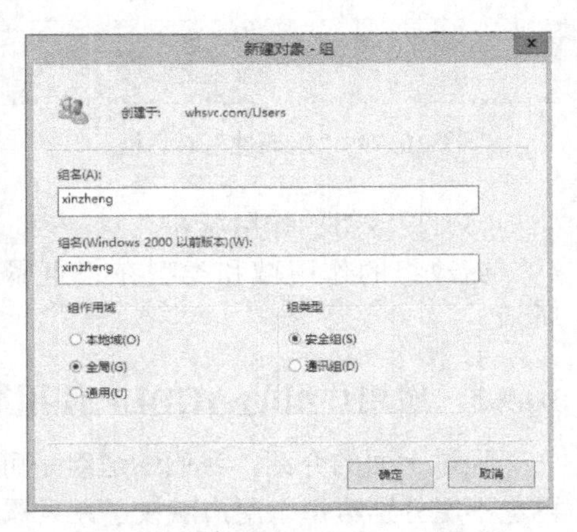

图 10-78 “新建对象-组”对话框

2. 用户组的管理

用户组的管理主要包括添加组成员、设置组权限和管理者、更改组的作用域和类型，而这些操作都要在“组属性”对话框中完成。用鼠标右键单击要管理的组，选择“属性”命令就可以打开“组属性”对话框，如图 10-79 所示。

（1）添加组成员

在图 10-79 中选择“成员”选项卡，单击“添加”按钮。然后在“输入对象名称来选择”中，输入要添加到组的用户、组或计算机的名称，单击“确定”按钮；或者单击“高级”按钮，接着单击“立即查找”按钮，在搜索结果中选定要添加的组成员名称，单击“确定”按钮，如图 10-80 所示。

（2）设置组权限和管理者

把用户组添加到系统默认组中，用户组就继承了这些系统默认组的权限。如把用户组添加到 Administrator 组中，该用户组就具有管理员的权限。把用户组添加到多个系统默认组。

设置组的管理者在“组属性”对话框的“管理者”选项卡中完成，这里就不做介绍了。

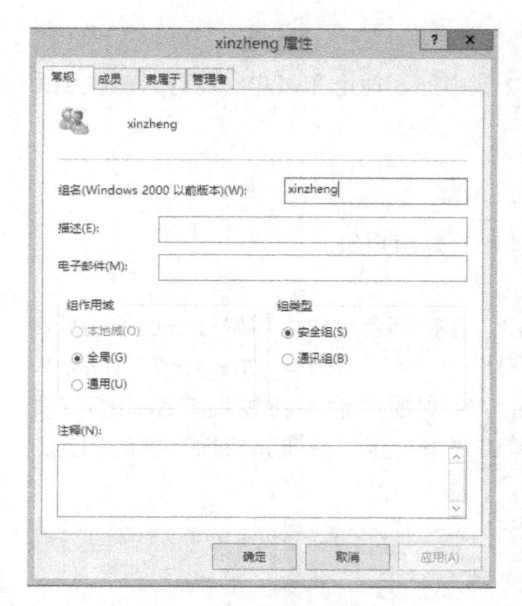

图 10-79 “组属性”对话框

图 10-80 “选择用户、联系人、计算机、服务账户或组”对话框

（3）更改组的作用域和类型

更改组的作用域和类型在“组属性”对话框的“常规”选项卡中完成，如图 10-79 所示。

10.9.3 域用户组的 AGDLP 使用策略

经过上面的介绍，我们知道组是可以嵌套的，而且有了组，对于多个相同权限的用户，再也不用分别给每个用户赋权了，只需给一个组赋权就可以了。在 Windows Sever 2012 域中使用组应遵循 AGDLP 策略。其中 A 代表用户账号，G 代表全局组，DL 代表域本地组，P 代表权限。

AGDLP 策略就是：将用户加入全局组，将全局组加入域本地组，给本地组赋权。这个策略是一种管理思想的体现，它提供了最大的灵活性，同时又降低了给网络分配权限的复杂性，尤其在有多个域时，这个策略就更加具有优势，如果只有一个域，那么这个策略就可以更简化了。

10.10 组织单位的管理

组织单位是可将用户、组、计算机和其他单位放入其中的活动目录容器，但它不能容纳来自其他域的对象。组织单位是可以指派组策略设置或委派管理权限的最小作用域或单位。可在组织单位中代表逻辑层次结构的域中创建容器，这样就可以根据用户的组织模型管理账户和资源的配置和使用。

10.10.1 创建组织单位

用户可以通过组织单位来管理域中的资源，创建组织单位的操作步骤如下。

1）打开“ActiveDirectory 用户和计算机”窗口，在控制台树中，用鼠标右键单击要在其中添加组织单位的文件夹，选择“新建”→“组织单位”命令，如图 10-81 所示。

2）在打开的“新建对象-组织单位”对话框中输入组织单位的名称（如“管理人员”），单击“确定”按钮，如图 10-82 所示。

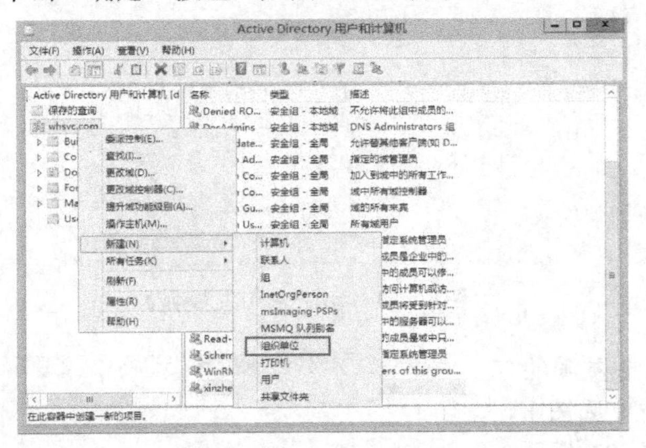

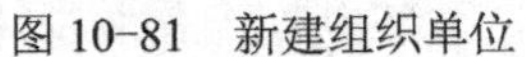
图 10-81　新建组织单位

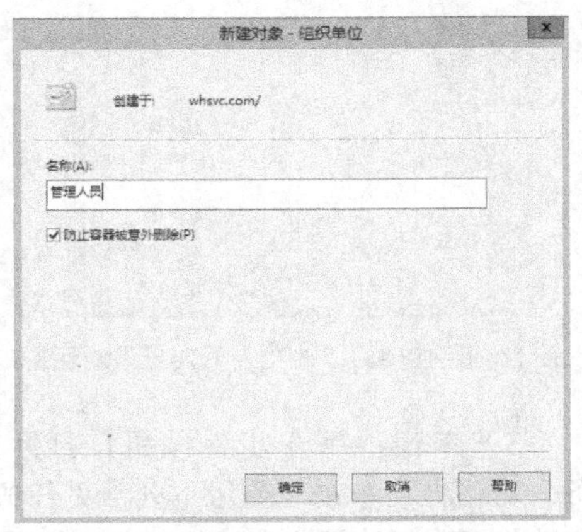

图 10-82 “新建对象-组织单位”对话框

10.10.2　组织单位用于委派管理

首先介绍一下委派管理。通过委派管理，可以为适当的用户和组指派一定范围的管理任务。可以为普通用户和组指派基本管理任务，而让 Domain Admins 和 Enterprise Admins 组的成员执行域范围和林范围的管理。通过委派管理，可以使组织内的组更多地控制他们的本地网络资源。还可以通过限制管理员组的成员，保护网络不受意外或恶意的损伤。

通过在域中创建组织单位并将特定组织单位的管理控制权委派给特定用户或组，可将管理控制权委派给域树的任何级别。如果想确定要创建的组织单位，以及哪个组织单位应包含账户或共享资源，需要考虑单位的结构。例如，可以创建一个组织单位，该组织单位允许将某个部门（如计算机系）的所有分支中所有用户和计算机账户的管理控制权指派给用户。也可以只把部门内的某些资源（如计算机账户）的管理控制权指派给用户。另一种可能的管理控制委派是将“计算机系”组织单位（而不是“计算机系”组织单位内包含的任何组织单位）的管理控制权指派给用户。

活动目录定义了特定的权限和用户权利，可用于委派或限制管理控制权。通过使用组织单位、组和权限的组合，可以定义某个人最适合的管理范围，可以是整个域、域内的所有组织单位或单个组织单位。使用“控制委派向导”或通过“授权管理器”控制台，可以将管理控制权指派给用户或组。

控制委派组织单位的操作步骤如下。

1）打开“ActiveDirectory 用户和计算机”窗口，在控制台树中，用鼠标右键单击要在其中添加组织单位的文件夹，选择“委派控制”→“控制委派向导”命令，打开“控制委派向导”对话框，如图 10-83 所示。

2）单击“下一步”按钮，打开“用户和组”对话框，单击“添加”按钮，添加一个或多个想委派控制的用户和组，如图 10-84 所示。

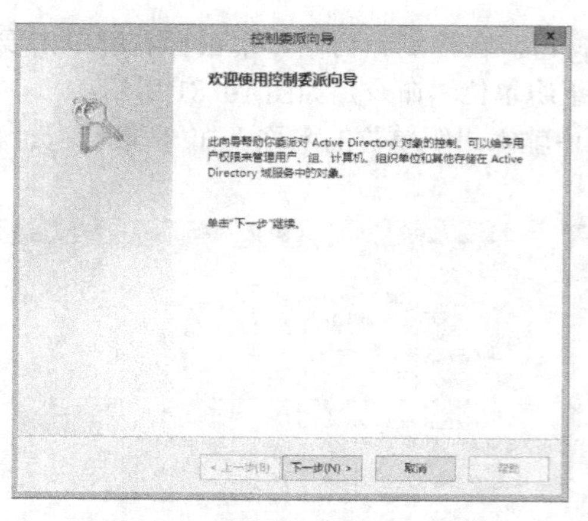

图 10-83 “控制委派向导”对话框

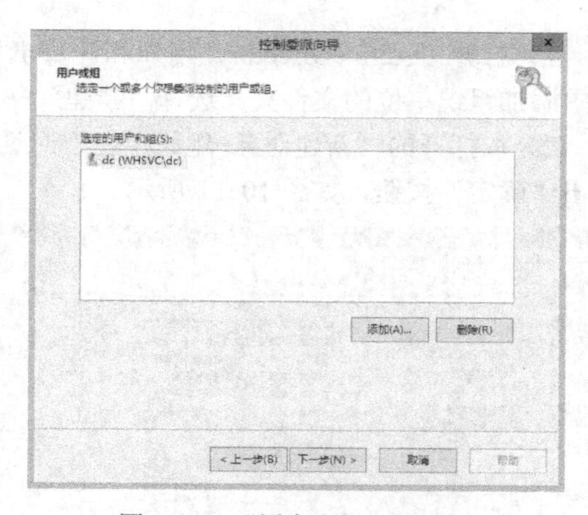

图 10-84 “用户和组”对话框

3）单击“下一步”按钮，打开“要委派的任务”对话框，单击“委派下列常见任务”单选按钮，勾选将要委派给用户和组的任务，如图 10-85 所示。也可以单击“创建自定义任务去委派”单选按钮。

4）单击“下一步”按钮，在弹出的信息框中查看委派信息，如果无误就单击“完成”按钮。

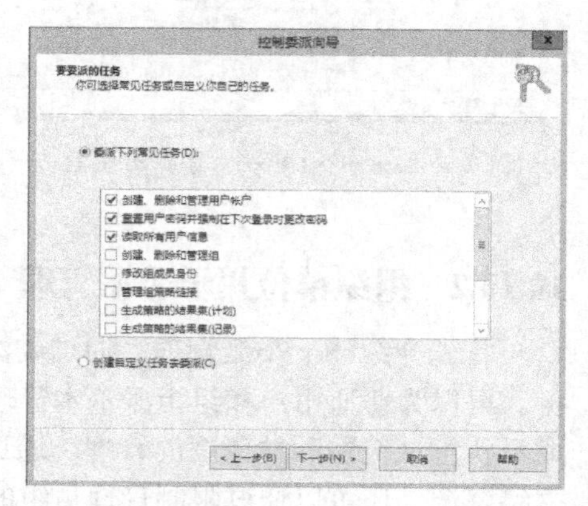

图 10-85 “要委派的任务”对话框

10.11 组策略

10.11.1 组策略概述

组策略设置定义了系统管理员需要管理的用户桌面环境的各种组件，如用户可用的程序、用户桌面上出现的程序以及“开始”菜单选项。组策略包括影响用户的“用户配置”策略设置和影响计算机的“计算机配置”策略设置。使用组策略可执行以下任务。

1）通过“管理模板”管理基于注册表的策略。组策略创建了一个包含注册表设置的文件，这些注册表设置写入注册表数据库的“User”或“LocalMachine”部分。登录到给定工作站或服务器的用户的特定用户配置文件写在注册表的 HKEY_CURRENT_USER（HKCU）下，而计算机特定设置写在 HKEY_LOCAL_MACHINE（HKLM）下。

2）指派脚本。包括计算机的启动、关闭、登录和注销等脚本。

3）重定向文件夹。可以将文件夹（如 My Documents 和 My Pictures）从本地计算机上的 Documents and Settings 文件夹中重定向到网络位置上。

4）管理应用程序。可以通过“组策略软件安装”来指派、发布、更新或修复应用程序。

5）指定安全选项。借助“安全设置”，可以从任何一台加入到域中的计算机上修改组织单位、域或站点的安全策略。

组策略设置包含在组策略对象中，而组策略对象又与选定的 Active Directory 对象（即站点、域或组织单位）相关联。组策略不仅应用于用户和客户端，还应用于成员服务器、域控制器以及管理范围内的任何其他计算机。默认情况下，应用于域（即在域级别应用，刚好在 Active Directory 用户和计算机的根目录之上）的组策略会影响域中的所有计算机和用户。“Active Directory 用户和计算机”还提供内置的“Domain Controllers”组织单位。如果将域控制器账户保存在那里，则可以使用组策略对象“Default Domain Controllers Policy”将域控制器与其他计算机分开管理。

组策略分为本地组策略和非本地组策略。每台计算机都只有一个本地组策略对象。在这些对象中，组策略设置存储在各个计算机上，无论它们是否属于 Active Directory 环境或网络环境的一部分。本地组策略只能应用于本地计算机和本地计算机上的用户，而非本地组策略可以与站点、域和组织单位相关联，从而应用到站点、域和组织单位内的计算机和用户，适用的范围比较大。本地组策略的设置可以被应用到站点、域和组织单位上的非本地组策略对象覆盖，所以在 Active Directory 环境中本地组策略对象的影响力最小。在非网络环境中（或在没有域控制器的网络环境中），本地组策略对象的设置相当重要，因为此时它们不会被其他组策略对象覆盖。本章主要讨论域环境下的非本地组策略。

10.11.2　设置组策略

打开“管理工具”中的“组策略管理”窗口，可以编辑站点、域和组织单位的组策略。在哪个组策略对象中打开“组策略管理编辑器”编辑组策略，该组策略就与该对象相关联，组策略就被应用到该对象中的计算机和用户。“组策略管理”是设置组策略的主要工具，“组策略管理编辑器”窗口如图 10-86 所示。

“组策略管理编辑器”包括策略、首选项，以及往下一层包含管理模板、软件设置、Windows 设置、安全设置等。

（1）管理模板

管理模板为“组策略管理编辑器”的控制台树中显示在“管理模板”文件夹下的项目提供策略信息。

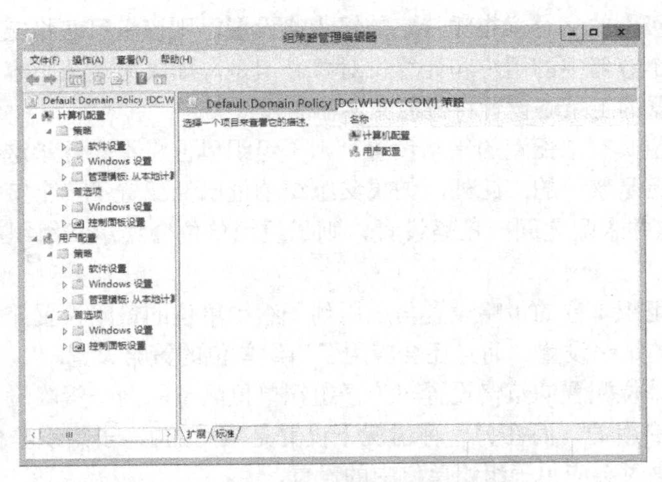

图 10-86 “组策略管理编辑器”窗口

（2）软件设置

在“组策略管理编辑器”控制台树中的“用户配置”和“计算机配置”下都有“软件设

置”。“计算机配置”的软件设置是适用于登录到该计算机的所有用户的软件设置，该文件夹中包含“软件安装”子项，并且可能包含由独立软件供应商放置的其他子项。“用户配置”的软件设置是无论用户登录到哪台计算机均适用的软件设置，该文件夹中也包含“软件安装”子项，并且可能包含由独立软件供应商放置的其他子项。

（3）Windows 设置

“组策略管理编辑器”控制台树中的“计算机配置”和“用户配置”下均有可用的“Windows 设置”文件夹。计算机配置的 Windows 设置会应用到登录到该计算机上的所有用户，包含两个子项：“安全设置”和“脚本”。用户配置的 Windows 设置不论用户登录到哪台计算机都适用到该用户，包含 3 个子项：“文件夹重定向”“安全设置”和“脚本”。

（4）安全设置

“组策略管理编辑器”控制台树中的“计算机配置”和“用户配置”下均有可用的“安全设置”文件夹。安全设置或安全策略是配置在一台或多台计算机上的规则，用于保护计算机或网络上的资源。可使用安全设置来指定组织单位、域或站点的安全策略。

组策略按如下顺序应用策略。

1）唯一的本地组策略对象。

2）站点组策略对象，按照由管理工作所指定的顺序。

3）域组策略对象，按照由管理工作所指定的顺序。

4）组织单位组策略对象，按照从大组织单位到小组织单位顺序（从父组织单位到子组织单位），而在每个组织单位级别中，则按照由管理工作所指定的顺序。 默认情况下，在策略彼此不一致时，后应用的策略将覆盖以前应用的策略。但如果策略彼此一致，前后的策略都将作为有效策略。

组策略的应用具有继承性。一般情况下，域中的组策略会从父容器传递到子容器，使用 Active Directory 的用户和计算机可查看这一点。

如果为一个高级别的父容器指派特定的组策略设置，则该组策略将应用到该父容器下的所有容器，包括每个容器中的用户和计算机对象。但是，如果为某个子容器明确指定了组策略设置，则该子容器的组策略设置将覆盖父容器的设置。

如果父组织单位具有未配置的策略设置，则子组织单位将不会继承这些设置。禁用的策略设置被继承之后还是禁用的。此外，如果父组织单位已经配置了一个策略设置（启用或禁用），而子组织单位并未配置同一策略设置，则子组织单位会继承父组织单位的启用或禁用的策略设置。

如果应用到父组织单位的策略设置与应用到子组织单位的策略设置兼容，则子组织单位会继承父组织单位的策略设置，而且还会应用子组织单位的策略设置。

如果为父组织单位配置的策略设置与为子组织单位配置的同一策略设置不兼容（因为在某种情况下设置是启用的，而在另一种情况下设置是禁用的），子组织单位就不继承父组织单位的策略设置。这时会应用子组织单位中的设置。

可以在域或组织单位级别阻止策略继承，方法是打开域或组织单位的“属性”对话框，并选中“阻止策略继承”复选框。也可以强迫策略继承，方法是在组策略对象链接上设置“禁止替代”选项。选中“禁止替代”复选框后，就会强迫所有子策略容器继承父策略，即使这些策略与子策略冲突冲突，或者即使已为之容器设置了“阻止继承”选项。

将组策略与站点相关联在“Active Directory站点和服务”窗口中打开“组策略管理编辑器”组策略，而将组策略与域和组织单位相关联在“Active Directory用户和计算机”中打开“组策略编辑器”编辑组策略，接下来以组织单位的组策略设置为例介绍一下组策略的设置方法。其操作步骤如下。

1）在“管理工具”中打开“组策略管理”窗口。

2）在控制台树中，展开域节点，在“管理人员”组织单位单击鼠标右键，如图10-87所示。

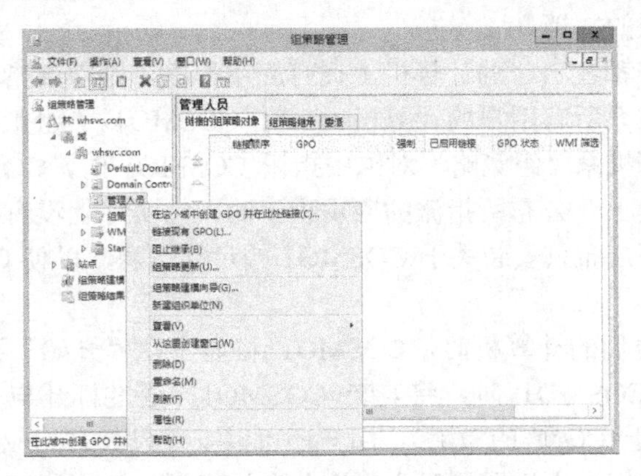

图10-87 “组策略管理”窗口

3）如果要将现有的组策略对象链接到该组织单位，则单击“链接现有GPO”命令。

4）如果要新建组策略对象，则单击“在这个域中创建GPO并在此处链接”命令，在弹出的对话框中输入新组策略对象的名称，然后单击“编辑”按钮。

5）在“组策略管理编辑器”窗口中编辑组策略。

6）组策略编辑完成后关闭“组策略管理编辑器”窗口，单击“确定”按钮，完成组策略编辑。

10.11.3 组策略软件安装

作为网络管理员，经常要做的工作之一就是各种软件的部署，包括系统软件和应用软件等。在一个大范围的网络环境中，靠拿安装盘进行本地安装的方法来部署软件，既效率低、又可能出现失误，因此在这种情况下常用的安装方式就是进行网络安装。但是目前网络安装一般采用共享安装盘进行安装，这种安装方式有两个主要缺点：一是客户端必须已经与服务器连网，否则无法访问共享资源，如一台没有任何系统的新机器就不能使用共享资源；二是即使在客户端连接了服务器的共享后，在安装应用程序的过程中仍然要有管理员在场的随时参与，否则一些安装选项不能确定，安装过程也就无法继续。所以管理员必须掌握一些行之有效的方法，以便高效完成日常软件部属的工作。为了解决软件在网络中部署的问题，Windows Server 2012中提供了组策略软件安装。

组策略软件安装能帮助管理员指定如何在组织内部安装和维护应用程序。使用组策略软件安装，可以在组策略对象中管理应用程序，该对象依次与某个特定的Active Directory容器（站点、域或组织单位）相关联。可以用以下两种模式之一来管理应用程序：已指派或已发布。使用组策略安装的应用程序安装文件的扩展名必须是.msi，.exe 文件要经过转换才可以使用。组策略软件安装的方式主要有 3 种：应用程序指派给用户、应用程序指派给计算机和应用程序发布给用户。

1．应用程序分配给用户

将应用程序指派给用户后，在用户下次登录到工作站时，该应用程序将公布给用户。应用程序的公布取决于该用户，而不管用户实际使用哪台物理计算机。用户第一次在计算机上激活应用程序时，将安装应用程序。激活的方法是：在“开始”菜单上选择应用程序，或者激活与应用程序相关联的文档。

如果希望每个用户都在自己的计算机上拥有应用程序，则需要指派该应用程序。例如，假定管理员希望计算机系所有用户的计算机上都有 COSMO1。“组策略”对象会管理计算机系的每个用户。在计算机系“组策略”对象中指派 COSMO1 时，COSMO1 将被公布在每个计算机系用户的计算机上。公布所指派的应用程序时，它实际上没有被安装在计算机上。在这种情况下，应用程序公布只安装关于 COSMO1 的足够信息，以使 COSMO1 快捷方式出现在“开始”菜单上。

当这些用户登录他们的计算机时，COSMO1 将显示在“开始”菜单上。当他们首次选择“开始”菜单上的 COSMO1 时，将安装 COSMO1。通过打开与应用程序相关联的文档（根据文件扩展名或基于 COM 的激活），用户还可以安装已公布的应用程序。用户可以删除所指派的应用程序，但用户下次登录时会再次公布被指派的应用程序。下次用户在“开始”菜单上选择它时便会安装它。

将应用程序指派给用户的操作步骤如下。

1）共享应用软件。

2）打开“组策略管理”窗口，展开要指派用户所在的组织单位（如管理人员），用鼠标右键单击该组织单位，选择“在这个域中创建 GPO 并在此处链接”命令。如图 10-87 所示。

3）在弹出的对话框中新建一个名称为“softGPO”的组策略，单击“编辑”按钮，打开“组策略管理编辑器”窗口。

4）在控制台树中选择“用户设置”→“策略”→“软件设置”，用鼠标右键单击“软件安装”，在弹出的快捷菜单中选择“新建”→“数据包”命令，如图 10-88 所示。

5）在网上邻居中找到共享软件，选定软件安装程序包（如 COSMO1），单击“打开”按钮，弹出“部署软件”对话框，在“选择部署方法”中单击“已分配”单选按钮，单击“确定”按钮，如图 10-89 所示。

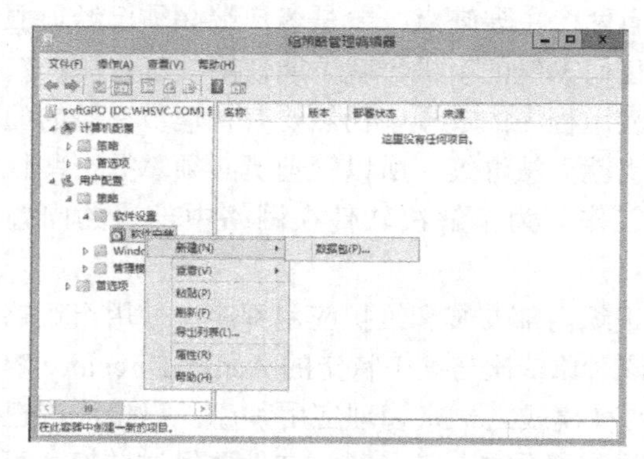

图 10-88 新建软件安装程序包

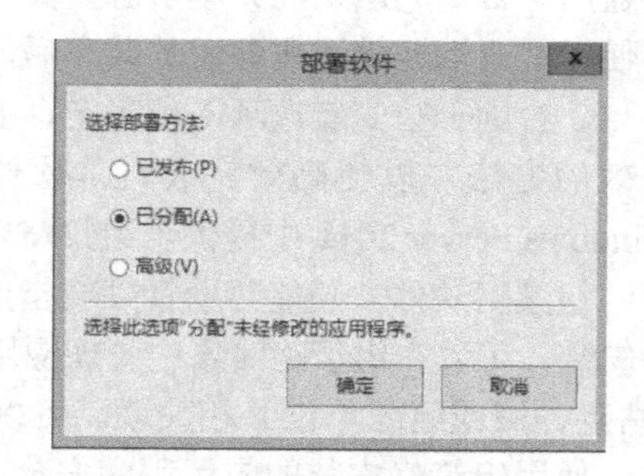

图 10-89 “部署软件”对话框

6）分配给组织单位的软件出现在软件安装列表中，如图 10-90 所示。

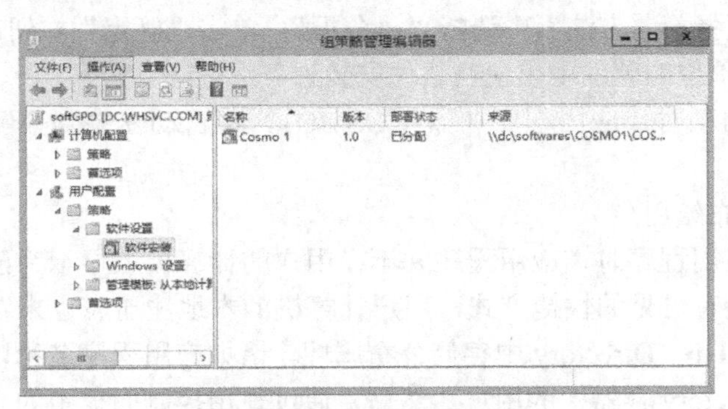

图 10-90 查看软件安装

当计算机系组织单位中用户登录到域中的计算机时，COSMO1 将显示在桌面上和“开始”菜单中。当用户首次选择“开始”菜单中的 COSMO1 时，将安装 COSMO1；或者用户可以在“添加/删除程序”中单击“添加新程序”命令，选择“COSMO1”，单击“添加”按钮安装应用程序。

2．应用程序分配给计算机

将应用程序指派给计算机后，系统将公布该应用程序并执行安装（如果这样做没有危险）。这种情况通常发生在计算机启动时，所以此时计算机上没有竞争进程。

将应用程序指派给计算机的操作步骤如下。

1）共享应用软件。

2）打开“组策略管理”窗口，展开要指派用户所在的组织单位（如管理人员），用鼠标右键单击该组织单位，选择“在这个域中创建 GPO 并在此处链接”命令。

3）在弹出的对话框中，新建一个名称为“softGPO2”的组策略，单击“编辑”按钮，打开“组策略管理编辑器”窗口。

4）在控制台树中选择“计算机配置”→“策略”→“软件设置”，用鼠标右键单击“软件安装”，在弹出的快捷菜单中选择“新建”→“数据包”命令，如图 10-91 所示。

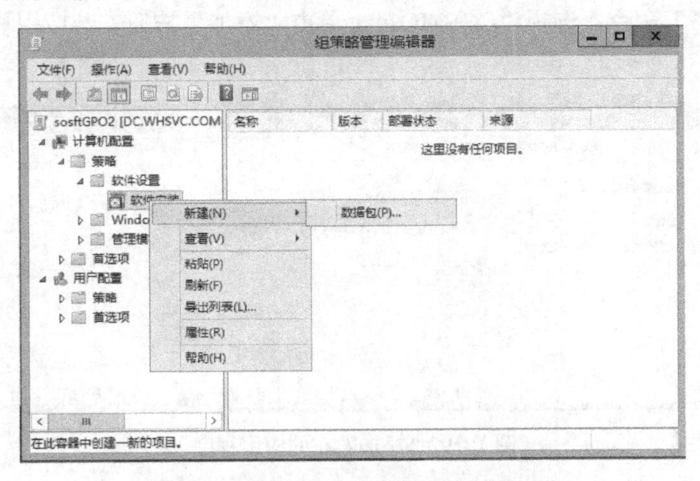

图 10-91 “新建软件安装程序包”界面

5）在网上邻居中找到共享软件，选定软件安装程序包（如 COSMO1），单击“打开”按钮，在弹出的“选择部署方法”中选择“已分配”，单击“确定”按钮。

6）指派给组织单位的软件就出现在软件安装列表中。

当计算机下次启动时，应用程序（如 COSMO1）将自动安装到分配的计算机上，而不需要用户安装。

3. 应用程序发布给用户

在向用户发布应用程序时，应用程序并不在用户的计算机上显示为已安装的程序。桌面或“开始”菜单中没有可见的快捷方式，用户计算机的本地注册表也未发生更改。相反，发布的应用程序将在 Active Directory 中存储公布属性。诸如应用程序名称以及文件关联等信息将显示给 Active Directory 容器中的用户。然后，通过使用控制面板中的“添加或删除程序”或者通过单击与应用程序关联的文件（如 COSMO1 支持的图像文件），用户就可以安装该应用程序了。

如果希望应用程序能由“组策略”对象所管理的用户使用（如果用户需要该应用程序），可以发布该应用程序。至于是否安装所发布的应用程序，是由每个用户所决定的。

将应用程序发布给用户的操作步骤如下。

1）共享应用软件。

2）打开“组策略管理”界面，展开要指派用户所在的组织单位（如管理人员），用鼠标右键单击该组织单位，选择“在这个域中创建 GPO 并在此处链接”命令。

3）在弹出的对话框中，新建一个名称为“softGPO3”的组策略，单击“编辑”按钮，打开“组策略编辑器”界面。

4）在控制台树中选中“用户设置”→“策略”→“软件设置”，用鼠标右键单击“软件安装”，在弹出的快捷菜单中选择“新建”→“数据包”命令。

5）在网上邻居中找到共享软件，选定软件安装程序包（如 COSMO1），单击“打开”按钮，在弹出的“选择部署方法”中选择“已发布”，单击“确定”按钮。

6）指派给组织单位的软件就出现在软件安装列表中。

计算机系组织单位中用户登录到域中的计算机时，用户可以选择在“控制面板”→“程序”→“获得程序”命令，选择“COSMO1”，单击“添加”按钮安装应用程序，如图 10-92 所示。

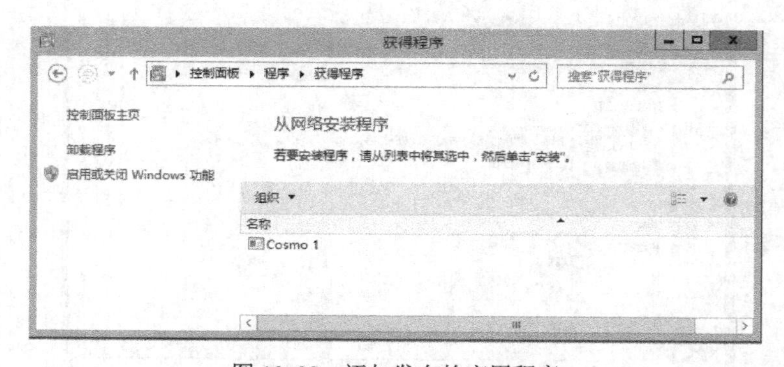

图 10-92　添加发布的应用程序

本章小结

1）活动目录存储有关网络上各对象（如用户、组、计算机、共享资源、打印机和联系人等）的信息，并使管理员和用户更方便地查找和使用这种信息。活动目录使用“结构化的数据存储”作为目录信息的逻辑化、分层结构的基础。

2）活动目录的逻辑结构包括域、组织单位、域树、域林。域是活动目录逻辑结构中的核心功能单位；组织单位是可将用户、组、计算机和其他组织单位放入其中的活动目录容器；域树是以层次结构的方式组合到一起的域；域林是活动目录的完整实例，其中包含一个或多个域树。

3）活动目录的物理结构包括域控制器和站点。域控制器是运行 Microsoft Windows Server 和 Active Directory 的计算机。每台域控制器执行存储和复制功能（参与活动目录复制）。站点是指在物理上有较好的线路连接并能以较快速度通信的计算机的集合，一般是指一个局域网。

4）通过创建林信任可以访问另外一个林的资源。通过站点的建立实现对活动目录更有效的管理。可以在 Active Directory 用户和计算机工具实现对域用户账号、计算机账号、组、组织单位等对象实现使用和管理。

5）组策略设置定义了系统管理员需要管理的用户桌面环境的各种组件，如用户可用的程序、用户桌面上出现的程序以及“开始”菜单选项。组策略包括影响用户的“用户配置”策略设置和影响计算机的“计算机配置”策略设置。

第 11 章　路由和 RAS 服务

本章首先简要介绍路由和 RAS 服务，包括路由服务、RAS 服务和 VPN 服务。然后介绍如何构建路由和 RAS 服务。在路由和 RAS 服务的管理部分，重点介绍网络接口的管理、客户端的管理和端口的管理及配置。在 IPv4 部分，介绍 RRAS 用作路由器的配置，包括静态常规配置、静态路由配置、DHCP 中继代理配置、多播路由配置和 NAT/防火墙配置。最后介绍远程访问策略和 NPS 服务器的配置及管理。

11.1　路由和 RAS 服务简介

Windows Server 2012 的路由和远程访问服务集成了路由服务、远程访问服务和 VPN 服务，下面先介绍这些基本的概念。

11.1.1　路由服务

当网络很大，尤其是跨越建筑物或者站点时，网络可能被划分为若干小的网络，称为子网。子网内的计算机可以自由通信，但子网间的计算机要通信必须通过一种特殊的计算机路由器来完成。路由器好比是网络交通指挥中心，它根据路由表（子网之间如何通信的设置参数集合）来转发数据包。

路由器的工作原理如图 11-1 所示。

路由器接收的数据包如果具有相同的网络标识（IP 地址和子网掩码决定网络标识，例如主机 IP 地址范围为 192.168.1.1～192.168.1.254，子网掩码为 255.255.255.0，则同一子网的主机的网络标识为 192.168.1），则表明发送这些数据包的主机属于相同的子网。

路由器接收的数据包如果具有不同的网络标识，则表明发送这些数据包的主机属于不同的子网，通过路由器设置的路由进行通信。图 11-1 中有 4 个网络（也称子网）。从网络 A 发出的数据包要到达网络 D，可能有 5 条路径。

- A—D。
- A—B—D。
- A—C—D。
- A—B—C—D。
- A—C—B—D。

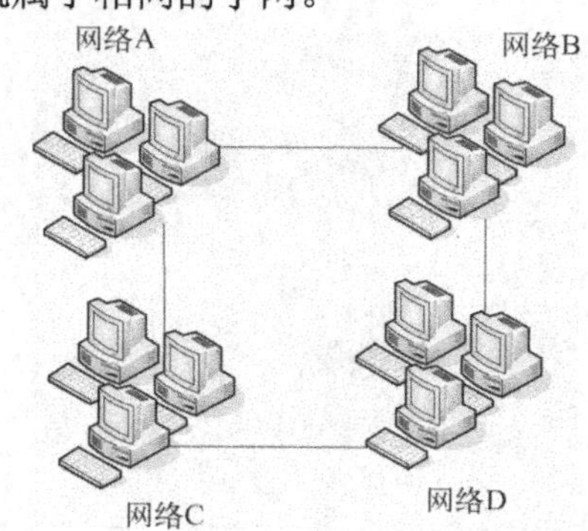

图 11-1　路由器的工作原理

怎样才能最迅速、最可靠地将数据包传送到目标网络呢?乍一看，A—D 这条线路是最好的，但实际传输过程中，由于要考虑网络带宽，线路质量等因素，很可能路由器会选择其他的路径来发送数据包。因此路由器的主要作用就是在不同的网络中选择合适的传输路径。

在小型的网络中，可以将一些具有路由功能的软件安装在计算机上作为路由器使用。而在大型的网络中，有专门的路由器，用于在网络（包括 LAN 与 LAN、LAN 和 WAN）之间进行路由。

11.1.2 RAS 服务

Intranet 局域网能够覆盖的地域总是有限的，而如果用户没有在局域网的覆盖范围内，就需要借助一些公共传输介质远程访问局域网。RAS（Remote Access Service，远程访问服务）就是用于构建远程网络的解决方案。像有的读者使用的拨号上网，实际上就是一种 RAS 服务。假设用户所在的公司在其他城市有一个分支结构，分支机构有一个网络，总部有一个网络。这两个网络之间如果要连接起来，就需要使用 RAS 服务。

RAS 服务的原理如图 11-2 所示。

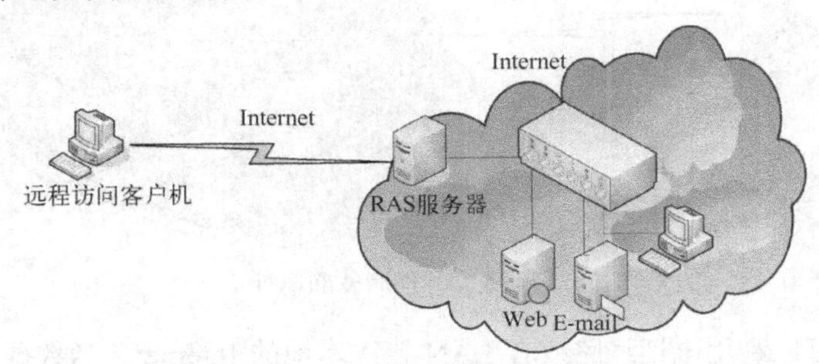

图 11-2　RAS 服务的原理

根据 RAS 服务使用的传输介质的不同，又分为以下几种 RAS 网络。

1．PSTN 网络

PSTN（Public Switch Telephone Network，公共交换电话网络），借助公用电话网，RAS 客户端使用调制解调器（Modem，俗称猫）连接远程 RAS 服务器。PSTN 网络能够提供的数据传输速率为 33.6kbit/s，数据接收速率为 53kbit/s。但由于受电话线路质量的影响，往往达不到这个速率。利用 PSTN 拨号上网曾经是上网的代名词，但 PSTN 存在带宽不足、接入速率慢、服务质量差等缺陷，另外由于电话线路的安全性令人担忧，因此 PSTN 的远程网络技术已经逐步淡出历史舞台。

2．ISDN 网络

ISDN，一体化服务数字网络，是 PSTN 的替代产品，有多种传输速率供用户选择，提供声音、数据、传真和其他服务。基本速率 ISDN（BRI）可以提供 2 个 64kbit/s 的通道，高级速率 ISDN（PRI）提供 23 个 64kbit/s 的通道。

3．X.25 网络

X.25 网络是一种国际标准包交换网络，网络设备使用 X.25 协议进行通信，最高传输速率可以达到 64KB/s。

4．ADSL 网络

ADSL，非对称数字用户线路网络，这就是目前大家经常接触到的宽带网络技术。通常，在客户端上的数据传输速率可以达到 64kbit/s，数据的接收速率可以达到 1.544Mbit/s。

PSTN、ISDN、X.25 和 ADSL 都是利用电话网络进行远程访问的解决方案。由于采用的技术不同，获得的网络带宽也不同。但这些远程接入方式需要客户支付长途电话费用和 ISP 服务商的网络服务费用。

11.1.3 VPN 服务

RAS 服务提供了一种远程接入的可选方案，如果采用加密技术也能够在一定程度上确保数据的安全，但由于需要支付长途电话费用，因此并不是一种最经济的远程实现方案。利用 Internet 或者企业的专用网络，通过 VPN（虚拟专用网络）技术构建安全的远程连接方案，这就是 VPN 服务网络。 VPN 服务的原理如图 11-3 所示。

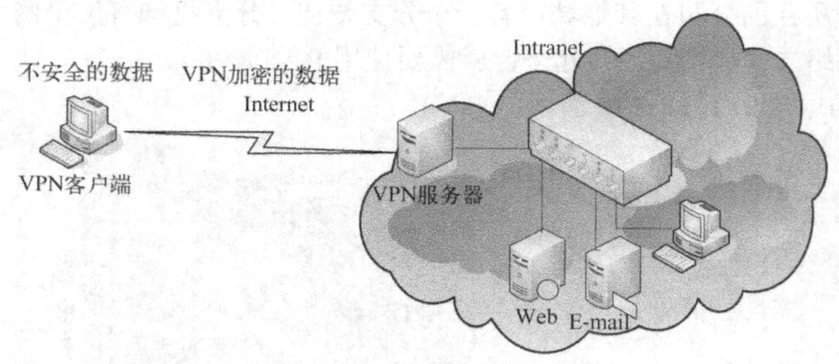

图 11-3 VPN 服务的原理

VPN 客户端可以利用电话线路或者 LAN 接入本地的 Internet。当数据在 Interent 上传输时，利用 VPN 协议对数据进行加密和鉴别，这样 VPN 客户端和服务器之间经过 Internet 的传输好比是在一个安全的“隧道”中进行。通过“隧道”建立的连接犹如建立的专门的网络连接一样，这就是虚拟专用网络的含义。

以上介绍了 Windows Server 2012 的路由和 RAS 服务支持的 3 种服务功能，下面结合具体的实例介绍如何配置和使用这 3 种服务。

11.2 构建路由和 RAS 服务

因为路由服务、RAS 服务和 VPN 服务需要在网络之间进行 IP 数据包的转发，所以需要在服务器上安装两块以上的网卡。

本书实例环境如下。

网卡 1

连接名称：本地连接

IP 地址：192.168.1.2

子网掩码：255.255.255.0

网卡 2

连接名称：本地连接 2

IP 地址：12.0.0.2

子网掩码：255.255.255.0

安装路由和远程服务的步骤如下。

1）在计算机“BBB”的桌面上单击“开始”菜单→“管理工具”，打开“服务管理器”窗口。

2）在出现的如图 11-4 所示的“仪表板”页面单击“添加角色和功能”，然后单击“下一步”按钮。

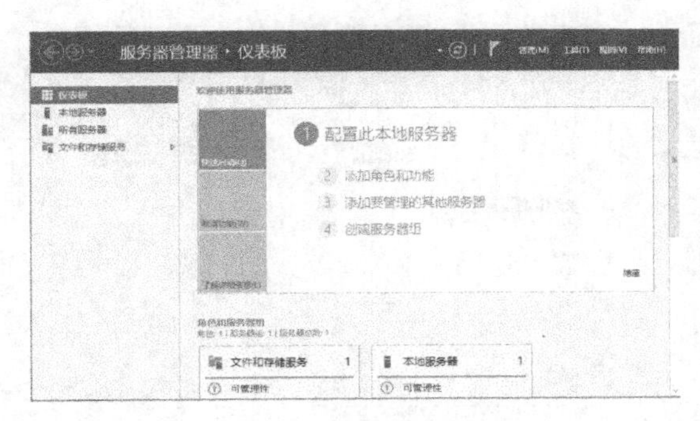

图 11-4 “服务管理器”窗口

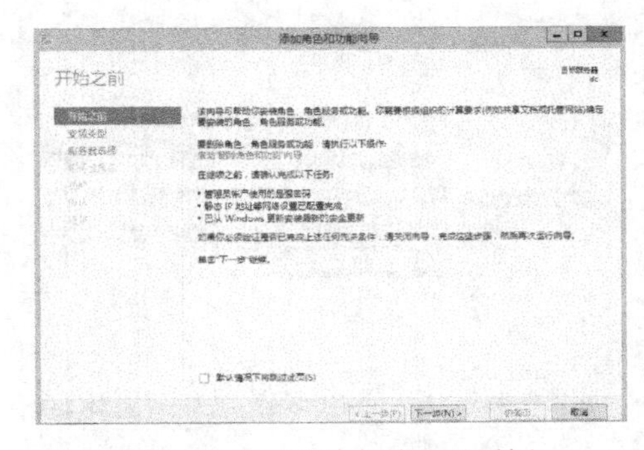

图 11-5 “开始之前”对话框

3）在出现的如图 11-5 所示的“开始之前”对话框中，单击“下一步”按钮。

4）在出现的如图 11-6 所示的“选择安装类型”对话框中，选择“基于角色或基于功能的安装”单选按钮，然后单击“下一步”按钮。

5）在出现的如图 11-7 所示的“选择目标服务器”对话框中，选择要安装配置的服务器，单击“下一步”按钮。

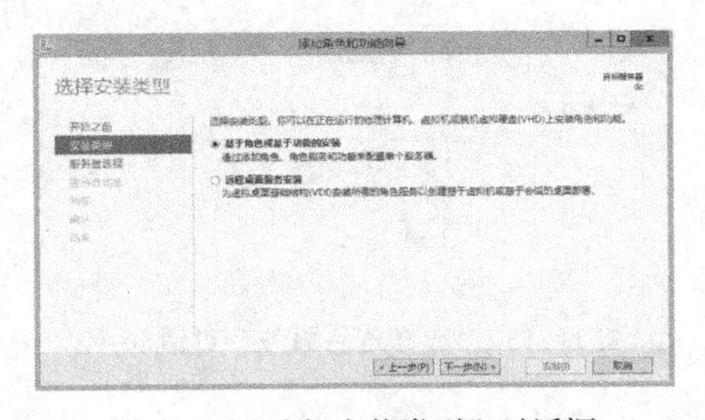

图 11-6 “选择安装类型”对话框

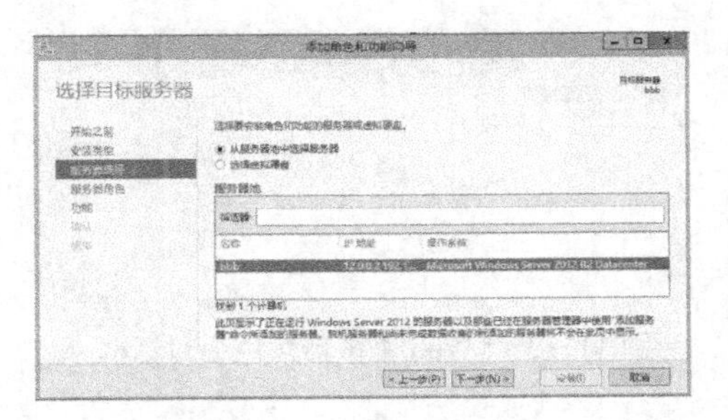

图 11-7 “选择目标服务器”对话框

6）在出现的如图 11-8 所示的“选择服务器角色”对话框中，选择“远程访问”，单击“下一步”按钮。

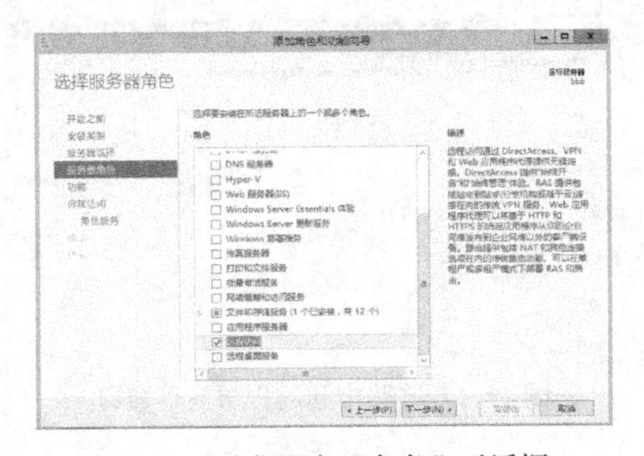

图 11-8 “选择服务器角色”对话框

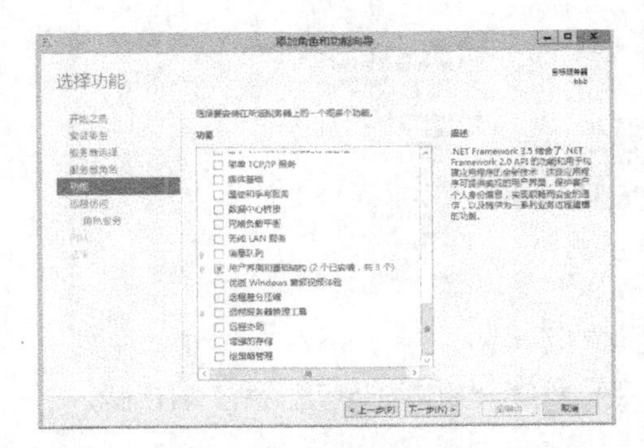

图 11-9 “选择功能”对话框

7）在随后出现的如图 11-9 所示的“选择功能”和如图 11-10 所示的“远程访问”对话框中，均单击“下一步”按钮。

8）在出现的如图 11-11 所示的“角色服务”对话框中，选中“DirectAccess 和 VPN”和“路由”复选框，单击“下一步”按钮。

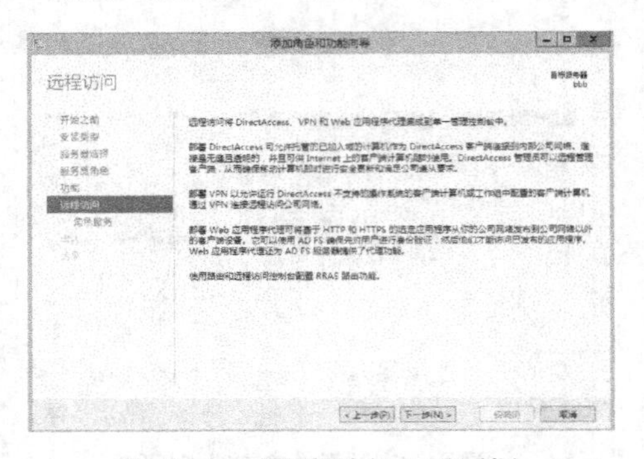

图 11-10 “远程访问”对话框

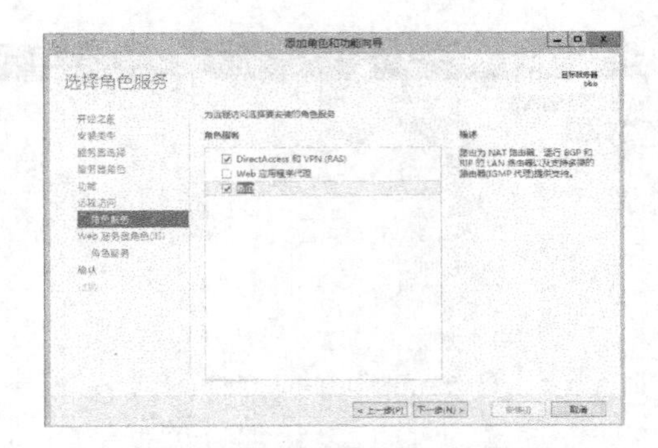

图 11-11 “选择角色服务”对话框（1）

9）在出现的如图 11-12 所示的“Web 服务器角色”对话框和如图 11-13 所示的“选择角色服务”对话框中，单击“下一步”按钮。

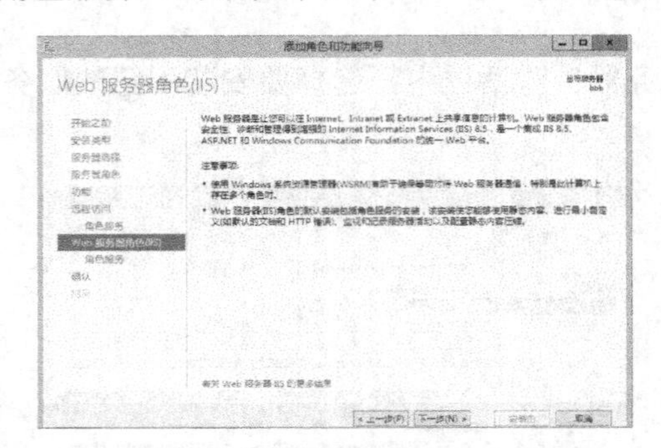

图 11-12 “Web 服务器角色”对话框

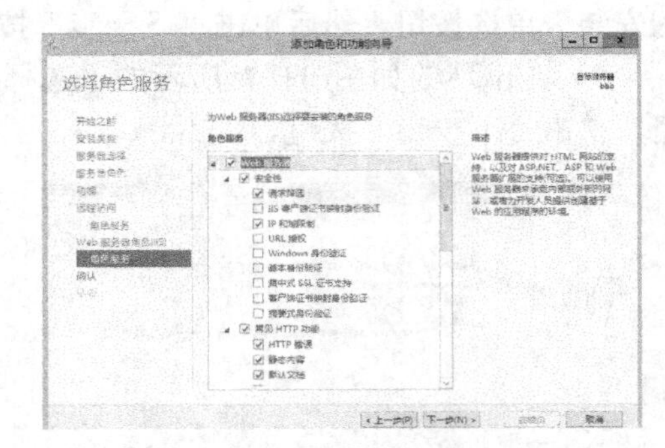

图 11-13 “选择角色服务”对话框（2）

10）在出现的如图 11-14 所示的“确认安装所选内容”对话框中，单击“安装”按钮完成安装。

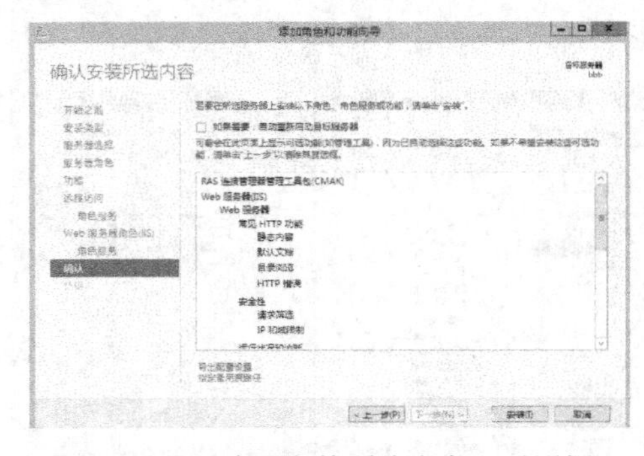

图 11-14 “确认安装所选内容”对话框

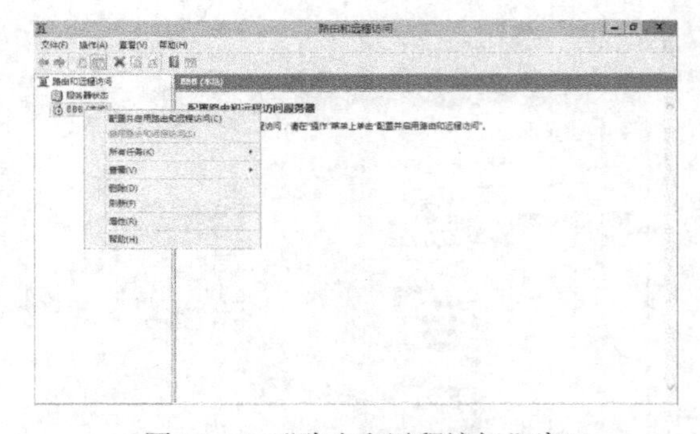

图 11-15 “路由和远程访问”窗口

11）在计算机“BBB”的桌面上单击“开始”菜单→“管理工具”，打开“路由和远程访问”窗口，在其控制台树中，可以查看到服务器“BBB”目前为停止状态，如图 11-15 所示，右击“BBB（本地）”，选择“配置并启用路由和远程访问”命令。

12）出现“路由和远程访问服务器安装向导”的“欢迎”界面，单击“下一步”按钮。

13）出现如图 11-16 所示的“路由和远程访问服务器安装向导”的“配置”界面，共有以下 5 种选项。

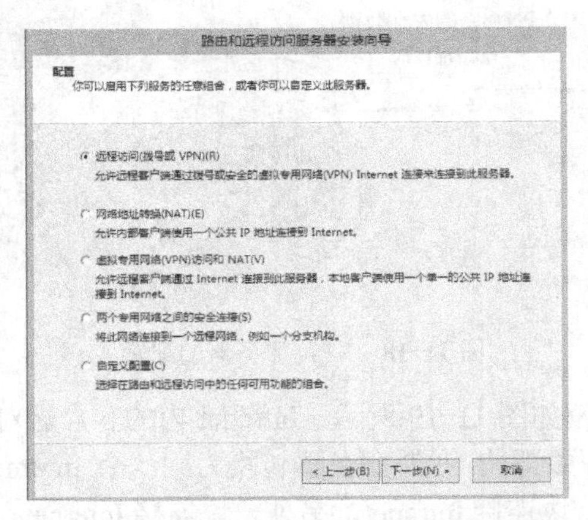

图 11-16 “远程访问服务器安装向导”的“配置”界面

- 远程访问（拨号或 VPN）：将计算机配置成拨号服务器或 VPN 服务器，允许远程客户端通过拨号或者基于 VPN 的 Internet 连接到服务器。
- 网络地址转换（NAT）：将计算机配置为 NAT 服务器，所有的 Intranet 局域网内的用户以同样的 IP 地址访问 Internet。
- 虚拟专用网络（VPN）访问和 NAT：将计算机配置成 VPN 服务器和 NAT 服务器。
- 两个专用网络之间的安全连接：配置成在两个网络之间通过 VPN 连接的服务器。
- 自定义配置：在路由和远程访问服务支持的服务器角色之间任意组合安装。

拨号服务器的配置实例如图 11-17 所示。远程客户端需要安装 Modem，在远程服务器上可以根据需要设立多个 Modem（即 Modem 池，这是一种特殊的硬件设备，相当于多个物理上的 Modem，用于同时处理多个远程拨号连接）。拨号服务器给远程客户端分配 IP 地址，一般是由 DHCP 服务器自动进行分配的，这样远程客户端就可以通过拨号服务器连接后访问 Intranet 网络了。

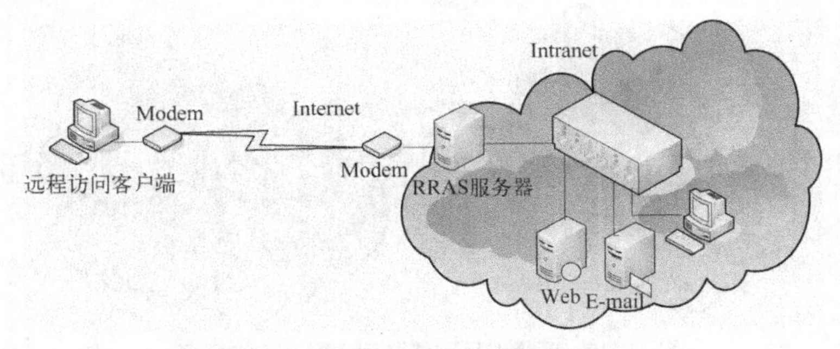

图 11-17 拨号服务器的配置

VPN 服务器的配置实例如图 11-18 所示。VPN 客户端可能处于一个 Internet 服务商分配的 IP 地址范围内，VPN 服务器可能处于另外一个服务商分配的 IP 地址范围内。在 VPN 服务器上至少安装了两块网卡。一块网卡连接 Intranet，具有 Intranet 的 IP 地址。另外一块网卡连接 Internet，具有 Internet 的 IP 地址。VPN 客户端通过 Internet 访问 VPN 服务器，由 VPN 服务器转发对 Intranet 的访问请求。

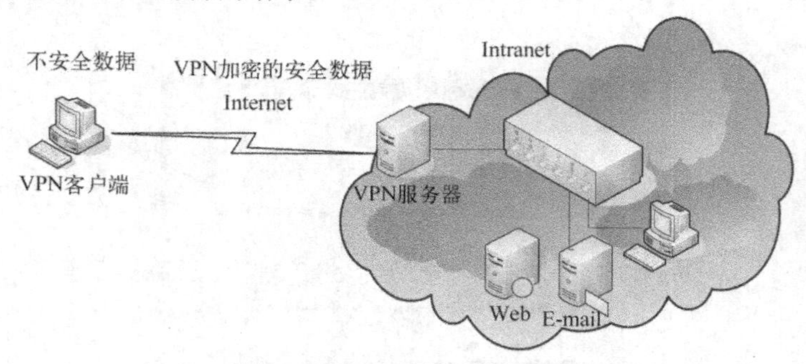

图 11-18　VPN 服务器的配置

NAT 服务器的配置实例如图 11-19 所示。Intranet 内的客户端对 Internet 进行访问的数据包，在向 Internet 发送过程中都被 NAT 服务器转换为同一个 Internet 上的 IP 地址。在 NAT 服务器上安装两块网卡，一块连接 Intranet，另外一块连接 Internet。

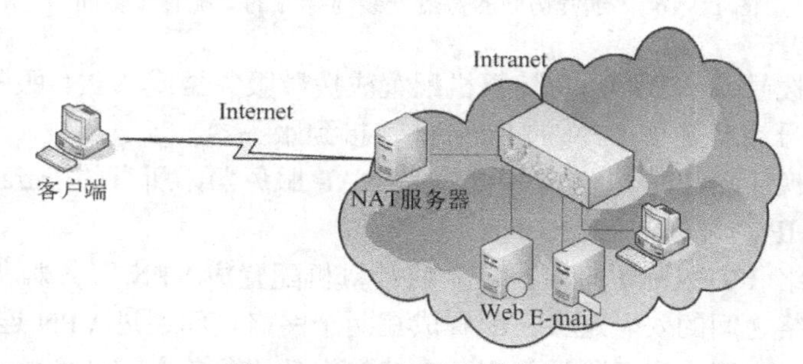

图 11-19　NAT 服务器的配置

VPN 和 NAT 服务器也可以配置在一台服务器上。服务器上安装两块网卡，一块连接 Intranet，另外一块连接 Internet。同时完成网络地址转换和 VPN 连接的任务。

两个专用网络之间的安全连接配置实例如图 11-20 所示。每个 Intranet 上都建立一个 VPN 服务器，VPN 服务器之间通过 Internet 建立连接。

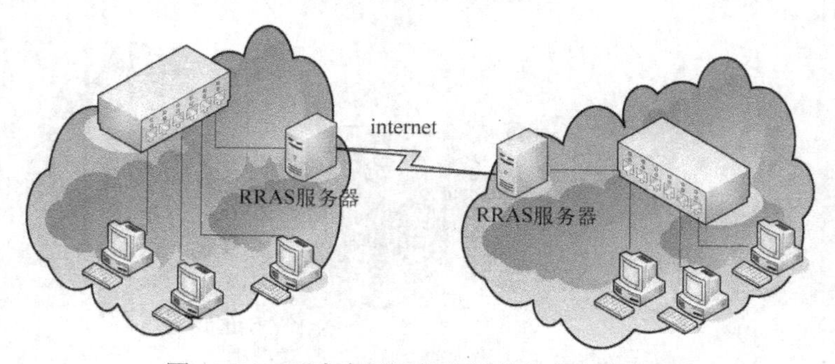

图 11-20　两个专用网络之间的安全连接配置

14）在图 11-16 中选中“自定义配置”单选按钮，单击“下一步”按钮，出现如图 11-21 所示的“路由和远程访问服务器安装向导”的“自定义配置”界面，按照自己网络需要进行选择，单击“下一步”按钮。

15）出现如图 11-22 所示的“路由和远程访问服务器安装向导”的“完成”界面，确认无误后单击“完成”按钮。

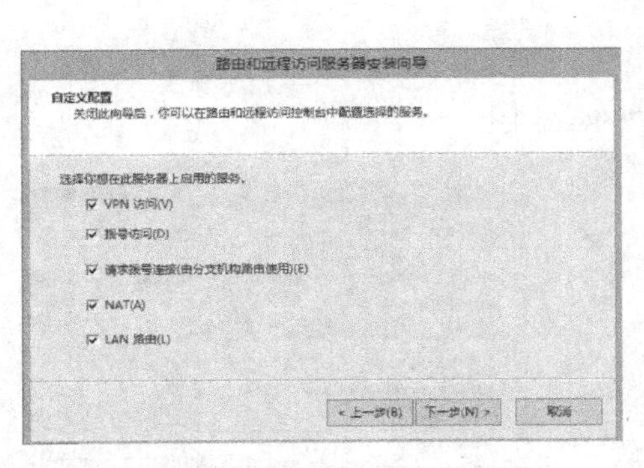

图 11-21 “自定义配置”界面

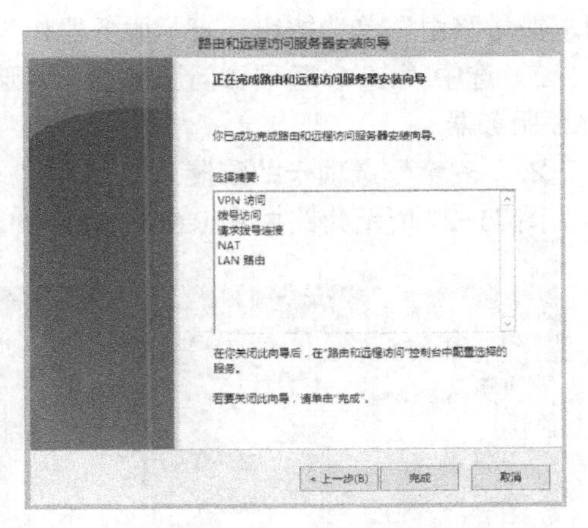

图 11-22 “完成”界面

16）出现如图 11-23 所示的提示界面，提示路由和远程访问服务已经被安装，是否开始启动服务，单击“启动服务”按钮。

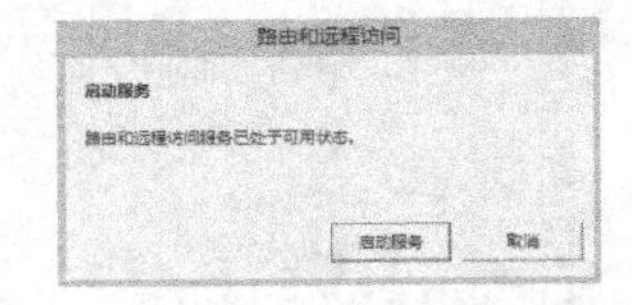

图 11-23 启动路由和远程访问

17）出现如图 11-24 所示的“路由和远程访问”窗口，在其控制台树下选择各选项就可以进行各种管理。

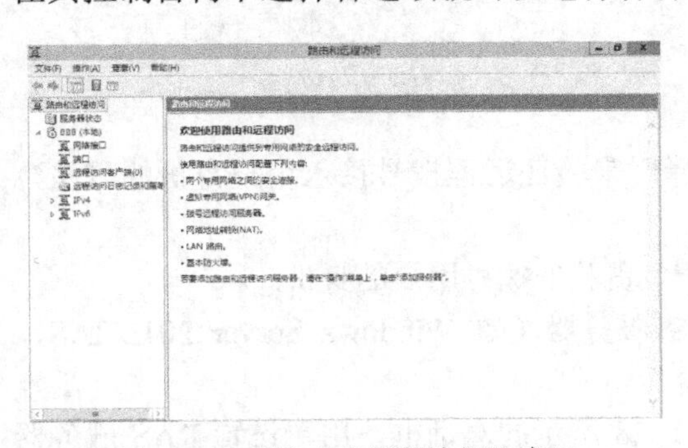

图 11-24 “路由和远程访问”窗口

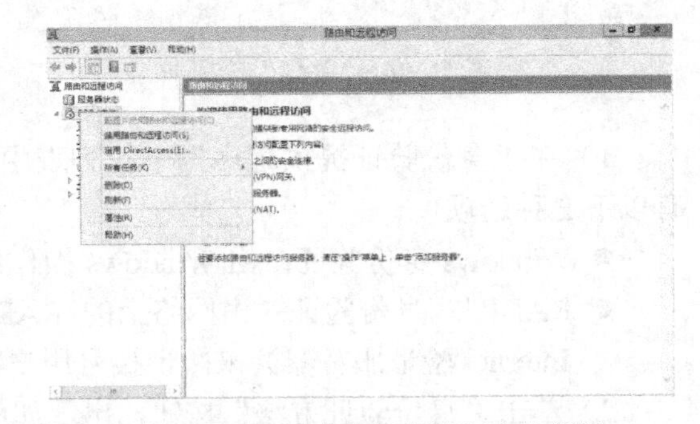

图 11-25 路由和远程访问本地属性

11.3 管理路由和 RAS 服务器

构建路由和 RAS 服务器完毕后，可以根据需要更改设置。

11.3.1 修改服务器属性

在“路由和远程访问”窗口中，选择其控制台树中的“路由和远程访问”→“BBB（本地）”，单击鼠标右键，如图 11-25 所示，在出现的快捷菜单中选择“属性”选项，出现如图 11-26 所示对话框。在相应选项卡中可以修改服务器的配置参数。

1．“常规”选项卡的配置

如图 11-26 所示为路由和 RAS 服务器的“常规”选项卡。

1）选中“IPv4 路由器”复选框，表示服务器同时用作网络的路由器。选中“局域网和请求拨号路由”单选按钮，表示服务器作为远程拨号网络和本地局域网的路由器。

2）选中“IPv4 远程访问服务器”复选框，表示该服务器是一个可以供用户远程拨入的 RAS 服务器。

2．“安全”选项卡的配置

图 11-27 所示为路由和 RAS 服务器的“安全”选项卡。

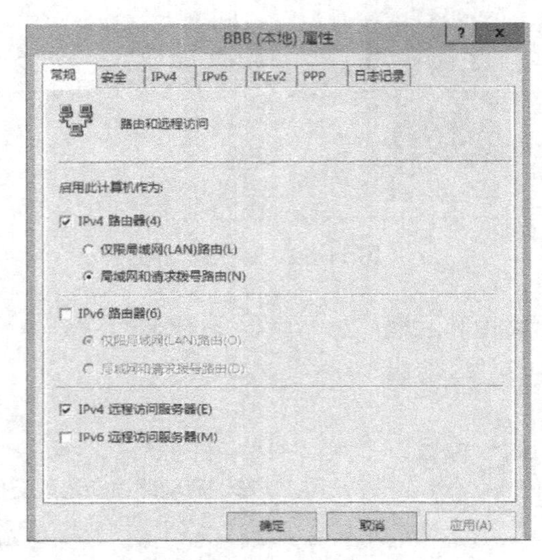

图 11-26 “常规”选项卡

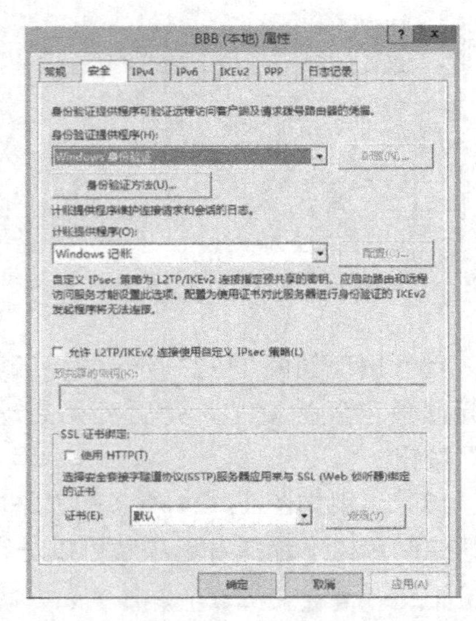

图 11-27 “安全”选项卡

1）在“身份验证提供程序”下拉列表中选择用来验证远程拨号接入用户身份的方法，有以下 2 种选项。

- Windows 身份验证：由 Windows 操作系统负责验证拨号用户的身份。
- RADIUS 身份验证：由网络上的 RADIUS 服务器（如 Windows Server 2012 IAS，Internet 验证服务器）来验证拨号用户的身份。

2）单击“身份验证方法”按钮，出现如图 11-28 所示的对话框，用于设置 RAS 服务器使用的身份验证协议。Windows Server 2012 的 RAS 服务器支持下列身份认证协议。

- 可扩展的身份验证协议（EAP）。
- Microsoft 加密身份验证版本 2（MS-CHAPV2）。
- 加密身份验证（CHAP）。
- 未加密的密码（PAP）。
- 允许进行用于 IKEv2 的计算机证书身份验证。

在“未经身份验证的访问”区域下选中“允许远程系统不经过身份验证而连接”复选框，表明未经连接的用户连接服务器。

3）在“计账提供程序”下拉列表中选择记录用户访问 RAS 服务器的活动的方式。有以下 3 种选项。

- 无：不记录日志。
- Windows 记账：利用 Windows 操作系统记录日志。
- RADIUS 记账：利用 RADIUS 身份验证服务器记录日志。

4）选中“允许 L2TP/ IKEv2 连接使用自定义 IPSec 策略”复选框，表示对使用 L2TP（第 2 层隧道协议，是一种构建 VPN 网络的协议）的 VPN 连接可以定义 IPSec 策略。在“预共享的密钥”文本框中输入远程使用 L2TP 协议的 VPN 客户端和 VPN 服务器之间的预共享密钥。该密钥可以是多达 255 个字符任意组合的任意非空字符串。输入预共享密钥时要小心，因为客户端配置的预共享密钥与服务器上配置的预共享密钥之间的任何差异都会阻止建立连接。

3.“IPv4”选项卡的配置

图 11-29 所示为路由和 RAS 服务器的“IPv4”选项卡。

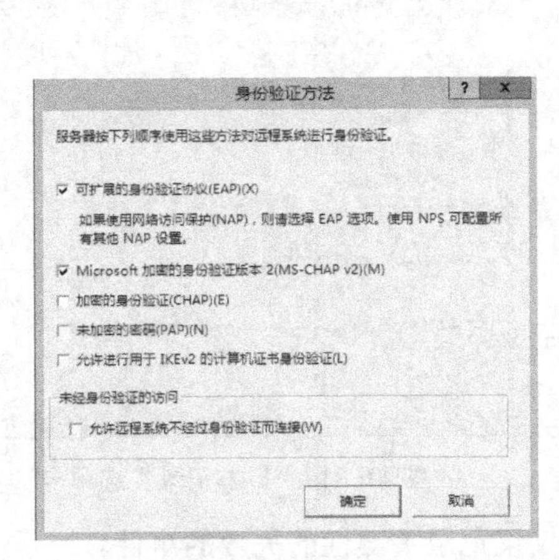

图 11-28 “身份验证方法”对话框

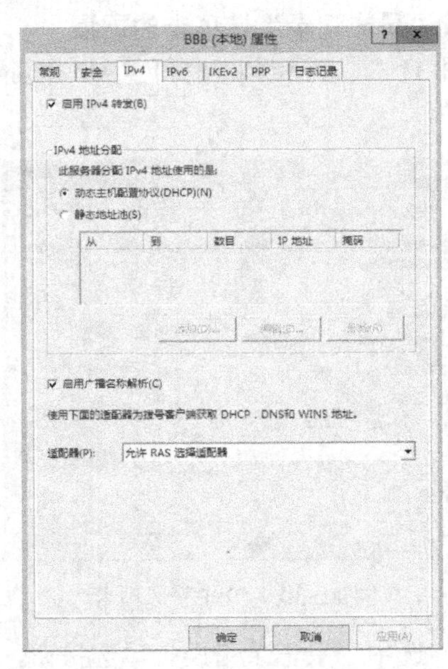

图 11-29 “IPv4”选项卡

1）选中“启用 IP v4 转发”复选框，表明服务器支持 IP 数据包的路由。

2）在“IPv4 地址分配”区域可以设置如何给远程客户端分配一个网络 IP 地址，有两种选项。选中“动态主机配置协议（DHCP）”单选按钮，表示使用 DHCP 服务器自动分配 IP 地址。选中“静态地址池”单选按钮，分配由管理员定义的地址池中的 IP 地址。如果需要，单击“添加”按钮可以添加多个地址池。

3）选中“启用广播名称解析”复选框，表明可以使用广播方式解析网络名称。

4）在“适配器”下拉列表中选择拨号用户能够获得 DNS、DHCP 和 WINS 地址的网络适配器（网卡）。根据服务器的硬件环境不同，下拉列表中出现的选项也不同。默认情况下选中“允许 RAS 选择适配器”选项，表示远程客户端可以自行选择。

4. “PPP”选项卡的配置

图 11-30 所示为路由和 RAS 服务器的“PPP”选项卡，可以设置服务器如何支持 PPP（点对点协议）。

1）选中“多重链接”复选框，表明当需要额外的网络带宽时，可以打开多个通信信道。这对于 ISDN 连接特别有用，ISDN 可以提供多个数据通道，每增加一个数字通道，将增加 64KB/s 的网络带宽。

2）选中“使用 BAP 或 BACP 的动态带宽控制”复选框，表明使用 BAP“带宽分配协议”或 BACP“带宽分配和控制协议”可以动态管理多重链接连接的分配和解除。

3）选中“链接控制协议（LCP）扩展”复选框，表明支持 LCP。LCP 可以在 PPP 协议基础上提高识别性和时间余额数据包。当配置和测试数据链路通信信道时，识别性和时间余额包就特别有用。

4）选中“软件压缩”复选框，表明 PPP 可以压缩经过拨号连接传送的数据。该功能对改善拨号连接的低速率特别有用。

5. “日志记录”选项卡的配置

图 11-31 所示为路由和 RAS 服务器的“日志记录”选项卡，用于设置服务器日志的工作模式。

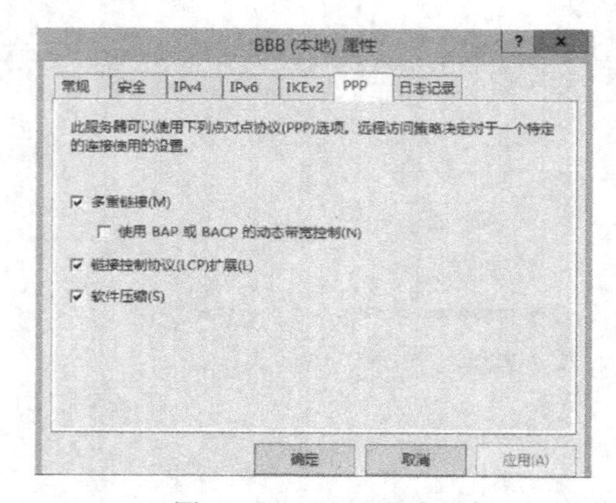

图 11-30 “PPP”选项卡

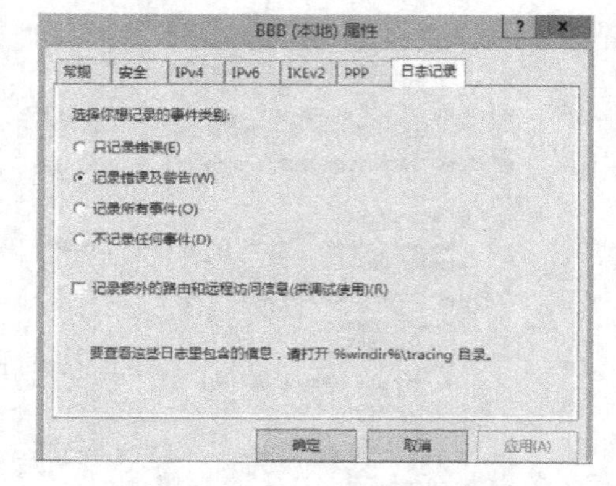

图 11-31 “日志记录”选项卡

1）选中“只记录错误”单选按钮，表明日志中仅仅记录关键性的失败的事件。

2）选中“记录错误及警告”单选按钮，表明记录关键性的失败事件和记录非关键性的问题。该项为默认设置。

3）选中“记录所有事件”单选按钮，表明记录所有的日志信息。这会产生大量的日志文件信息，一般仅当测试或排除错误时才会选中该项。

4）选中“不记录任何事件”单选按钮，表明不记录日志。

5）选中“记录额外的路由和远程访问信息（供调试使用）”复选框，表明明确记录路由和远程访问的日志信息。

11.3.2 新建网络接口

在“路由和远程访问”窗口中，选择其控制台树中的“路由和远程访问”→“BBB（本地）”→“网络接口”，出现已经建立的网络接口列表，默认建立的 4 个网络接口都被

LAN 局域网使用。服务器作为路由器后，如果要与其他网络的路由器通信就必须建立能够连接到其他路由器或网络的网络接口。下面介绍如何建立新的网络接口以连接 WAN。操作步骤如下。

1）在空白处单击鼠标右键，在出现的快捷菜单中选择“新建请求拨号接口”命令，如图 11-32 所示。

2）出现“请求拨号接口向导”的“欢迎”界面，单击“下一步”按钮。

3）出现如图 11-33 所示的“请求拨号接口向导”的“接口名称”对话框，在“接口名称”文本框中输入有意义的名称后，单击“下一步”按钮。

图 11-32　新建请求拨号接口

4）出现如图 11-34 所示的“连接类型”对话框，用于选择路由器和其他路由器的连接类型。可以选择“使用调制解调器、ISDN 适配器或其他物理设备连接”、“使用虚拟专用网络连接（VPN）”和“使用以太网上的 PPP（PPPoE）连接”3 种方式之一。按照网络情况选择后单击“下一步”按钮。

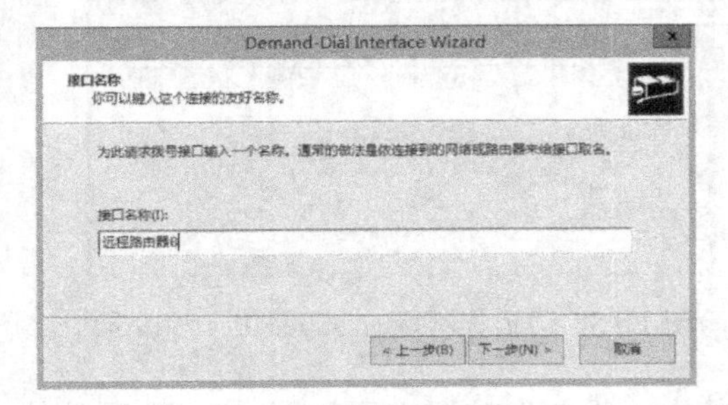

图 11-33　“接口名称”对话框

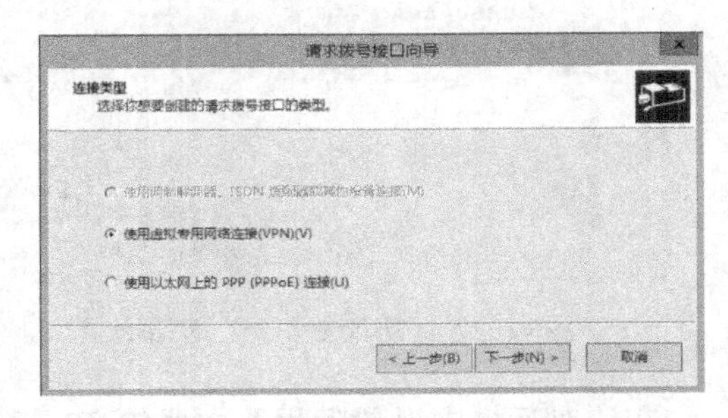

图 11-34　“连接类型”对话框

5）出现如图 11-35 所示的“VPN 类型”对话框，有以下 3 个选项。

- 自动选择：系统自动选择协议类型。
- 点对点隧道协议：使用 PPP 协议。
- 第 2 层隧道协议：使用 L2TP 协议。

选择“自动选择”后，单击“下一步”按钮。

6）出现如图 11-36 所示的“目标地址”对话框，在“主机名或 IP 地址”文本框中输入远程路由器的 IP 地址，单击“下一步”按钮。

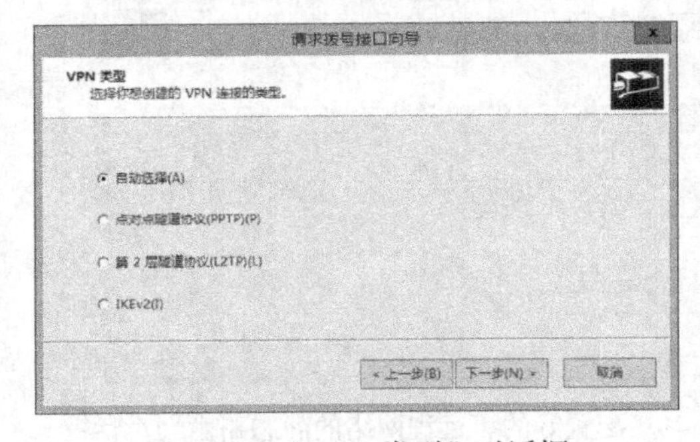

图 11-35　“VPN 类型”对话框

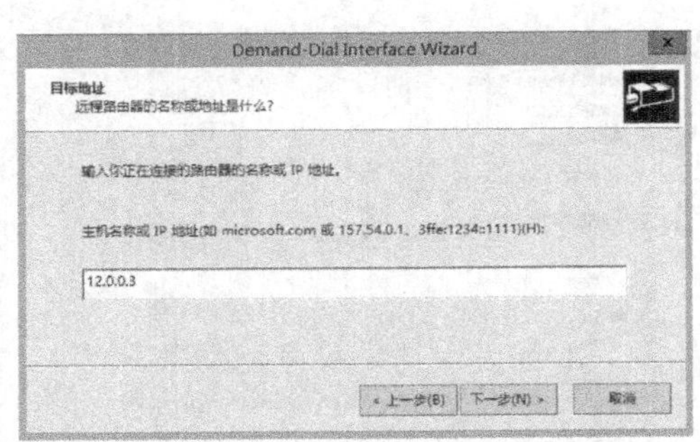

图 11-36　请求拨号接口向导的“目标地址”对话框

7）出现如图 11-37 所示的“协议及安全”对话框，有以下 4 个设置选项。

- “在此接口上路由选择 IP 数据包”复选框：选中后表明允许此网络接口启用 IP 数据包的路由功能。
- “添加一个用户账户使远程路由器可以拨入”复选框：选中后表明允许远程路由器通过设立的账户拨入路由器。
- “如果这是唯一连接的方式的话，就发送纯文本密码”复选框：选中后表明如果此网络接口是路由器之间的唯一连接，可以发送纯文本密码。
- “使用脚本来完成和远程路由器的连接”复选框：选中后表明使用配置好的脚本文件来完成与远程路由器的连接。

完成设置后单击“下一步”按钮。

8）出现如图 11-38 所示的“远程网络的静态路由”对话框。

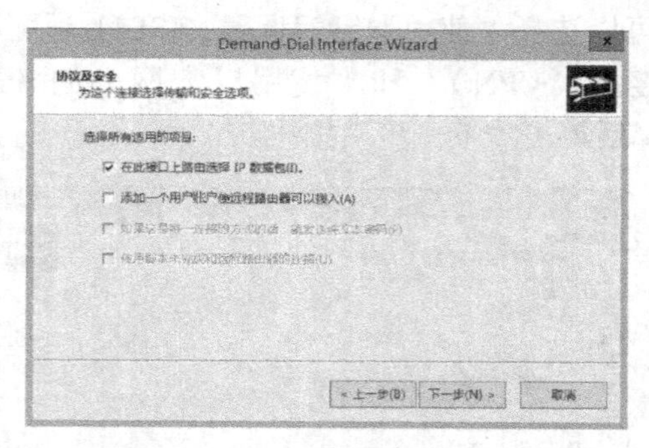

图 11-37 “协议及安全”对话框

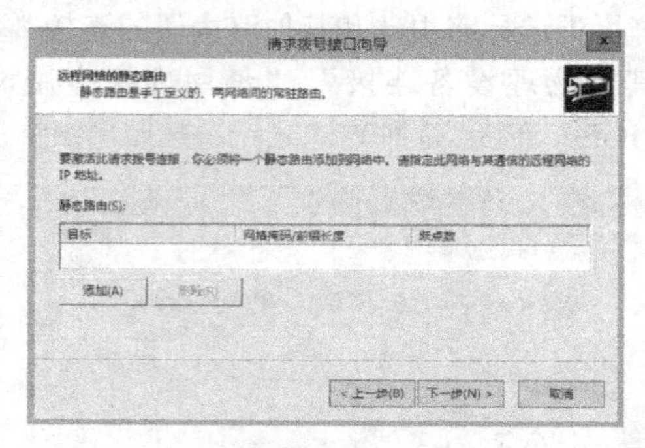

图 11-38 “远程网络的静态路由”对话框

在该对话框中设置远程路由器的 IP 地址，单击“添加”按钮出现如图 11-39 所示的“静态路由”对话框。在“目标”文本框中设置远程路由器的 IP 地址，在“网络掩码”文本框中输入远程路由器的子网掩码，在“跃点数”文本框中输入代表经过的中间路由器的数目（1 代表直接连接的两个路由器，2 代表中间还要经过一个中间路由器，依次类推）。完成设置后单击“确定”按钮。

9）在图 11-40 中单击“下一步”按钮，出现请求拨号接口向导的“路由器脚本”对话框。如果远程路由器启动了一些交互式的登录选项，可以设置一个登录脚本，自动完成这些交互操作。单击“下一步”按钮。

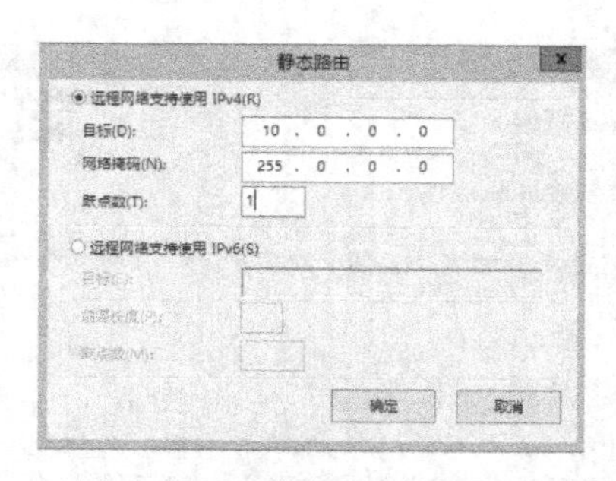

图 11-39 “静态路由”对话框

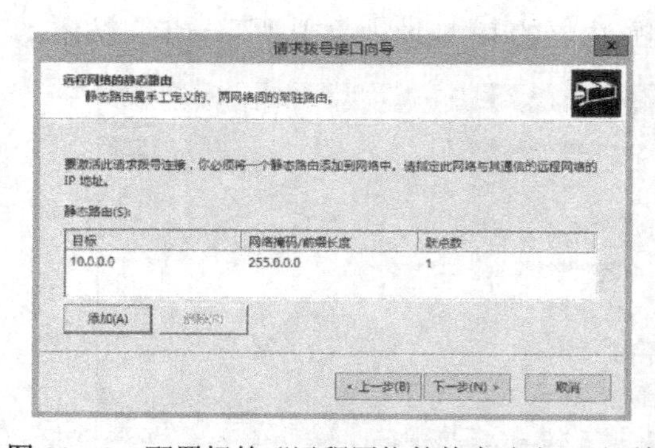

图 11-40 配置好的“远程网络的静态路由”对话框

10）出现如图 11-41 所示的“拨出凭据”对话框，用于设置本路由器拨入远程路由器时使用的用户名和密码，这些信息需要咨询远程路由器的管理员。完成设 置后单击“下一步”按钮。

11）出现如图 11-42 所示的“完成请求拨号接口向导”对话框，单击“完成”按钮。

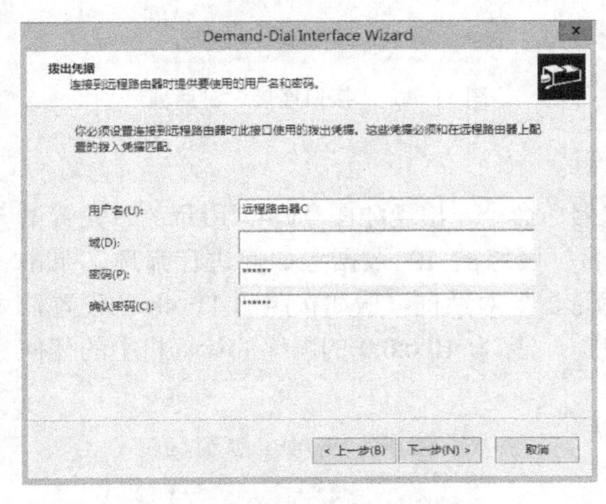

图 11-41 “拨出凭据”对话框

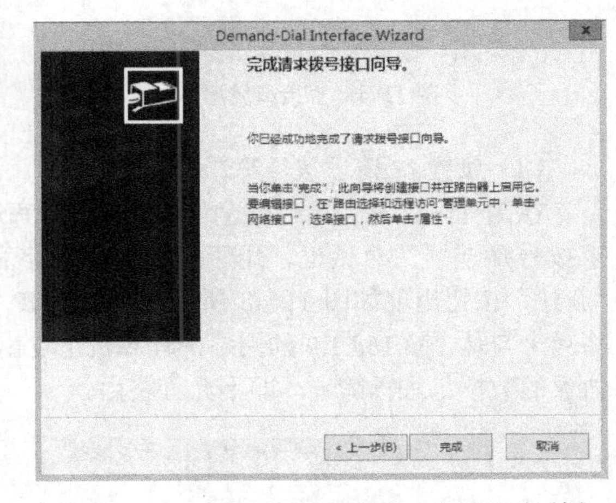

图 11-42 “完成请求拨号接口向导”对话框

这样就建立了一个通过拨号连接的路由器之间的网络接口。创建好的网络接口如图 11-43 所示。

11.3.3 网络接口的管理

在图 11-43 中选中已经创建好的网络接口，单击鼠标右键，出现如图 11-44 所示的快捷菜单，可以执行对网络接口的管理。

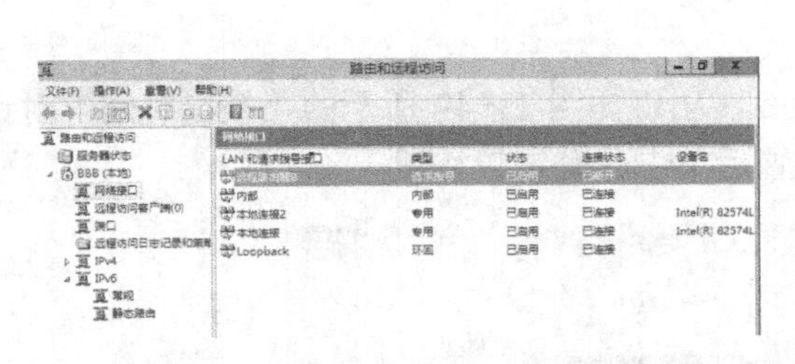

图 11-43 创建好的网络接口

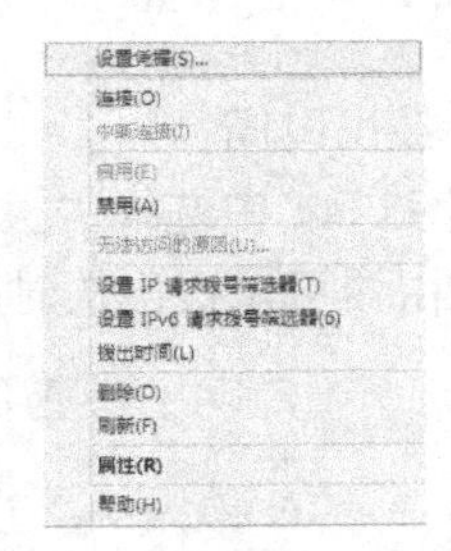

图 11-44 网络接口快捷菜单

（1）设置凭据

在图 11-44 中选择“设置凭据”命令，出现如图 11-45 所示的“接口凭据”对话框，用于设置接口凭据。

（2）接口连接

在图 11-44 中选择“连接”命令，出现如图 11-46 所示的“接口连接”对话框，用于测试配置的网络接口是否能够正常工作。

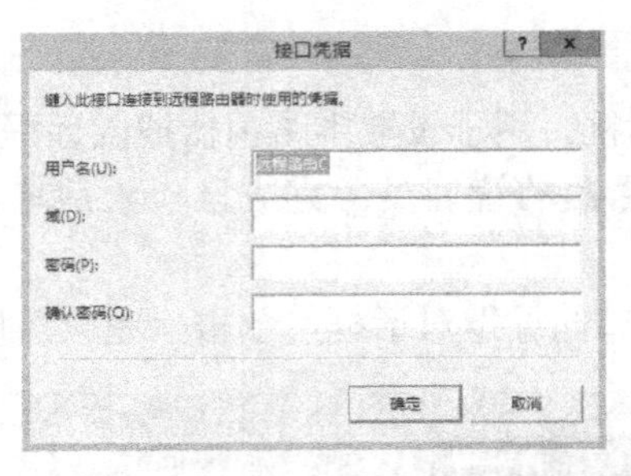

图 11-45 “接口凭据”对话框

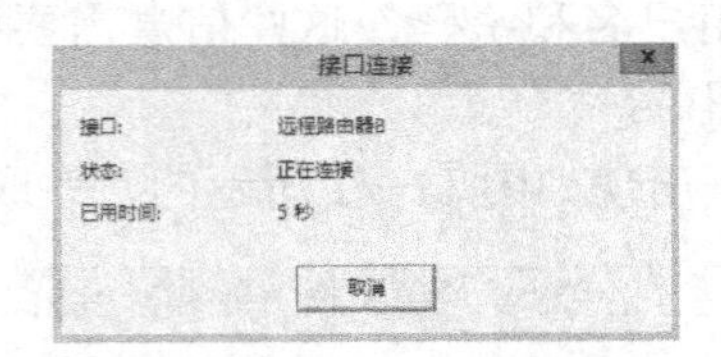

图 11-46 “接口连接”对话框

（3）设置 IP 请求拨号筛选器

在图 11-44 中选择“设置 IP 请求拨号筛选器”命令，出现如图 11-47 所示的“设置请求拨号筛选器”对话框，用于设置对源网络和目标网络的 IP 数据包如何进行筛选。单击“新建”按钮出现如图 11-48 所示的“添加 IP 筛选器”对话框，假如按照图 11-48 的设置，将对来自从 192.168.1.0 的网络的计算机上发出的，目标为 10.0.0.0 的网络的计算机上的任何协议的数据包进行筛选，即不允许路由。

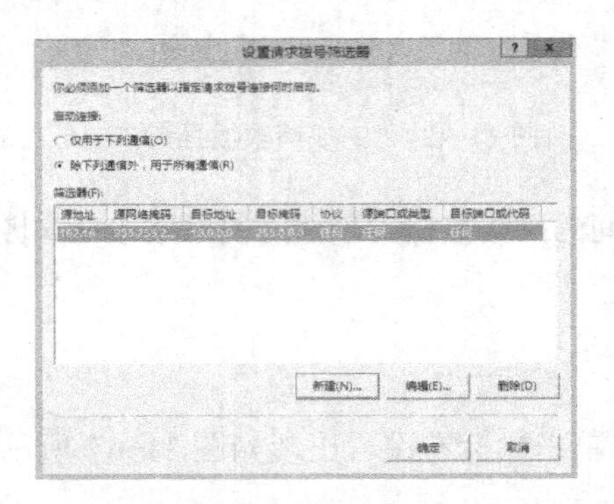

图 11-47 “设置请求拨号筛选器”对话框

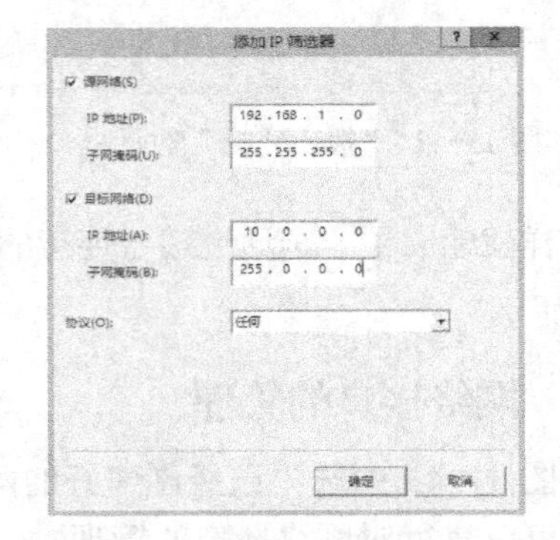

图 11-48 “添加 IP 筛选器”对话框

（4）拨出时间

在图 11-44 中选择“拨出时间”命令，出现如图 11-49 所示的“拨出时间”对话框，用于设置路由器可以拨出的时间，完成设置后单击“确定”按钮。

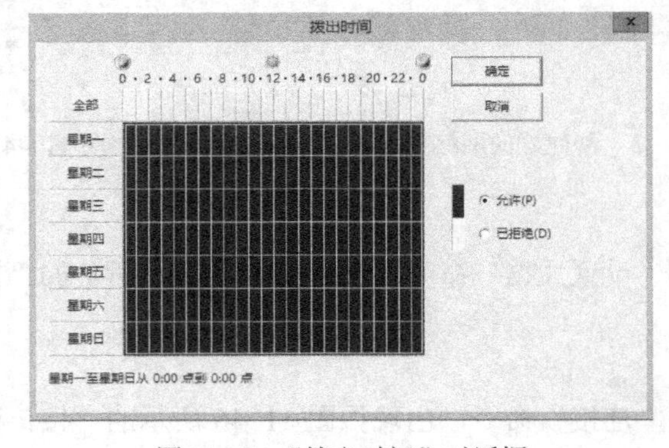

图 11-49 “拨出时间”对话框

11.3.4　远程访问客户端的管理

在路由和远程访问窗口中选择其控制台树中的“路由和远程访问”→“BBB（本地）”→“远程访问客户端”，可以查看远程连接到服务器的客户端情况。可以执行“断开连接”“单独发送消息”和“给所有人发送消息”等操作。

11.3.5　端口的配置

端口是分配给远程连接客户端的逻辑使用单位。一个端口就是一个可以支持单个的点对点连接的设备的通信信道。

有的硬件设备只能使用单一端口（如调制解调器），设备与端口不可区分。有的硬件设备支持多个端口，端口只是设备的一部分，通过它可以建立一个单独的点对点连接。例如，主速率接（PRI）ISDN 适配器支持两个称作 B 通道的独立通道，每个 B 通道都是一个端口，因为通过每个 B 通道都可以建立点对点连接。

设备是提供远程访问连接可以用于建立点对点连接的端口的硬件或软件。设备可以是物理的，如调制解调器，也可以是虚拟的，如虚拟专用网（VPN）协议。设备可以支持单个端口，如调制解调器。也可以支持多个端口，“点对点隧道协议（PPTP）”和“第 2 层隧道协议（L2TP）”就是虚拟多端口设备，每个隧道协议都支持多个 VPN 连接。

下面介绍对端口的配置操作。

1）在“路由和远程访问”窗口中，选择其控制台树中的“路由和远程访问”→“BBB（本地）”→“端口”，单击鼠标右键，在出现的快捷菜单中选择“属性”命令。

2）出现如图 11-50 所示端口属性的“设备”选项卡。在“路由和远程访问（RRAS）使用下列设备”列表中选中要配置的端口类型，单击“配置”按钮。

3）出现如图 11-51 所示的“配置设备”对话框，可以对该端口类型进行配置。

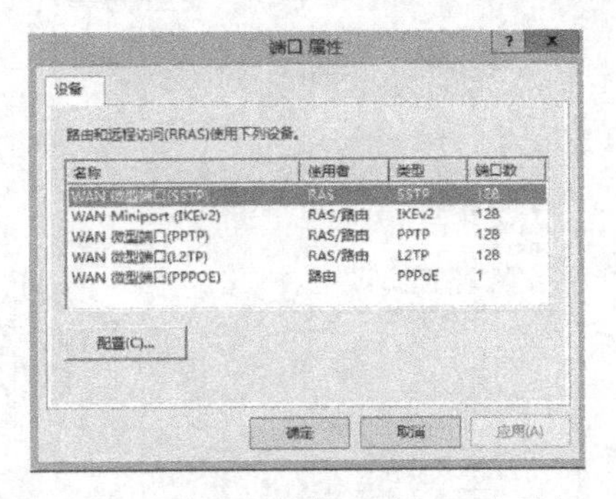

图 11-50　端口属性的“设备”选项卡

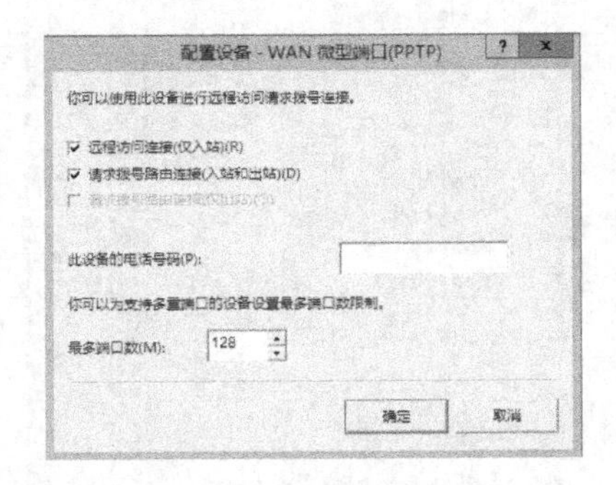

图 11-51　“配置设备”对话框

以上介绍了远程访问服务器的一些主要配置和管理操作，下面介绍路由器的配置。

11.4　IPv4

下面介绍在路由和远程访问服务器上如何设置路由功能，这里只介绍一些最主要的操作，其他操作读者可以参考有关资料。

11.4.1 常规设置

IPv4 的常规设置步骤如下。

1）在“路由和远程访问”窗口中，选择其控制台树中的“路由和远程访问”→“BBB（本地）”→“IPv4”→“常规”，单击鼠标右键，出现如图 11-52 所示的快捷菜单，可以执行的操作包括以下几项。

- 新增接口：添加新的网络接口。
- 新增路由协议：添加新的路由协议。在动态 IP 路由环境中，使用 IP 路由协议代播 IP 路由信息。最常用的两个 IP 路由协议是“路由信息协议（RIP）”和“开放式最短路径优先（OSPF）”。
- 显示 TCP / IP 信息：显示服务器作为路由器转发的 TCP / IP 信息。
- 显示多播转发表：显示通过路由器转发的多播信息。
- 显示多播统计信息：显示多播的统计信息。
- 属性：修改路由器的设置参数。

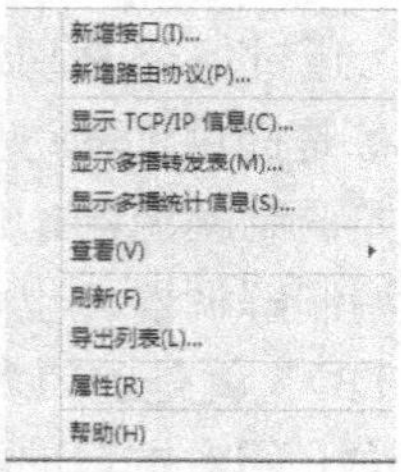

新增接口(I)...
新增路由协议(P)...
显示 TCP/IP 信息(C)...
显示多播转发表(M)...
显示多播统计信息(S)...
查看(V)
刷新(F)
导出列表(L)...
属性(R)
帮助(H)

图 11-52 “常规”快捷菜单

2）在图 11-52 中选择“属性”命令，出现如图 11-53 所示的常规属性的“日志记录”选项卡，用于设置日志中如何记录路由信息。

3）图 11-54 所示为常规属性的“首选等级”选项卡，在网络上可以同时运行多个路由协议。在此情况下，必须配置一个首选路由协议，该路由协议通过配置首选等级配置协议获知路由的首选来源。选中路由来源后，单击“上移”或“下移”按钮可以更改路由协议的“等级”参数，等级越高，将优先使用。

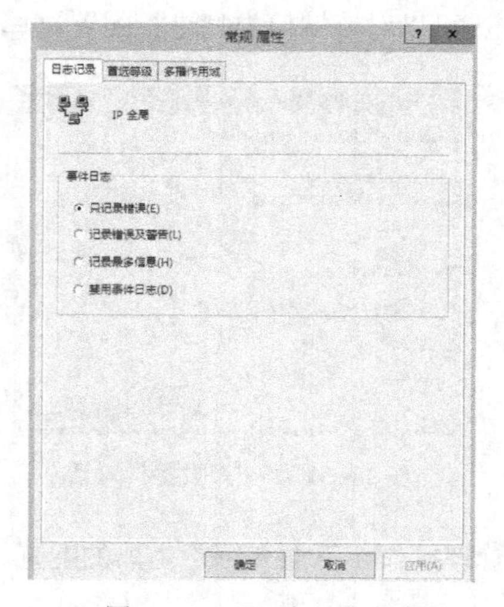

图 11-53 “日志”选项卡

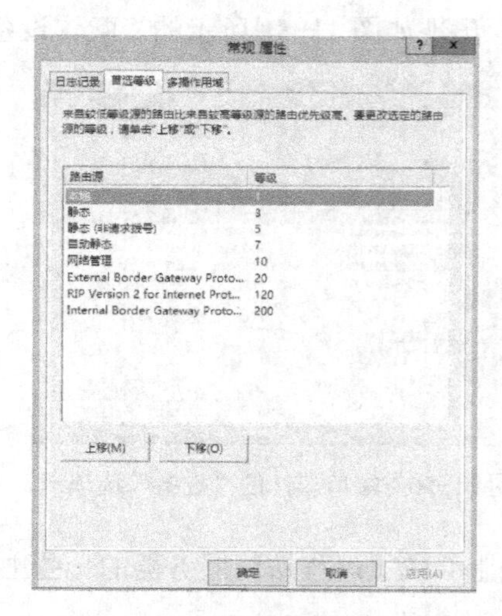

图 11-54 “首选等级”选项卡

4）图 11-55 所示为常规属性的“多播作用域”选项卡，设置多播域后，路由器可以转发多播信息。单击“添加”按钮出现如图 11-56 所示的“添加作用域边界”对话框，可以添加多播作用域。

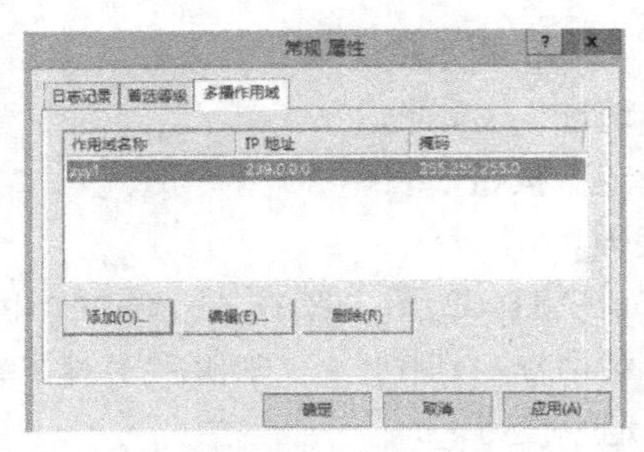

图 11-55 “多播作用域”选项卡

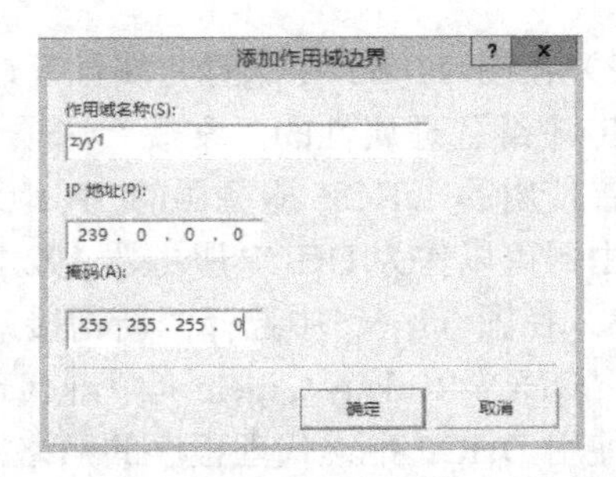

图 11-56 “添加作用域边界”对话框

11.4.2 静态路由配置

路由器上有两种路由方式：静态路由和动态路由。对于小型的网络，使用静态路由的效率非常高，而对于大型的、经常变化的网络可以使用动态路由以减少管理员的工作负担。操作步骤如下。

新建静态路由(S)...
显示 IP 路由表(R)...
查看(V)
刷新(F)
导出列表(L)...
帮助(H)

图 11-57 “静态路由”快捷菜单

1）在“路由和远程访问”窗口中，选择其控制台树中的“路由和远程访问”→“BBB（本地）”→“IPv4”→“静态路由”，单击鼠标右键，出现如图 11-47 所示的快捷菜单，可以执行的操作包括以下几项。

● 新建静态路由：建立新的静态路由。

● 显示 IP 路由表：显示路由器上的路由表的设置。

2）在图 11-57 中选择“新建静态路由”命令，出现如图 11-58 所示的“IPv4”静态路由对话框，设置从特定的网络接口传来的 IP 数据包如何静态路由。

3）在图 11-57 中选择“显示 IP 路由表”命令，出现如图 11-59 所示的“IP 路由表”界面，显示了路由器上的路由表。

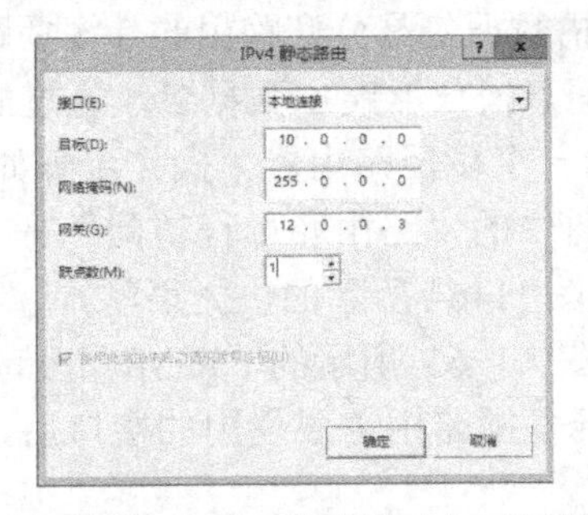

图 11-58 “IPv4 静态路由”对话框

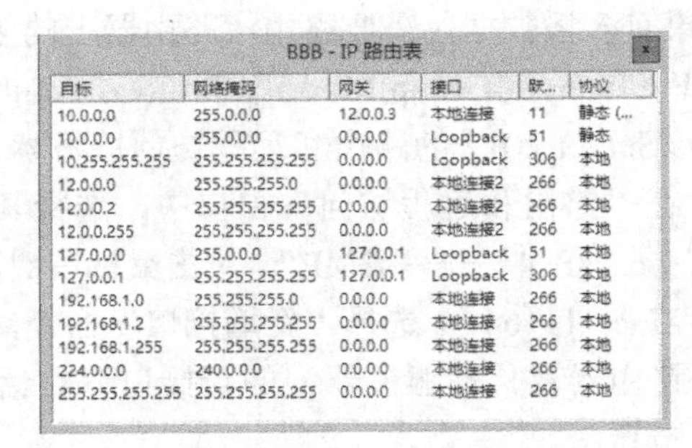

BBB - IP 路由表

目标	网络掩码	网关	接口	跃...	协议
10.0.0.0	255.0.0.0	12.0.0.3	本地连接	11	静态 (...
10.0.0.0	255.0.0.0	0.0.0.0	Loopback	51	静态
10.255.255.255	255.255.255.255	0.0.0.0	Loopback	306	本地
12.0.0.0	255.255.255.0	0.0.0.0	本地连接2	266	本地
12.0.0.2	255.255.255.255	0.0.0.0	本地连接2	266	本地
12.0.0.255	255.255.255.255	0.0.0.0	本地连接2	266	本地
127.0.0.0	255.0.0.0	127.0.0.1	Loopback	51	本地
127.0.0.1	255.255.255.255	127.0.0.1	Loopback	306	本地
192.168.1.0	255.255.255.0	0.0.0.0	本地连接	266	本地
192.168.1.2	255.255.255.255	0.0.0.0	本地连接	266	本地
192.168.1.255	255.255.255.255	0.0.0.0	本地连接	266	本地
224.0.0.0	240.0.0.0	0.0.0.0	本地连接	266	本地
255.255.255.255	255.255.255.255	0.0.0.0	本地连接	266	本地

图 11-59 “IP 路由表”界面

11.4.3 DHCP 中继代理程序配置

在路由器上通过设置中继代理程序，可以允许远程客户端使用 Intranet 内的 DHCP 服务器，从而动态分配 IP 地址。操作步骤如下。

1）在“路由和远程访问”窗口中，选择其控制台树中的“路由和远程访问”→“BBB（本地）”→“IPv4”→“DHCP 中继代理程序”，单击鼠标右键，出现如图 11-60 所示的快捷菜单。

2）在图 11-60 中选择“属性”命令，出现如图 11-61 所示的 DHCP 中继代理属性的“常规”选项卡，在“服务器地址”文本框中设置使用的 DHCP 服务器的 IP 地址后，单击“确定”按钮，表明路由器可以作为 DHCP 服务器 192.168.1.5 的中继代理。

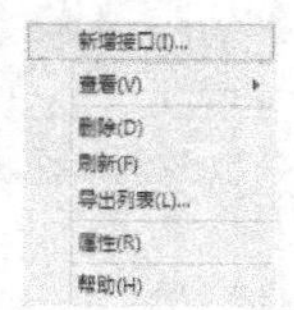

图 11-60 “DHCP 中继代理程序”快捷菜单

3）在图 11-60 中选择“新增接口”命令，出现如图 11-62 所示的“DHCP Kelcuy Agent（中继代理）的新接口”对话框，选中可以使用 DHCP 中继代理程序的网络接口，单击“确定”按钮。

4）出现如图 11-63 所示的 DHCP 中继属性的“常规”选项卡。选中“中继 DHCP 数据包”复选框，表明该网络接口被用于向 DHCP 服务器转发数据包。在“跃点计数阈值”文本框中设置从该路由器发出的 DHCP 数据包经过的中间路由器可能的最大数目。在“启动阈值”文本框中设置中继代理程序在转发 DHCP 请求之前等待的时间。

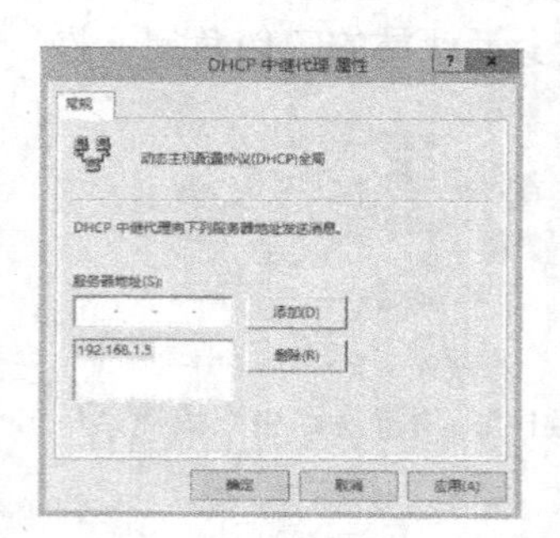

图 11-61 DHCP 中继代理属性的“常规”选项卡

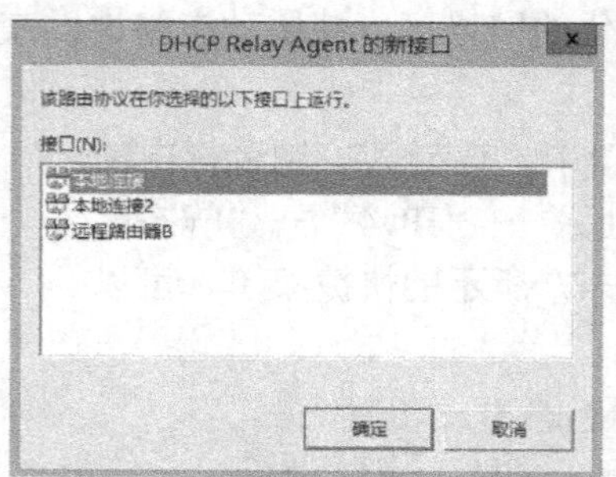

图 11-62 “DHCP Relay Agent 的新接口”对话框

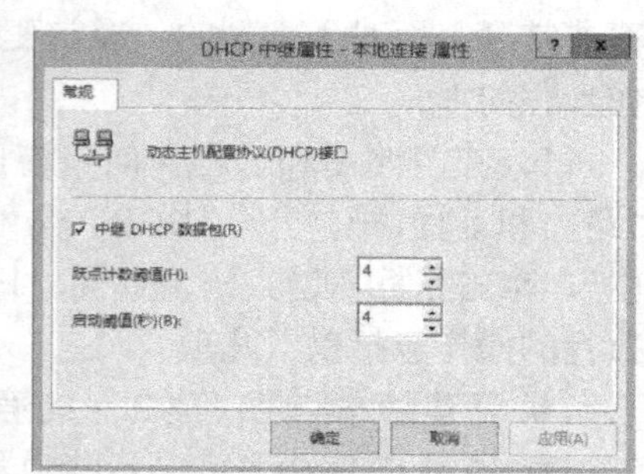

图 11-63 DHCP 中继属性的“常规”选项卡

11.4.4 IGMP 多播路由配置

如果有多播数据包需要路由，路由器上的多播与单播数据包是分开路由的。多播路由使用 IGMP（Internet Group Message Protocol，Internet 组消息协议）路由数据包，通过配置，Windows Server 2012 的路由和远程访问服务器可以成为一个多播路由器。操作步骤如下。

1）在“路由和远程访问”窗口中，选择其控制台树中的“路由和远程访问”→“BBB（本地）”→“IPv4”→“IGMP”，单击鼠标右键，出现如图 11-64 所示的快捷菜单。

2）在图 11-64 中选择“新增接口”命令，出现如图 11-65 所示的“IGMP Router and Proxy（路由器及代理服务器）的新接口”对话框，选择多播路由需要使用的接口后，单击“确定”按钮。

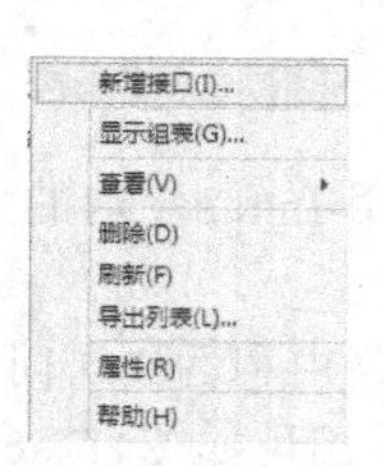

图 11-64 “IGMP”快捷菜单

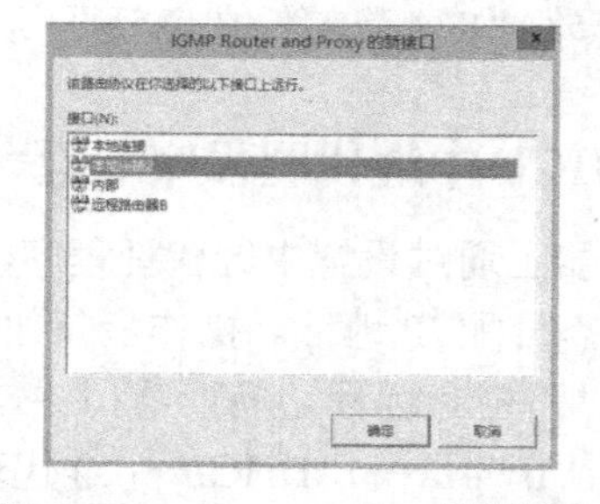

图 11-65 “IGMP Router and Proxy 的新接口”对话框

3）出现如图 11-66 所示的 IGMP 属性的“常规”选项卡，可以配置的参数包括以下几项。

- “启用 IGMP”复选框：选中后表明在该接口上启用 IGMP。
- 在“模式”区域有两种选项：选中“IGMP 路由器”单选按钮，表明该网络接口作为 IGMP 多播的监听器和转发器；选中“IGMP 代理”单选按钮，表明该网络接口作为 IGMP 代理服务器与运行 IP 多播协议的外部路由器进行通信。
- 在“IGMP 协议版本”下拉列表中选择 IGMP 协议的版本，在 Windows Server 2012 中默认使用“版本 3”。

4）图 11-67 所示为 IGMP 属性的“路由器”选项卡，可以配置的参数包括以下几项。

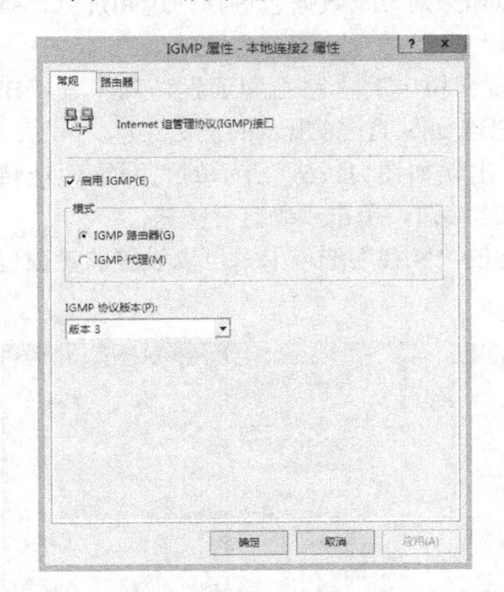

图 11-66　IGMP 属性的“常规”选项卡

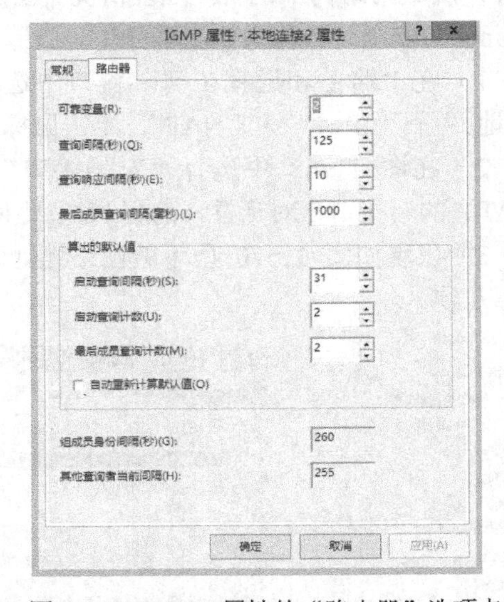

图 11-67　IGMP 属性的“路由器”选项卡

- “可靠变量”文本框：设置该网络接口上可以容忍的丢失的 IGMP 数据包的数目。如果有的网络会发生丢包现象，应该将该值设计得大一些。
- “查询间隔（秒）”文本框：设置 IGMP 常规查询之间的时间间隔。
- “查询响应时间间隔（秒）”文本框：设置路由器等待 IGMP 常规查询响应的时间。
- “最后成员查询间隔（毫秒）”文本框：设置 IGMP 等待 IGMP 多播组查询响应的时间间隔。

在“算出的默认值”区域可以设置的参数包括以下几项。

- “启动查询间隔（秒）”文本框：设置启动时成功的常规查询的时间间隔。
- “启动查询计数”文本框：设置启动时发送的常规查询的数目。
- “最后成员查询计数”文本框：设置路由器认为连接到该网络接口的网络没有组成员之前，可以发送的组查询消息的数目。
- “自动重新计算默认值”复选框：选中后按照“可靠变量”和“查询间隔”文本框的设置自动计算出其他文本框的设置。

另外还有 2 个选项。

- “组成员身份间隔（秒）”文本框：显示了组成员之间的多播时间间隔，由公式“可靠变量×查询间隔+查询响应间隔”自动计算出，不可编辑。
- “其他查询者当前间隔”文本框：显示其他成员的查询间隔，由公式“可靠变量×查询间隔+查询响应间隔 / 2”自动计算出，不可编辑。

11.4.5 NAT 配置

Windows Server 2012 的路由和远程访问服务器同时可以作为一个 NAT（Network Address Translation，网络地址转换）服务器和基本的防火墙。

NAT 的功能是将所有的 Intranet 内的计算机对外访问的数据包转换为统一的对外的 IP 地址，屏蔽网络内部的 IP 地址情况。防火墙可以用来对 IP 数据包进行筛选和过滤，确保 Intranet 的安全。具体操作步骤如下。

1）在“路由和远程访问”窗口中选择其控制台树中的“路由和远程访问”→“BBB（本地）”→“IPv4”→“NAT”，单击鼠标右键，出现如图 11-68 所示的快捷菜单。

2）在图 11-68 中选择“新增接口”命令，出现如图 11-69 所示的“网络地址转换（NAT）的新接口”对话框，选择 NAT 要使用的网络接口，单击“确定”按钮。

3）出现如图 11-70 所示的网络地址转换属性的“NAT”选项卡，可以设置的参数包括以下几项。

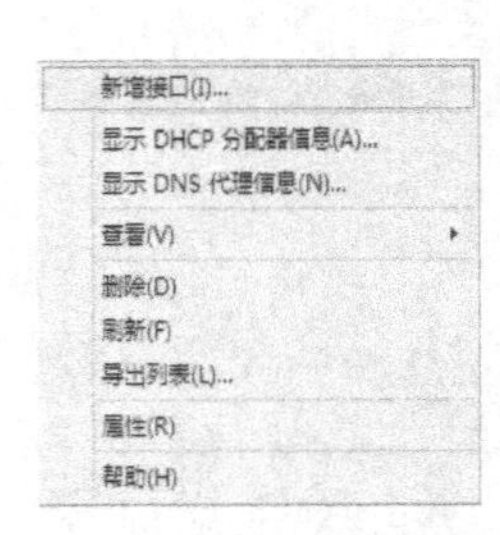

图 11-68 “NAT”快捷菜单

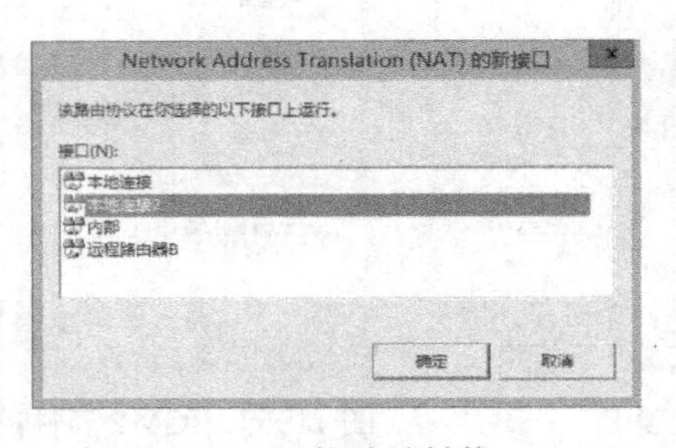

图 11-69 “网络地址转换（NAT）的新接口”对话框

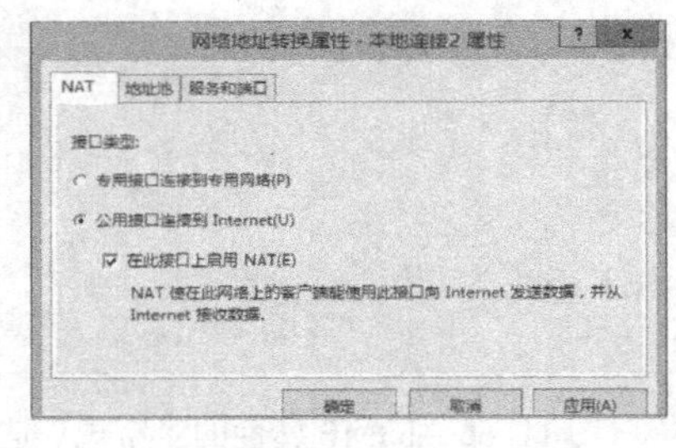

图 11-70 “NAT” 选项卡

- “专用接口连接到专用网络”单选钮：选中表示该接口是用于连接专用网络的专用接口。
- “公用接口连接到 Internet”单选钮：选中表示该网络接口是一个连接 Internet 的公用接口。选中“在此接口上启用 NAT”复选框，表示所有 Intranet 内的计算机通过该网络接口向外发出的数据包都会被封装上同一个 IP 地址头，同时能够从 Internet 接收数据。

4）图 11-71 所示为网络地址转换的“地址池”选项卡，用于设置 NAT 使用的 Internet 地址和 Intranet 内的内部地址如何映射到 Internet 上的公用地址规则。

5）在图 11-71 中单击“添加”按钮，出现如图 11-72 所示的“添加地址池”对话框，用于设置 NAT 可以使用的 Internet 上的公用地址池（需要从 ISP 服务商那里获取）。完成设置后单击“确定”按钮。

6）在图 11-71 中单击“保留”按钮，出现如图 11-73 所示的“地址保留”对话框，可以设置某些 Intranet 的计算机的数据包向 Internet 转发时使用固定的 IP 地址池中的地址。

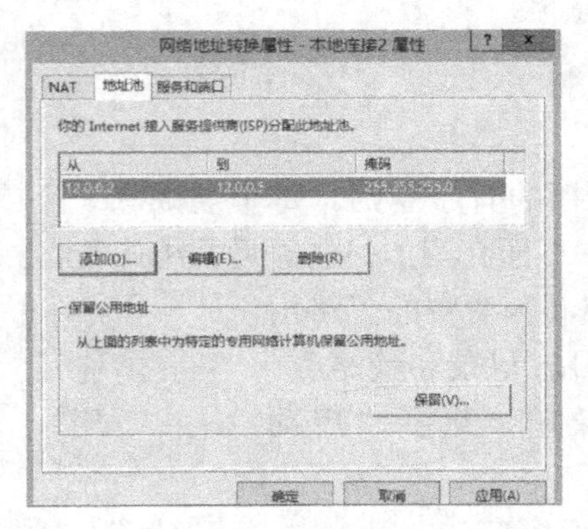

图 11-71 “地址池”选项卡

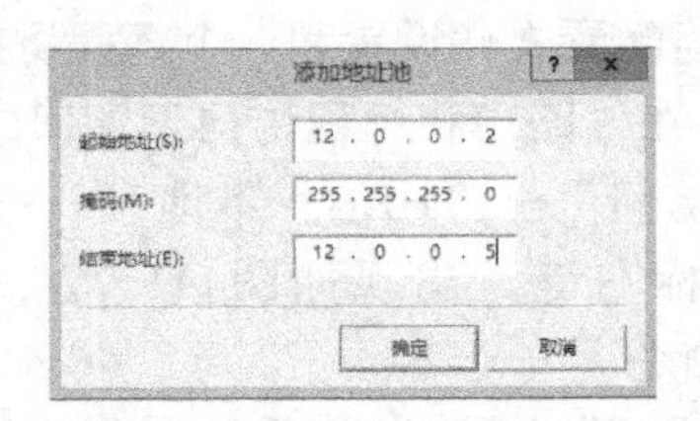

图 11-72 “添加地址池”对话框

7）在图 11-73 中单击“添加”按钮，出现如图 11-74 所示的“添加保留”对话框，设置完毕后单击“确定”按钮。

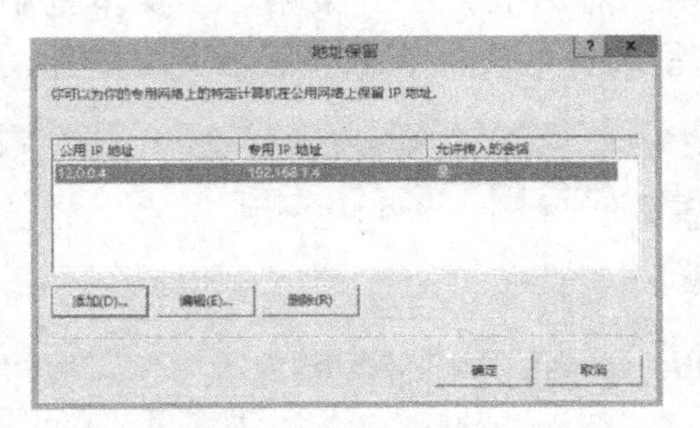

图 11-73 “地址保留”对话框

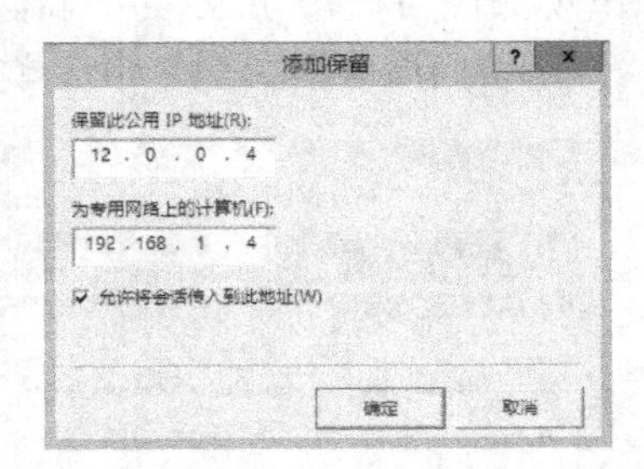

图 11-74 “添加保留”对话框

8）图 11-75 为网络地址转换的“服务和端口”选项卡，用于设置可以被 Internet 上的用户访问的 Intranet 上的服务器。在“服务”列表中选中要提供的服务后，出现如图 11-76 所示的“编辑服务”对话框。在“公用地址”区域设置服务使用网络接口的公用 IP 地址还是在公用地址池中的地址。在“专用地址”文本框中设置服务使用的 Intranet 的 IP 地址。完成设置后单击“确定”按钮。

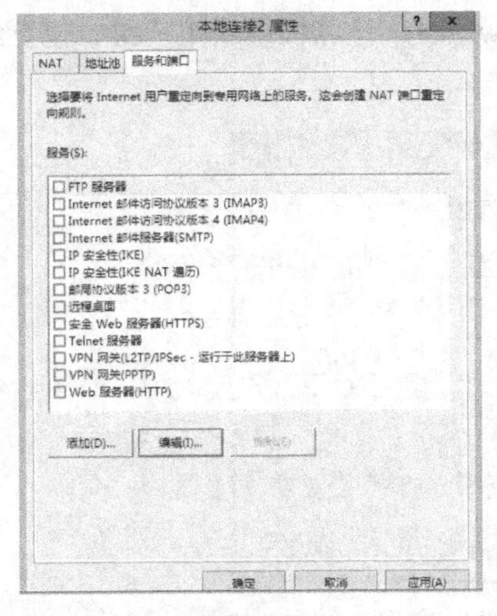

图 11-75 “服务和端口”选项卡

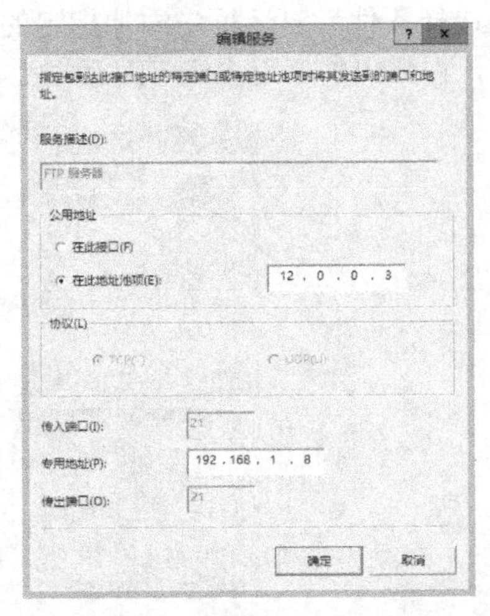

图 11-76 “编辑服务”对话框

11.5 远程访问策略

远程访问策略是一组定义如何授权或拒绝连接的有序规则。每个规则有一个或多个条件、一组配置文件设置和一个远程访问权限设置。下面介绍如何创建远程访问策略。

1）在“路由和远程访问”窗口中，选择其控制台树中的“路由和远程访问”→“BBB（本地）”→“远程访问日志记录和策略”，单击鼠标右键，出现如图 11-77 所示的快捷菜单，选择“启动 NPS”命令。

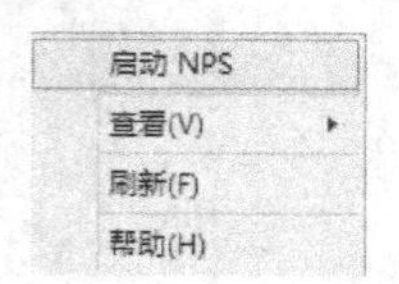

图 11-77 “远程访问日志记录和策略”快捷菜单

2）出现如图 11-78 所示的“网络策略服务器”窗口。在其控制台树中选择“NPS（本地）”→“网络策略”，单击鼠标右键，在弹出的快捷菜单中选择“新建”命令。

3）出现如图 11-79 所示的“新建网络策略”对话框。在“策略名”文本框中输入名称，在“网络访问服务器类型”中选择类型，这里选择默认，单击“下一步”按钮。

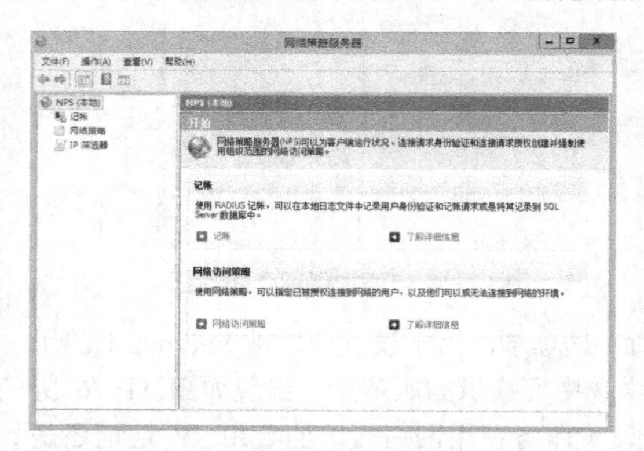

图 11-78 网络策略服务器的管理界面

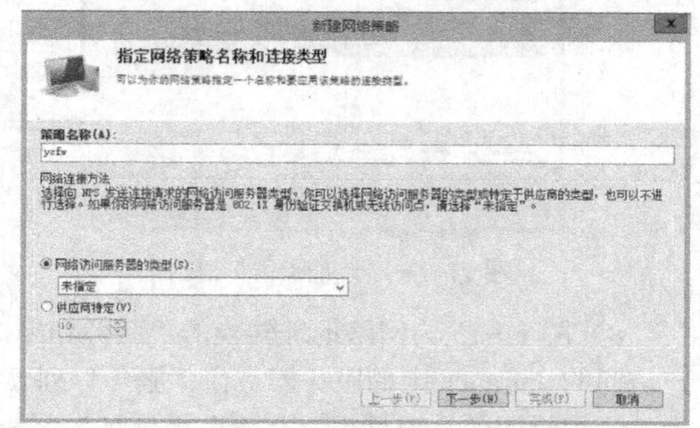

图 11-79 “新建网络策略”对话框

4）出现如图 11-80 所示的“指定条件”对话框。单击“添加”按钮，可以在如图 11-81 所示的“选择条件”对话框中添加指定的 Windows 组、计算机组或用户组、位置组，选择“用户组”，在弹出的“用户组”对话框上添加组。

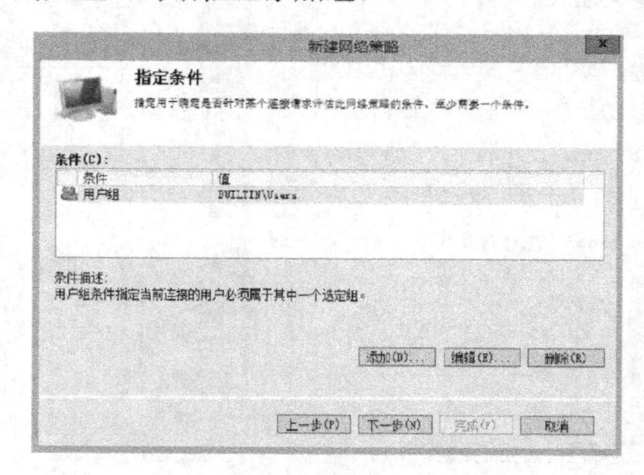

图 11-80 “指定条件”对话框

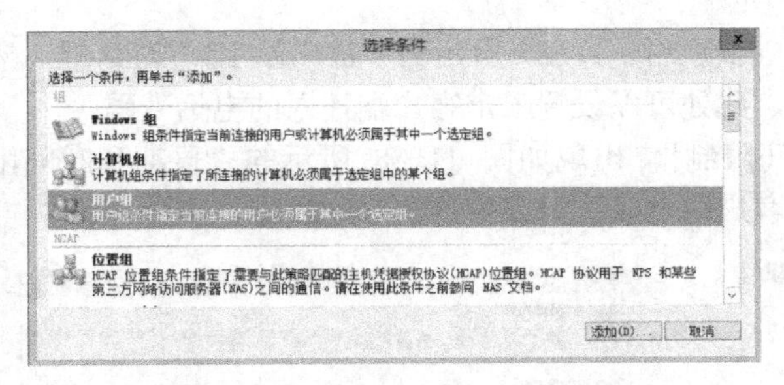

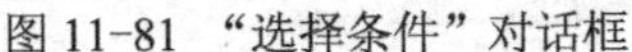
图 11-81 “选择条件”对话框

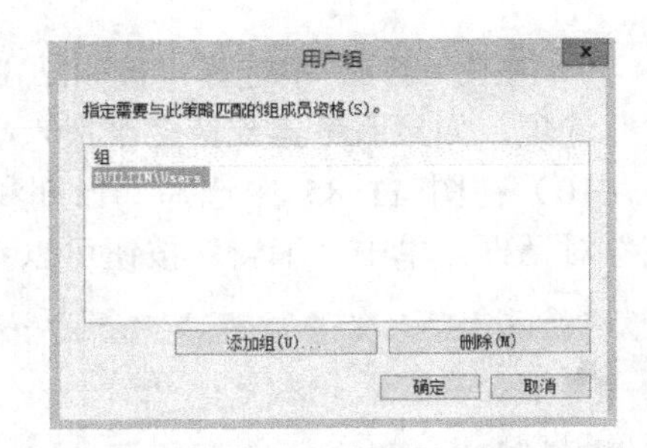

图 11-82 “用户组”对话框

5）出现如图 11-83 所示的“指定访问权限”对话框，有两个选项：选中“拒绝远程访问权限”单选按钮，表示如果远程访问策略的所有条件都满足，则将拒绝远程访问权限；选中“授予远程访问权限”单选按钮，表示如果远程访问策略的所有条件都满足，则将授予远程访问权限。

如果选中“访问由用户拨入属性（它将替代 NPS）所决定”复选框，那么，将根据用户拨入属性授予或拒绝访问权限。单击“下一步”按钮。

6）出现如图 11-84 所示的“配置身份验证方法”对话框，用于设置对用户的身份验证启用哪些验证协议。单击“下一步”按钮。

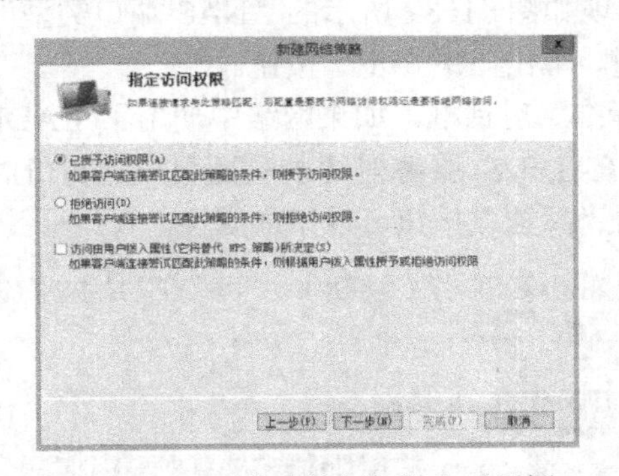

图 11-83 “指定访问权限”对话框

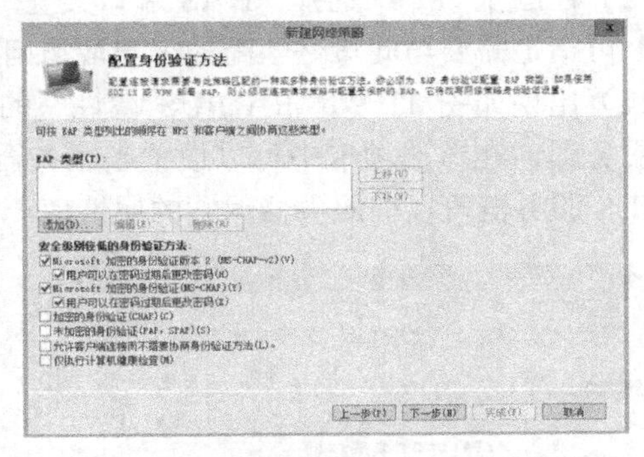

图 11-84 “配置身份验证方法”对话框

7）出现如图 11-85 所示的“配置约束”对话框。选择“空闲超时”，配置“指定在断开连接前服务器可以保持空闲的最长时间（分钟）。

8）在图 11-85 中选择“会话超时”，出现如图 11-86 所示的“会话超时”对话框，配置可以与用户保持连接的最长时间（分钟）。

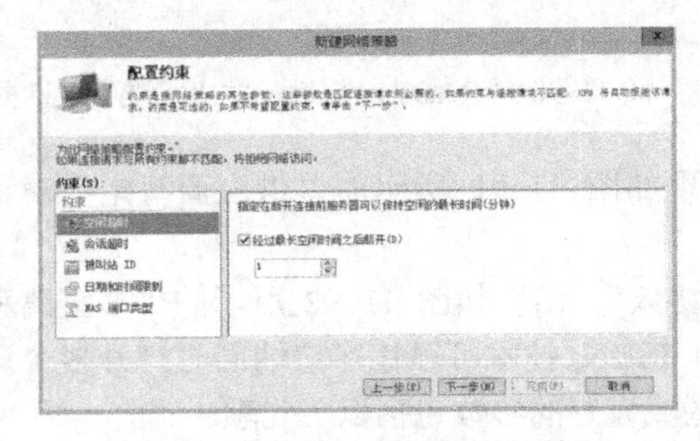

图 11-85 “空闲超时”对话框

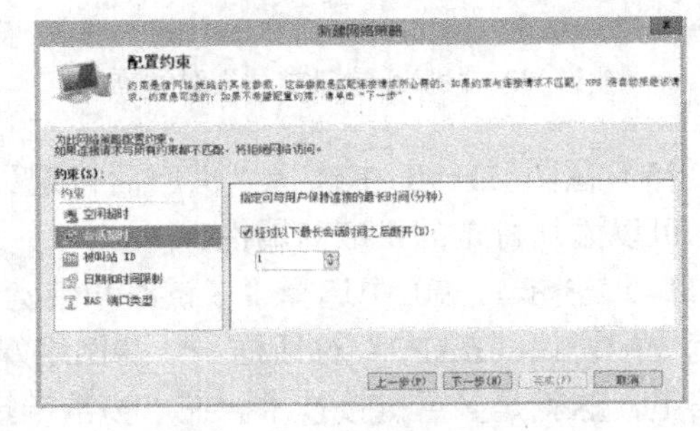

图 11-86 “会话超时”对话框

9）在图 11-85 中选择“被叫站 ID”，出现如图 11-87 所示的“被叫站 ID”对话框，配置此选项，如果服务器支持多个拨入端口，此处可以设置限定客户端拨入的电话号码。

10）在图 11-85 中选择“日期和时间限制”，出现如图 11-88 所示的“日期和时间限制”对话框，单击“编辑”按钮可以设置客户端可以访问服务器的时间段。

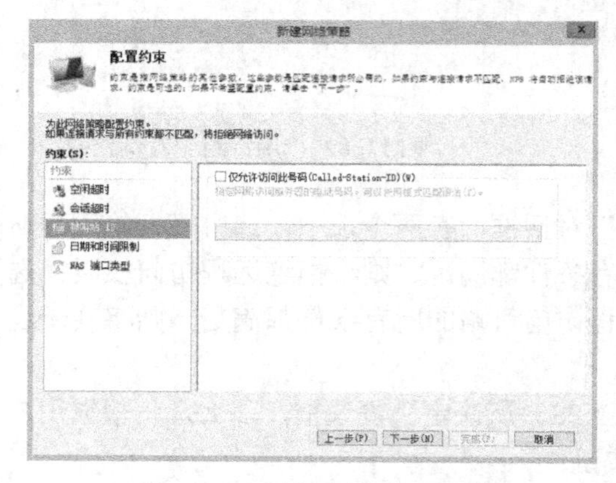

图 11-87 “被叫站 ID”对话框

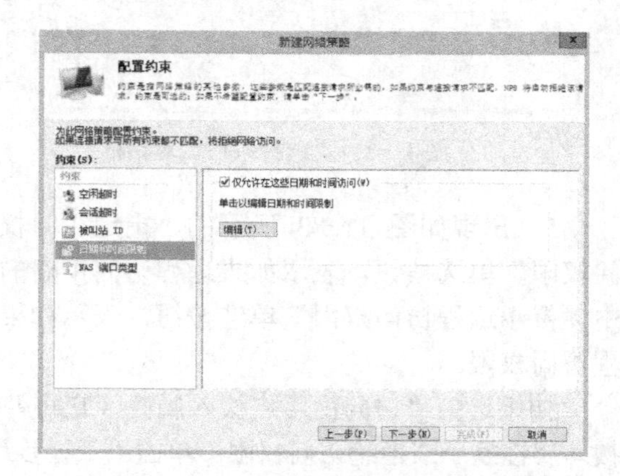

图 11-88 “日期和时间限制”对话框

11）在图 11-85 中选择“NAS 端口类型”，出现如图 11-89 所示的“NAS 端口类型”对话框，可指定需要与此策略匹配的客户端访问类型。单击“下一步”按钮。

12）出现如图 11-90“RADIUS 属性”的“标准”对话框，如果网络中使用了 RADIUS 验证服务器，在该选项卡中可以设置当服务器向 RADIUS 服务器请求验证用户的身份时，RADIUS 服务器可以向服务器返回的属性值。单击“添加”按钮可以添加属性。

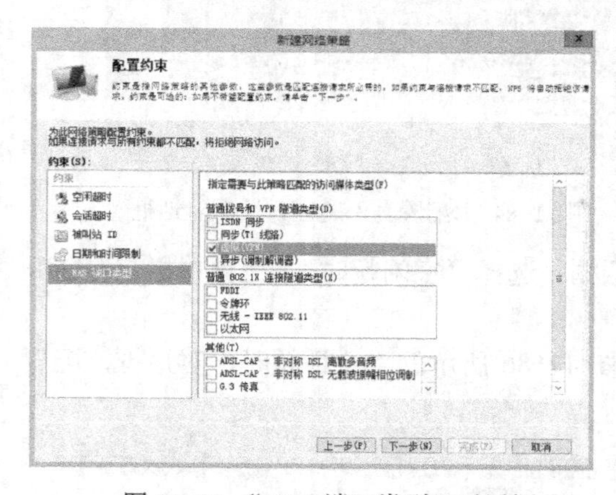

图 11-89 “NAS 端口类型”对话框

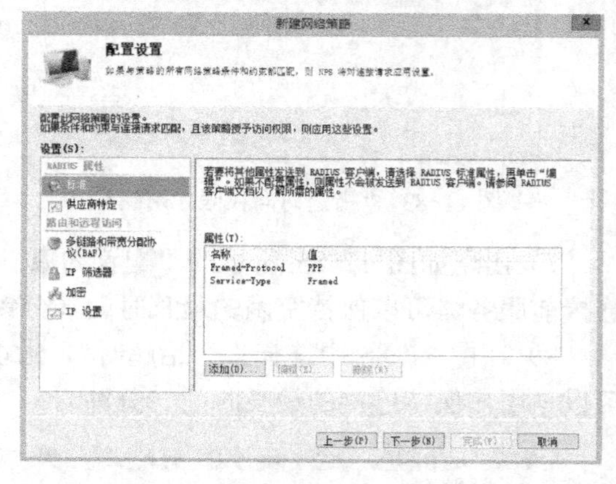

图 11-90 “RADIUS 属性”的“标准”对话框

13）在图 11-90 中选择“供应商特定”，出现如图 11-91 所示的“供应商特定”对话框，可以添加特定的供应商属性。

14）在图 11-90 中选择“多链路和带宽分配协议”，出现如图 11-92 所示的“多链路和带宽分配协议（BAP）”对话框。一些网络媒介如 ISDN 技术可以让客户端同时打开多个通信信道，这就是多重链接技术。在“多重链接”区域设置的参数包括以下几项。

- “服务器设置确定多重链接使用率”单选按钮：由路由和 RAS 服务器设置的多重链路连接参数决定多重链接的处理。
- “禁用多重链接”单选按钮：对于受该配置文件影响的客户来讲，将禁止使用多重链接功能。
- “指定多重链接设置”单选按钮：在“允许的最大端口数”文本框中设置最大端口数量。

在“带宽分配协议”区域可以设置的参数包括以下几项。

在“容量的百分比”文本框中设置当多重链接的使用情况低于该百分比，同时持续时间为“时间段”文本框中设置的值后，将减少一条线路。选中“需要 BAP 作动态多链路请求”复选框，表示动态的多重链接请求按照 BAP 的设置分配通信线路。

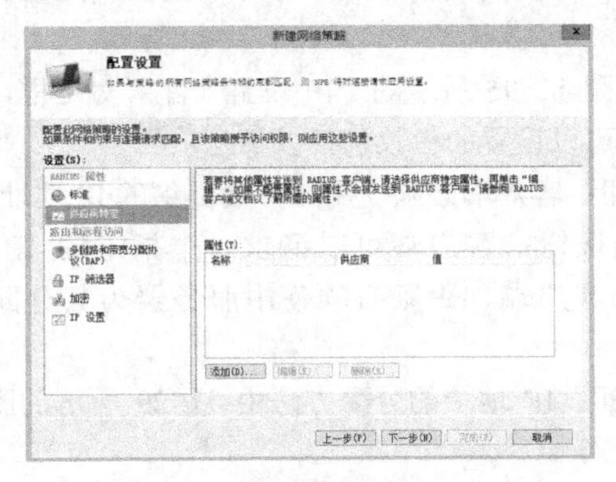

图 11-91 “供应商特定”对话框

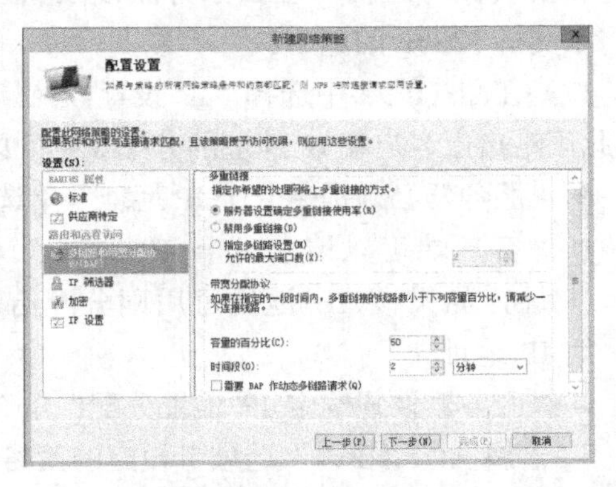

图 11-92 “多链路和带宽分配协议”对话框

15）在图 11-90 中选择“IP 筛选器”，出现如图 11-93 所示的“IP 筛选器”对话框。单击“输入筛选器”按钮可以设置对输入服务器的数据包进行筛选的规则，单击“输出筛选器”按钮可以设置对从服务器输出的数据包进行筛选的策略。

16）在图 11-90 中选择“加密”，出现如图 11-94 所示的“加密”配置对话框。路由和远程访问服务器支持在客户端和远程服务器之间进行安全、加密的通信。启用加密功能后，只有那些能够传输加密数据的客户端才可以访问服务器。这里有 4 个选项。

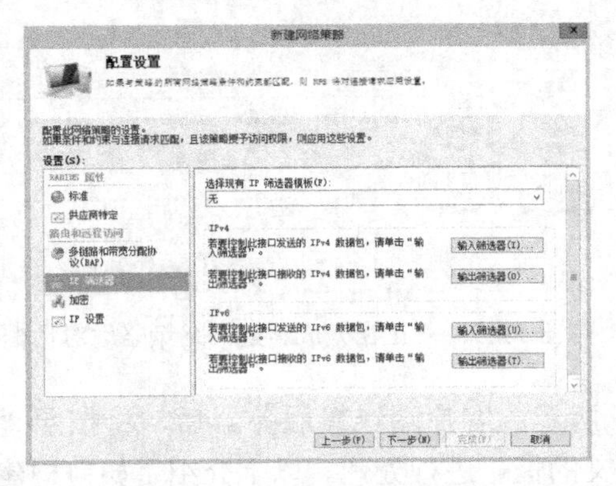

图 11-93 “IP 筛选器”对话框

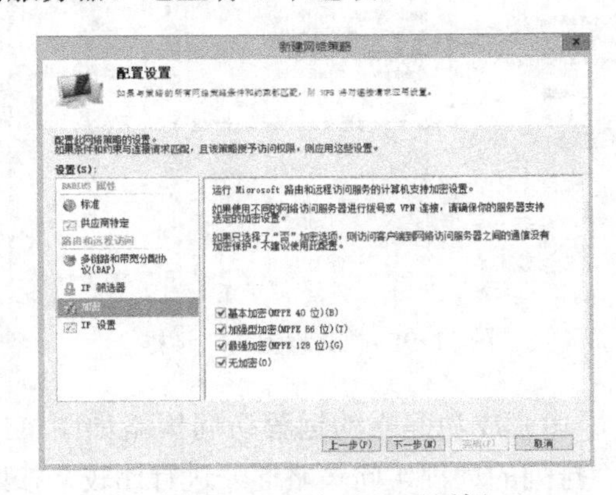

图 11-94 “加密”对话框

- “基本加密（MPPE 40 位）”单选按钮：用户可以使用 IPSec，其加密基于 40bit 的 DES 算法或者 40bit 的 Microsoft 的点对点加密（MPPE）算法。
- “增强加密（MPPE 56 位）”单选按钮：用户可以使用 IPSec，其加密基于 56bit 的 DES 算法或者 56bit 的 Microsoft 的点对点加密（MPPE）算法。
- “最强加密（MPPE 128 位）”单选按钮：用户可以使用 IPSec，其加密基于 128bit 的 DES 算法或者 128bit 的 Microsoft 的点对点加密（MPPE）算法。
- “无加密”单选按钮：如果用户受该策略的影响，不支持加密功能。

美国对 128bit 的加密技术是限制出口的，该功能需要安装 128bit 的高级加密包才能实现。目前美国已经向一些国家开放该限制，读者可以到 Microsoft 的网站上下载高级加密包，以支持 128bit 的加密。

17）在图 11-90 中选择“IP 设置”，出现如图 11-95 所示的“IP 设置”配置对话框，在“为此策略指定客户端 IP 地址的分配规则”区域可以设置的参数包括以下几项。

- “服务器必须提供一个 IP 地址”单选按钮：客户端必须使用服务器提供的 IP 地址。
- “客户端可以请求一个 IP 地址”单选按钮：客户端可以请求一个指定的 IP 地址，如果该 IP 地址可用则分配给这个客户端，否则必须使用服务器为其分配的 IP 地址。
- “服务器设置确定 IP 地址分配”单选按钮：IP 地址的分配方法由 11-29 所示的服务器属性的“IPv4”选项卡设定的策略进行分配。
- “分配静态 IPv4 地址”单选按钮：给客户端指定一个静态 IP 地址。

18）在图 11-95 中单击“下一步”按钮，出现如图 11-96 所示的“正在完成新建网络策略”对话框，单击“完成”按钮。

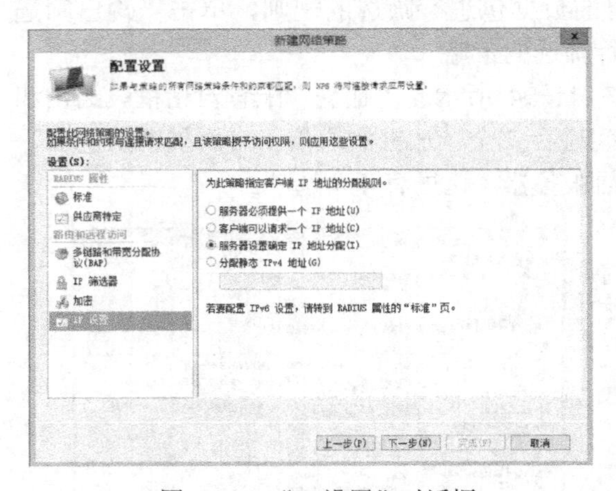

图 11-95 “IP 设置”对话框

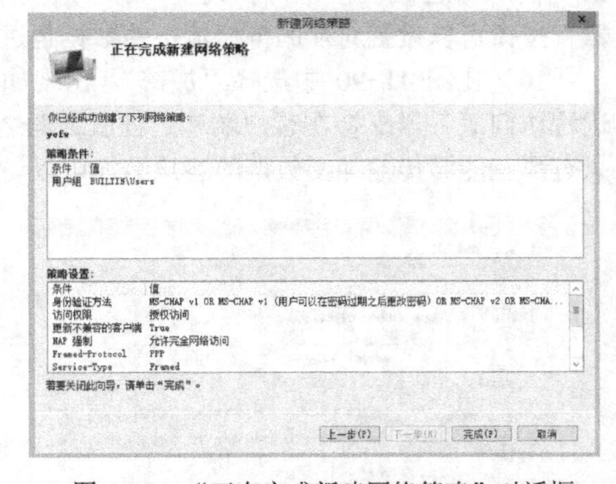

图 11-96 “正在完成新建网络策略”对话框

19）成功建立的远程访问策略如图 11-97 所示。客户端连接服务器后，将按照“顺序”排列的远程访问策略逐一进行比较，按照定义的策略进行处理。以上介绍了如何构建远程访问策略，其他的有关操作都比较简单，这里不再一一介绍。

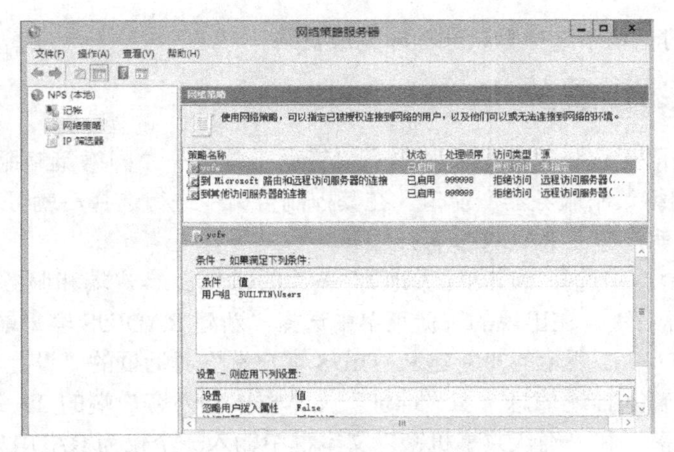

图 11-97 建立的远程访问策略

11.6 构建和管理 RADIUS 服务器

Windows Server 2012 中的 NPS（Network Policy Server）服务器集成了 IAS 验证服务器组件，可以用来配置 RADIUS 服务器作为 Intranet 的验证服务器。

11.6.1 安装 NPS 服务器

安装 NPS 服务器的步骤如下。

1）单击 Windows Server 2012 的“开始”菜单→“管理工具”→“服务器管理器”，在出现的“开始之前”“选择安装类型”对话框中选择默认选项，单击“下一步”按钮。

2）在出现的“选择服务器角色”对话框中，选中“网络策略和访问服务”，如图 11-98 所示，单击“下一步”按钮。

3）在出现的“选择功能”和“网络策略和访问服务”对话框中选择默认选项，单击“下一步”按钮。

4）在出现如图 11-99 的“选择角色服务”对话框中，选中“网络策略服务器”，单击“下一步”按钮。

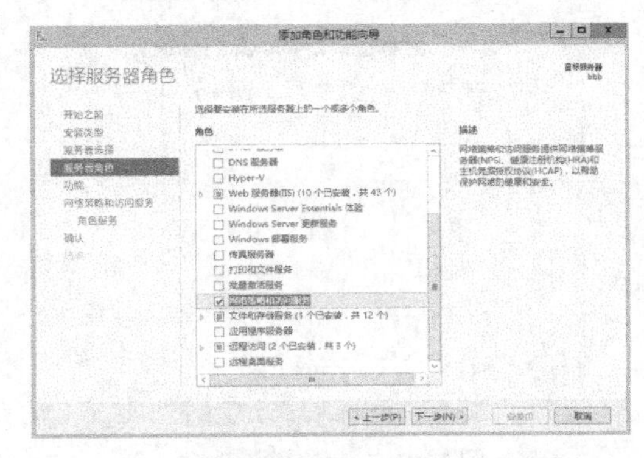

图 11-98 “选择服务器角色”对话框

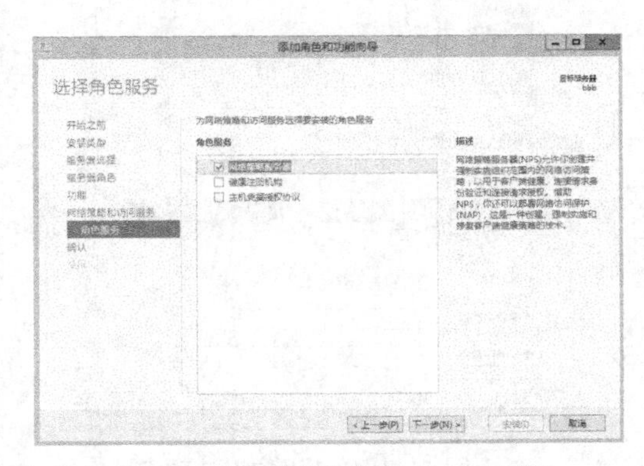

图 11-99 “选择角色服务”对话框

5）在随后的对话框中选择默认选项即完成安装。

11.6.2 NPS 服务器的管理

在服务器的桌面上选择“开始”菜单→“管理工具”→“网络策略服务器”，出现如图 11-100 所示的“网络策略服务器”窗口。在其控制台树中进行选择后就可以进行管理。其中最重要的管理操作就是建立 RADIUS 客户端。

1）在其控制台树中选择“NPS（本地）”→“RADIUS 客户端和服务器”→“RADIUS 客户端”，单击鼠标右键，在出现的快捷菜单中选择“新建 RADIUS 客户端”命令。

2）出现如图 11-101 所示的“新建 RADIUS 客户端”对话框的“设置”选项卡。在“友好名称”文本框中输入描述信息，在“地址”文本框中输入客户端的 IP 地址或者 DNS 域名，在“共享的机密”和“确认共享机密”文本框中输入一个仅为 RADIUS 客户端和服务器使用的文本字符串，使得两者之间可以进行保密通信。

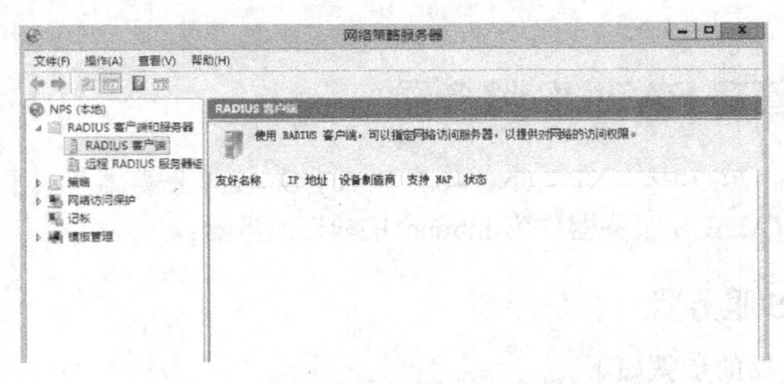

图 11-100 NPS 服务器管理主界面

3）在如图 11-102 所示的“高级”选项卡中，在“供应商名称”下拉列表中选择使用的网络验证系统，默认为“RADIUS Standard”。单击“完成”按钮即完成新建 RADIUS 客户端的操作。

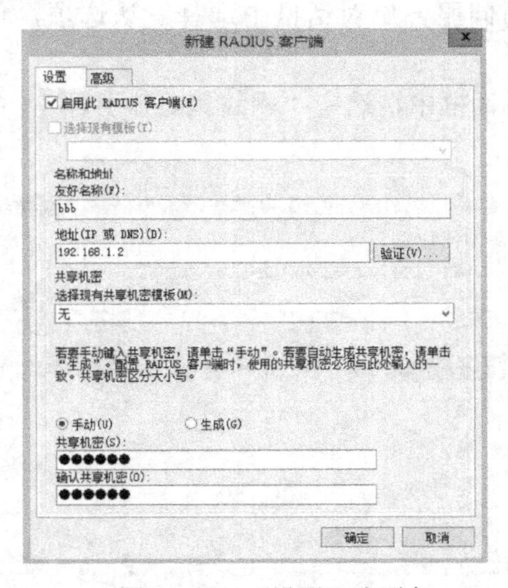

图 11-101 “设置”选项卡

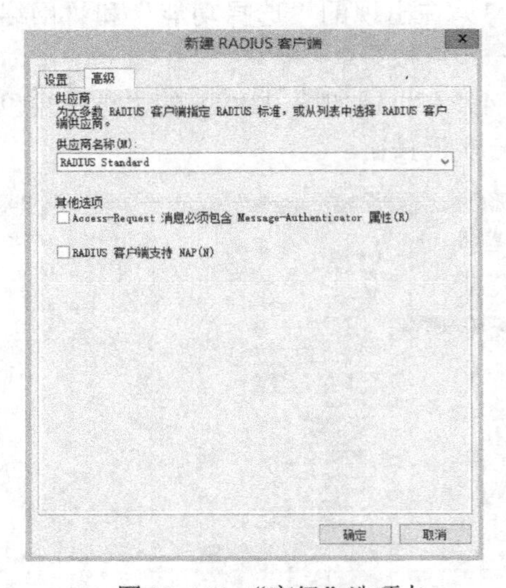

图 11-102 “高级”选项卡

11.6.3 NPS 服务器的配置

对于已经建立好的 NPS 服务器，可以修改其配置。

1）在图 11-100 所示窗口的控制台树中选择“NPS（本地）”，单击鼠标右键，在出现的快捷菜单中选择“属性”命令。

2）出现如图 11-103 所示的“网络策略服务器（本地）属性”的“常规”选项卡。在“服务器描述”文本框中输入服务器的名称。选中“被拒绝的身份验证请求”或“成功的身份验证请求”复选框用于设置 IAS 服务器的日志记录的事件。

3）图 11-104 所示为“网络策略服务器（本地）属性”的“端口”选项卡。在“身份验证”文本框中显示了默认的 IAS 服务器的身份验证使用的 TCP 端口为 1812 和 1645。在“记账”文本框中显示记账服务使用的 TCP 端口为 1813 和 1646。可以修改其设置。 建立了路由和远程访问服务器，又建立了 IAS 服务器，下面需要将二者建立关联，这样所有对远程访问服务器的客户的身份认证将由 IAS 服务器自动完成验证。

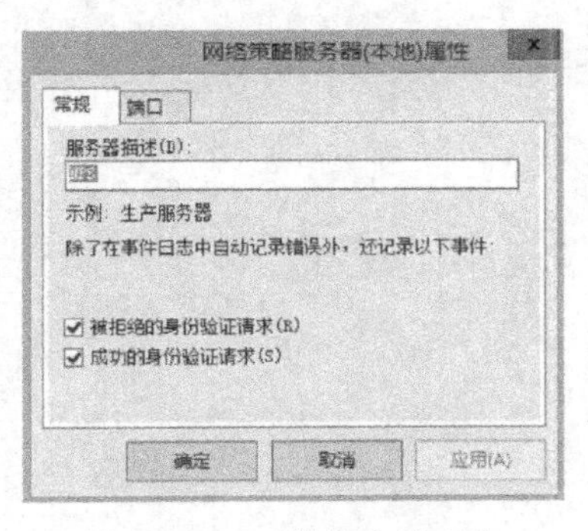

图 11-103 “常规”选项卡

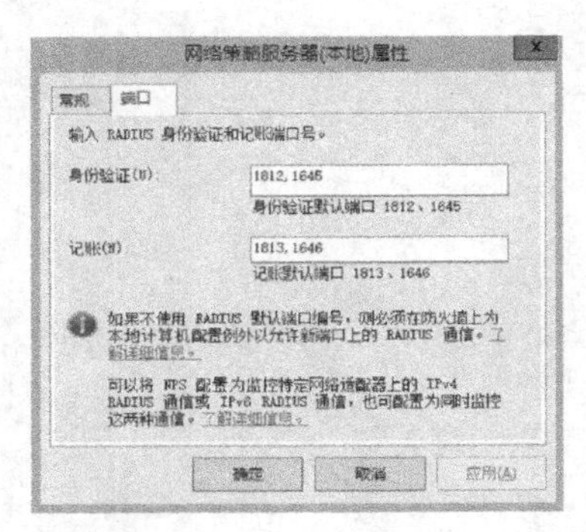

图 11-104 “端口”选项卡

本章小结

1）利用 Windows Server 2012 的路由和远程访问服务组件，可以构建 RRAS 服务器。该服务器可以实际上可以被当成是物理上的路由器、RAS 服务器和 VPN 服务器的结合。

2）RRAS 服务器用作路由器时，支持单播路由和多播路由。通过配置 DHCP 中继代理，可以将 DHCP 服务器的服务提供给客户端使用。

3）RRAS 服务器可以用作网络地址转换服务器（NAT）和防火墙，用于对 Intranet 和 Internet 的通信进行地址转换和数据包的筛选，以确保 Intranet 的安全。

4）远程访问策略是一组定义如何授权或拒绝连接的有序规则。每个规则有一个或多个条件、一组配置文件设置和一个远程访问权限设置。

5）利用 Windows Server 2012 的 NPS 组件可以构建 NPS 服务器，NPS 服务器集成验证远程客户端的身份。

参考文献

[1] 高晓飞．网络服务器配置与管理——Windows Server2003 平台[M]．北京：高等教育出版社，2009.

[2] 鲁一力，汪洁，吴海东．Windows 网络服务器配置与管理[M]．北京：北京邮电大学出版社，2009.

[3] 文龙，凌霞，彭为．网络服务器组建、配置和管理（Windows 篇）[M]．北京：电子工业出版社，2006.

[4] 杨云，等．局域网组建、管理与维护[M]．2 版. 北京：机械工业出版社，2015.

[5] 钟小平，张金石．网络服务器配置完全手册[M]．北京：人民邮电出版社，2006.